インフォグラフィック版

科学の
しくみ図鑑

インフォグラフィック版
科学の
しくみ図鑑

DK

インフォグラフィック版

科学のしくみ図鑑

発行日　2019 年 12 月 10 日　初版第1刷発行

編　者：ドーリング・キンダスリー社
訳　者：上原昌子
発行者：竹間 勉
発　行：株式会社世界文化社
〒 102-8187 東京都千代田区九段北 4-2-29
電話 03(3262)5118（編集部）
電話 03(3262)5115（販売部）

装　幀：田中敏雄（ピースデザインスタジオ）
DTP 製作：関口秋生（ピースデザインスタジオ）
校　正：株式会社円水社
翻訳協力：伊藤伸子、内山英一、安部恵子
株式会社トランネット（www.trannet.co.jp）

ISBN978-4-418-19226-7

目次 CONTENTS

科学にはどんな特徴があるのか？

科学は、単に事実を寄せ集めたものではありません。証拠と論理に基づいて物事を体系的に考える方法です。科学は完璧ではないかもしれませんが、森羅万象を理解するのに最もよい方法です。

科学とは？

科学は、自然界や社会に関わる事実を発見して理解し、そうして得た情報を応用する方法です。その情報は絶えず更新され、世界に対する私たちの理解に変化をもたらし続けています。科学は、測定できる証拠に基づき、その証拠を一般化したり、それを基にさらなる予測を立てたりする際に、論理的な手順を踏まなければなりません。「科学」という言葉は、こうしたプロセスを用いて集めた知識体系を表す際にも使われます。

科学的方法

科学的方法は、分野によって異なるものの、一般的には「仮説を立てて実験で検証し、得られたデータを使って仮説の更新や改善を行い、うまくいけば、その仮説が正しい理由を説明する一般化できる理論に到達する」というプロセスを踏みます。データの信頼性を高めるには、実験を繰り返すこと（なるべくなら複数の研究機関で行うこと）が重要です。2度目の実験で同じ結果が得られなければ、その結果は、思っていたほど信頼できない、つまり一般化できない可能性があります。

進行中のプロセス

科学に終わりはない。新しいデータは絶えず生み出される。理論は、そうした情報を盛り込んで磨かれなくてはならない。科学者は、自分の研究が将来の実験に取って代わられる可能性があるとわかっている。

調査する 3

テーマを調べることで、ほかの誰かが同じ疑問を抱いたことがあるか（そして答えを得ているか）がわかる。関連する研究からアイデアがひらめくかもしれない。たとえば、桃以外の果物の成熟についてすでに研究されている可能性もある。

疑問をもつ 2

観察は疑問に変わる——たとえば、ある細菌が特定の生息環境では増殖しやすく、別の環境では増殖しにくい理由、つまり、テーブルに放置した桃が悪くなりやすい理由を見つけたいと思う科学者がいるかもしれない。

観察する 1
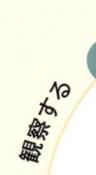

科学は物や現象の観察から始まることが多い。それは、実験室の条件下でしか見られないような珍しい現象でも、たとえば、桃をテーブルに放置すると冷蔵庫で保存するより早く腐ることに気づくといった、日常生活での出来事でもよい。

査読付き論文の発表 10

研究結果を書いた論文は、ほかの専門家によって、実験方法や実験から導かれた結論に問題点がないか検討される。この査読を経て受理されると学会誌などに掲載され、内容が公開される。

4 仮説を立てる

次の段階では、検証可能な仮説を立てる、つまり何が原因で起こったのか予測する。この場合なら「冷蔵庫の中で桃が傷みにくいのは、温度が低いからだ」という仮説が立つかもしれない。

5 検証可能な予測を立てる

予測は、仮説から論理的に導かれ、具体的なもので、実験によって検証できなければならない。この場合なら「温度が桃の成熟に影響するのであれば、22℃で保存した桃は、8℃で保存した桃より早く傷むだろう」という予測が立つかもしれない。

6 実験データを集める

データは、仮説と一致するかどうか確かめるために集められる。実験を計画するときは、研究対象からずれた的外れな実験にならないように十分注意を払わなくてはならない。

7 データを解析する

実験で見つかったことは、統計的に解析して、単なる不規則変動の結果ではないことを保証しなければならない。誤差などの不規則変動を起こりにくくするために、実験のサンプルサイズはできる限り大きくすることが望ましい。

8 仮説を検証する

解析結果が予測と一致していれば、仮説の信頼性が高まる。将来の実験で否定される可能性があり、まだ仮説は証明できないが、実験による裏付けが多くなれば、より確信できるようになる。

9 仮説を改善・修正・否定する

最初の実験結果が予測と完全に一致しなければ、その理由を示す何かがあるかもしれない。そのときは、仮説の改善や修正をしたり、あるいは否定して新たな仮説を立てたりして、もう一度このプロセスを始めることができる。

重要な用語

仮説
現在の知識に基づいて考え出された、観察結果の仮の説明。科学的な仮説は、反証可能でなければならない。

理論
既知の事実を説明する方法であり、関連する多くの仮説から練り上げられ、証拠によって裏付けられているもの。

法則
何かの説明ではなく、検証するたびにいつも観察されてきた現象を言い表したもの。

仮説の特徴

範囲
適用範囲の広い仮説はさまざまな現象を説明するが、適用範囲の狭い仮説は特定の事例しか説明できない場合がある。

検証可能
仮説は実験などによって検証できなければならない。証拠によって裏付けられない限り、その仮説は否定されなくてはならない。

反証可能
仮説は実験などによって否定される可能性がなければならない。「幽霊は存在する」という仮説は、実験で反証できないので科学的ではない。

物質

物質とは何か？

一般的にいえば、物質とは、空間の一部を占め、一定の質量があるものです。つまり、この2つの特性をどちらももたないエネルギーや光や音とは違うものとして区別されるということです。

物質の構造

物質の最も基本的な構成要素は、クォークや電子などの素粒子です。素粒子が組み合わさって原子が形成されます。さらに複数の原子が結合すると分子になります。物質は、構成原子の種類によって性質が決まります。また、原子や分子どうしの結合が強い物質は室温で固体になり、それらの結合がもっと弱い物質は室温で液体や気体になります。

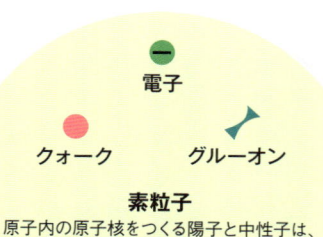

素粒子

原子内の原子核をつくる陽子と中性子は、クォークという素粒子で構成されている。グルーオンは、このクォークどうしをつなぐ役目を果たす。あらゆる物質は、クォーク、グルーオン、電子という3種の素粒子でできている。

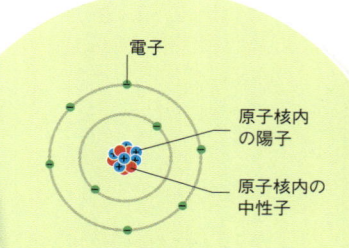

原子

原子は、陽子と中性子からなる原子核と、原子核の周りを回る電子で構成される。元素の種類によって、原子核を構成する陽子の数は異なる。

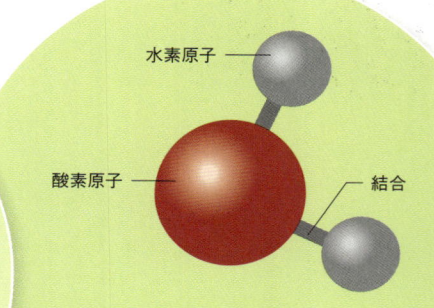

分子

分子には、水分子（水素原子2つと酸素原子1つ）のように、異なる原子でできているものや、酸素分子（酸素原子2つ）のように、同一原子でできているものがある。

物質の状態

日常生活で見られる物質のおもな状態は、固体と液体と気体です。物質が極端な低温や高温になると、ほかのもっと珍しい状態になる場合もあります。物質がもつエネルギー量と、物質の構成要素である原子や分子の結合の強さによって、物質はさまざまな状態に変化します。たとえば、アルミニウムの融点が銅よりも低いのは、アルミニウムの原子間の結合が弱いからです。

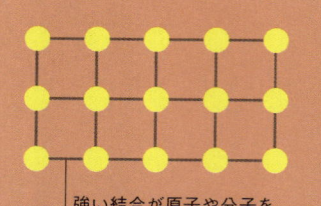

強い結合が原子や分子を所定の位置で支える

固体

固体の物質の原子や分子は互いに強く結合し、位置が固定した構造になっていて、原子や分子が動けない。だから、固体は形が保たれ、触ると硬く感じる。

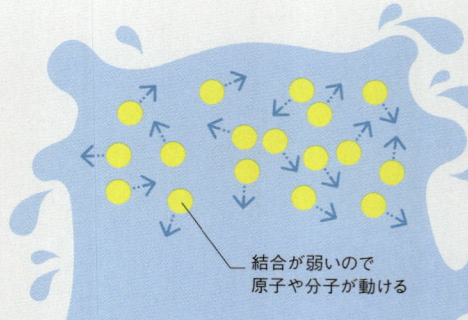

結合が弱いので原子や分子が動ける

液体

液体の物質の原子や分子は弱く結合しているだけなので、移動することができる。だから液体は流れることができる。しかし原子や分子がぎっしり詰まっているので圧縮はしづらい。

混合物と化合物

原子は、さまざまな方法で結合して多様な物質をつくり出します。2種以上の原子が化学的に結合すると化合物ができます。水は酸素と水素の化合物です。しかし多くの原子や分子は簡単には結合せず、混ぜ合わせただけでは化学変化は起きません。混ざっているだけのものは混合物といいます。塩と砂が混ざったものも混合物、空気も複数の気体の混合物です。

宇宙にある**全物質の**
およそ99パーセントは
プラズマと呼ばれる状態で
存在している

質量保存の法則

ろうそくの燃焼など、ごく普通の化学反応や物理変化では、反応物質の総質量が生成物質の総質量に等しくなる。反応の前後で物質の総質量に増減はない。しかし、特定の極端な条件では、この法則が破れる。たとえば、核融合反応（p.37参照）では、質量がエネルギーに変換され、反応後の総質量が減る。

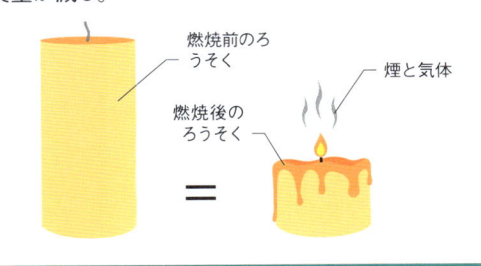

燃焼前のろうそく

煙と気体

燃焼後のろうそく

混合物
混合物では、元の物質は変化していないので、ふるい分け・ろ過・蒸留といった方法で物理的に分離して元の物質を取り出せる。

ある物質の粒子

別の物質の粒子

化合物
原子や分子が化学反応すると、新たな化合物ができる。これは物理的には元の物質に戻せず、分解するには化学結合を壊す必要がある。

ある元素の原子

別の元素の原子

化学結合

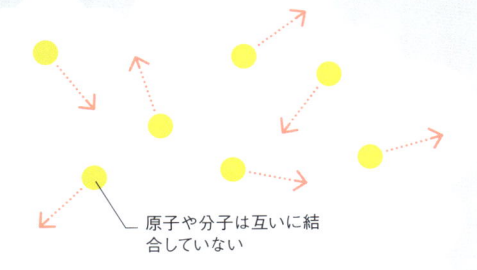

原子や分子は互いに結合していない

気体
気体の物質の原子や分子は互いに結合していないので、自由に動いて容器いっぱいに広がる。原子や分子は互いに離れて存在するので、気体は圧縮できる。圧縮すると圧力が高まる。

高温や低温のときの特別な状態

非常に高い温度では、気体の原子がイオン（p.40参照）と電子に分かれ、プラズマという電気を通す状態になる。また、極めて低い温度では、ボース＝アインシュタイン凝縮（p.22参照）という状態になって、物質の性質が劇的に変化することがある。この状態になると原子が奇妙な動き方になり、複数の原子が1つの原子のように振る舞うようになる。

ボース＝アインシュタイン凝縮　　　プラズマ

固体

固体は、物質の最も秩序のある状態です。固体ではすべての原子や分子が互いに強く結合し、一定の形と一定の体積をもつ物体を形成しています（ただし力を加えることで変形する場合もあります）。しかし、固体になる物質はじつにさまざまで、定まった形と体積をもつこと以外の性質は、固体の種類によってかなり異なります。

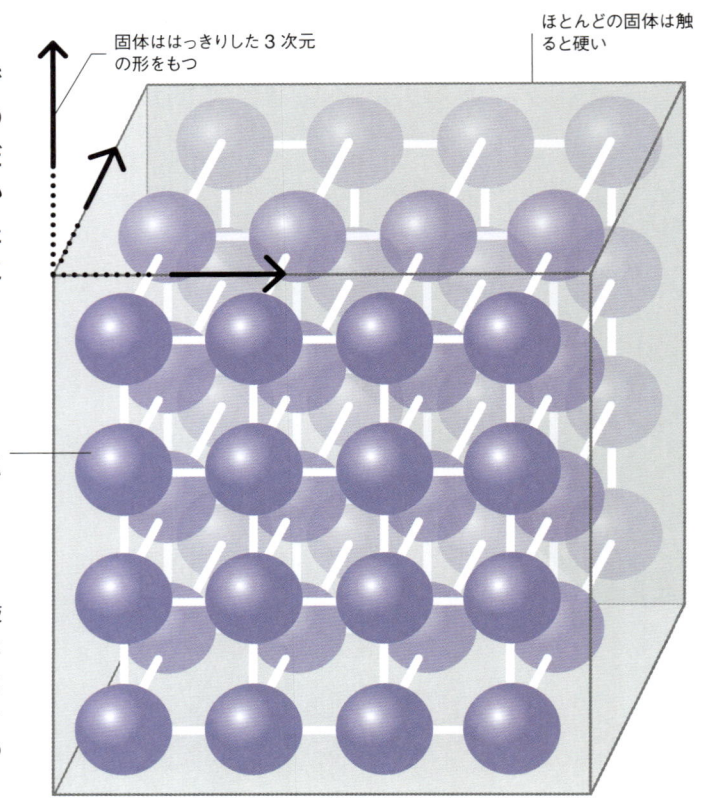

固体ははっきりした3次元の形をもつ

ほとんどの固体は触ると硬い

原子や分子はその場で振動するが、自由に動き回れない

固体とは何か？

固体は触ると硬く感じ、容器に入れなければ形にならない液体や気体とは違って、一定の形があります。固体内の原子はぎっしり詰まった状態なので、圧縮して体積を小さくすることはできません。スポンジなど一部の固体がつぶせるのは、その物体に元々ある穴から空気が押し出されるからで、固体そのものの大きさは変わりません。

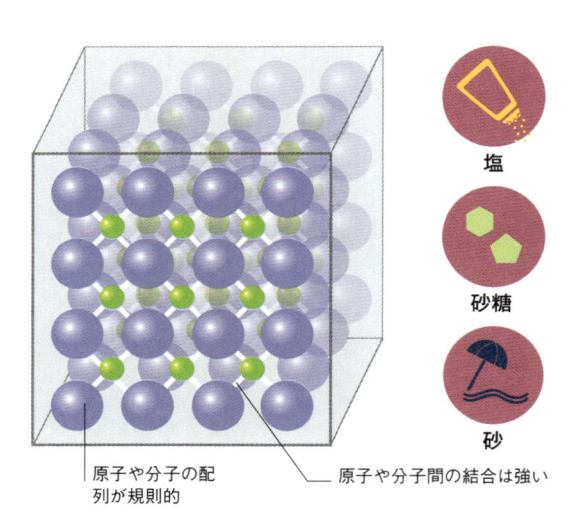

原子や分子の配列が規則的

原子や分子間の結合は強い

塩

砂糖

砂

結晶質固体

結晶質固体の原子や分子は、規則的なパターンで並んでいる。ダイヤモンド（炭素の結晶形態の1つ）のように、1つの大きな結晶になる物質もあるが、ほとんどの物質はたくさんの小さな結晶でできている。

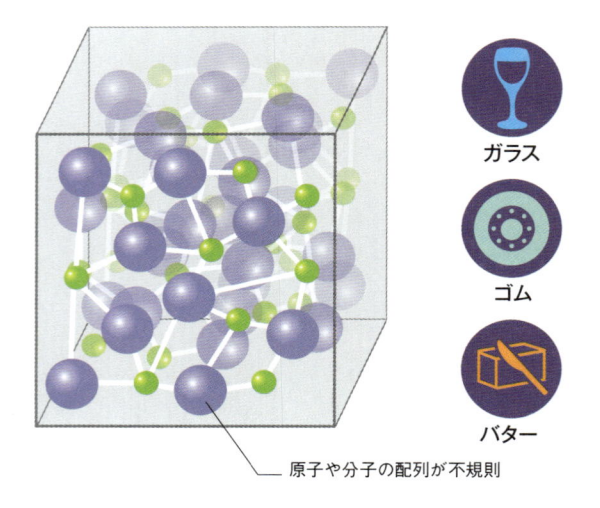

原子や分子の配列が不規則

ガラス

ゴム

バター

非晶質（アモルファス）固体

結晶質固体とは違い、非晶質固体の原子や分子は、規則的なパターンでは並んでいない。固体よりも液体に近い配列だが、原子や分子は強く結合しているため、自由に動き回ることはできない。

固体の性質

固体の性質は一様ではありません。頑丈なものもあればもろい
ものもあるし、硬いものもあれば比較的軟らかいものもありま
す。また、力を加えたとき、元の形に戻るものもあれば、変形
したままのものもあります。固体状の物質の性質は、構成する
原子や分子によっても、また、結晶質か非晶質かによっても、
配列の一部の乱れの有無によっても異なります。

**ロンズデーライトは
まれな構造をしている
ダイヤモンドの仲間だ**
普通のダイヤモンドの**約 1.6 倍のかたさ**で
地球上で**知られている固体**の中でも
トップクラスのかたさがある

脆性

脆性のある固体は、セラミックス（陶磁
器やガラスなど）のように、力を受けたと
き、あまり変形せずに割れるもろさがあ
る。こうした素材にひびが入りやすいの
は、原子が移動できず、受けた力を吸収
できないためだ。変形できる素材の場合、
もろさは減るが、かたさも減る。

力の方向

割れる

原子が移動できず、
受けた力を吸収
できない

素材にひびが入り、割
れるきっかけになる

力の方向

延性

延性のある素材は、引っ張られると変形
するため、引き伸ばして針金状にするこ
とができる。このように物体が変形した
ままになることを塑性変形という。多く
の金属に延性があるのは、金属特有の
結合の仕方のおかげで、原子の位置が
ずれても結合が保たれるからだ。

力の方向

伸びる

力の方向

張力がかかると原子は配列
をずらすことができる

原子が互いにずれるため、
素材は伸びることができる

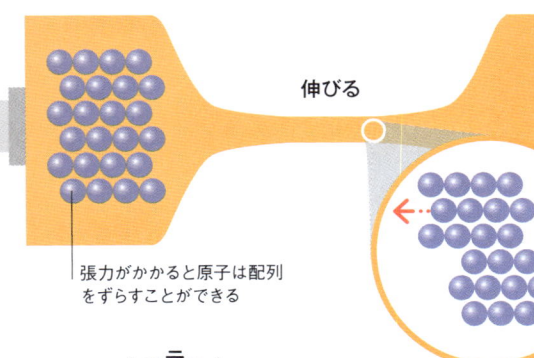

力の方向

ローラーにかける

原子が互いにずれ
るため、素材は伸
びることができる

展性

展性のある固体は、圧縮されると塑性変形
できる。このため、圧延や鍛造といった方
法で薄いシート状に成形できる。展性のあ
る物体の多くには延性もあるが、2 つの性
質の強さに常に関連性があるとは限らない。
たとえば、鉛は展性が極めて高いが、延性
は低い。

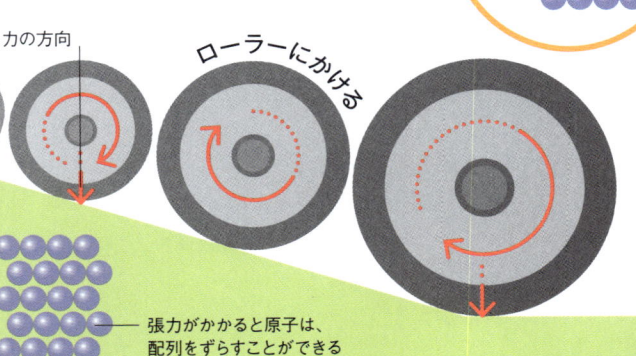

張力がかかると原子は、
配列をずらすことができる

ぬれ性

ぬれ性とは、固体の表面に対する液体の付着しやすさの度合いです。液体が表面をぬらすかどうかは、液体分子と固体表面の分子が引き合う力と、液体内部の分子どうしが引き合う力の強さのバランスで決まります。

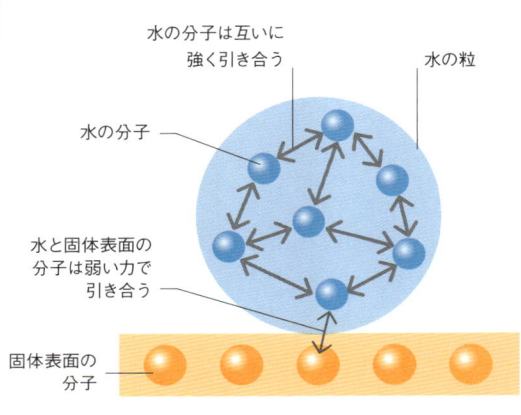

水の分子は互いに強く引き合う

水の粒

水の分子

水と固体表面の分子は弱い力で引き合う

固体表面の分子

ぬれない場合

耐水性のある固体の表面では、水の分子どうしが互いに引き合う力よりも、水分子が固体表面の分子と引き合う力のほうが弱いため、水は丸い粒になる。

最も粘度の高い液体は？

舗装道路の表面に使われるアスファルトやピッチは、粘度の高さではトップクラスだ。同じ温度の水の約200億倍の粘り気がある。

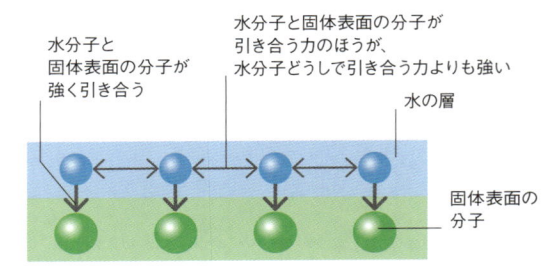

水分子と固体表面の分子が強く引き合う

水分子と固体表面の分子が引き合う力のほうが、水分子どうしで引き合う力よりも強い

水の層

固体表面の分子

ぬれる場合

水分子が互いに引き合う力よりも、水分子が固体表面の分子と引き合う力のほうが強いとき、水は固体表面に層をつくる。つまり、固体の表面がぬれる。

液体

液体の状態では、原子や分子は密集しています。ただし、それらの結合が気体よりは強く、固体よりは弱いため、原子や分子どうしの距離は変わらないものの、位置は自由に変えることができます。

原子や分子は密集しているものの、自由に位置を変えられる

液体の性質

液体は流れることができ、入れた容器の形になります。原子や分子が密集しているため、液体は圧縮できません。液体は気体よりも密度が高く、固体の密度よりやや低いか、同じくらいです。ただし、水は例外です（p.56-57 参照）。

液体中の分子

固体とは違い、液体の原子や分子は不規則に並んでいる。原子や分子の間の結合は存在するもののその力は弱く、互いがすれ違うとき、ひっきりなしに離れたり再び結合したりしている。

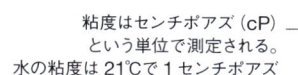
水

オリーブ油

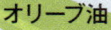

ハチミツ

粘度はセンチポアズ（cP）
という単位で測定される。
水の粘度は 21℃で 1 センチポアズ

オリーブ油の粘度は
21℃で約 85 センチポアズ

ハチミツの粘度は
21℃で約 1 万センチポアズ

低い粘度

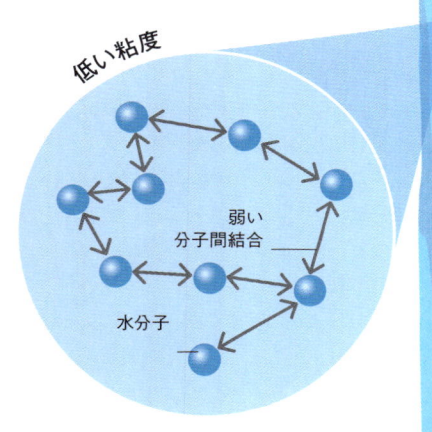

弱い
分子間結合

水分子

中ぐらいの粘度

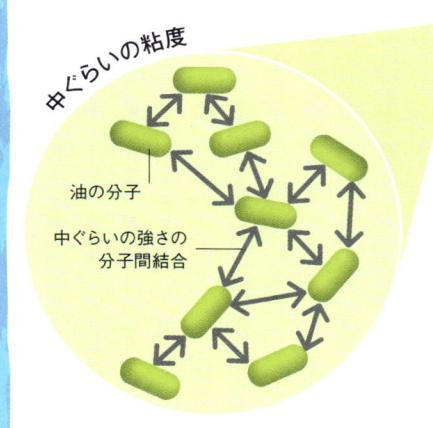

油の分子

中ぐらいの強さの
分子間結合

高い粘度

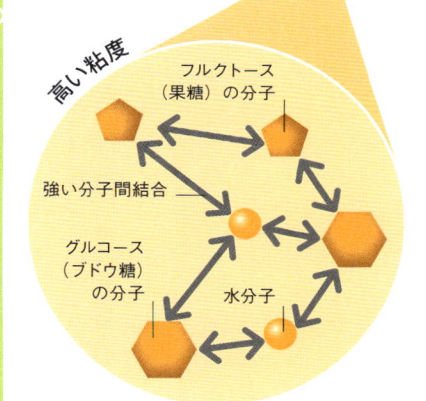

フルクトース
（果糖）の分子

強い分子間結合

グルコース
（ブドウ糖）
の分子

水分子

液体の流れ
水のような低粘度の液体は、分子間結
合が弱いため、流れやすい。それに比
べると、ハチミツは分子間結合が強い
ので、同じ温度でもはるかに流れにくい。

粘度
粘度は液体の流れやすさを測る尺度です。低粘度の液体は流れ
やすく、普通は「薄い」といわれ、逆に、高粘度の液体は流れに
くく、「濃い」といわれます。粘度を決めるのは液体の分子間結
合の度合いで、結合が強いほど液体の粘度は高くなります。液
体の温度を上げると分子のエネルギーが増えて結合力が弱まるた
め、粘度は低くなります。

非ニュートン液体

水のようなニュートン液体とは違って、非ニュートン流体の粘
度は、加わる力によって変化する。たとえば、コーンスター
チと水の混合液は、大きい力を加えると粘度が高くなるので、
高いところから液に落としたボールは液の表面ではね返るが、
低いところから落としたボールは液の中に沈む。

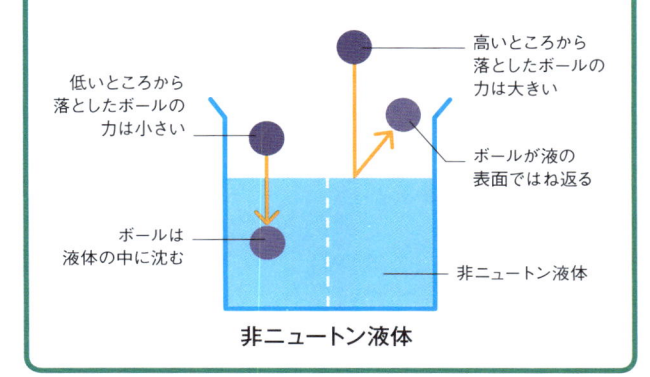

高いところから
落としたボールの
力は大きい

低いところから
落としたボールの
力は小さい

ボールが液の
表面ではね返る

ボールは
液体の中に沈む

非ニュートン液体

非ニュートン液体

気体

身の回りにはさまざまな気体が存在しますが、私たちはたいてい気にも留めていません。しかし、気体は固体や液体と共に物質のおもな状態の1つであり、気体の振る舞い方は、地球上の生物にとって、極めて重要です。たとえば、私たちが息を吸うとき、肺が膨らんで体積が大きくなり肺内部の圧力が下がるため、空気が引き込まれるということが起こっています。

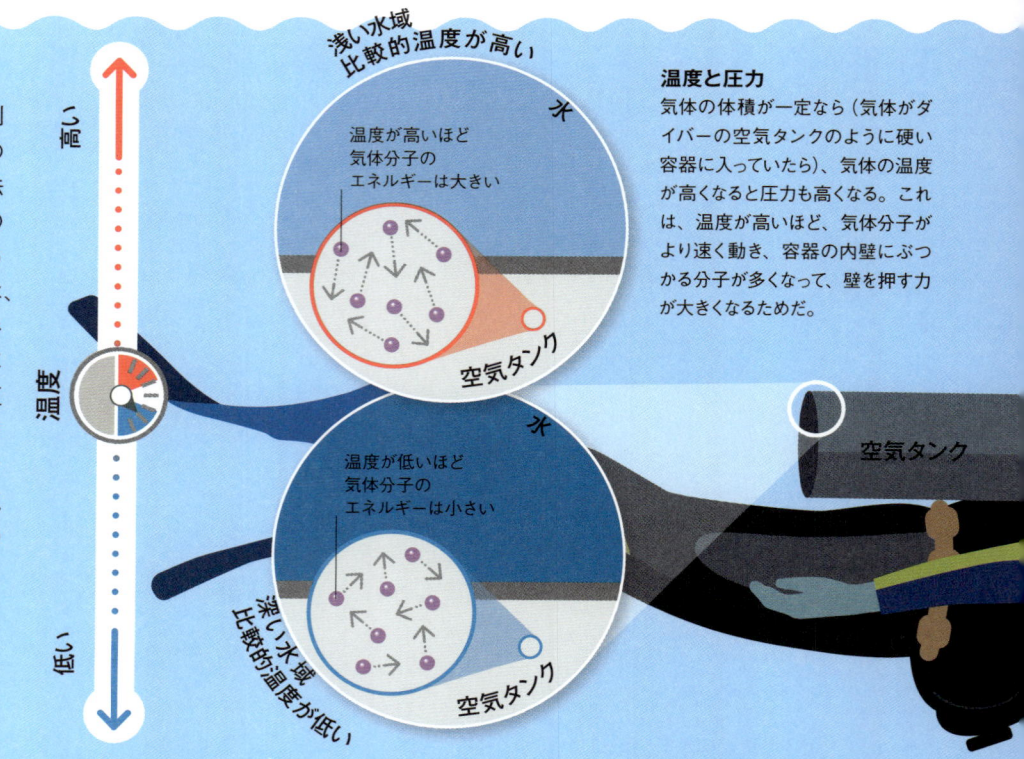

粒子は自由に動き回るので、気体には定まった形や体積がない

粒子どうしは結合していない

粒子と粒子が離れているので、気体は圧縮できる

気体中の粒子（原子や分子）

気体とは？

気体を構成するのは、複数の原子でできた分子か、1つの原子からなる単原子分子です。気体の分子はとても活発に素早く動き、存在している場所や容器全体に広がって、それらの形になります。分子どうしは大きく離れているので、気体は圧縮できます。

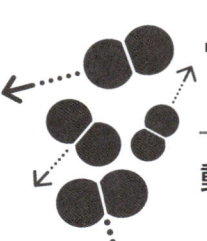

1700 km/h

――室温のときでも、酸素分子が動き回る速度はとてつもなく速い

気体の振る舞い

気体の振る舞いは、気体の三法則で説明されます。これらは気体の体積・圧力・温度の関係を示す法則で、それぞれの値がそれ以外の値の変化によってどのように変わるのかを示しています。三法則では、すべての気体を「理想気体」とみなし、理想気体の分子は不規則に動き、分子の体積と分子間の相互作用を無視できると仮定されています。このような気体は現実にはないものの、この法則は大部分の気体が標準状態の温度と圧力でどのように振る舞うかを示しています。

高い

温度

低い

浅い水域
比較的温度が高い

水

温度が高いほど気体分子のエネルギーは大きい

空気タンク

深い水域
比較的温度が低い

水

温度が低いほど気体分子のエネルギーは小さい

空気タンク

空気タンク

温度と圧力

気体の体積が一定なら（気体がダイバーの空気タンクのように硬い容器に入っていたら）、気体の温度が高くなると圧力も高くなる。これは、温度が高いほど、気体分子がより速く動き、容器の内壁にぶつかる分子が多くなって、壁を押す力が大きくなるためだ。

アボガドロの法則

アボガドロの法則によれば、同じ温度、同じ圧力のとき、同じ体積のすべての気体には同じ数の分子が含まれる。たとえば塩素分子は酸素分子の2倍の質量があるが、同じ温度と圧力のもとで、この2つの気体が同じ容量の別容器にそれぞれ入っているとき、各容器に含まれる気体分子の数は等しい。

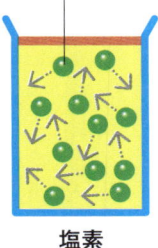

塩素分子は酸素分子の
約2倍の質量がある

2つの容器の
体積は同じな
ので、各容器
に含まれる気
体分子の数
は等しい

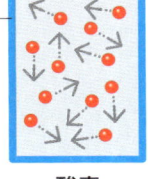

塩素　　　　　酸素

湿度と体積

気体の圧力が一定なら、気体の温度が高くなると体積は大きくなる。気体が温められて気体分子のエネルギーが高くなると、気体は膨張する。空気の入ったゴムボートが日光で温まるとはち切れんばかりに膨らむのもこのためだ。

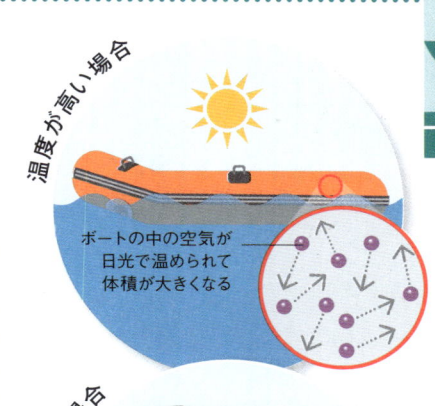

温度が高い場合

ボートの中の空気が
日光で温められて
体積が大きくなる

温度が低い場合

ボートの中の空気が
冷やされて体積が
小さくなる

ゴムボート

圧力と体積

気体の温度が一定なら、気体の圧力が高くなると体積は小さくなる。反対に、気体の圧力が低くなると体積は大きくなる。液体の中の気泡が水面に上がるにつれて大きくなるのはこのためだ。

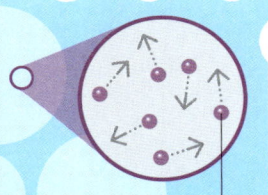

低い

圧力が低くなる
と、気体の体積
が大きくなるので、
気泡は大きくなる

圧力

高い

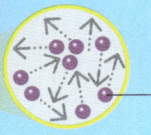

圧力が高くなると、
気体分子が周りから
押されて近づくため、
体積が小さくなる

空気が見えないのはなぜか？

何かが「見える」のは、
反射や散乱など、その物体が
光に影響をおよぼす場合に限られる。
空気が光に与える影響は
ごくわずかなので、普通は目に見えない。
空が青く見えるのは、
膨大な量の空気が青い光を
散乱させるためだ。

奇妙な状態

固体・液体・気体は物質の最も身近な状態ですが、存在する状態はそれだけではありません。超高温の気体は、プラズマという状態になることがあります。これは、高いエネルギーをもった粒子からなり、電気を通します。また、一部の物質は、極めて低い温度で超伝導体や超流体になり、電気抵抗や粘度がゼロになるなど、奇妙な特徴を示します。

プラズマが存在する場所

太陽では、ほとんどすべてがプラズマの状態です。地球では自然のプラズマはまれですが、稲妻やオーロラ（北極光・南極光）としてプラズマを見ることができます。また、プラズマは、アーク溶接やネオンライトのように、放電（気体に高い電圧をかけると電流が流れるようになる現象）によって人工的に生み出せます。

恒星
太陽のような恒星は、内部の温度が非常に高いため、質量の大部分を占める水素とヘリウムがイオン化し、プラズマ状態になっている。

稲妻
夏の雷で光る稲妻は、雷雲から地面へ放電するときに光って見えるプラズマの道だ。

オーロラ
太陽から放出されたプラズマが地球に届くと、大気と相互作用して北極圏や南極圏に光のショーを繰り広げる。

ネオンライト
管の中で放電を起こすと気体のネオンがプラズマ状態になる。電気を帯びた、高エネルギーの粒子が元の原子の状態に戻るときエネルギーを光に変えて放つ。

アーク溶接
気体の放電によってつくり出されるプラズマジェットは約2万8000℃に達し、金属を融かす。

プラズマ

標準の温度と圧力のとき、気体は原子（陽子と中性子で構成される原子核とその周囲を回る電子からなる粒子）や分子で存在します。この原子や分子が、負の電気を帯びた電子と、正の電気を帯びた原子核、すなわちイオン（p.40 参照）に分かれると、プラズマという状態になります。プラズマは、気体を熱して非常に高い温度にするか、気体に高い電圧をかけることで生じます。

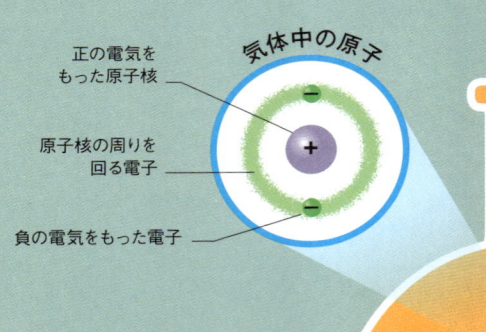

気体中の原子

- 正の電気をもった原子核
- 原子核の周りを回る電子
- 負の電気をもった電子

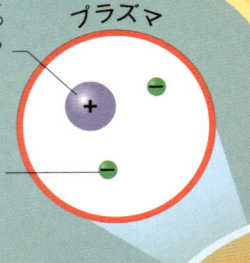

プラズマ

- 電子が離れた原子核は、正の電気をもつイオンになる
- 電子は原子核から完全に離れ、自由に動き回る

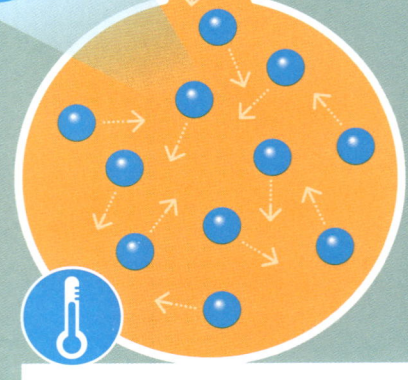

1 室温の気体
標準の室温での気体は、原子内で、電子がもつ負（−）の電気の量と原子核内の陽子がもつ正（＋）の電気の量が等しく、互いに打ち消し合うため、それぞれの原子は電気的に中性になっている。

2 プラズマ（電離した気体）
プラズマの状態になると、電子が原子から離されて、負（−）の電気をもつ電子と、正（＋）の電気をもつ原子核（イオン）が存在する。これらの電子とイオンは自由に動けるため、プラズマは電気を通すことができる。

超伝導体と超流体

温度が130K（絶対温度130ケルビン、−143℃）以下になると超伝導体（電気抵抗がゼロで電流が流れる物体）になる素材があります。さらにもっと低い温度になると、ヘリウムの最も多く存在する同位体（p.34参照）であるヘリウム4が、超流体となって粘度がゼロになるので、抵抗なく流れるようになります。温度が絶対零度（0K、−273.15℃）に近づくと、一部の物質はボース＝アインシュタイン凝縮（p.22参照）という奇妙な状態になります。通常の物質中の原子はそれぞれ個別に動きますが、ボース＝アインシュタイン凝縮の状態では、すべての原子が1つの巨大な原子のように振る舞います。

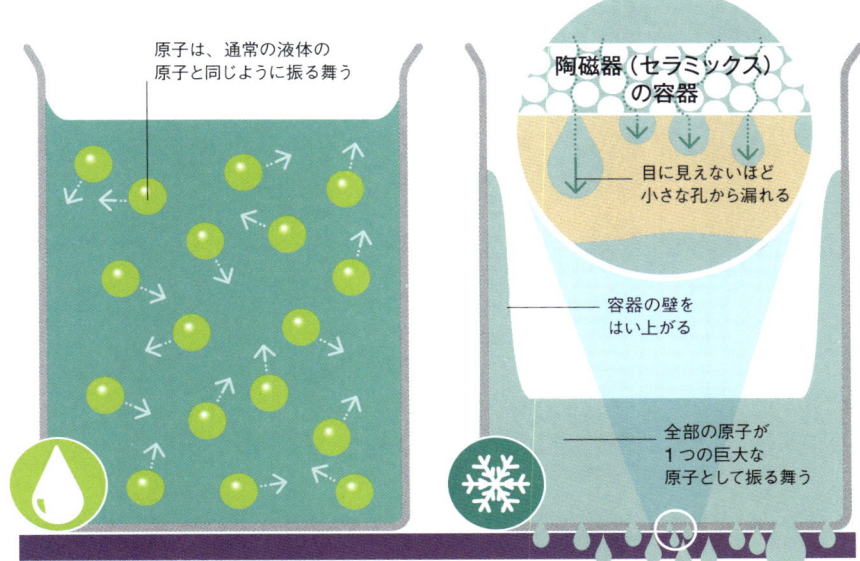

原子は、通常の液体の原子と同じように振る舞う

陶磁器（セラミックス）の容器

目に見えないほど小さな孔から漏れる

容器の壁をはい上がる

全部の原子が1つの巨大な原子として振る舞う

1 液体ヘリウム
標準大気圧において、ヘリウム4は約4K（−269℃）で液体になる。この温度ではほかの液体と同じように振る舞い、容器に注ぐとその形を満たすように流れ、容器の中に留まる。

2 超流体の液体ヘリウム
約2K（−271℃）でヘリウム4は超流体になり、奇妙な動きを示し始める。固体の物体の顕微鏡でしか見えないような小さな孔を通り抜けたり、容器の壁をはい上がったりする。

超伝導体の利用

超伝導体は、極めて強力な電磁石をつくるのにおもに使われています。超伝導電磁石は、MRI（核磁気共鳴画像法）のスキャン装置やリニアモーターカー、物質の構造を調べる粒子加速器などへの応用に不可欠なものとなっています。

MRIスキャン装置
超伝導電磁石は、脳など体内組織の詳細画像を得るため、MRIスキャン装置で使われている。

粒子加速器
一部の粒子加速器は、超伝導電磁石の強力な力を利用して、粒子が加速器を周回するように誘導している。

EMP爆弾
超伝導体は、強力な電磁パルスを発生させて電子機器を作動できなくする、EMP爆弾（電磁波爆弾）の中にも使われている。

リニアモーターカー
高速リニアモーターカーは、超伝導電磁石を利用して、車体を空中に浮かせると同時に、前方へ動かす推進力も生み出している。

超流体のヘリウムはかき回されると永遠に回り続ける

マイスナー効果

超伝導体は中に磁場を通らせない。要するに、磁場を排除する現象で、マイスナー効果と呼ばれている。臨界温度（素材が超電導体になる温度）まで冷やした超電導体の上に磁石を置こうとすると、超伝導体が磁石の磁場に反発し、磁石を宙に浮かせる。

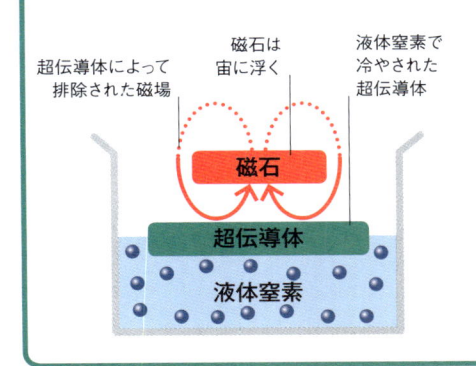

超伝導体によって排除された磁場

磁石は宙に浮く

液体窒素で冷やされた超伝導体

磁石

超伝導体

液体窒素

物質の状態変化

固体、液体、気体、そしてプラズマは、物質の最もよく知られた状態ですが、それ以外にもボース＝アインシュタイン凝縮という奇妙な状態があります。物質が、ある状態から別の状態に変化するときには、必ずエネルギーを得たり失ったりします。

エネルギーの獲得

物質がエネルギーを得ると、その物質を構成する粒子（原子や分子）は、固体ならもっと激しく振動したり、液体や気体ならもっと活発に動いたりします。十分なエネルギーが加われば、固体や液体の場合は粒子間の結合が切れて、物質の状態が変わります。気体の場合、そのエネルギーによって粒子から電子が分離し、プラズマになることがあります。

0.01℃（273.16K）

これは水の三重点の温度だ。
三重点の圧力と温度のとき
水は固体・液体・気体という
すべての状態が共存する

ボース＝アインシュタイン凝縮

物質の奇妙な状態の1つで、極めて低い温度まで冷却したとき、突然すべての原子のエネルギーが最も低い状態になり、原子全体が1つの原子になったかのように振る舞う。これはボース＝アインシュタイン凝縮という現象で、これが起こる物質はまれだ。

昇華（固体→気体）

凍った二酸化炭素（ドライアイス）などのように、固体から直接、気体に変化するものもある。適した温度と圧力にすれば、どんな物質でも昇華するが、標準状態では比較的まれな現象だ。

融解

固体物質のエネルギーが増すにつれて、粒子どうしをつなぎ止めている結合の振動が大きくなっていき、ついに結合が切れると、物質は液体になる。粒子はまだお互いに引きつけ合っているが、もっと自由に動けるようになる。

液体

固体に比べて、液体の原子や分子の結合は弱いため、液体は流れる。

エネルギー準位（エネルギーの状態）

固体

固体では原子や分子がしっかり結合して一定の形をなす。

低い

液体がエネルギーを失うと、原子や分子の動きは鈍くなり、粒子間の引力は強まる。すると粒子が規則正しく並んで結晶質固体になったり、不規則に並んで非晶質（アモルファス）固体を形成したりする。

凍結

気体の状態の物質を絶対零度（0K、−273.15℃）に近いほどの極めて低い温度に冷却しても、液体にも固体にもならずに気体のような状態でいることがある。これは原子のエネルギーが最も低い状態になった、ボース＝アインシュタイン凝縮の状態だ。

気体の過冷却

超伝導体と超流体

温度が 130K（絶対温度 130 ケルビン、－143℃）以下になると超伝導体（電気抵抗がゼロで電流が流れる物体）になる素材があります。さらにもっと低い温度になると、ヘリウムの最も多く存在する同位体（p.34 参照）であるヘリウム 4 が、超流体となって粘度がゼロになるので、抵抗なく流れるようになります。温度が絶対零度（0K、－273.15℃）に近づくと、一部の物質はボース＝アインシュタイン凝縮（p.22 参照）という奇妙な状態になります。通常の物質中の原子はそれぞれ個別に動きますが、ボース＝アインシュタイン凝縮の状態では、すべての原子が 1 つの巨大な原子のように振る舞います。

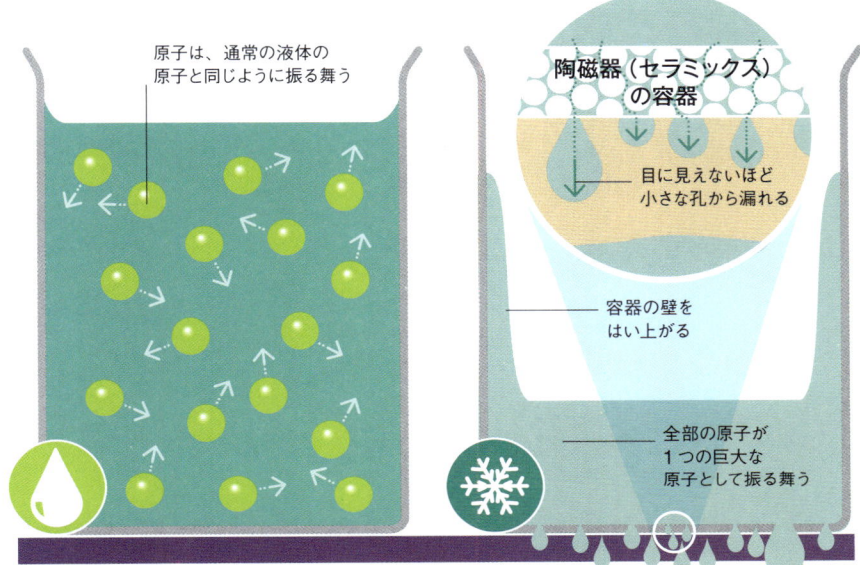

原子は、通常の液体の原子と同じように振る舞う

陶磁器（セラミックス）の容器

目に見えないほど小さな孔から漏れる

容器の壁をはい上がる

全部の原子が1つの巨大な原子として振る舞う

1 液体ヘリウム
標準大気圧において、ヘリウム 4 は約 4 K（－269℃）で液体になる。この温度ではほかの液体と同じように振る舞い、容器に注ぐとその形を満たすように流れ、容器の中に留まる。

2 超流体の液体ヘリウム
約 2K（－271℃）でヘリウム 4 は超流体になり、奇妙な動きを示し始める。固体の物体の顕微鏡でしか見えないような小さな孔を通り抜けたり、容器の壁をはい上がったりする。

超伝導体の利用

超伝導体は、極めて強力な電磁石をつくるのにおもに使われています。超伝導電磁石は、MRI（核磁気共鳴画像法）のスキャン装置やリニアモーターカー、物質の構造を調べる粒子加速器などへの応用に不可欠なものとなっています。

MRI スキャン装置
超伝導電磁石は、脳など体内組織の詳細画像を得るため、MRI スキャン装置で使われている。

粒子加速器
一部の粒子加速器は、超伝導電磁石の強力な力を利用して、粒子が加速器を周回するように誘導している。

EMP 爆弾
超伝導体は、強力な電磁パルスを発生させて電子機器を作動できなくする、EMP 爆弾（電磁波爆弾）の中にも使われている。

リニアモーターカー
高速リニアモーターカーは、超伝導電磁石を利用して、車体を空中に浮かせると同時に、前方へ動かす推進力も生み出している。

超流体のヘリウムはかき回されると永遠に回り続ける

マイスナー効果

超伝導体は中に磁場を通らせない。要するに、磁場を排除する現象で、マイスナー効果と呼ばれている。臨界温度（素材が超電導体になる温度）まで冷やした超電導体の上に磁石を置こうとすると、超伝導体が磁石の磁場に反発し、磁石を宙に浮かせる。

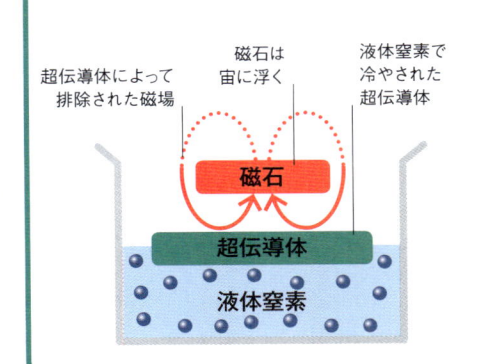

超伝導体によって排除された磁場

磁石は宙に浮く

液体窒素で冷やされた超伝導体

磁石

超伝導体

液体窒素

物質の状態変化

固体、液体、気体、そしてプラズマは、物質の最もよく知られた状態ですが、それ以外にもボース＝アインシュタイン凝縮という奇妙な状態があります。物質が、ある状態から別の状態に変化するときには、必ずエネルギーを得たり失ったりします。

エネルギーの獲得

物質がエネルギーを得ると、その物質を構成する粒子（原子や分子）は、固体ならもっと激しく振動したり、液体や気体ならもっと活発に動いたりします。十分なエネルギーが加われば、固体や液体の場合は粒子間の結合が切れて、物質の状態が変わります。気体の場合、そのエネルギーによって粒子から電子が分離し、プラズマになることがあります。

0.01℃（273.16K）

これは水の三重点の温度だ。
三重点の圧力と温度のとき
水は固体・液体・気体という
すべての状態が共存する

ボース＝アインシュタイン凝縮

物質の奇妙な状態の1つで、極めて低い温度まで冷却したとき、突然すべての原子のエネルギーが最も低い状態になり、原子全体が1つの原子になったかのように振る舞う。これはボース＝アインシュタイン凝縮という現象で、これが起こる物質はまれだ。

低い

昇華（固体→気体）

凍った二酸化炭素（ドライアイス）などのように、固体から直接、気体に変化するものもある。適した温度と圧力にすれば、どんな物質でも昇華するが、標準状態では比較的まれな現象だ。

融解

固体物質のエネルギーが増すにつれて、粒子どうしをつなぎ止めている結合の振動が大きくなっていき、ついに結合が切れると、物質は液体になる。粒子はまだお互いに引きつけ合っているが、もっと自由に動けるようになる。

液体

固体に比べて、液体の原子や分子の結合は弱いため、液体は流れる。

エネルギー準位
（エネルギーの状態）

固体

固体では原子や分子がしっかり結合して一定の形をなす。

液体がエネルギーを失うと、原子や分子の動きは鈍くなり、粒子間の引力は強まる。すると粒子が規則正しく並んで結晶質固体になったり、不規則に並んで非晶質（アモルファス）固体を形成したりする。

凍結

気体の状態の物質を絶対零度（0K、−273.15℃）に近いほどの極めて低い温度に冷却しても、液体にも固体にもならずに気体のような状態でいることがある。これは原子のエネルギーが最も低い状態になった、ボース＝アインシュタイン凝縮の状態だ。

気体の過冷却

電離（イオン化）

高いエネルギーをもつと、電子が原子や分子から離れて、プラズマが生じる。負（−）の電気をもつ電子と正（＋）の電気をもつ陽イオン（電子を失った原子や分子）からなるプラズマは、恒星やネオンライト、プラズマディスプレイなどに存在する。

プラズマ

「物質の第4の状態」と呼ばれることもあるプラズマは、自由電子と陽イオンが立ち込めている状態だ。

蒸発

液体表面の粒子の一部には、それほど高い温度でなくても液体から蒸気として抜け出すエネルギーがある。エネルギーが大きくなるほど蒸発も多くなり、物質の沸点では、表面以外の分子でもエネルギーを十分にもつので、気体として出ていける。

気体

気体では、原子や分子が互いに結合していないので自由に動いている。

高い

プラズマのエネルギーが低くなり、イオンが自由電子を再びとらえて原子に戻る再結合が起こると、物質は気体に戻る。たとえば、ネオンライトの電源を切るとき、粒子の再結合が起こっている。

再結合

蒸発の逆の過程である凝縮は、気体の温度が下がり、原子や分子がエネルギーを放出して失うときに起こる。そうした気体の粒子は動きが遅くなり、気体が液体になる。

凝縮

固体から直接気体に変化する現象とは逆の、気体が液体を経ずに直接固体に変化する現象も昇華という。その一般的な例は霜だ。低い温度のとき空気中の水蒸気は地表で固体の氷になる。

昇華（気体→固体）

エネルギーの喪失

物質がエネルギーを失うと、原子や分子の動きが鈍くなります。大きなエネルギーを失うと、物質の状態は通常、プラズマから気体、液体、そして固体へと順に変化します。ところが条件によって、物質が間の状態を飛ばして変化することがあります。水蒸気（気体）が霜（固体）になるのはその一例です。

潜熱（せんねつ）

潜熱とは、物質が状態変化するときに、放出されたり吸収されたりするエネルギーのことだ。汗をかくと体が冷えるのは、汗の蒸発に肌から吸収した熱が使われるからだ。

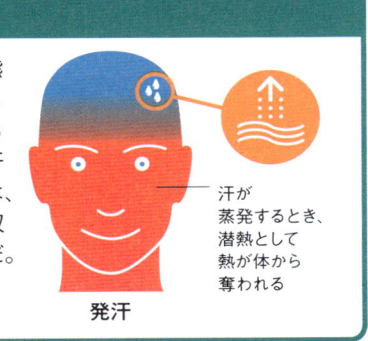

汗が蒸発するとき、潜熱として熱が体から奪われる

発汗

原子の内部

長い間、原子は目に見えないものとされていましたが、今では陽子と中性子と電子という粒子でできていることがわかっています。各粒子の数によって、原子の種類や、化学的な性質や物理的な性質が決まります。

原子の構造

原子は、中心にある原子核と、その周りを回っている1個以上の電子からなります。原子核は正（＋）の電気をもつ陽子と電気をもたない中性子でできています（ただし水素だけは中性子がありません）。原子の質量のほとんどを占めるのは原子核です。負（−）の電気をもつ小さな電子が原子核の周りを回り、正（＋）の電気をもつ陽子の引力によって適切な位置に保たれています。1つの原子では陽子と電子の数が必ず等しいため、打ち消し合って電気的に中性になっています。

ヘリウム原子の構造

1つのヘリウム原子は、陽子2つと中性子2個をもち、その周りを電子2個が回っている。

原子核内の陽子

原子核内の中性子

負電荷をもつ電子と、原子核内の正電荷をもつ陽子との間にはたらく引力

電子が存在する可能性が低い領域

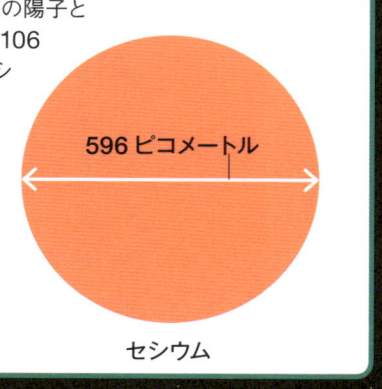

原子の大きさ

水素は、最も小さい原子をもつ元素で、1個の陽子と1個の電子しかない。この原子の直径は約106ピコメートル（1兆分の1メートル）だ。セシウムは、極めて大きい原子の1つで、55個の電子が原子核の周りを回っている。この原子の直径は水素のおよそ6倍の約596ピコメートルだ。

596 ピコメートル

106 ピコメートル

水素

セシウム

99%

水素原子のほとんどがからっぽの空間だ

電子

電子が存在す
る可能性が最
も高い領域

電子軌道

電子は、太陽の周りを回る惑星のように原子核の周りを回っているわけではありません。量子跳躍（p.30 参照）が起こるため、電子の正確な位置を特定するのは不可能です。そこで、電子は軌道と呼ばれる領域のどこかに存在すると考えます。原子核の周りのこの空間は、電子が見つかる確率が最も高い場所です。おもな軌道は 4 種類で、球状の s 軌道、ダンベル型の p 軌道、複雑な形状の d 軌道と f 軌道です。各軌道には、電子は 2 つまで存在でき、原子核に近い軌道から順に電子が収まっていきます。

フッ素の電子軌道

フッ素原子は、9 個の陽子と 9 個の電子できている。最初の 4 つの電子は、2 つの s 軌道に 2 つずつ入っている。続く 5 つの電子は、3 つの p 軌道に分かれて存在する。

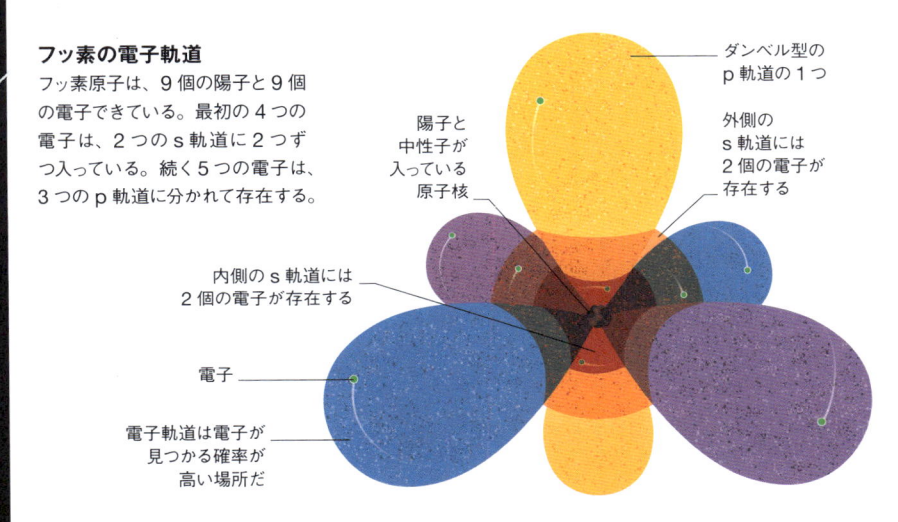

ダンベル型の
p 軌道の 1 つ

陽子と
中性子が
入っている
原子核

外側の
s 軌道には
2 個の電子が
存在する

内側の s 軌道には
2 個の電子が存在する

電子

電子軌道は電子が
見つかる確率が
高い場所だ

原子番号と原子の質量

科学者はいくつかの数字と測定量を用いて、原子の性質を定量化しています。それには、原子番号や、原子の質量に関わるいくつかの測定量があります。

物理量	定義
原子番号	1 つの原子に含まれる陽子の数。同じ元素の原子は陽子の数がみな等しいので、元素は原子番号で定義される。たとえば、8 個の陽子をもつ原子はすべて酸素原子だ。
原子の質量	1 つの原子に含まれる陽子と中性子と電子の質量を合わせたもの。特定の元素には中性子数が異なる原子が存在するが、それらの原子をその元素の同位体（p.34 参照）という。つまり、異なる同位体はそれぞれ異なる質量をもつ。原子の質量を測るために使用される単位は、原子質量単位（amu）という。1amu は、炭素 12（最も豊富に存在する、炭素の同位体）の原子の質量の 12 分の 1 に等しい。
原子量（相対原子質量）	炭素 12 の質量を 12 として計算した各原子の相対的な質量。同位体がある場合は、その存在比を掛けて平均したもの。
質量数	1 つの原子の陽子と中性子の合計数。

電子の質量はどれくらいか？

電子は極めて軽く、陽子の質量のおよそ 2000 分の 1 しかない。

原子より小さい世界

原子は、亜原子粒子と呼ばれる、さらに小さな単位で構成されています。亜原子粒子には、物質をつくるものと力の伝達をになうものの2種類があります。それぞれの組み合わせによって、異なる粒子や異なる力が形成されます。そのなかには特異な性質をもつものもあります。

亜原子粒子

亜原子粒子にはそれ以上分けられない素粒子と、複数の素粒子に分けられる複合粒子があります。原子の中の電子は素粒子、陽子と中性子は3個のクォークという素粒子でできた複合粒子です。クォークは、レプトンとともに、物質粒子のフェルミ粒子（フェルミオン）に分類されます（電子はレプトンに属します）。すべての物質はクォークとレプトンのそれぞれの種類（フレーバー）の組み合わせでできています。フェルミ粒子に属する粒子には、それぞれに質量が同じで反対の電気をもつ反粒子が存在します。たとえば電子の反粒子はプラスの電気をもつ陽電子です。反粒子が組み合わさると反物質が形成されます。

素粒子

長年、陽子と中性子は、これ以上分けられない粒子、つまり素粒子だと考えられてきた。しかし今では、それらは3個のクォークでできていることがわかっている。これに対し、電子やクォークは素粒子だと考えられている。

素粒子の名前「クォーク」はジェイムズ・ジョイスの小説『フィネガンズ・ウェイク』の一節に**由来する**

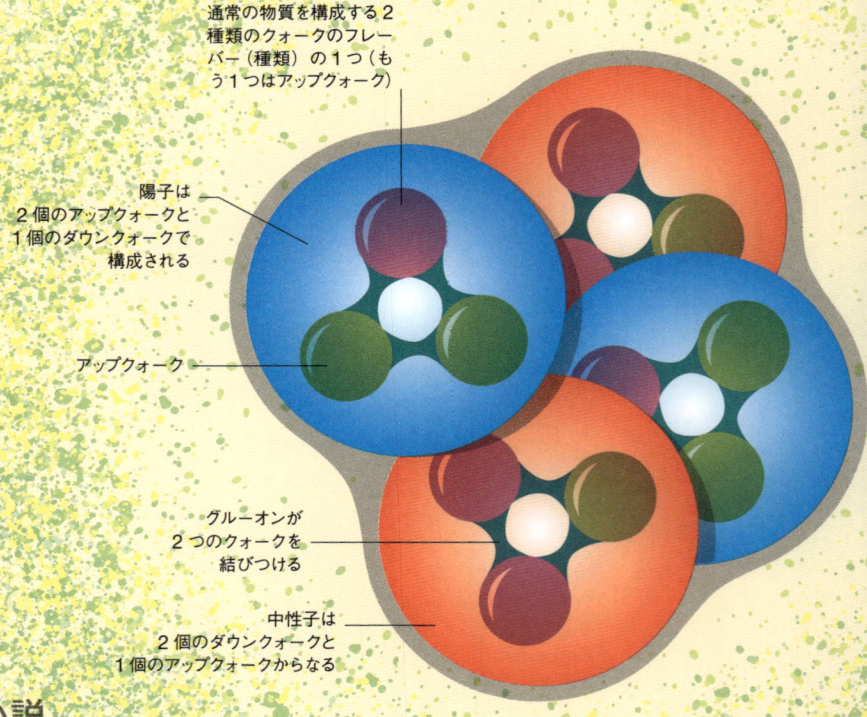

電子の軌道
電子が見つかる確率が高い領域

電子

ダウンクォーク
通常の物質を構成する2種類のクォークのフレーバー（種類）の1つ（もう1つはアップクォーク）

陽子は2個のアップクォークと1個のダウンクォークで構成される

アップクォーク

グルーオンが2つのクォークを結びつける

中性子は2個のダウンクォークと1個のアップクォークからなる

亜原子粒子

フェルミ粒子（フェルミオン）：物質を構成する粒子
陽子や中性子など原子の構成要素をつくる粒子や電子のような構成要素そのもの

ボース粒子（ボソン）：力の伝達をになう粒子
粒子から粒子へ力を伝えるメッセンジャーとしてはたらく

基本フェルミ粒子： フェルミ粒子のうち、それ以上分けられない素粒子（基本粒子）

ハドロン：複数のクォークでできた複合粒子

基本ボース粒子：
力の伝達をになう素粒子
（基本粒子）

クォーク

- アップ
- ダウン
- チャーム
- ストレンジ
- トップ
- ボトム

レプトン

- 電子
- 電子ニュートリノ
- ミュー粒子
（ミューオン）
- ミューニュートリノ
- タウ粒子（タウオン）
- タウニュートリノ

バリオン（重粒子）：
フェルミ粒子のうち、3個のクォークで構成されている複合粒子

- 陽子
アップクォーク2個＋
ダウンクォーク1個＋
グルーオン3個
- 中性子
ダウンクォーク2個＋
アップクォーク1個＋
グルーオン3個
- ラムダ粒子
ダウンクォーク1個＋
アップクォーク1個＋
ストレンジクォーク1個
＋グルーオン3個
- そのほか多数

中間子（メソン）：
ボース粒子のうち、クォーク1個と反クォーク1個でできた複合粒子

- π＋中間子
アップクォーク2個＋
反ダウンクォーク1個
- K⁻中間子
ストレンジクォーク1個
＋反アップクォーク1個
- そのほか多数

（基本ボース粒子一覧）

- 光子（フォトン）
- グルーオン
- W⁻ボソン
- W⁺ボソン
- Zボソン
- ヒッグス粒子
（ヒッグスボソン）

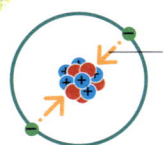

電磁気力は、電子が原子核の周りを回り続けるようにする

電磁気力
電荷をもつ粒子間の相互作用は光子（フォトン）によって伝えられる。光子は質量をもたず、光速で動く粒子だ。

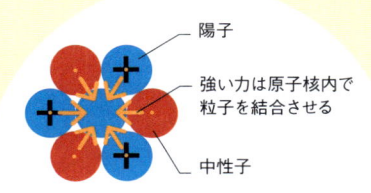

陽子

強い力は原子核内で粒子を結合させる

中性子

強い力
強い力は、クォークを結びつけて陽子や中性子をつくり、電気的な反発力に打ち勝って原子核もつくる。この力は狭い範囲で作用し、グルーオンによって伝えられる。

自然界の
4つの力

原子より小さい世界では、力は、直接押したり引いたりして伝えるのではなく、粒子によって伝えられます。氷の上に2人のスケーターが離れて立ち、1人が相手にボールを投げる様子にたとえましょう。ボールは投げた人からのエネルギーを伝え、受けた人に力を及ぼすので、受けた人はボールをキャッチしたときに後ろに動きます。

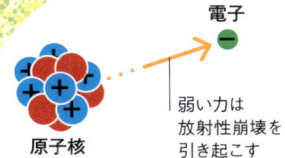

電子

弱い力は放射性崩壊を引き起こす

原子核

弱い力
放射性崩壊が起こるとき、クォークの種類が変化して原子核は粒子を放出する。この崩壊を起こす弱い力を伝えるのがWボソンとZボソンだと考えられている。

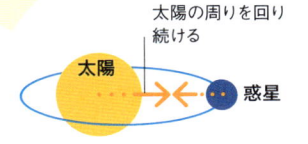

惑星は重力によって太陽の周りを回り続ける

太陽　　惑星

重力
重力は無限の範囲に作用する引力なので、この力の伝達をになうと考えられている未発見の重力子は、光速で動くはずだ。

粒子と波

粒子と波はまったく違うもののように見えます。光は波、原子は粒子です。ところが、光などの「波」が、電子などの「粒子」のように振る舞うことがあります。これを「粒子と波動（波）の二重性」といいます。

すべての粒子は波として振る舞うのか？

波として振る舞える粒子は、電子のような小さな粒子だけではないらしい。800個以上の原子でできた大きな分子にも、二重スリット実験で波のように振る舞うものがある。ただし、それが大きな分子すべてに当てはまるかどうかはわかっていない。

波としての光

二重スリット実験（ヤングの干渉実験）は、光が波として振る舞うことを示す簡単な方法です。スリット（細長い四角の穴）の開いた2枚の板を縦に並べて、光をあてたとき、最初に1本のスリットを通ることで出ていく光が限定され、次の2本のスリットを通るとこれが2つに分かれます。分かれた後の光がスクリーン（観察面）に当たると、そこに明暗の縞模様が映し出されます。光が粒子として振る舞うなら、結果は違うはずです。

粒子としての光

光が、砂粒のような単純な粒子のように振る舞うなら、光の各粒子はどちらか一方のスリットを通るので、スクリーンにできる光の帯は2本だけのはずだ。ところが、光がスリット2本を通り抜けると、実際には違うことが起こる（下記参照）。

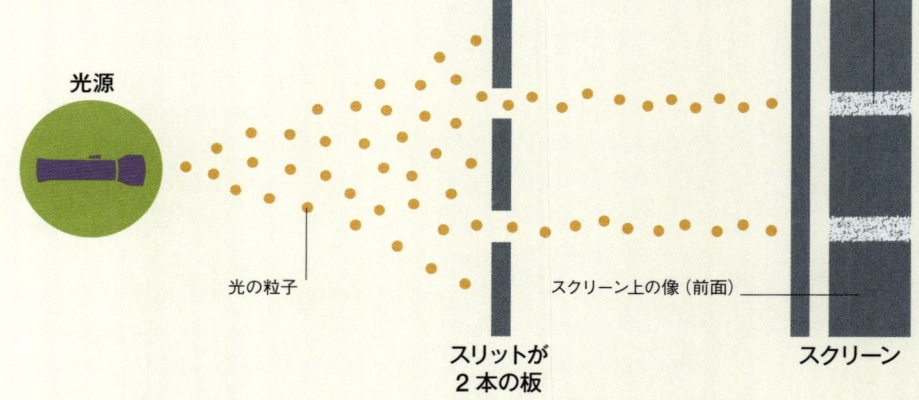

光源

光の粒子

くっきりとした光の帯

スクリーン上の像（前面）

スリットが2本の板

スクリーン

波としての光

波がスリットを通り抜けるとき、池に石を落としたときのような波紋が現れる。2本のスリットから出た2つの波紋が作用し合って、スクリーン上に明暗の縞模様（干渉縞）が映る。

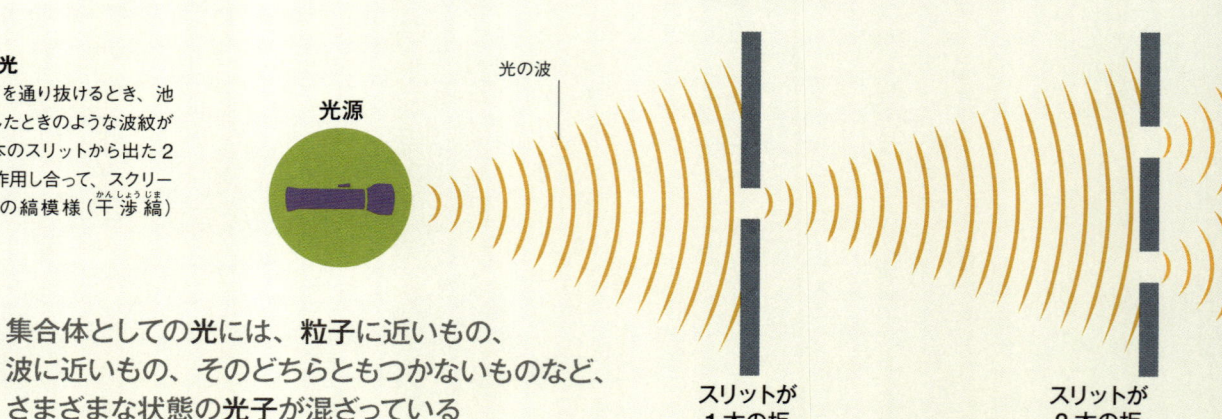

光源

光の波

スリットが1本の板

スリットが2本の板

集合体としての光には、粒子に近いもの、波に近いもの、そのどちらともつかないものなど、さまざまな状態の光子が混ざっている

粒子としての光

金属は光が当たると電子を放出することがありますが、それは光の波長（色）が適切な場合に限ります。これは光電効果と呼ばれ、光が光子という粒子として振る舞うために発生します。波長の長い赤い光の光子は、緑の光や紫外線など、波長の短い光の光子よりエネルギーが低く、金属電子を放出させるには不十分です。

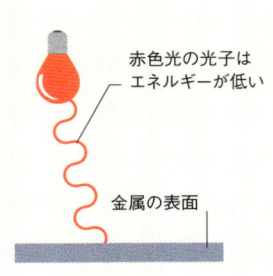

赤色光の光子はエネルギーが低い

金属の表面

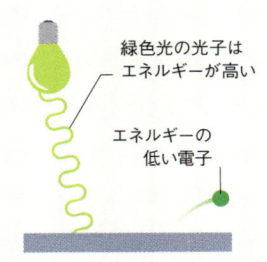

緑色光の光子はエネルギーが高い

エネルギーの低い電子

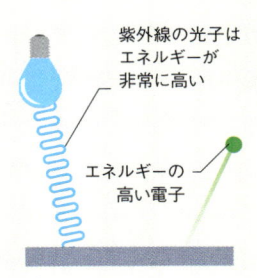

紫外線の光子はエネルギーが非常に高い

エネルギーの高い電子

赤色の光
赤い光の光子がもつエネルギーは低すぎて、どんなに明るくしても、たいていの金属で表面から電子を放出させるには不十分だ。

緑色の光
緑の光の光子は赤い光の光子よりも高いエネルギーをもっているので、金属の表面から電子を放出させることができる。

紫外線
紫外線の光子は非常に高いエネルギーをもっているので、金属の表面から高いエネルギーの電子を放出させることができる。

粒子と波動の二重性

電子や原子などの粒子を使って二重スリット実験を行うと、波で起こるのとまったく同じように明暗の帯状の干渉縞が生じます。つまり、粒子が波のように振る舞っているということです。これが粒子と波動（波）の二重性です。電子を1個ずつ発射したとしても、同じ干渉縞が現れます。これは、1つの粒子が波のような性質を示しそれが干渉を引き起こすためです。

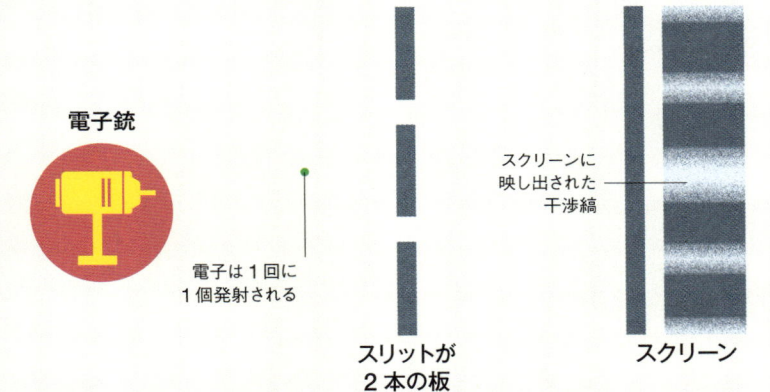

電子銃

電子は1回に1個発射される

スクリーンに映し出された干渉縞

スリットが2本の板

スクリーン

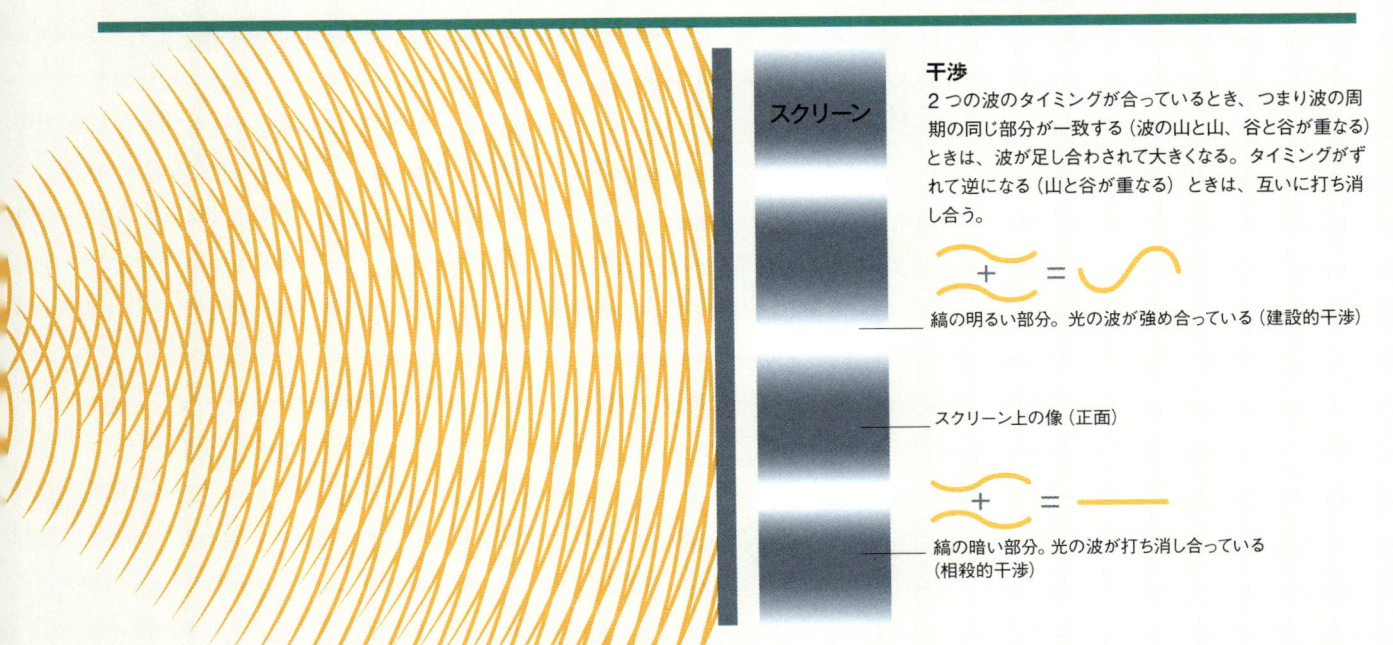

スクリーン

干渉
2つの波のタイミングが合っているとき、つまり波の周期の同じ部分が一致する（波の山と山、谷と谷が重なる）ときは、波が足し合わされて大きくなる。タイミングがずれて逆になる（山と谷が重なる）ときは、互いに打ち消し合う。

縞の明るい部分。光の波が強め合っている（建設的干渉）

スクリーン上の像（正面）

縞の暗い部分。光の波が打ち消し合っている（相殺的干渉）

量子の世界

亜原子粒子のレベルで起こることは、私たちが日常生活でなじんでいる通りではありません。粒子は波のようにも粒子のようにも振る舞い、エネルギー状態は不連続に変化します（量子跳躍）。まだ観測されていない粒子は予測できない状態である可能性があります。

エネルギーの単位

量子とは、エネルギーや物質などあらゆる物理的性質の可能な限りの最小量です。たとえば、光などの電磁放射の最小量は光子です。量子は目に見えません——量子単体の整数倍としてのみ存在します。

量子跳躍

原子の中の電子は、あるエネルギー準位（それに応じた電子殻）から別の準位（別の電子殻）に飛び移る「量子跳躍」はできるが、その中間のエネルギー準位にはなれない。電子は別の準位に移るとき、エネルギーを吸収または放出する。

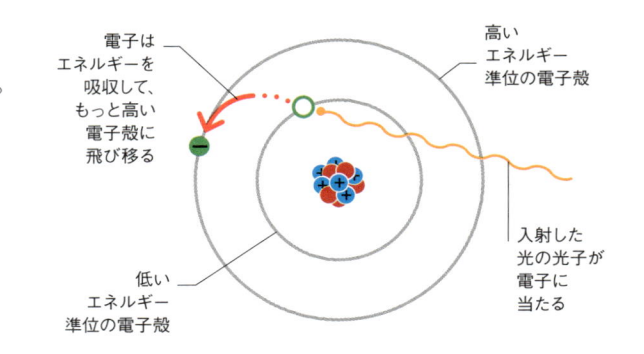

電子はエネルギーを吸収して、もっと高い電子殻に飛び移る

高いエネルギー準位の電子殻

入射した光の光子が電子に当たる

低いエネルギー準位の電子殻

不確定性原理

量子の世界では、電子や光子などの粒子の正確な位置と運動量（質量と速度の積）を同時に知ることは不可能です。これは不確定性原理として知られています。一方を正確に測定すれば、もう一方の測定誤差が極めて大きくなります。

位置か、運動量か？

電子の位置と運動量の両方を正確に知ることはできない。位置を正確に知るほど運動量は不正確になり、その逆もまたそうである、ということだ。

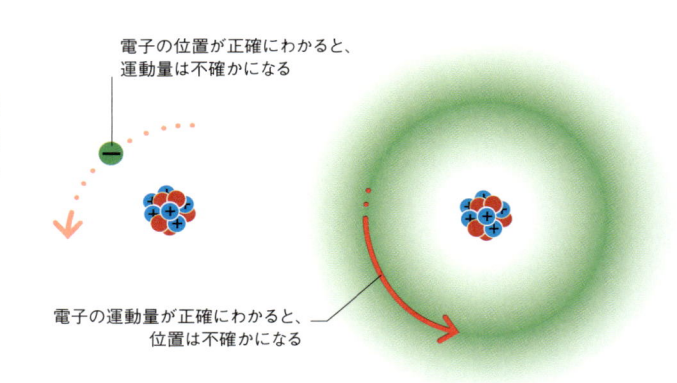

電子の位置が正確にわかると、運動量は不確かになる

電子の運動量が正確にわかると、位置は不確かになる

量子もつれ

量子もつれは奇妙な現象で、遠く離れた2つの亜原子粒子（電子など）が互いに影響をおよぼし合い、つまり「もつれて」いて、物理的に途方もない距離を隔てていても（たとえば異なる銀河にあっても）同期している、というものだ。その結果、一方を操作すると、もう一方も一瞬で変化する。同じように、一方の粒子の性質を測定すると、もう一方の性質もただちにわかる。

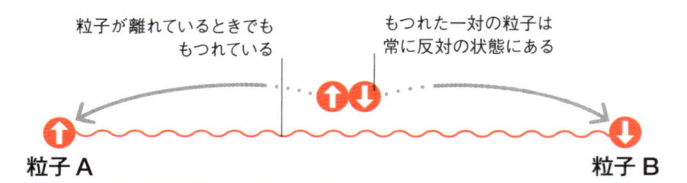

粒子が離れているときでももつれている

もつれた一対の粒子は常に反対の状態にある

粒子A

粒子B

テレポーテーションは可能か？

量子もつれを利用して、情報を約1200km離れた場所へ瞬間移動するテレポーテーション実験がすでに行われている。でも物理的なモノに関してはまだSFの世界の話だ。

量子力学的な宙ぶらりん状態

量子の世界では、粒子は観測されるまで一種の宙ぶらりん状態で存在しています。たとえば、ある放射性原子は、崩壊して放射線を出した可能性と、崩壊していない可能性の、両方が成り立つ、確定できない状態の可能性があるということです。この中間状態を「重ね合わせ」といいます。その粒子が観測されたり測定されたりしたときにだけ、どちらを選択したのかが「決まる」のです。これを専門用語で「重ね合わせが崩壊する」と表現します。重ね合わせは、亜原子粒子の事象は観測されるまでは決して「決まらない」ということを暗示しています——ここから、物理学者のエルヴィン・シュレーディンガーが考え出したのが、有名な思考実験「シュレーディンガーの猫」です。

シュレーディンガーの猫

1匹の猫を、毒の入ったビンと放射性物質と一緒に箱に入れて閉じ込める。放射性物質が崩壊して放射線が出ると、ガイガーカウンターが検知し、ハンマーを作動させてビンを割るので、毒が放出されて猫は死ぬ。でも、放射性崩壊は不規則に起こるので、箱の中を見ずに猫が生きているか死んでいるかを決めることは不可能だ。事実上、箱を開けるまで、猫は生きてもいるし死んでもいる。

エルヴィン・シュレーディンガー
彼にちなんで
名づけられた
月のクレーターがある

可能性のある
2 つの状態のうちの
一方の猫（生きている）

可能性がある
2 つの状態のうちの
もう一方の猫（死んでいる）

毒の入ったビン

ガイガーカウンターによって
作動するハンマー

ガイガーカウンターが
放射性崩壊を検知する

放射性物質

粒子加速器

粒子加速器は、亜原子粒子を光速に近い速度まで加速する装置です。物質やエネルギーや宇宙についての基本的な問題の解明を目指す研究に使われています。

粒子加速器の仕組み

粒子加速器は、高い電圧と強力な磁場によって生じる電場を使って、高いエネルギーの亜原子粒子（陽子や電子など）のビームをつくり出します。このビームを使って、ビームどうしを衝突させたり、金属の標的に照射したりする実験を行います。多くの粒子加速器は円形です。この場合、粒子はその円形軌道を周回するごとにエネルギーを増し、これを何度も繰り返してさらに加速したのちにようやく衝突します。

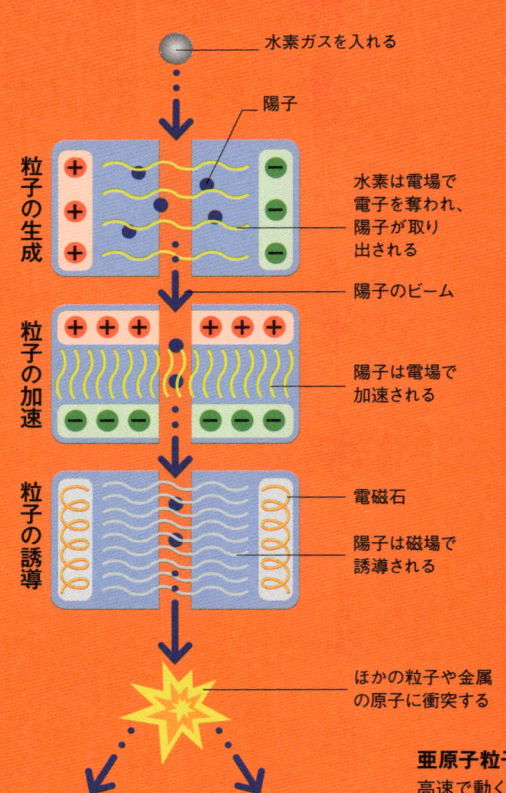

水素ガスを入れる

陽子

粒子の生成

水素は電場で電子を奪われ、陽子が取り出される

陽子のビーム

粒子の加速

陽子は電場で加速される

粒子の誘導

電磁石

陽子は磁場で誘導される

ほかの粒子や金属の原子に衝突する

放射線検出器

粒子検出器

亜原子粒子の衝突

高速で動く陽子は、水素ガスを電場に通すことで生成される。加速した陽子は磁場に誘導されて、ほかの亜原子粒子や金属中の原子に衝突する。この衝突で生じた放射線や粒子を検出器がとらえる。

原子より小さい世界の研究

粒子加速器は、おもに亜原子粒子レベルでの物質とエネルギーを研究するために用いられていますが、ダークマター（p.206 参照）とビッグバン（p.202 参照）直後の状態を調べるためにも使用されています。加速器はヒッグス粒子の発見だけでなく、存在が予想される特異な亜原子粒子の検出にも使われています。超新星に存在するかもしれないペンタクォーク（4 個のクォークと 1 個の反クォークからなる複合粒子）もその 1 つです。

CMS

CMS（小型ミューオンソレノイド）
ダークマターを構成する粒子の探索にたずさわる粒子検出器。ATLASと共に、ヒッグス粒子の発見にも関わった

1 つの方向に動く粒子のビーム

反対の方向に動く粒子のビーム

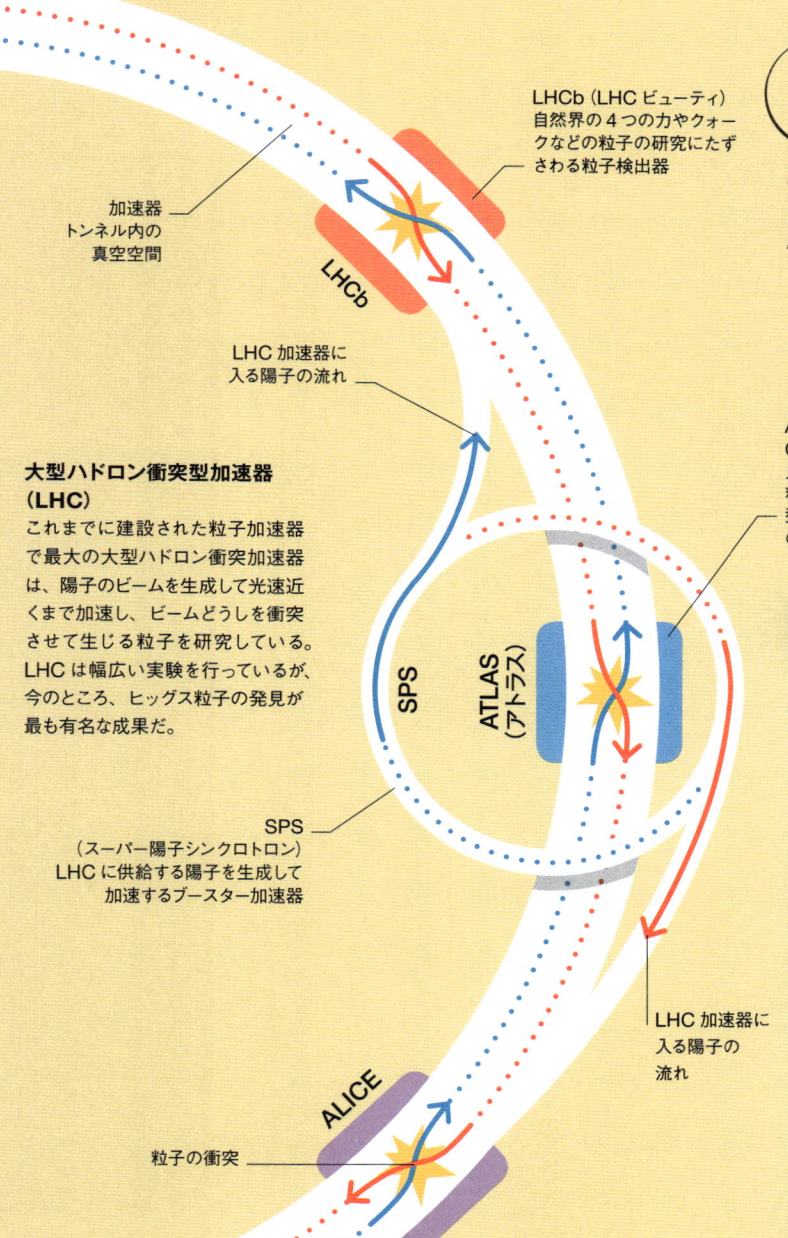

LHCb（LHC ビューティ）
自然界の 4 つの力やクォークなどの粒子の研究にたずさわる粒子検出器

加速器
トンネル内の
真空空間

LHC 加速器に
入る陽子の流れ

**⭕ LHC 内の粒子は
全周 27km の
円形トンネルの中を
1 秒間に 1 万 1000 回以上
周回している**

ATLAS（トロイド LHC 装置）
CMS と共にヒッグス粒子の発見にたずさわった高エネルギー粒子検出器。ATLAS 実験は大型国際協力プロジェクトで、日本の研究者も多数参加している

大型ハドロン衝突型加速器（LHC）

これまでに建設された粒子加速器で最大の大型ハドロン衝突加速器は、陽子のビームを生成して光速近くまで加速し、ビームどうしを衝突させて生じる粒子を研究している。LHC は幅広い実験を行っているが、今のところ、ヒッグス粒子の発見が最も有名な成果だ。

SPS
（スーパー陽子シンクロトロン）
LHC に供給する陽子を生成して
加速するブースター加速器

LHC 加速器に
入る陽子の
流れ

粒子の衝突

ALICE（大型イオン衝突実験装置）
ビッグバン直後に存在したとされる物質の状態を研究する検出器。ALICE 実験には、日本の研究者も参加している

ヒッグス粒子（ヒッグスボソン）

ヒッグス粒子は、ヒッグス場と呼ばれる場をになう素粒子だ。ヒッグス場は、陽子や電子などの粒子と相互作用し、その粒子に質量を生じさせると考えられている。ヒッグス粒子は雪原の雪のひとひらに例えられる。雪原、つまりヒッグス場は、さまざまな物体とそれぞれ違う相互作用をする。場と強く相互作用する（雪の中へ深く沈む）物体は大きな質量をもち、場と弱く相互作用する（雪の表面にのってあまり沈まない）物体は小さな質量をもつ。そして、場と相互作用しない物体は質量をもたない。

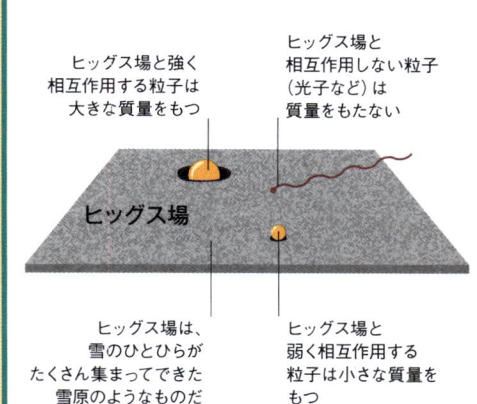

ヒッグス場と強く
相互作用する粒子は
大きな質量をもつ

ヒッグス場と
相互作用しない粒子
（光子など）は
質量をもたない

ヒッグス場

ヒッグス場は、
雪のひとひらが
たくさん集まってできた
雪原のようなものだ

ヒッグス場と
弱く相互作用する
粒子は小さな質量を
もつ

元素

元素は、1種類の原子しか含まない物質の構成要素で、これ以上小さい要素に化学的に分解することはできません。原子に含まれる陽子や中性子や電子の数は、原子によってさまざまですが、元素は陽子の数で決まります。周期表は、原子核内の陽子の数に従って元素を配列したものです。

周期表

元素は原子番号（陽子の数）の順に周期表に並んでいます。周期表では、横の行の左から右に向かって原子番号は大きくなっていきます。周期表での元素の位置はさらなる情報を示しています。たとえば、同じ縦の列に並ぶ元素は、どれも同じような化学反応の仕方をします。

原子量（相対原子質量）——各同位体の原子の質量にその存在比を掛けて平均したもの（p.25 参照）。括弧内の数字は、放射性元素で最も安定した同位体の質量数。

原子番号——1つの原子の原子核に含まれる陽子の数（p.25 参照）

元素記号——元素を表す記号

元素名

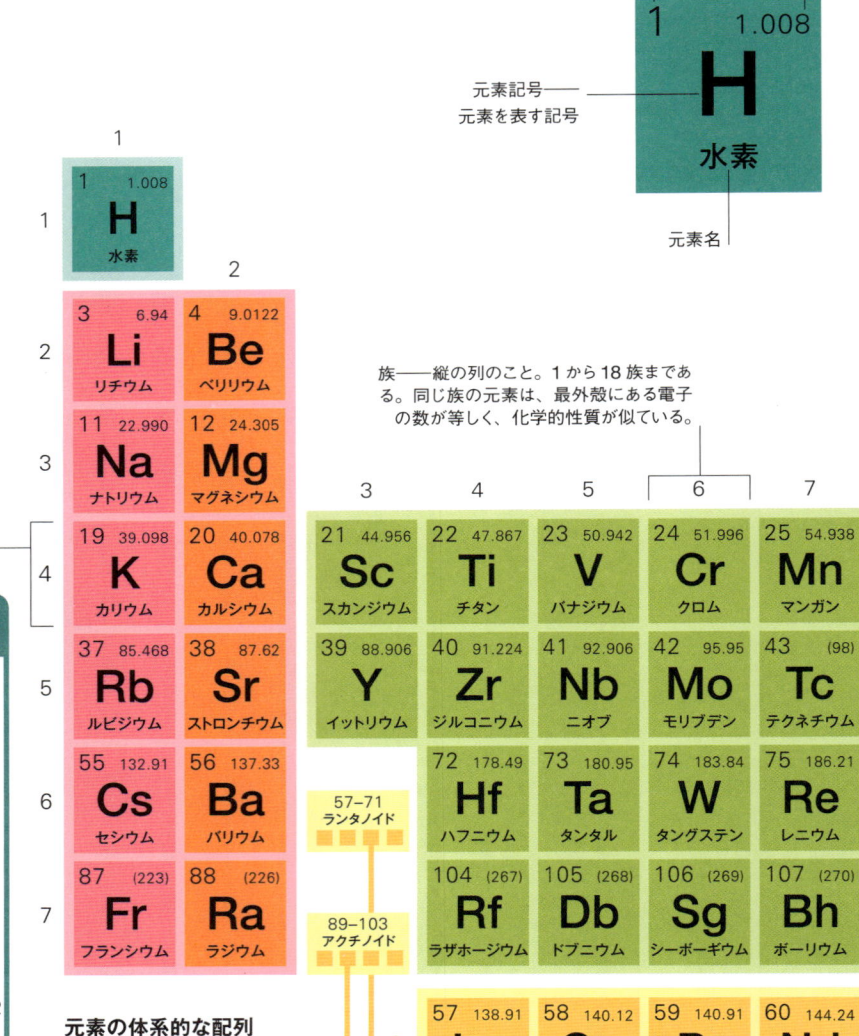

族——縦の列のこと。1 から18 族まである。同じ族の元素は、最外殻にある電子の数が等しく、化学的性質が似ている。

周期——横の行のこと。1 から7 周期まである。同じ周期の元素は、電子殻の数が等しい。

同位体

元素の同位体とは、陽子の数が同じで中性子の数が異なる原子なので、それぞれの質量は異なる。炭素の同位体を例にとると、自然界には中性子数が6 個と7 個と8 個の炭素が存在する。各同位体は化学的に同じような反応をするが、それ以外は異なる特性をもつ。放射線を出す放射性同位体もある。

炭素 12
6 個の中性子＋6 個の陽子＝質量数 12

炭素 13
7 個の中性子＋6 個の陽子＝質量数 13

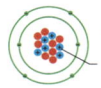
炭素 14
8 個の中性子＋6 個の陽子＝質量数 14

元素の体系的な配列

周期表では、原子番号は、同じ横の行を左から右へ、同じ縦の列を上から下へ行くにつれて大きくなる。行の右端は、1つ下の列の左端につながる。おおまかにいえば、金属は表の左側、非金属は右側にある。

凡例

 水素——反応性の高い気体

s ブロック元素

 アルカリ金属——柔らかくて、非常に反応性の高い金属

アルカリ土類金属——やや反応性の高い金属

d ブロック元素

 遷移金属——多様な金属の仲間で、役立つ性質をもつものが多い

p ブロック元素

 半金属——金属と非金属の間の性質をもつ元素

その他の金属——ほとんどが比較的柔らかい金属で、低い融点をもつ

炭素とその他の非金属

ハロゲン——非常に反応性が高い非金属

希ガス——無色で、反応性がとても低い気体

f ブロック元素

 ランタノイド：希土類に含まれる比較的希少な金属
アクチノイド：性質の似た、強い放射性をもつ元素

周期・族・ブロック

周期表の横の行を周期といいます。同じ周期のすべての元素は、電子軌道（p.25 参照）の数が同じです。また、周期表の縦の列を族といいます。同じ族の元素は、最も外側の電子殻にある電子の数が同じなので、同じような反応の仕方をします。4 つのおもな「ブロック」（左の凡例参照）は、最高エネルギー準位の電子の軌道の種類（s 軌道、p 軌道、d 軌道、f 軌道）（p.25 参照）ごとにブロック分けしたグループです。

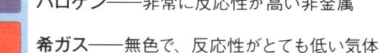

18
2　4.0026 **He** ヘリウム

13	14	15	16	17	
5　10.81 **B** ホウ素	6　12.011 **C** 炭素	7　14.007 **N** 窒素	8　15.999 **O** 酸素	9　18.998 **F** フッ素	10　20.180 **Ne** ネオン
13　26.982 **Al** アルミニウム	14　28.085 **Si** ケイ素	15　30.974 **P** リン	16　32.06 **S** 硫黄	17　35.45 **Cl** 塩素	18　39.948 **Ar** アルゴン

8	9	10	11	12	13	14	15	16	17	18
26　55.845 **Fe** 鉄	27　58.933 **Co** コバルト	28　58.693 **Ni** ニッケル	29　63.546 **Cu** 銅	30　65.38 **Zn** 亜鉛	31　69.723 **Ga** ガリウム	32　72.63 **Ge** ゲルマニウム	33　74.922 **As** ヒ素	34　78.97 **Se** セレン	35　79.904 **Br** 臭素	36　83.80 **Kr** クリプトン
44　101.07 **Ru** ルテニウム	45　102.91 **Rh** ロジウム	46　106.42 **Pd** パラジウム	47　107.87 **Ag** 銀	48　112.41 **Cd** カドミウム	49　114.82 **In** インジウム	50　118.71 **Sn** スズ	51　121.76 **Sb** アンチモン	52　127.60 **Te** テルル	53　126.90 **I** ヨウ素	54　131.29 **Xe** キセノン
76　190.23 **Os** オスミウム	77　192.22 **Ir** イリジウム	78　195.08 **Pt** 白金	79　196.97 **Au** 金	80　200.59 **Hg** 水銀	81　204.38 **Tl** タリウム	82　207.2 **Pb** 鉛	83　208.98 **Bi** ビスマス	84　(209) **Po** ポロニウム	85　(210) **At** アスタチン	86　(222) **Rn** ラドン
108　(277) **Hs** ハッシウム	109　(278) **Mt** マイトネリウム	110　(281) **Ds** ダームスタチウム	111　(282) **Rg** レントゲニウム	112　(285) **Cn** コペルニシウム	113　(286) **Nh** ニホニウム	114　(289) **Fl** フレロビウム	115　(289) **Mc** モスコビウム	116　(293) **Lv** リバモリウム	117　(294) **Ts** テネシン	118　(294) **Og** オガネソン

61　(145) **Pm** プロメチウム	62　150.36 **Sm** サマリウム	63　151.96 **Eu** ユウロピウム	64　157.25 **Gd** ガドリニウム	65　158.93 **Tb** テルビウム	66　162.50 **Dy** ジスプロシウム	67　164.93 **Ho** ホルミウム	68　167.26 **Er** エルビウム	69　168.93 **Tm** ツリウム	70　173.05 **Yb** イッテルビウム	71　174.97 **Lu** ルテチウム
93　(237) **Np** ネプツニウム	94　(244) **Pu** プルトニウム	95　(243) **Am** アメリシウム	96　(247) **Cm** キュリウム	97　(247) **Bk** バークリウム	98　(251) **Cf** カリホルニウム	99　(252) **Es** アインスタイニウム	100　(257) **Fm** フェルミウム	101　(258) **Md** メンデレビウム	102　(259) **No** ノーベリウム	103　(262) **Lr** ローレンシウム

放射性物質

放射性物質は、高いエネルギーをもつ放射線を放出する不安定な原子核をもっています。放射線は危険だと思われがちです。もちろん、誤った扱いをすれば危険なこともありますが、放射性物質は、私たちの社会における環境汚染の原因の1つである、化石燃料への依存を減らすのに役立つ可能性もあります。

放射線とは？

放射線は、高いエネルギーの波と高いエネルギーをもつ粒子の流れからなり、ほかの原子から電子をはじき出すことができます。大量の放射線を浴びると細胞内の DNA の損傷につながります。また、放射線によって体内に反応性の高いフリーラジカル（訳注：不対電子を1つ、またはそれ以上もつ分子・原子）が生じ、これが細胞を壊すこともあります。

さまざまな放射線

原子核から放出される粒子のうち、中性子2個と陽子2個からなるヘリウムの原子核をアルファ粒子（α波）、電子または陽電子をベータ粒子（β線）という。ガンマ（γ）線は高いエネルギーをもつ電磁波だ。

放射性原子

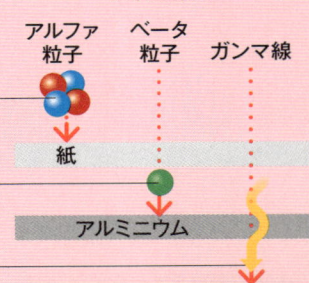

アルファ粒子 ベータ粒子 ガンマ線

アルファ粒子は1枚の紙でさえぎることができる

紙

ベータ粒子はアルミニウムの薄い板でさえぎることができる

アルミニウム

ガンマ線は2つを透過するが、数十センチの厚さの鉛でさえぎることができる

鉛

核エネルギー

原子が核分裂したり核融合したりするときに放出されるのが、核エネルギーです。原子力エネルギーと呼ばれることもあり、この熱エネルギーを使って水を沸騰させ、その水蒸気でタービンを回して発電することができます。この仕組みは化石燃料を利用する火力発電（p.84 参照）と同じです。

核分裂反応

核分裂反応では、原子核が分裂してエネルギーを放出する。原子力発電所では、核分裂の連鎖反応が暴走しないように、このプロセスを慎重に制御している。

不安定なウラン原子核が2つに分裂

原子核の分裂の際に大量の熱エネルギーが放出される

中性子

ウランの原子核

新たな中性子が別のウラン原子核にぶつかって、さらなる核分裂が始まる

高いエネルギーをもつ中性子

1 中性子が原子核にぶつかる
放射性物質（ウランが最も一般的）に衝突する中性子の一部が、原子核にぶつかるため、原子核が不安定になる。

2 原子核が分裂する
不安定な原子核は2つに分裂する。この分裂で原子核から大量のエネルギーと中性子が放出される。

3 連鎖反応が起こる
新たに生じた中性子が別の原子にぶつかって同様の核分裂を引き起こし、さらに中性子を放出し連鎖反応が始まる。

半減期と崩壊

放射性物質の半減期とは、物質が崩壊して元の半分の量に達するまでにかかる時間のことだ。急激に崩壊する物質もあれば、何百万年もかけて崩壊するものもある。核分裂反応炉で使用されるウラン235は、半減期が約7億400万年で、とてつもなく長い時間がかかるため、核廃棄物処理が困難になっている。

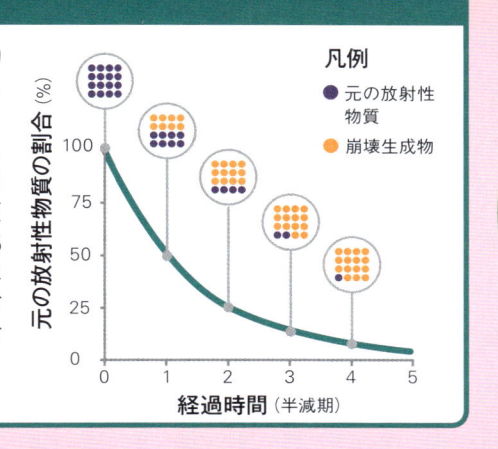

凡例
- 元の放射性物質
- 崩壊生成物

縦軸：元の放射性物質の割合（%）
横軸：経過時間（半減期）

核融合は安全なのか？

核分裂反応炉とは違って、核融合炉は、万が一故障や誤作動が起きてもプラズマが冷えて反応が止まるので、メルトダウンの危険がない。

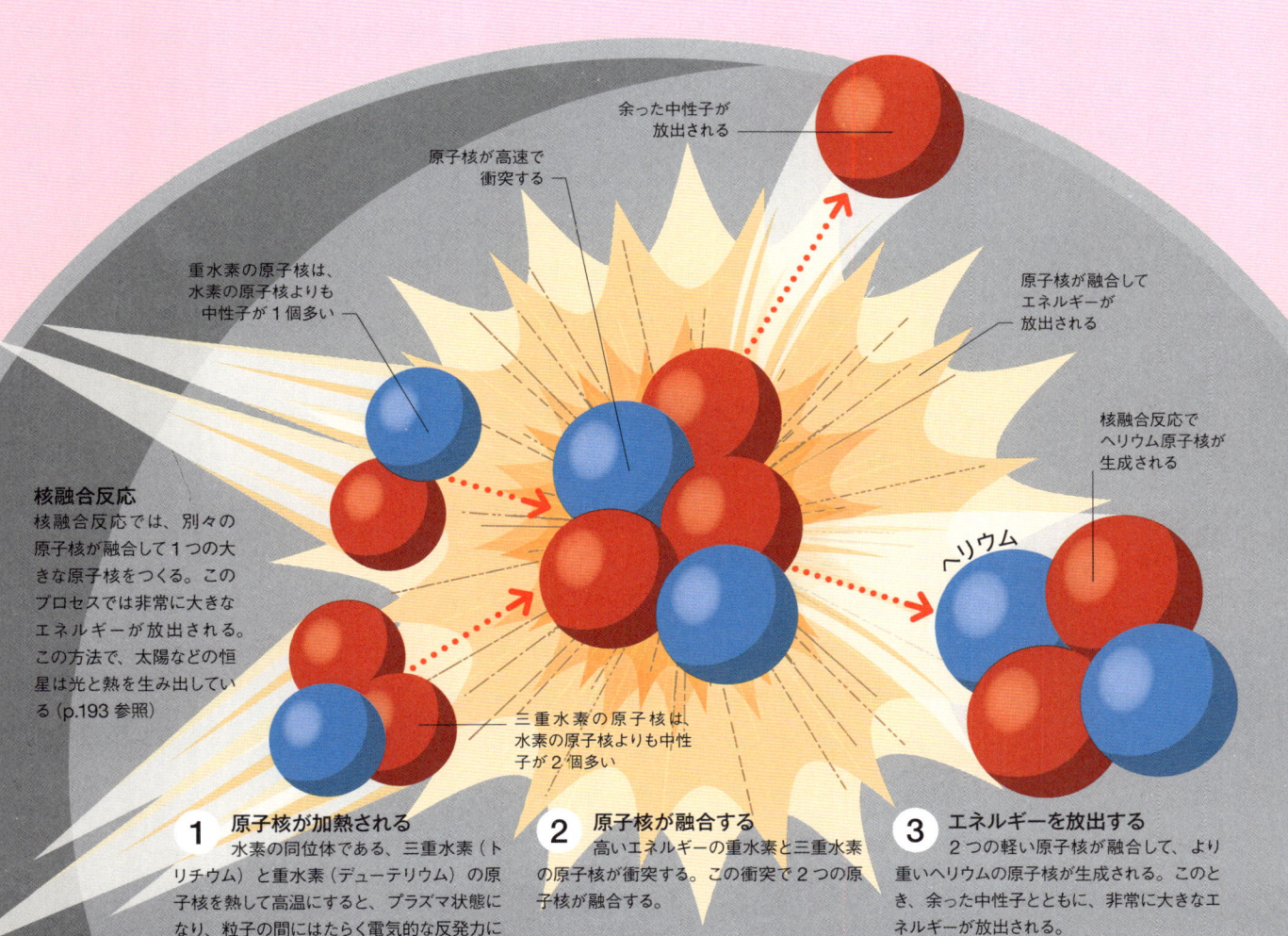

余った中性子が放出される

原子核が高速で衝突する

重水素の原子核は、水素の原子核よりも中性子が1個多い

原子核が融合してエネルギーが放出される

核融合反応でヘリウム原子核が生成される

ヘリウム

核融合反応
核融合反応では、別々の原子核が融合して1つの大きな原子核をつくる。このプロセスでは非常に大きなエネルギーが放出される。この方法で、太陽などの恒星は光と熱を生み出している（p.193 参照）

三重水素の原子核は、水素の原子核よりも中性子が2個多い

1 原子核が加熱される
水素の同位体である、三重水素（トリチウム）と重水素（デューテリウム）の原子核を熱して高温にすると、プラズマ状態になり、粒子の間にはたらく電気的な反発力に打ち勝つエネルギーが生じる。

2 原子核が融合する
高いエネルギーの重水素と三重水素の原子核が衝突する。この衝突で2つの原子核が融合する。

3 エネルギーを放出する
2つの軽い原子核が融合して、より重いヘリウムの原子核が生成される。このとき、余った中性子とともに、非常に大きなエネルギーが放出される。

混合物と化合物

異なる物質を混ぜ合わせたとき、次の2つのどちらかが起こります。1つは、反応が起こって新たな物質——化合物ができる場合、もう1つは、それぞれ元の物質のまま混ざり合って存在する、混合物になる場合です。

化合物

化合物は、2種類以上の元素の原子が化学結合しているものです。化合物の性質は、構成元素の性質によって大きく変わります。たとえば、水素と酸素は単体ではどちらも気体ですが、結合すると液体の水になります。

異なる元素の原子間の化学結合

混合物

砂と塩の混合物のように、多くの物質はただ混ぜ合わせても反応が起きず、化学的に変化しません。混合物に含まれる物質は、単独の原子だったり、1種類の元素でできた分子（単体）だったり、2種類以上の元素でできた分子（化合物）だったりします。

ある物質の粒子

別の物質の粒子

ろ紙

ろ紙の上に残った粒子

ろ紙を通過した液（ろ液）

混合液の分離

混合液に含まれる物質どうしは化学結合していないので、物理的な方法で分離できます。混合液の種類によって、それぞれふさわしい分離方法があります。たとえば、液体とそれに溶けない固体の混合液は、ろ過すれば固体が分離できます。そのほかのタイプの混合液では、クロマトグラフィー・蒸留・遠心分離など、より複雑な方法が必要になります。

ろ過

ごく小さな粒子や液体に溶けている粒子はろ紙を通過するが、大きい粒子や液体に溶けない粒子は通過できずに残る。たとえば、食塩水に溶けた塩（塩化ナトリウム）はろ紙を通るが、混合液に入っている砂は残る。

さまざまな混合物

混合物の種類はさまざまで、構成物質ごとの溶解度や粒子の大きさによって異なります。砂糖が水に溶けた砂糖水のように、物質が水に溶けると溶液になります（p.62-63 参照）。懸濁液（けんだく）や、粒子がさらに小さいコロイド溶液では、固体粒子が液に溶けずに、液体の中で分散してただよっています。

小さい粒子

溶質は完全に溶けている

大きめの粒子

食塩水

牛乳

泥水

真溶液
真溶液では、すべての構成物質が同じ状態（つまりこの例でいえば液体）になっている。水に塩（塩化ナトリウム）が溶けた状態は、真溶液だ。

コロイド溶液
コロイドでは、混合液全体に小さい固体粒子が分散している。粒子は目に見えないほど小さく、沈殿しない。

懸濁液（けんだく）
懸濁液では、ほこりぐらいのサイズの固体粒子が分散している。粒子は肉眼で見えて、沈殿することもある。

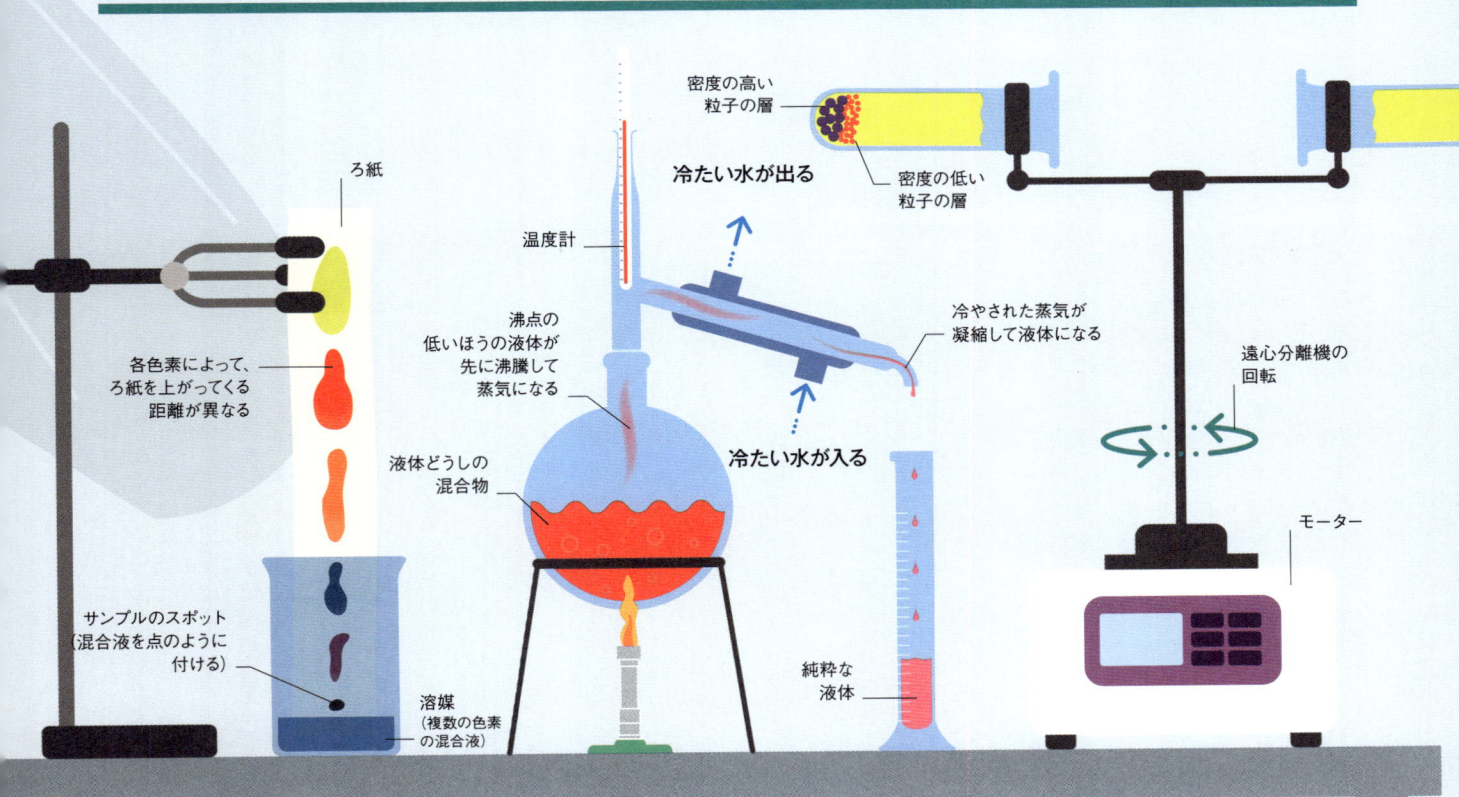

ろ紙

密度の高い粒子の層

冷たい水が出る

温度計

密度の低い粒子の層

各色素によって、ろ紙を上がってくる距離が異なる

沸点の低いほうの液体が先に沸騰して蒸気になる

冷やされた蒸気が凝縮して液体になる

遠心分離機の回転

液体どうしの混合物

冷たい水が入る

モーター

サンプルのスポット（混合液を点のように付ける）

溶媒（複数の色素の混合液）

純粋な液体

クロマトグラフィー
混合液の成分はクロマトグラフィーで分離できる場合が多い。ペーパークロマトグラフィーの場合、溶媒がろ紙の上部に向かって吸い上がるとき、各溶質がそれぞれ異なる距離まで運ばれる現象を利用している。

蒸留
沸点が異なる複数の液体の混合物は、蒸留で分離できる。混合液を加熱すると、沸点の低い物質から1種類ずつ蒸発する。蒸発ごとに冷たい水で蒸気を冷やすと凝縮して液体になるので取り出せる。

遠心分離
密度の異なる粒子の混合物や液体中に固体粒子がただよっているような混合液は、遠心分離機に入れて回転すると分離できる。密度の高い粒子や液体中の固体粒子が下のほうに層になる。

分子とイオン

分子は、2個以上の原子が結合してできた粒子です。分子を構成する原子は、同じ元素の場合もあれば、異なる元素の場合もあります。原子どうしを結びつけているのは、電気を帯びた粒子の間にはたらく力——電子の移動や共有によって生じる引力です。

電子殻

原子核の周りに電子が存在できる空間は、エネルギー状態（エネルギー準位）に応じて、いくつかの層にはっきり分かれています。この層が電子殻で、電子殻ごとに存在できる最大電子数は決まっています。原子核に一番近い電子殻には2個まで、2番目には8個まで、3番目には18個まで入ります。原子はエネルギー状態が最も安定する電子配置をとろうとします。それは、一番外側の電子殻（最外殻）に電子がすべて入り、空席のない状態です。

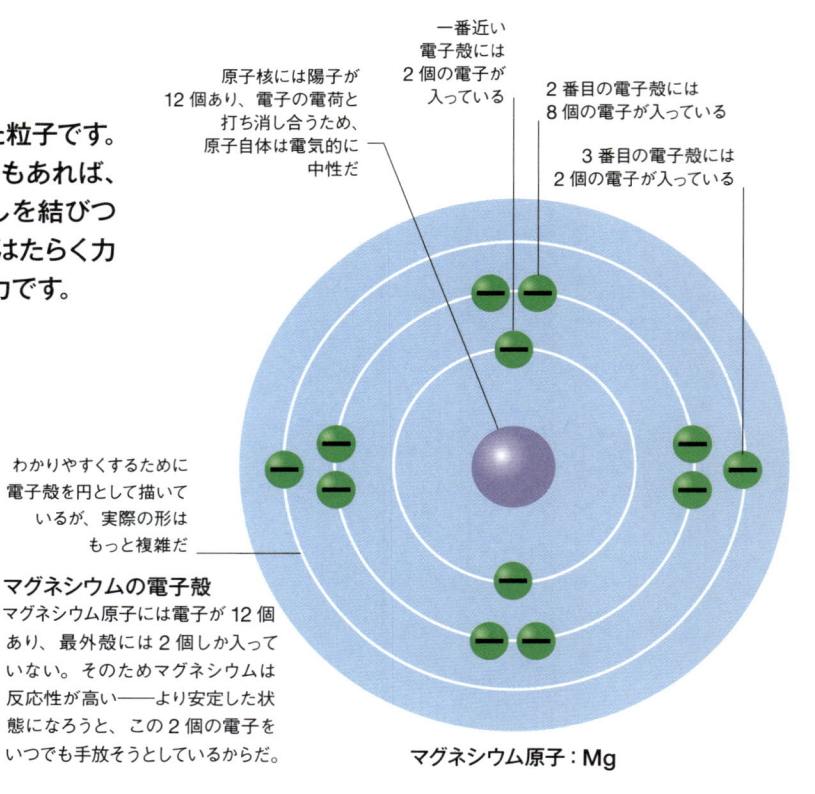

一番近い電子殻には2個の電子が入っている

原子核には陽子が12個あり、電子の電荷と打ち消し合うため、原子自体は電気的に中性だ

2番目の電子殻には8個の電子が入っている

3番目の電子殻には2個の電子が入っている

わかりやすくするために電子殻を円として描いているが、実際の形はもっと複雑だ

マグネシウムの電子殻
マグネシウム原子には電子が12個あり、最外殻には2個しか入っていない。そのためマグネシウムは反応性が高い——より安定した状態になろうと、この2個の電子をいつでも手放そうとしているからだ。

マグネシウム原子：Mg

イオンとは何か?

原子は電気的に中性です。原子核内の陽子がもつ正電荷（プラスの電気）が、電子のもつ負電荷（マイナスの電気）とつり合っているからです。しかし、安定した電子配置になろうとして、結果的に原子自体が電荷を帯びることがあります。この電荷を帯びた原子や分子をイオンといいます。原子のなかには、最外殻の1つか2つの空席を埋める電子を獲得することで、イオン化するものがあります。逆に、ナトリウムなど第1族元素のアルカリ金属（p.34参照）は、最外殻のいくつかの電子を手放すほうを好みます。いずれの場合も、原子のもつ電子と陽子の数が等しくなくなるので、原子は電荷を帯びることになります。

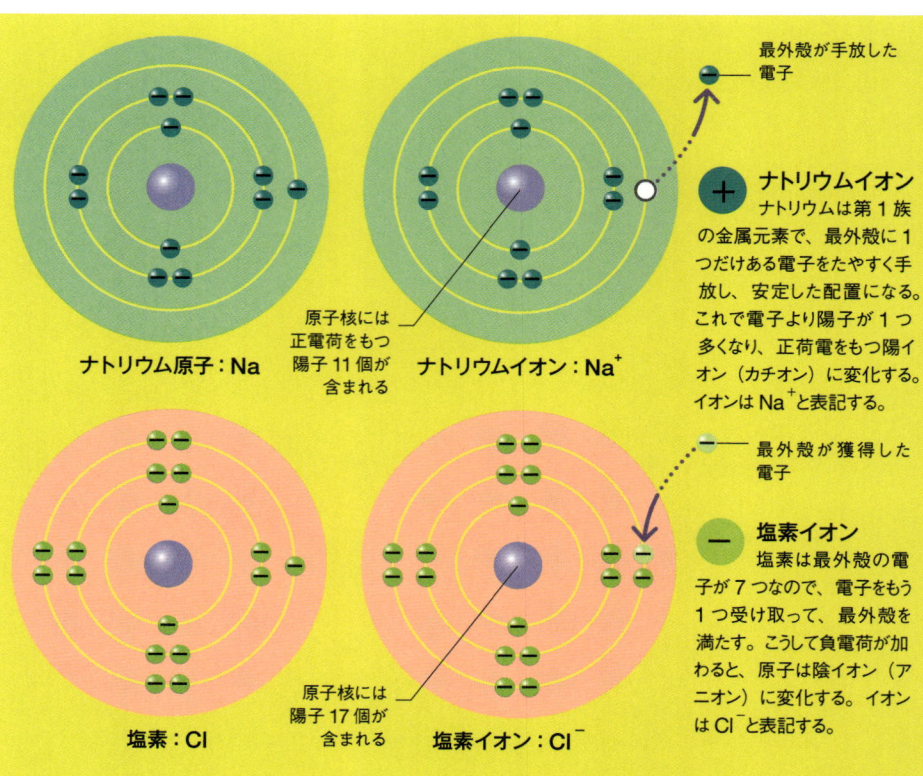

ナトリウム原子：Na

原子核には正電荷をもつ陽子11個が含まれる

ナトリウムイオン：Na$^+$

最外殻が手放した電子

ナトリウムイオン
ナトリウムは第1族の金属元素で、最外殻に1つだけある電子をたやすく手放し、安定した配置になる。これで電子より陽子が1つ多くなり、正荷電をもつ陽イオン（カチオン）に変化する。イオンは Na$^+$ と表記する。

塩素：Cl

原子核には陽子17個が含まれる

塩素イオン：Cl$^-$

最外殻が獲得した電子

塩素イオン
塩素は最外殻の電子が7つなので、電子をもう1つ受け取って、最外殻を満たす。こうして負電荷が加わると、原子は陰イオン（アニオン）に変化する。イオンは Cl$^-$ と表記する。

電子の共有 (共有結合)

2つの原子が結合するとき、電子を安定した配置にする方法として、互いの電子を共有する場合があります。この電子の共有による原子間の結合を共有結合といいます。この結合は、同じ元素の原子どうしや、周期表で近い2つの異なる元素の間でよく見られます。

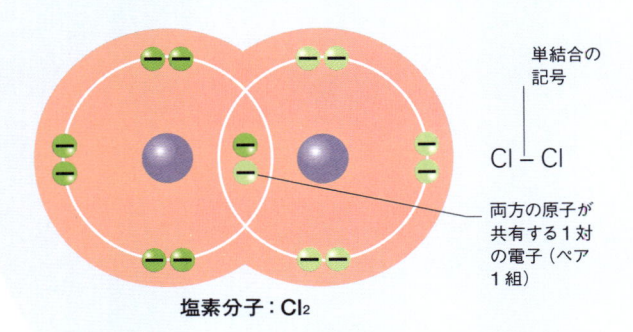

単結合の記号

Cl ― Cl

両方の原子が共有する1対の電子 (ペア1組)

塩素分子: Cl₂

単結合

塩素の最外殻電子は7個なので、2つの塩素原子は1個ずつ電子を出し合って共有し、それぞれの最外殻を満たす。塩素分子Cl₂は、この単結合によって形成されている。

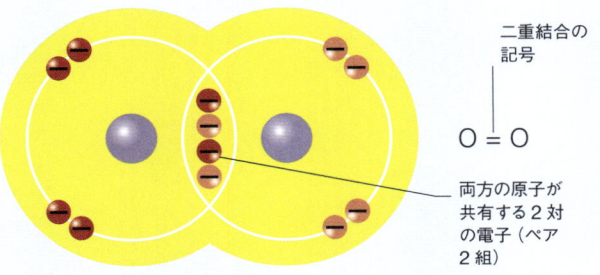

二重結合の記号

O = O

両方の原子が共有する2対の電子 (ペア2組)

酸素分子: O₂

二重結合

酸素の最外殻電子は6個なので、安定した配置になるためには2個ずつ電子を出し合って共有しなければならない。このように2対の電子を共有することを二重結合という。

電子の移動 (イオン結合)

最外殻の電子が1～3個の原子は、最外殻に空席のある原子に出会うと、最外殻電子を手放して相手の空席を埋めます。これによって陽イオンと陰イオンが生まれます。異なる電荷は引かれ合うので、これらのイオンは電気的に引かれ合って結合し、イオン化合物を生成します。

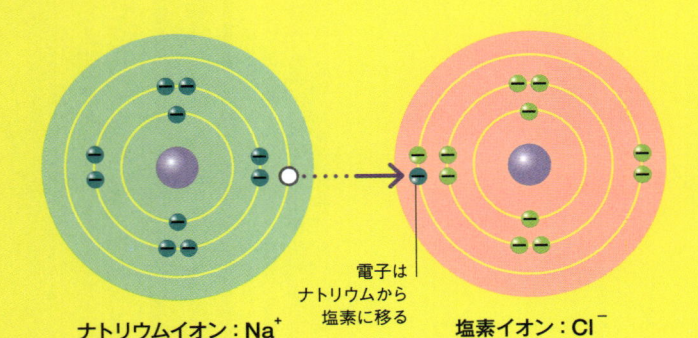

ナトリウムイオン: Na⁺

電子はナトリウムから塩素に移る

塩素イオン: Cl⁻

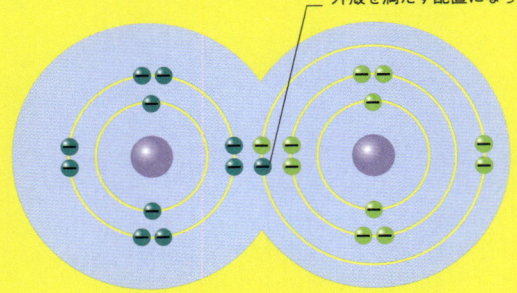

電子が移動することによって、ナトリウムと塩素の両方が最外殻を満たす配置になった

塩化ナトリウム: NaCl

1 電子の移動

ナトリウムの最外殻電子が塩素に移動して、どちらの原子も最外殻が満席になってイオン化し、ナトリウムの陽イオンと塩素の陰イオンが生成される。結合する原子の種類によっては、移動する電子が2個、3個、あるいはもっと多い場合がある。

2 イオン結合の形成

陽イオンと陰イオンは互いに引き合い、塩化ナトリウム (塩) と呼ばれる化合物を生成する。電荷が打ち消し合うので、化合物全体では電気的に中性になる。イオン化合物は、次々に結合して巨大な格子構造をつくる傾向があり、結晶 (p.60 参照) を形成することがよくある。

化学反応

化学反応は、原子と原子の結合が切れて物質が変化し、性質の異なる別の物質が生じるプロセスです。このような反応の多くは、私たちの体内で起こっており、私たちが生き続けるために不可欠です。

化学反応とは？

化学反応が起こるとき、原子は組み合わせを変えます。原子はレゴブロックのようなもので、いろいろな組み合わせがありますが、反応の前後でブロックの数と種類は変化しません。原子が具体的にどのように組み替えるかは、反応する相手によります。一緒に反応する物質を反応物、それらから生じる別の物質を生成物といいます。

不可逆反応

大部分の反応は、一方向にしか進まない不可逆反応だ。たとえば、塩酸（HCl）と水酸化ナトリウム（$NaOH$）を混ぜて、塩化ナトリウム（$NaCl$）と水（H_2O）を生成する反応もその1つだ。

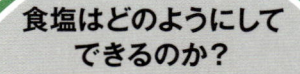

食塩はどのようにしてできるのか？

食塩は、ナトリウムと塩素を混ぜることでつくられる。2つを混ぜることで化学反応が起こり、塩化ナトリウムという化合物が生成される。これが食塩だ。

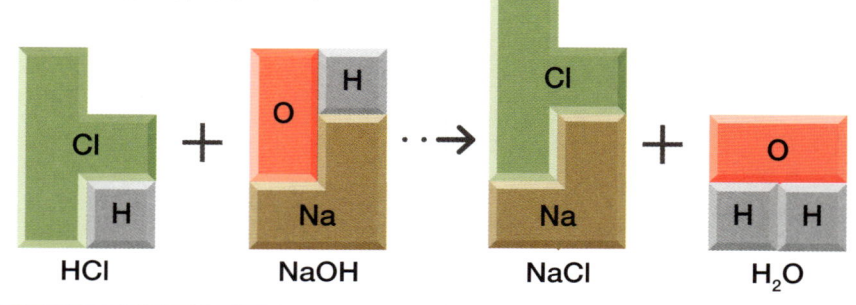

HCl   NaOH   NaCl H_2O

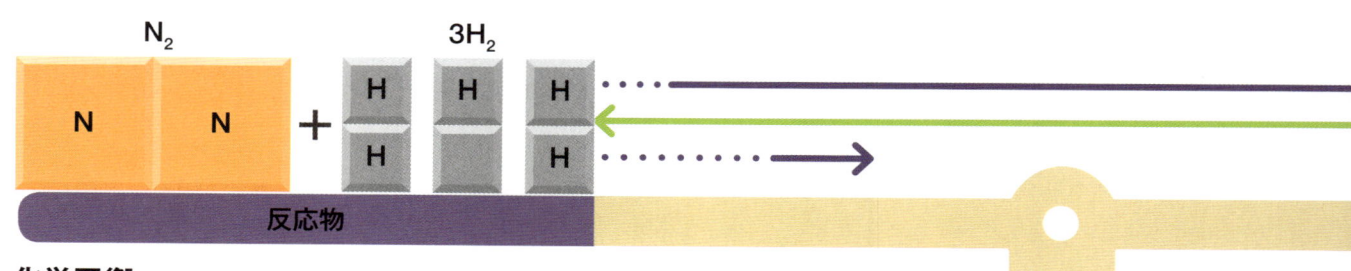

N_2 $3H_2$ 反応物

化学平衡

可逆反応では、反応物を混ぜ合わせると反応が始まり、生成物（この例ではアンモニア）ができますが、何も加えたり除いたりしないでしばらくすると、生成物の量の増加が止まります。この時点でも反応は両方向に起こっていますが、反応速度が等しくつり合っている状態です。これが化学平衡（平衡状態）です。

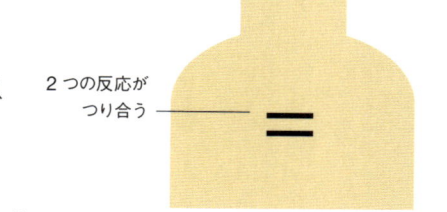

2つの反応がつり合う

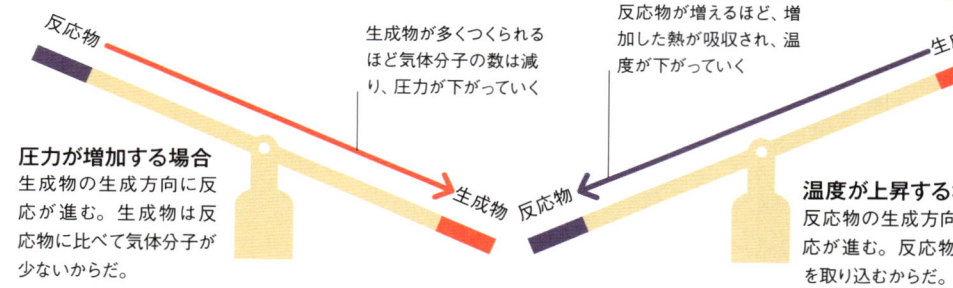

生成物が多くつくられるほど気体分子の数は減り、圧力が下がっていく

反応物が増えるほど、増加した熱が吸収され、温度が下がっていく

圧力が増加する場合
生成物の生成方向に反応が進む。生成物は反応物に比べて気体分子が少ないからだ。

温度が上昇する場合
反応物の生成方向に反応が進む。反応物が熱を取り込むからだ。

反応物の濃度が高くなる場合
生成物の生成方向に反応が進む。増加した反応物を減らそうとするためだ。

凡例

- 酸素 (O)
- 塩素 (CL)
- 水素 (H)
- ナトリウム (NA)
- 窒素 (N)

可逆反応

一部の反応では、生成物から再び反応物が生成される逆向きの反応が起こる。たとえば、窒素 (N_2) と水素 (H_2) からアンモニア (NH_3) が生成される反応はその1つだ。

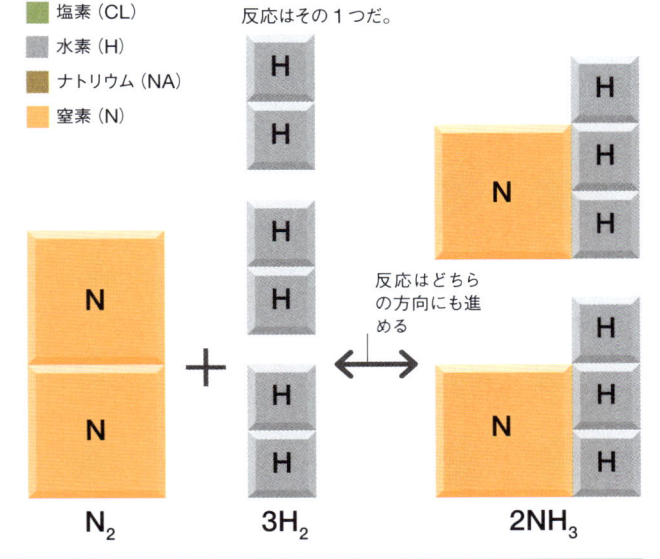

反応はどちらの方向にも進める

N_2　　　$3H_2$　　　$2NH_3$

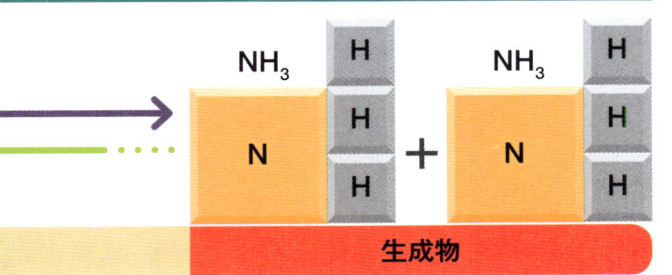

NH_3　　NH_3

生成物

平衡を崩すとどうなるか

可逆反応がつり合っているときに外部条件を変えると、平衡状態が崩れ、反応はその変化をやわらげる方向に進んで、新たな平衡状態に移動する。下の4つの例は、アンモニアの生成過程で、1つの外部条件を変化させたときにどんなことが起こるのかを示している。

化学反応は私たちの体の37.2兆個の細胞の中でたえず起きている

生成物
生成物
反応物

生成物の濃度が高くなる場合

反応物の生成方向に反応が進む。増加した生成物を減らそうとするためだ。

一般的な化学反応の種類

化学反応はいくつかのグループに分類できます。分子が結合することもあれば、複雑な分子が分解して単純な分子になることもあります。また、原子の位置が置き換わって別の分子がつくられることもあります。燃焼 (p.54-55 参照) もまた、反応の一種です。酸素が別の物質と反応して、発火するのに十分な熱と光が生じると、燃焼が起こります。

反応の種類	定義	化学反応式
合成	2個以上の元素や化合物が結合して、元よりも複雑な物質を生成する反応	A + B ↓ AB
分解	化合物が、元よりも単純な2種以上の物質に変化する反応	AB ↓ A + B
単置換反応	1つの化合物の中で、1つの元素が別のものに置き換わる反応	AB + C ↓ AC + B
二重置換反応	2つの異なる化合物の中の異なる原子が、置き換わる反応	AB + CD ↓ AC + BD

花火

花火が打ち上げられると、中で急速な化学反応が起こり、気体が放出されて爆発し、色のついた火花が中心から外に向かって広がる。色は使われている金属によって決まる。たとえば、炭酸ストロンチウムは赤い色を放つ。

化学反応とエネルギー

化学反応が起こるには、原子どうしの結合を切ったりつなげたりするエネルギーが必要です。反応性の高い物質は、わずかなエネルギーを得るだけで反応が始まりますが、それ以外の物質は、原子どうしの結合が強いために、加熱して高温にしないと反応が起こりません。

活性化エネルギー

反応を起こすには、活性化エネルギーを与える必要があります。反応のプロセスを山に例えるなら、スノーボーダーが山を滑り降りるには、まず山を登らなくてはならないということです。反応のなかには、反応物が混ざり合うと、すぐに反応が始まる場合があります。これは必要な活性化エネルギーが小さい反応です。強酸とアルカリの反応はこのタイプです。

登り始めの位置が高いと頂上まで登るのは簡単だ。同じように、活性化エネルギーが小さい反応は簡単に始まる

頂上に着けば下まで滑り降りられる。同じように、反応物はこの時点で十分なエネルギーを得たので、反応を始め、生成物を生成してエネルギー放出する

活性化エネルギー

エネルギー

化学反応の熱の出入り

物質はそれぞれ固有のエネルギーをもっている。生成物のもつエネルギーが反応物のもつエネルギーよりも小さい場合、その差に相当するエネルギーが熱として放出され、発熱反応となる。逆に、生成物のもつエネルギーが反応物のもつエネルギーよりも大きい場合、その差に相当するエネルギーが外部から熱として吸収され、吸熱反応となる。

放出されるエネルギー（熱）

登り始めの位置より滑り終えた位置が低ければ、登った分より多く滑ったことになる。同じように、反応物よりも生成物のエネルギーが低ければ、その差の分が熱になる。

酸化カルシウム ＋ 水

＝

水酸化カルシウム ＋ 熱

反応物のエネルギー＞生成物のエネルギーのとき
酸化カルシウムに水を混ぜると発熱反応が起こる。水酸化カルシウムは、反応物の酸化カルシウムと水よりも、もっているエネルギーが小さいので、その差の分だけ熱を放出しなければならない。

登り始めの位置が低い場合、頂上までたくさん登る必要がある。同じように、活性化エネルギーが大きい反応は簡単には始まらない

吸熱反応

粉末炭酸ジュースの素

粉末状の炭酸ジュースの素に含まれるクエン酸と重曹に唾液が触れると、溶けて反応し、二酸化炭素の泡が出るので、舌がシュワシュワした感じがする。この反応は吸熱反応なので、溶けた粉末は舌で冷たく感じる。

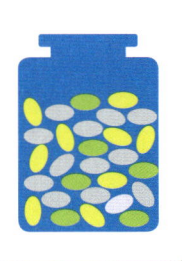

登り始めの位置より滑り終えた位置が高ければ、登った分より少なく滑ったことになる。同じように、反応物よりも生成物のエネルギーが高ければ、その差の分が吸収される

**セシウムは
非常に反応性が高く
空気中で自然に
燃え上がる
危険な物質だ**

活性化エネルギー

吸収されるエネルギー

炭酸カルシウム ＋ 熱

＝ 酸化カルシウム ＋ 二酸化炭素

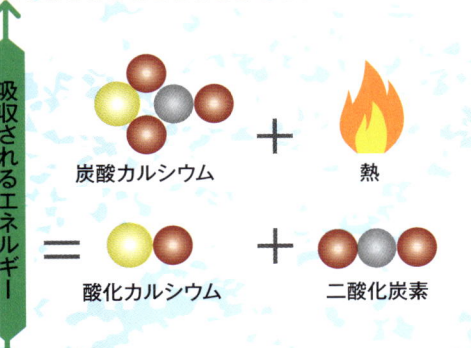

生成物のエネルギー＞反応物のエネルギーのとき
炭酸カルシウムを加熱する反応は吸熱反応だ。炭酸カルシウムは、生成物の酸化カルシウムと二酸化炭素よりも、もっているエネルギーが小さいので、その差の分だけ吸収しなければならない。

吸熱反応

反応速度

反応物の原子が十分なエネルギーをもってぶつかるときに限り、反応が起こります。温度を上げたり、濃度を高くしたり、反応物の表面積を増やしたり、容器の体積を減らしたりすると、衝突回数が増えて反応速度が上がります。

濃度を高くする
反応物を増やすと原子間の衝突も増えるので、反応速度が上がる。

濃度が低い　　濃度が高い

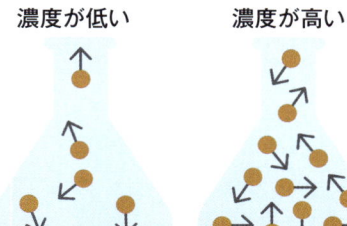

気体または液体

温度を上げる
原子の動きが速くなるので、より多くいっそう大きなエネルギーで衝突するようになる。

温度が低い　　温度が高い

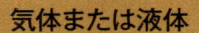
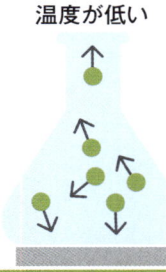
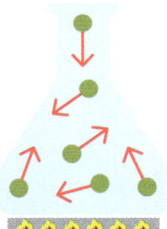

気体、液体、または固体

体積を減らす
容器が小さくなると原子は押されて互いに近づくので、より多く衝突するようになる。

体積が大きい

温度が低い

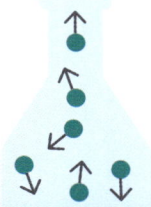
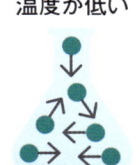

気体のみ

**反応物の
表面積を増やす**
衝突は固体の表面でのみ起こるので、表面積を増やせば反応速度が上がる。

表面積が小さい　　表面積が大きい

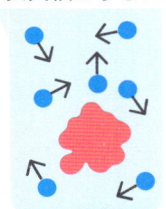
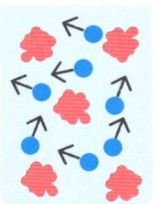

固体のみ

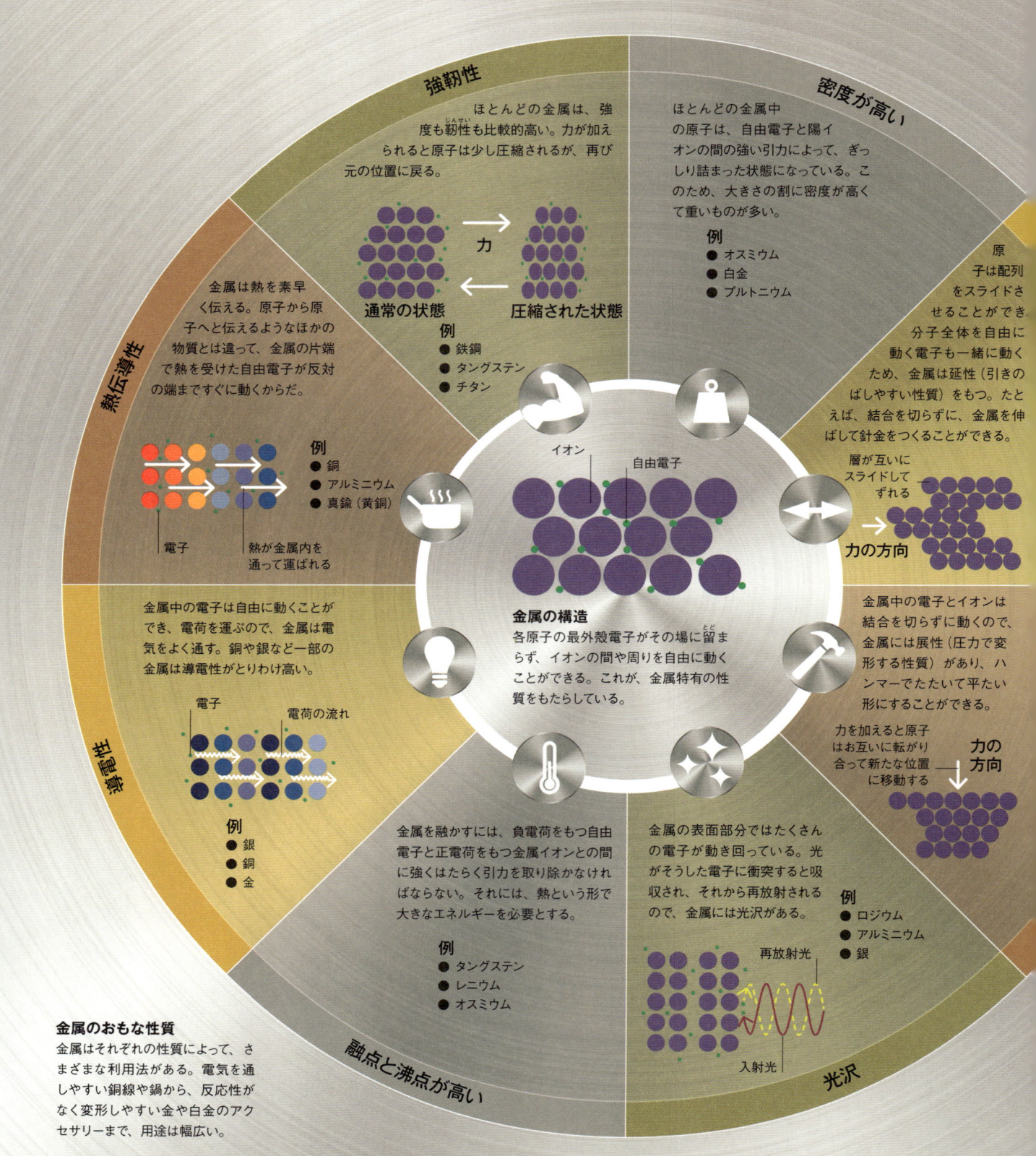

強靭性

ほとんどの金属は、強度も靭性（じんせい）も比較的高い。力が加えられると原子は少し圧縮されるが、再び元の位置に戻る。

通常の状態　→　力　→　圧縮された状態

例
● 鉄鋼
● タングステン
● チタン

密度が高い

ほとんどの金属中の原子は、自由電子と陽イオンの間の強い引力によって、ぎっしり詰まった状態になっている。このため、大きさの割に密度が高くて重いものが多い。

例
● オスミウム
● 白金
● プルトニウム

熱伝導性

金属は熱を素早く伝える。原子から原子へと伝えるようなほかの物質とは違って、金属の片端で熱を受けた自由電子が反対の端まですぐに動くからだ。

電子　　熱が金属内を通って運ばれる

例
● 銅
● アルミニウム
● 真鍮（黄銅）

原子は配列をスライドさせることができ分子全体を自由に動く電子も一緒に動くため、金属は延性（引きのばしやすい性質）をもつ。たとえば、結合を切らずに、金属を伸ばして針金をつくることができる。

層が互いにスライドしてずれる

力の方向

金属中の電子とイオンは結合を切らずに動くので、金属には展性（圧力で変形する性質）があり、ハンマーでたたいて平たい形にすることができる。

力を加えると原子はお互いに転がり合って新たな位置に移動する

力の方向

イオン　自由電子

金属の構造
各原子の最外殻電子がその場に留（とど）まらず、イオンの間や周りを自由に動くことができる。これが、金属特有の性質をもたらしている。

導電性

金属中の電子は自由に動くことができ、電荷を運ぶので、金属は電気をよく通す。銅や銀など一部の金属は導電性がとりわけ高い。

電子　　電荷の流れ

例
● 銀
● 銅
● 金

金属を融かすには、負電荷をもつ自由電子と正電荷をもつ金属イオンとの間に強くはたらく引力を取り除かなければならない。それには、熱という形で大きなエネルギーを必要とする。

例
● タングステン
● レニウム
● オスミウム

金属の表面部分ではたくさんの電子が動き回っている。光がそうした電子に衝突すると吸収され、それから再放射されるので、金属には光沢がある。

再放射光

入射光

例
● ロジウム
● アルミニウム
● 銀

金属のおもな性質
金属はそれぞれの性質によって、さまざまな利用法がある。電気を通しやすい銅線や鍋から、反応性がなく変形しやすい金や白金のアクセサリーまで、用途は幅広い。

融点と沸点が高い

光沢

金属元素

金属元素は、地球上で見つかる天然の元素の4分の3以上を占めています。物質としての状態も振る舞いも、元素によって大きく異なります。しかし、金属元素には、そのほとんどに共通する基本的な性質があります。

金属元素の性質

金属は結晶性物質なので、硬くて光沢があり、電気や熱の伝導性に優れるという傾向があります。また、高密度で融点や沸点が高いという性質がありながら、さまざまな方法で比較的簡単に固体を変形することができます。ところが、こうした傾向には従わない金属もあります。水銀は、外殻電子が非常に安定しており、ほかの原子と結合しない傾向があるため、室温で液体です。

さび

多くの金属、特に第1族の金属（p.34-35参照）は反応性が極めて高い。大部分の金属は酸素と結びついて酸化物をつくる。たとえば、鉄が大気中や水中の酸素と結びつくと、酸化鉄、つまり「さび」ができる。

延性

例
● 白金
● 銀
● 鉄

展性

例
● 白金
● 銀
● 鉄

合金

ほとんどの純金属は、柔らかく、もろくて、反応性が高すぎるので実用には向きません。これに対し、合金は、複数の金属を組み合わせたり、非金属と混ぜたりしてつくり出され、多くの場合、このような性質が改良されています。金属の割合や種類を変えると、合金の性質も変わります。一般的な合金である鋼鉄は、鉄と炭素とその他の元素の混合物です。鋼鉄の炭素を増やすと硬度が高まり、建築物に適した性質になります。クロムを加えると耐食性に優れたステンレス鋼になります。鉄以外の金属元素にも、車の部品やドリルなどに使用するため、耐熱性や耐久性や靭性（粘り強さ）を強化したものがあります。

オリンピックの金メダルは本物の金か？

金メダルといっても今は金を使わなくても構わない。純金の金メダルが授与されたのは1912年が最後だ。

合金の組成

銅を主原料とする一般的な合金は2つある。1つは青銅（ブロンズ）で、銅にスズを加えて硬度を高めている。もう1つの黄銅（真鍮）は、亜鉛を加えて展性と延性を高めた合金だ。ステンレス鋼もまた一般的な合金で、成分によってさまざまな性質がある。

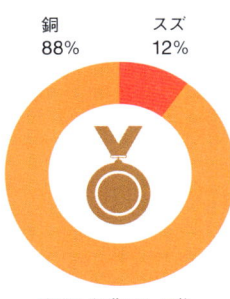

銅 88%　　スズ 12%

青銅（ブロンズ）

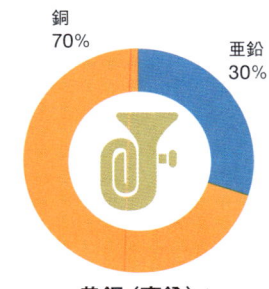

銅 70%　　亜鉛 30%

黄銅（真鍮）

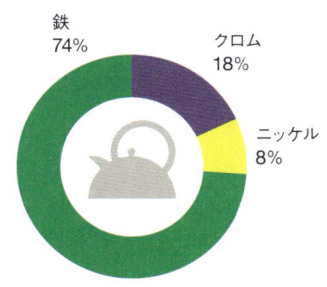

鉄 74%　　クロム 18%　　ニッケル 8%

代表的なステンレス鋼

水素

元素の1つである水素は、目に見える宇宙の90%を構成すると考えられています。水素は地球上の生命にとって不可欠です。そのおもな理由は、水素が、水や有機化合物（なかでも炭化水素と呼ばれるもの）の重要な構成要素であるということです。さらに、水素は未来のクリーンエネルギーとしても期待されています。

水素とは？

水素は、恒星や木星・土星・海王星・天王星といった惑星の主要な構成物質です。地球上では、標準の温度と気圧において、水素は無色で無味無臭の気体です。非常に燃えやすく反応性も極めて高いので、地球ではおもに水（酸素との化合物）のような分子の形で存在しています。水素と炭素は炭化水素と呼ばれる無数の有機化合物をつくり、多くの生き物の基礎をなしています。

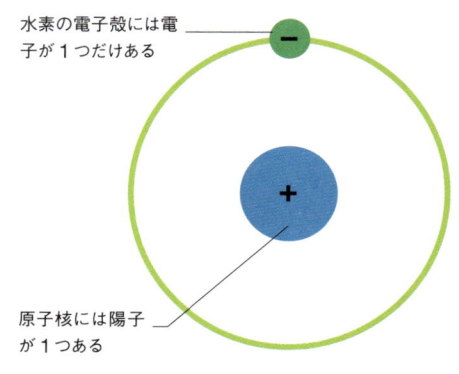

水素の電子殻には電子が1つだけある

原子核には陽子が1つある

最も単純な元素

陽子1つと電子1つだけで構成されている水素は、周期表（p.34-35 参照）で最も小さくて軽い、最も単純な元素だ。だが、水素はいくつもの複雑な方法で反応して、異なる種類の化学結合をし、酸と塩基の相互作用を成り立たせている。

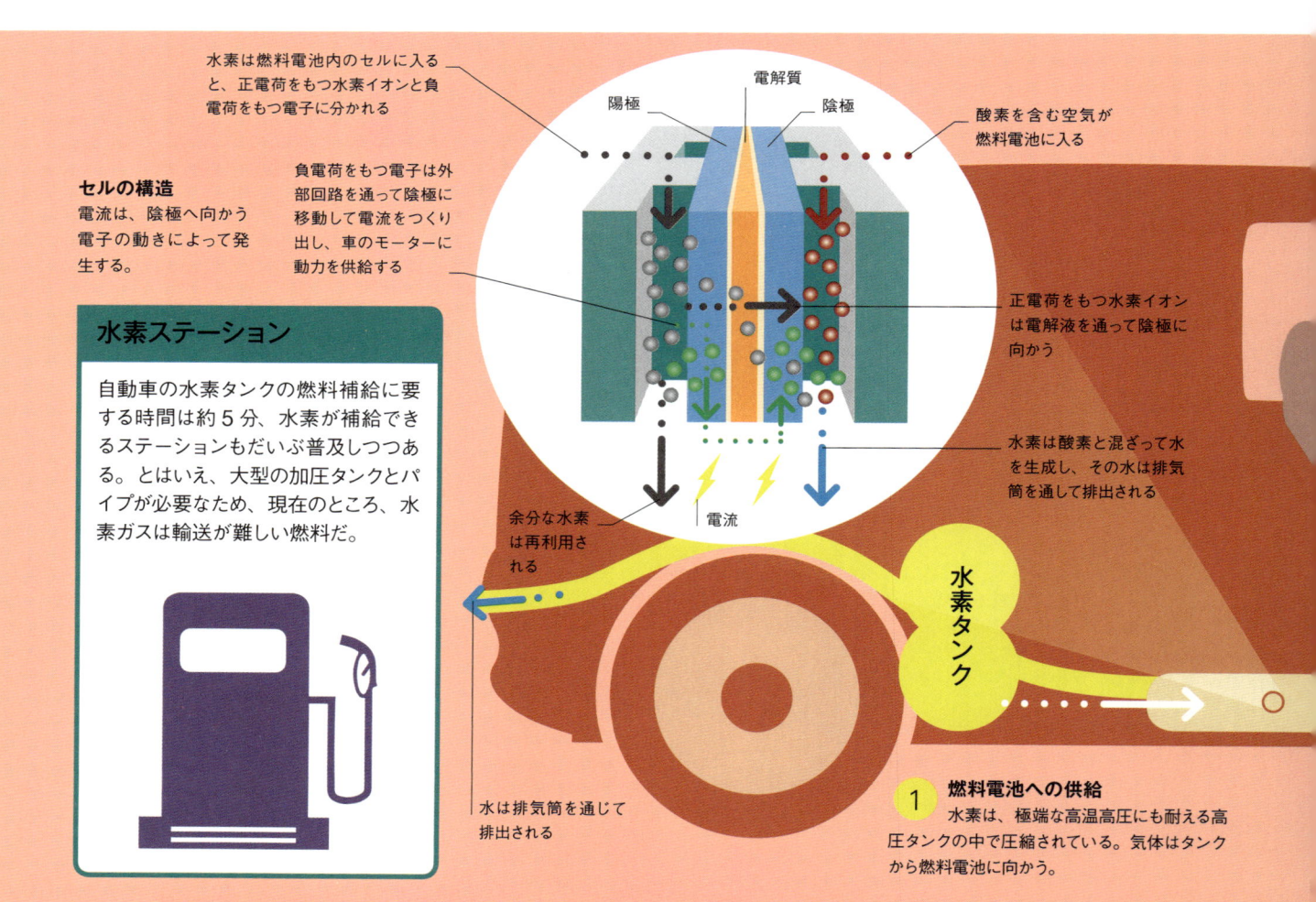

水素は燃料電池内のセルに入ると、正電荷をもつ水素イオンと負電荷をもつ電子に分かれる

陽極

電解質

陰極

酸素を含む空気が燃料電池に入る

セルの構造
電流は、陰極へ向かう電子の動きによって発生する。

負電荷をもつ電子は外部回路を通って陰極に移動して電流をつくり出し、車のモーターに動力を供給する

正電荷をもつ水素イオンは電解液を通って陰極に向かう

水素は酸素と混ざって水を生成し、その水は排気筒を通して排出される

水素ステーション

自動車の水素タンクの燃料補給に要する時間は約5分、水素が補給できるステーションもだいぶ普及しつつある。とはいえ、大型の加圧タンクとパイプが必要なため、現在のところ、水素ガスは輸送が難しい燃料だ。

余分な水素は再利用される

電流

水素タンク

水は排気筒を通じて排出される

1　燃料電池への供給
水素は、極端な高温高圧にも耐える高圧タンクの中で圧縮されている。気体はタンクから燃料電池に向かう。

水素を取り出す方法

水素を燃料として使うには、化合物から水素を取り出す必要があります。水素は水蒸気とメタンを反応させると取り出せますが、この方法では温室効果ガスが生じます。電気分解というもっとクリーンな方法では、電気を使って水を構成原子に分解します。しかし、この方法は効率が悪い場合が多く、エネルギー消費が大きいため、特殊な触媒で水分子を分解する別の方法が開発されています。

水の電気分解の仕組み

水に、水酸化ナトリウムなどの電解質を入れて電流を流すと、水溶液の中の分子が電子を失ったり獲得したりすることで、電荷を持つ粒子、イオンが生じます。負電荷のイオンが陽（＋）極に、正電荷のイオンが陰（－）極に引き寄せられることによって、各電極で電子を再び獲得または放出し、陽極では酸素、陰極では水素が発生します。

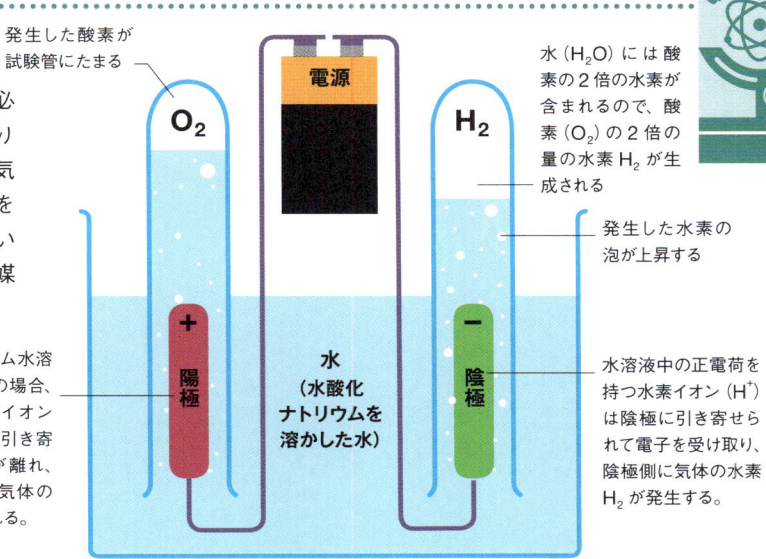

発生した酸素が試験管にたまる

O_2

電源

H_2

水（H_2O）には酸素の2倍の水素が含まれるので、酸素（O_2）の2倍の量の水素 H_2 が生成される

発生した水素の泡が上昇する

＋ 陽極

水（水酸化ナトリウムを溶かした水）

－ 陰極

水酸化ナトリウム水溶液の電気分解の場合、酸素を含む陰イオン OH^- が陽極に引き寄せられて電子が離れ、陽極側に水と気体の酸素が生成される。

水溶液中の正電荷を持つ水素イオン（H^+）は陰極に引き寄せられて電子を受け取り、陰極側に気体の水素 H_2 が発生する。

将来の燃料

水素を利用する燃料電池自動車は圧縮水素のタンクを使用し、そこから燃料電池スタック内のそれぞれのセルに水素を供給する。セルの中では、水素と酸素が電気化学反応を起こし、発電して車のモーターに動力を与える。

水素を利用する燃料電池自動車

水素はエネルギーを蓄え、それを利用可能な形で引き出せる物質で、ガソリンに代わる有望な代替燃料です。しかし、水素は気体ゆえに単位体積当たりのエネルギーがガソリンよりは小さいので、高圧で貯蔵しなければなりません。これにはエネルギーを必要とする特別な装置や設備が必要で、そのせいで二酸化炭素などが排出されてしまいます。このため、水素を気体の状態ではなく、金属水素化物（金属と水素の化合物）の形にすることで貯蔵や輸送の仕方を改善する方法が開発されつつあります。これは水素を固体の形で保存し、可逆的化学反応（p.42-43 参照）を起こすことで必要に応じて純粋な水素を放出させる方法です。これによって貯蔵に関する問題は一部回避されるものの、この化合物の重量など別の問題が生じています。

出力調整装置は、燃料電池のセルから電気を取り出し、モーターへの流れを制御する。

出力調整装置

燃料電池スタック ・・・・→ モーター

2 電気に変換
燃料電池スタックは、セルと呼ばれる構造が何百と積み重なったものだ。それぞれのセルで、水素と酸素が化合して電気をつくり出す。このプロセスはガソリン駆動車のエンジン内の燃焼よりもはるかに効率がよい。

3 エンジンに動力を供給
電気モーターは直接タイヤを駆動するので、内燃エンジンよりも音が静かだ。エネルギーの浪費が少ないため、効率もよい。

炭素

炭素という元素は、あらゆる生き物の 20％を占めています。科学的に知られている複雑な分子の大半は、炭素原子を構成要素として含んでいます。炭素ほどさまざまな分子構造をつくり、多彩に振る舞う元素はほかにありません。

炭素はなぜ特別なのか？

炭素原子はほかのさまざまな原子と結合して、驚くほど多種多様な分子になります。炭素原子には最外殻に 4 個の電子があり、それによって 4 つの強力な結合がつくれます。最もよくあるのは炭素原子がより小さい水素原子と結合するか、炭素どうしで結合することですが、その他の元素がこの結合の一部に加わることもあります。その結果、炭素どうしが結合した「骨格」と、外側に水素の「皮」をもったさまざまな分子——炭素が 1 つしかない単純な構造のメタンから、膨大な数の炭素が連なる長い鎖をもつ化合物まで——が存在するのです。

「有機」とはどういう意味か？

化学的な意味では、「有機」物質とは炭素を含む物質ということだ。この用語は通常、炭素と水素の組み合わせが入った化合物のみを指す。

炭素の原子核には正電荷を持つ陽子6個が必ず含まれる

炭素の内側の電子殻には電子が 2 個存在し、原子核の周りを回っている

ほとんどの炭素は原子核に 6 個の中性子をもっている。しかし、中性子数の異なる同位体もまれに存在する

それぞれの共有結合は、水素から1個と炭素の最外殻から1個、合わせて2個の電子を共有している

水素の原子核は陽子1個でできている

炭素と水素の結合
炭素原子はとなり合う原子と共有結合をする（p.40-41 参照）。それぞれの最外殻電子が強いつながりで共有されるということだ。1 個の炭素原子は 4 個の水素原子と結合してメタン分子をつくる。

鎖と輪——鎖式化合物と環式化合物

炭素とほかの原子が結合して分子をつくる方法は無数にある。それらの化合物は分子の形によって固有の特徴をもっている。最も短い鎖状の化合物は、炭素 2 個のエタン（C_2H_6）という天然ガスだ。鎖が十分に長くなると鎖の両端の炭素原子が近づいて輪をつくる。原油の液体成分ベンゼン（C_6H_6）もその 1 つだ。

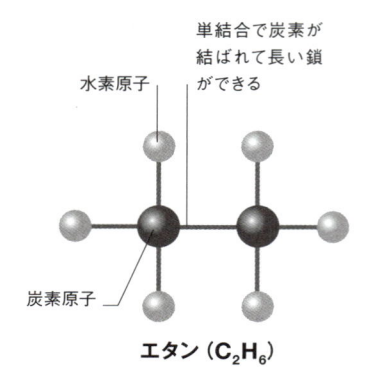

単結合で炭素が結ばれて長い鎖ができる

水素原子

炭素原子

エタン（C_2H_6）

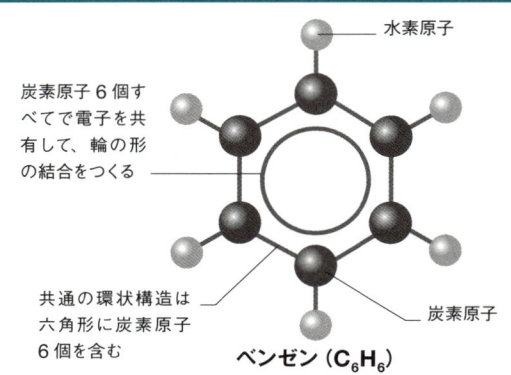

水素原子

炭素原子 6 個すべてで電子を共有して、輪の形の結合をつくる

共通の環状構造は六角形に炭素原子6個を含む

炭素原子

ベンゼン（C_6H_6）

炭素の同素体

同じ元素の原子だけでできた物質のうち、構造や結合の仕方が異なるものどうしを同素体といいます。同素体どうしは化学的・物理的性質が異なります。固体の炭素にはおもに3つの同素体があります。パイのような層状構造のグラファイト、とびぬけて硬いダイヤモンド、中が空洞の「鳥かご」状のフラーレンです。

グラファイト

グラファイトが層状なのは、炭素原子が平らなシート状に結合し、おのおのの層が互いにずれて層になっているからだ。各炭素原子は4つではなく3つの単結合をしているので電子が余り、それが層の中を動き回っているために電気を通す性質がある。

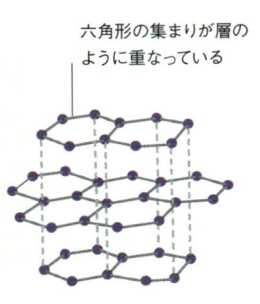
六角形の集まりが層のように重なっている

ダイヤモンド

ダイヤモンドは3次元の結晶構造で、各炭素原子が別の4原子と結合している。このため、全体構造は強く非常に硬い。自由電子は存在しないので、グラファイトとは違って、電気を通す性質はない。

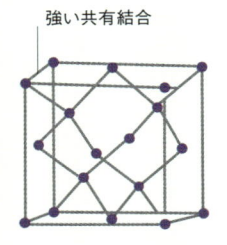
強い共有結合

フラーレン

フラーレンは、炭素原子が球状か管状の「鳥かご」のように配列している。中が空洞なのに構造的に硬くて強く、この独特な原子配列には、テニスラケットのグラファイト素材の強化など多くの用途がある。

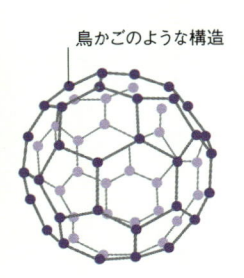
鳥かごのような構造

世界最大のダイヤモンド原石カリナンの重量は

621.35 グラム
（3106.75 カラット）

生命の構成要素

炭素を含む複雑な分子のほとんどが生き物の体内にあります。体内の炭素原子は、常に酸素、窒素などの元素と結合して生化学物質、すなわち生命の分子を形成しています。そうした分子のほとんどは、タンパク質、炭水化物、脂質、核酸というおもな4つのグループに分けられます。いずれも、代謝作用といわれる一連の複雑な反応によって生成されます。

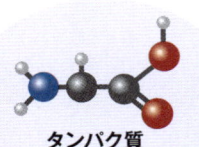

タンパク質

炭素を含むアミノ酸は、タンパク質と呼ばれる鎖式化合物を形成して、筋肉など細胞組織をつくり出すとともに、細胞内の反応も促進する。

炭水化物

炭素は炭水化物の構成要素として欠かせない。糖類はその最も単純なもので、分解されてエネルギーを放出する。

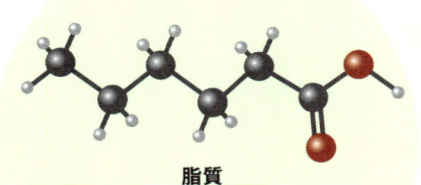

脂質

油脂の仲間をまとめて脂質と呼ぶ。脂質には炭素・水素・酸素で構成される脂肪酸の分子が含まれる。多くはエネルギー貯蔵のはたらきをする。

凡例
- ● 炭素
- ○ 水素
- ● 酸素
- ● 窒素

DNA 二重らせんの主鎖は糖でできている

核酸

DNA などの核酸は、遺伝的情報を運ぶ複雑な分子で、窒素・リン・炭素でできている。

空気

空気とは、大気中にある気体の混合物です。空気は生物が生きてゆくために不可欠なものです。動物には呼吸のための酸素、植物には光合成で使う二酸化炭素をもたらします。しかし、空気が汚染されると、これらのプロセスに影響が及び、私たちの健康が損なわれる可能性があります。

空気の組成

空気は大部分が窒素で、約20%が酸素、1%がアルゴン、そのほかに二酸化炭素（CO_2）などの気体が少ない割合で含まれます。水蒸気は場所によって含有量のばらつきが大きいので通常は組成には含めませんが、湿潤な気候では空気の5%を占めます。人間の活動は空気の組成を変えます。最も著しいのは、CO_2量の増加です。

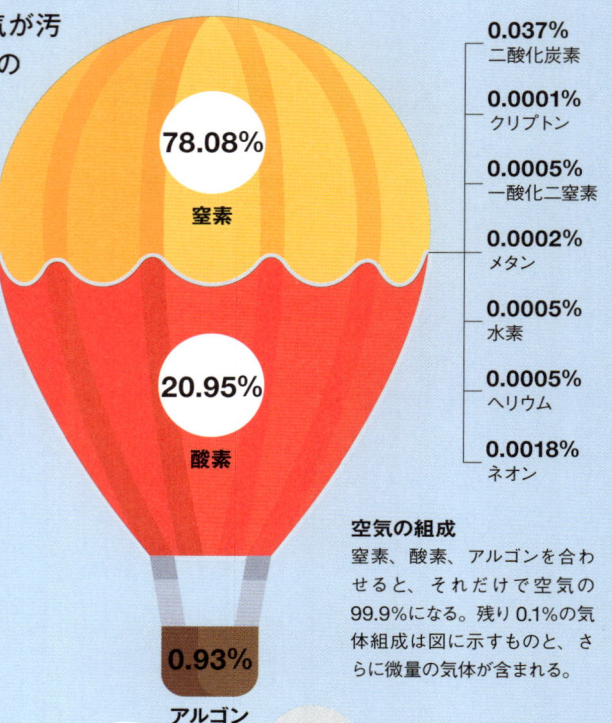

0.037% 二酸化炭素
0.0001% クリプトン
0.0005% 一酸化二窒素
0.0002% メタン
0.0005% 水素
0.0005% ヘリウム
0.0018% ネオン

78.08% 窒素
20.95% 酸素
0.93% アルゴン

空気の組成

窒素、酸素、アルゴンを合わせると、それだけで空気の99.9%になる。残り0.1%の気体組成は図に示すものと、さらに微量の気体が含まれる。

世界人口の **92%**
これほどの人々が **WHO** の
ガイドラインを満たさない
汚染された空気を吸っている

大気汚染

大気汚染は深刻な問題です。世界保健機構（WHO）によると、結核とHIV（エイズ）感染と交通事故の死者数の合計よりも、汚染された空気を原因とする死者数のほうが多くなっています。発展途上国では、家庭で木材をはじめとする燃料を燃やすことが最大の空気汚染源になっています。都市では、自動車の排ガスや、家屋からの排出物によって、地域的な汚染度が高くなっています。これによって喘息（ぜんそく）やその他の呼吸器疾患を悪化させることもあります。特に有害なのは、空中を浮遊する微小な粒子や液体の粒からなる複雑な混合物など、肺の奥深くまで到達する粒子状物質です。

一次汚染物質とその発生源

大気中に直接放出される一次汚染物質は6つあり、一次汚染物質発生源も6つある。発生源別に一次汚染物質と、それぞれが与える影響の割合を色分けグラフで示す。

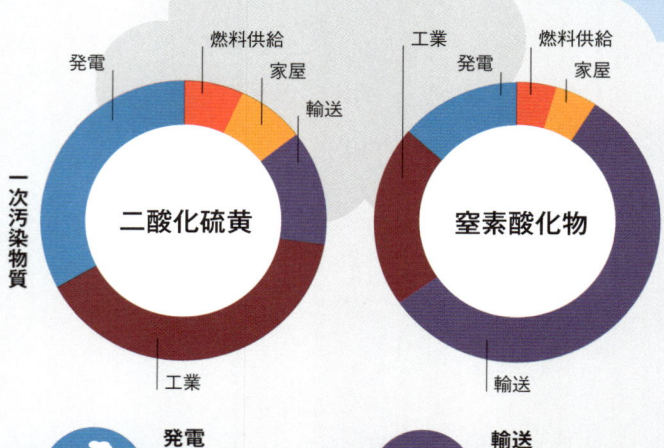

一次汚染物質

発電・燃料供給・家屋・輸送・工業

二酸化硫黄

窒素酸化物

発生源

発電
大気中に放出される二酸化硫黄の大部分は、発電用の化石燃料の燃焼によるものだ。

輸送
危険な窒素酸化物の全世界の排出量の半分は、輸送に使用される燃料が関与している。

空の色の変化

可視光の色は、目に届く光の波長によって決まります。青い光は波長が短く、大気中の空気の粒子にぶつかって散乱しやすいので、日中の空は青く見えます（p.107参照）。波長の長い赤やオレンジの光は大気中にほとんど散乱されないので日中は見えませんが、太陽が低くなる日没のころには見えるようになります。太陽光が大気の層に斜めに入り長い距離を通過するうちに青い光が散乱しつくしてしまうからです。朝日が昇るときに空が赤くなるのも同じ理由です。

赤い夕日
日が沈むころは太陽の角度が低いため、太陽光は空気中の長い距離を通り抜けてくる。すると、青色の光は散乱しつくし、赤とオレンジの光だけが残る

夕日

太陽光

大気

波長の長い赤やオレンジ色の光は目に届く

青や紫や緑色の光は散乱しつくし、目に届かない

地表

家庭の空気汚染

屋内の空気もひどく汚れることがある。煙草の煙やペンキやアロマキャンドルから放出されるベンゼン、ガスストーブの不完全燃焼で排出される二酸化窒素、家具の発泡断熱材から発生するホルムアルデヒドなどは、家庭でも珍しいものではなく、いずれも健康を害する可能性がある。観葉植物を増やせば有毒な化学物質の吸収に役立つ可能性がある。また、空気清浄機は汚染空気の対策としてますます有効になっている。

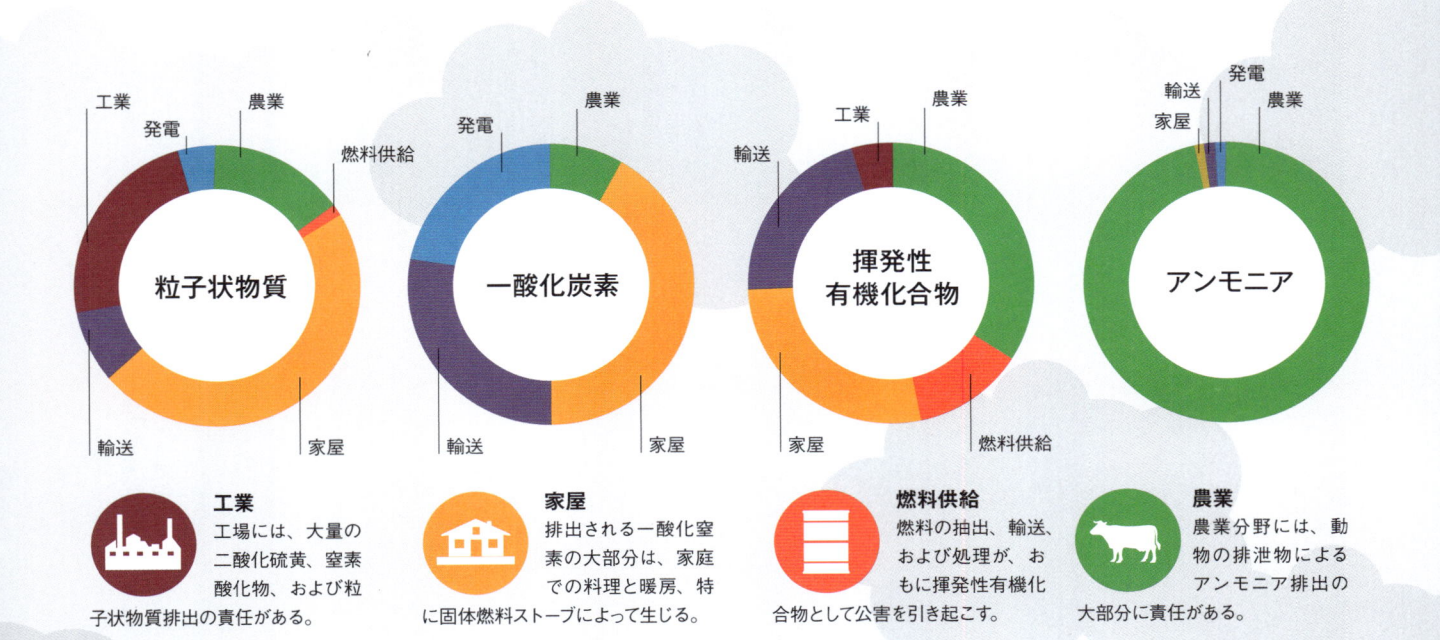

粒子状物質
工業　発電　農業　燃料供給　輸送　家屋

一酸化炭素
発電　農業　輸送　家屋

揮発性有機化合物
輸送　工業　農業　家屋　燃料供給

アンモニア
輸送　発電　家屋　農業

工業
工場には、大量の二酸化硫黄、窒素酸化物、および粒子状物質排出の責任がある。

家屋
排出される一酸化窒素の大部分は、家庭での料理と暖房、特に固体燃料ストーブによって生じる。

燃料供給
燃料の抽出、輸送、および処理が、おもに揮発性有機化合物として公害を引き起こす。

農業
農業分野には、動物の排泄物によるアンモニア排出の大部分に責任がある。

燃焼と爆発

火を使いこなすことで、人間は調理をし、危険な動物を追い払い、電気を生み出し、エンジンを開発することができるようになりました。しかし、火が制御できなくなり、単なる燃焼が破壊的な爆発になって、計り知れない深刻な損害をもたらすこともあるので、火の作用を理解することは必要不可欠です。

燃焼

燃焼、つまり燃えるということは、化学反応です。燃料は通常、石炭やメタンなどの炭化水素で、空気中の酸素と反応し、熱と光という形でエネルギーを放出します。酸素が十分にあれば、完全燃焼して二酸化炭素と水が生じます。燃焼はいったん始まると、火を消されたり、燃料か酸素が尽きたりしない限り継続します。

 森林火災は 800℃以上もの非常に高い温度に達することがある

自然発火

普通、燃焼が始まるためには、火花や炎のようなエネルギーの添加を必要とする。だが、干し草や特定の油、ルビジウムのような反応性の高い元素など、一部の物質は、温度がある程度高くなると自然に発火することがある。

干し草やわら

亜麻仁油

ルビジウム

石炭中の炭素の不完全燃焼から生じた一酸化炭素

石炭中の不純物の燃焼から生じた二酸化硫黄

二酸化炭素

石炭中の不純物の燃焼から生じた窒素酸化物

空気中の酸素

$$C + O_2 \rightarrow CO_2$$

石炭中の炭素

石炭の燃焼

石炭の完全燃焼では、二酸化炭素（CO_2）が発生する。酸素が石炭にまんべんなくまわらないときは、一部に不完全燃焼が起こり、一酸化炭素（CO）が発生する。また、石炭の不純物が、二酸化硫黄と窒素酸化物となって放出される。

火を消す方法

火が燃えるためには、熱と燃料と酸素（空気という形の場合が多い）の3つが必要です。3つのいずれかを取り除けば火は消せます。ただし、最善の消火方法は火の種類により異なります。たとえば、電気の火災に水をかけると感電する危険があり、油脂の火に水を使うと油脂が燃えながら周囲に飛び散ることがあります。

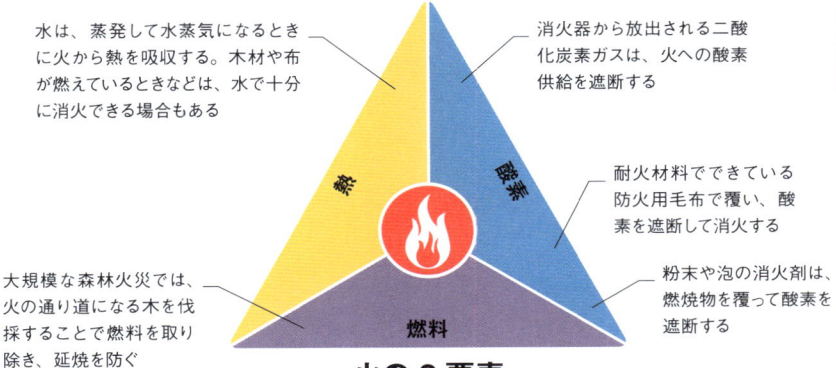

水は、蒸発して水蒸気になるときに火から熱を吸収する。木材や布が燃えているときなどは、水で十分に消火できる場合もある

消火器から放出される二酸化炭素ガスは、火への酸素供給を遮断する

耐火材料でできている防火用毛布で覆い、酸素を遮断して消火する

大規模な森林火災では、火の通り道になる木を伐採することで燃料を取り除き、延焼を防ぐ

粉末や泡の消火剤は、燃焼物を覆って酸素を遮断する

火の3要素

爆発

爆発は、熱・光・気体・圧力が突然放出される現象です。爆発の発生は燃焼よりもはるかに急速です。爆発の熱はゆっくり伝わることはなく、発生した気体が急激に広がり、衝撃波が生じて、爆発地点から離れたところまで瞬く間に到達し、ケガなどの被害や、器物・建物への損害をもたらします。爆風で四方八方へ飛び散った破片が、さらに被害を拡大します。

爆発から逃げきれるか？

逃げられない。化学的爆発では、爆発で放出された物質が秒速8km以上で飛んでいく。誰が走ろうとも、逃げきれない。

火球が冷えて凝結が起こり、キノコ雲が発生する

爆発で生じた火球が上昇する

核分裂反応または核融合反応

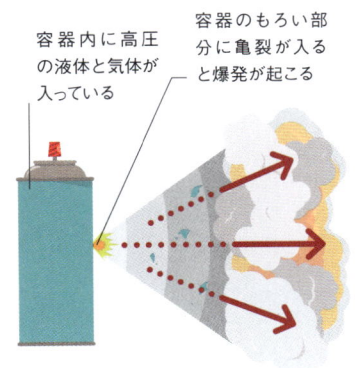

容器内に高圧の液体と気体が入っている

容器のもろい部分に亀裂が入ると爆発が起こる

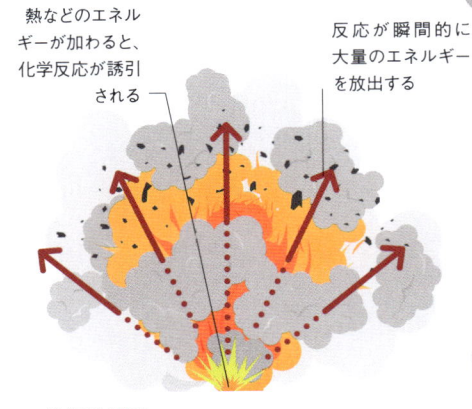

熱などのエネルギーが加わると、化学反応が誘引される

反応が瞬間的に大量のエネルギーを放出する

物理的爆発

圧力容器のもろい部分に亀裂が入ると、内容物が噴き出す場合がある。圧縮されていた気体が瞬間的に広がって爆発が起こる。

化学的爆発

化学的爆発は、急速な反応で大量の気体と熱が放出されることによって発生する。反応を誘引するのは、火薬のように熱、あるいはニトログリセリンのように物理的衝撃の場合が多い。

核爆発

核爆発は、原子核を分割する核分裂か、複数の原子核を1つにする核融合によって起こる。いずれも瞬間的にとてつもなく大きなエネルギーと放射性降下物（死の灰）を生成する。

氷

水の温度が低くなると分子の動きが遅くなり、水素結合の数が増える。水が氷になるとき、この水素結合で分子間の距離が保たれたまま、分子はすき間の多い構造で固定される。水が凍るときに体積が増えるのはこのためだ。

水素結合が増える

分子の間隔が広いため体積が増す

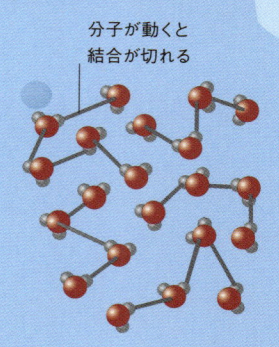

分子が動くと結合が切れる

水

水が液体のとき、水分子は互いに近くを通りかかるたびに、たえず水素結合でつながったり切れたりしている。この結合がなかったら、水は室温で気体になっただろう。

水

水は、ありふれた物質かもしれませんが、ほかに類を見ない性質があります。水は常温常圧で固体・液体・気体のいずれでも存在しうる唯一の物質です。さらに、固体が液体よりも密度が低い唯一の物質でもあります。

水の特性

水の分子は 2 個の水素原子が 1 個の酸素原子と結合してできています。分子の一端（酸素の部分）は弱い負（－）の電荷を帯び、別の端は弱い正（＋）の電荷を帯びています。この異なる電荷により水の分子間に「水素結合」と呼ばれる結合が生じることによって、水は特別な性質をもつようになっています。

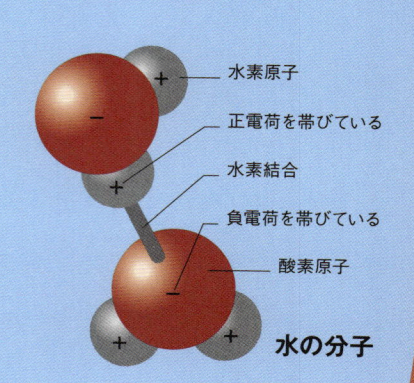

水素原子

正電荷を帯びている

水素結合

負電荷を帯びている

酸素原子

水の分子

表面張力

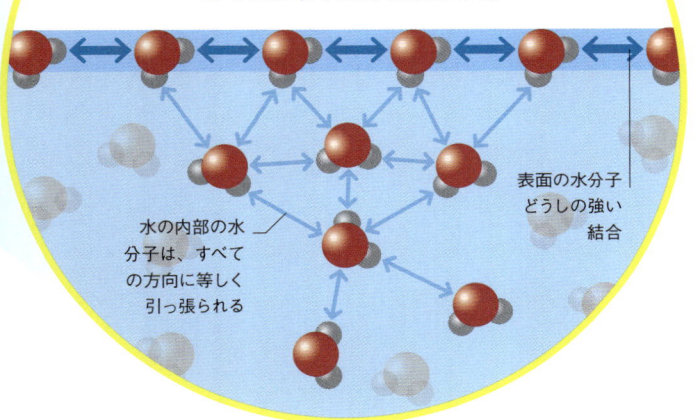

水は、空気と結合するよりも水どうしで結合しやすい。その結果、水面の水分子は、上にある空気の分子よりも、隣り合う水分子と強く結合する。これが実質的に水面に層を形成する。この層には、上を小さな虫が歩けるほどの強度がある。

表面の水分子どうしの強い結合

水の内部の水分子は、すべての方向に等しく引っ張られる

体に含まれる水

水は、成人男性では体重の60%、成人女性では55%を占めている。女性の含有率のほうが低いのは、女性のほうが男性より体脂肪が多く、脂肪組織はそれ以外の組織よりも含まれる水分が少ないためだ。尿や汗や呼吸で失われる水分を補うためには、毎日平均1.5～2リットルの水を飲む必要がある。ただし、水の正確な必要量は天候や活動レベルによる。

成人男性

水
60%

体内の水分のほとんどは体細胞の中にある

毛細管現象

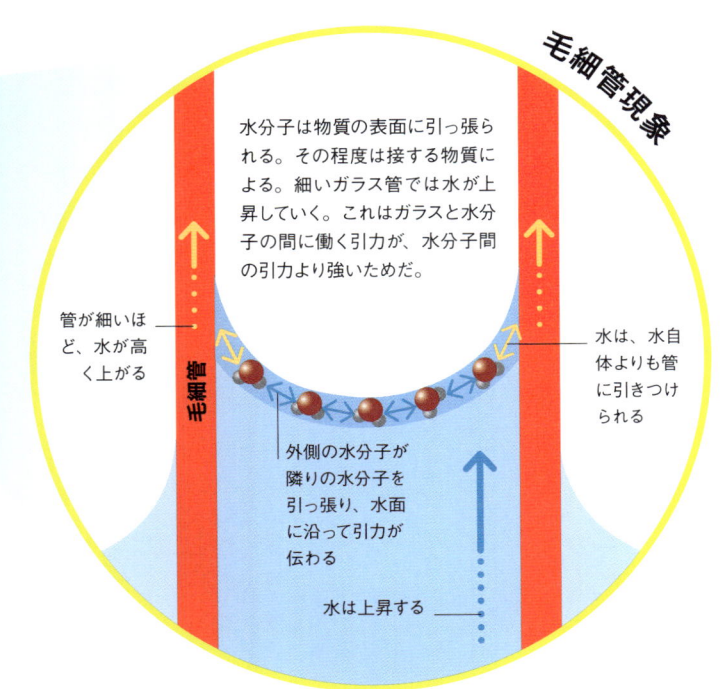

水分子は物質の表面に引っ張られる。その程度は接する物質による。細いガラス管では水が上昇していく。これはガラスと水分子の間に働く引力が、水分子間の引力より強いためだ。

管が細いほど、水が高く上がる

毛細管

水は、水自体よりも管に引きつけられる

外側の水分子が隣りの水分子を引っ張り、水面に沿って引力が伝わる

水は上昇する

海水が青く見えることがあるのはなぜか？

水は、波長の長い光（光スペクトルで赤側の色の光）を吸収するので、吸収されなかった短い波長の青色の光が深い底に反射して青く見えることがある。

9パーセント

水が凍るとき
水の体積は
これだけ増える

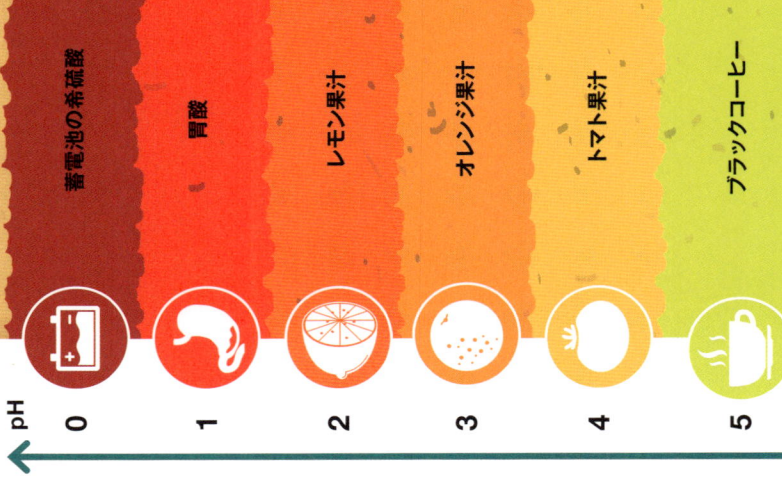

pH					
蓄電池の希硫酸	胃酸	レモン果汁	オレンジ果汁	トマト果汁	ブラックコーヒー
0	1	2	3	4	5

酸と塩基

酸と塩基は化学的には反対の作用をしますが、どちらも私たちに身近なものです。しかし、ヒリヒリする痛みの場合になる場合もあれば、危険な腐食物質の場合さえあります。酸と塩基の強さには幅広いレベルがあります。

酸とは？

酸とは、水素原子をもつ物質で、水に溶かしたときに正（＋）電荷を持つ水素イオンを放出するものです。このイオンをたくさん放出できるほど、強い酸です。たとえば塩化水素という気体は水に溶けて塩酸と呼ばれる溶液をつくります。塩酸は極めて強い酸の1つで、水素イオン濃度は食用酢に含まれる酸（酢酸）の100倍です。

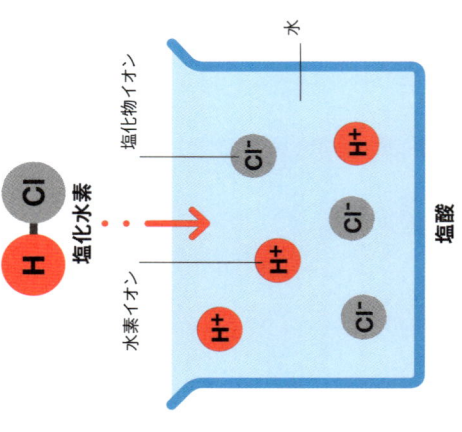

酸性雨

酸の腐食作用は、酸に含まれる水素イオンが引き起こすす。水素イオンはほかの物質を壊すことできるほど極めて高い反応性をもつからだ。公害のもとできる二酸化硫黄という気体は、工業のもとできる二酸化硫黄という気体は、工業の副産物としても生じ、大気中の水滴と反応して硫酸になる。それが酸性雨として落ちてくると、石灰岩を使った建築物を腐食し、樹木やその他の植物の葉を傷め、枯らしてしまう。

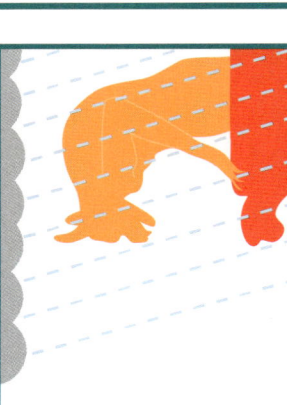

pHスケール（6〜14）：

- 6　牛乳
- 7　蒸留水（純水）
- 8　海水
- 9　重曹
- 10　制酸薬（胃酸を中和する薬）
- 11　アンモニア
- 12　塩素系漂白剤
- 13　オーブン用洗剤
- 14　排水管洗浄剤

塩基とは？

塩基は化学的に酸と反対に作用する物質ですが、酸と同様に反応性があります。塩基は酸の水素イオンを中和させることで、酸を弱めます。酸とそのような反応をするものには、塩基性の石反応岩やチョークがあります。水酸化ナトリウム（苛性ソーダ）など最も強い塩基は、水に溶けるとアルカリと呼ばれます。そして水中に、水酸化物イオン（OH^-）という負に帯電した粒子を放出します。

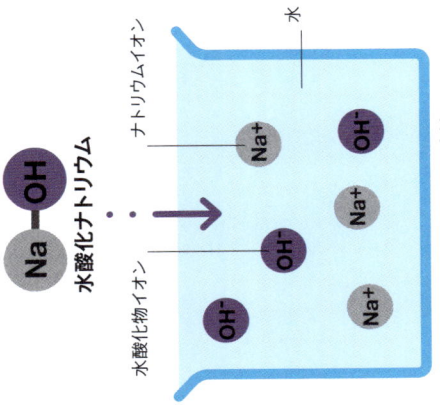
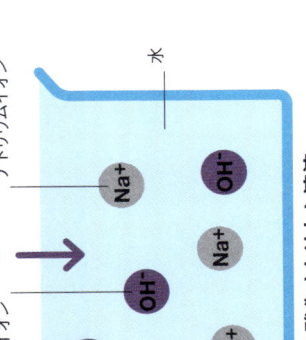

ナトリウムイオン
水酸化ナトリウム
Na—OH
水酸化物イオン
水
Na^+　OH^-
水酸化ナトリウム溶液

酸塩基反応

酸と塩基を反応させると、水とともに塩と呼ばれる別の種類の物質が生じます。塩の種類は、反応させる酸と塩基の種類によって決まります。塩酸と水酸化ナトリウムは反応すると塩化ナトリウム（食塩）が生成され、水酸化物イオンと水素イオンが結合して水になります。

酸（HCl）　＋　塩基（NaOH）　＝　塩（NaCl）　＋　水（H_2O）

酸性度の測定

pHは、物質の酸性またはアルカリ性（塩基性）の強さの尺度（水素イオン指数）だ。強さを表す0から強アルカリ性の14までの値で示す。数字が1つ小さくなると、水素イオン濃度が10分の1になる。物質のpHの測定値として指示薬と呼ばれる色素が使用される。指示薬では反応はpH0の赤からpH14の紫までの色を示す。pH7（中性）は緑色だ。

酸やアルカリでやけどをするのはなぜか？

酸とアルカリはどちらも皮膚のタンパク質を損傷し、皮膚細胞を死滅させる。アルカリは酸とは違い、皮膚の細胞組織を液化して皮膚よりも深くにまで到達し、ひどい損傷を引き起こす。

結晶

最も硬い宝石の原石から、いつしか消える雪のひとひらまで、物質の中には美しい結晶構造をもつものがあります。結晶は、原子などの粒子の配列が規則正しく整っているために生じます。

結晶とは何か？

結晶質固体（p.14 参照）は規則正しく並んだ粒子で構成されていて、構造全体が原子やイオンや分子の配列パターンの繰り返しです。これと対照的なのは、粒子が不規則に入り乱れて並ぶポリエチレンやガラス（p.70-71 参照）などの非晶質（アモルファス）の物質です。ほとんどの金属のように、部分的に結晶構造をもつ固体もあります。それは結晶粒と呼ばれる微小な結晶がたくさん集まってできていますが、それぞれの結晶粒は不規則に結合しています。

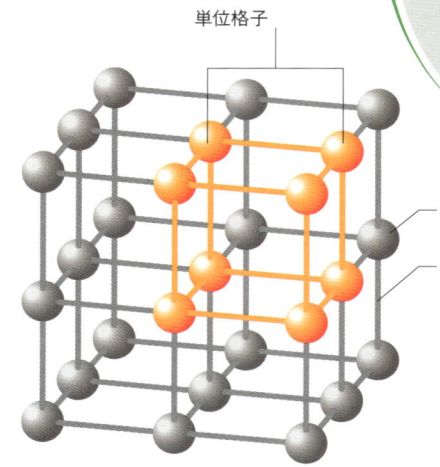

単位格子

原子

原子間の結合

結晶構造

結晶は、単位格子と呼ばれる原子配列が繰り返される構造をもっている。最も単純な単位格子（右図のオレンジ色の部分）は、粒子 8 個の立方体だ。原子でつくられる面（原子面）は平行に並び、結晶はこの原子面に沿って割れる。

鉱物結晶

岩石の化学成分である鉱物は、地質学的な過程で地球の岩盤から結晶化したものです。溶岩が凝固するときや、熱と圧力が加わって固体のまま再結晶するときに、結晶が形成されます。また、水成堆積物の濃度が高くなり限界を過ぎて、水に溶けていた鉱物が析出する場合のように、水溶液から成長する結晶もあります。そのような結晶化が長期にわたって安定して進むと、結晶は非常に大きく成長します。

世界最大級の石膏（せっこう）の天然結晶は最も大きいもので重さ 50 トンにも及ぶ

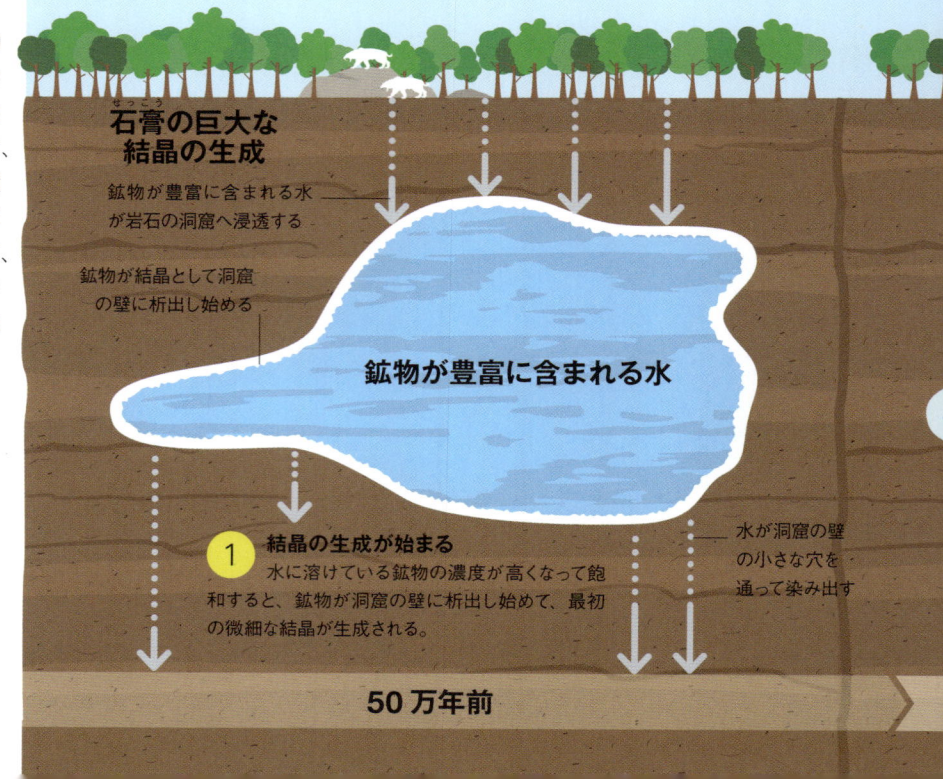

石膏の巨大な結晶の生成

鉱物が豊富に含まれる水が岩石の洞窟へ浸透する

鉱物が結晶として洞窟の壁に析出し始める

鉱物が豊富に含まれる水

1 結晶の生成が始まる
水に溶けている鉱物の濃度が高くなって飽和すると、鉱物が洞窟の壁に析出し始めて、最初の微細な結晶が生成される。

水が洞窟の壁の小さな穴を通って染み出す

50 万年前

液晶

流れる物質なのに結晶の性質をもつ液晶は、液体と固体の間の状態で存在します。液晶の分子はきちんと並んでいますが、回転することができるので並ぶ方向が変わることがあります。固体結晶中の原子や分子と同様に、液晶分子は透過する光に影響を及ぼします。液晶分子の配列をねじるような向きにすると、そこを通す偏光（一方向に振動する光）も「ねじる」ことができます。液晶ディスプレイはこの性質を利用して、分子の向きを電気的に制御することで、表示画面の画素の点灯や不点灯を調節しています。

液晶ディスプレイ

何もしない状態では、液晶分子は偏光を90°ねじって通し画素を点灯させる。だが、電流によって分子をまっすぐに並ばせると、光はねじれずに透過し、垂直方向の振動は水平フィルターで遮られ、画素は暗くなる。

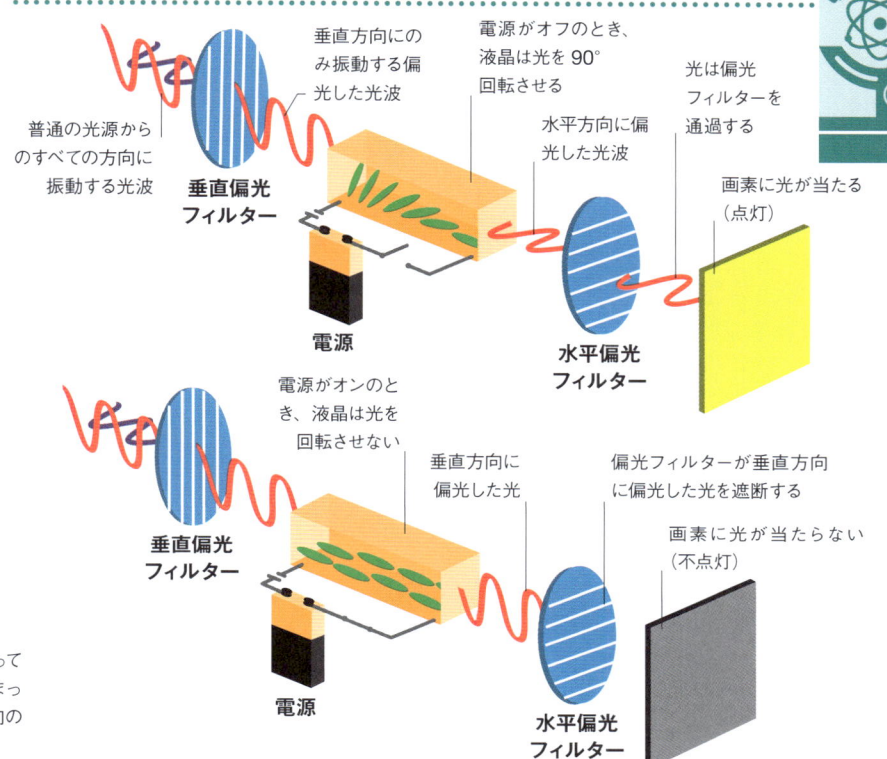

普通の光源からのすべての方向に振動する光波

垂直方向にのみ振動する偏光した光波

電源がオフのとき、液晶は光を90°回転させる

水平方向に偏光した光波

光は偏光フィルターを通過する

垂直偏光フィルター

電源

水平偏光フィルター

画素に光が当たる（点灯）

電源がオンのとき、液晶は光を回転させない

垂直方向に偏光した光

偏光フィルターが垂直方向に偏光した光を遮断する

垂直偏光フィルター

電源

水平偏光フィルター

画素に光が当たらない（不点灯）

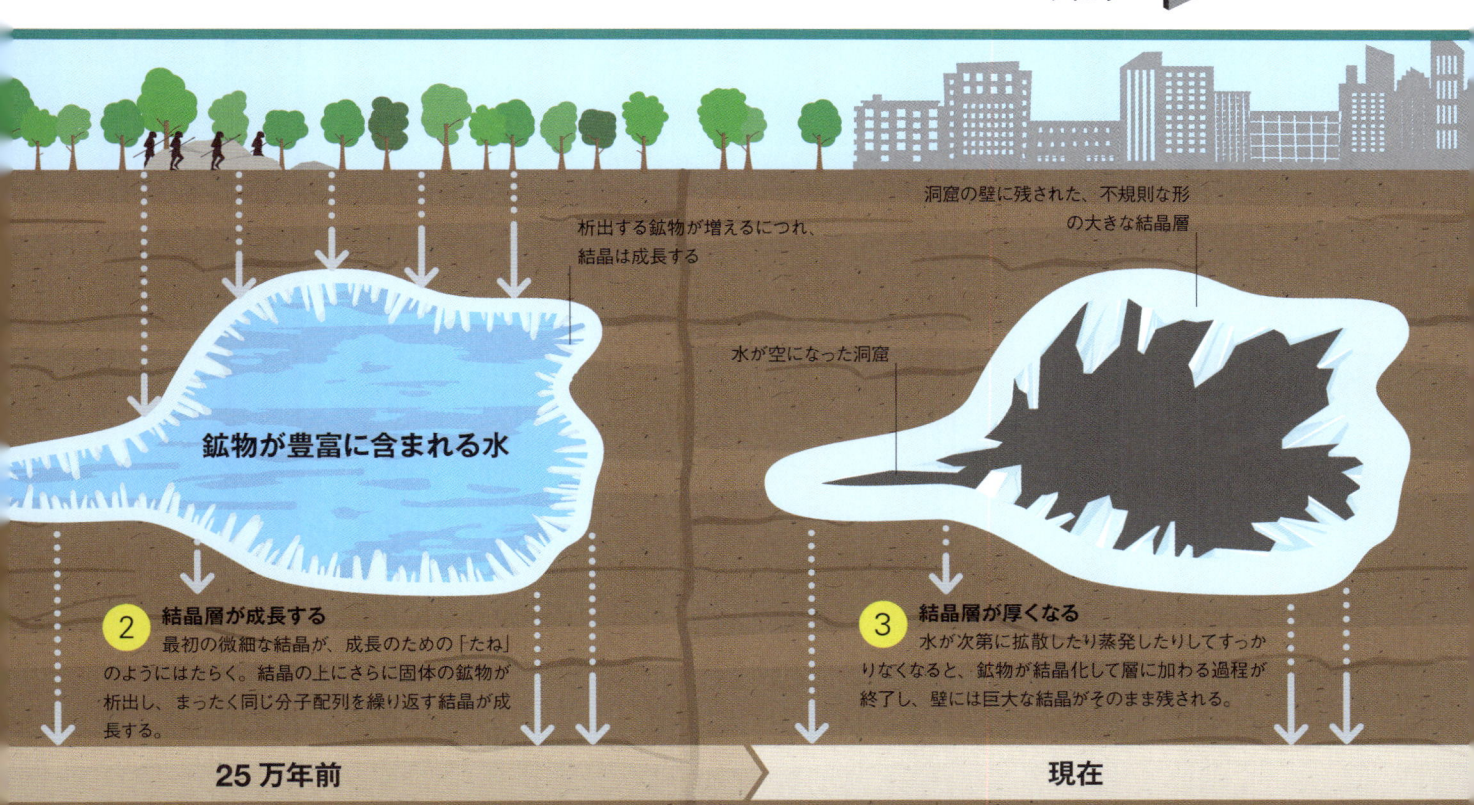

析出する鉱物が増えるにつれ、結晶は成長する

洞窟の壁に残された、不規則な形の大きな結晶層

水が空になった洞窟

鉱物が豊富に含まれる水

2 結晶層が成長する
最初の微細な結晶が、成長のための「たね」のようにはたらく。結晶の上にさらに固体の鉱物が析出し、まったく同じ分子配列を繰り返す結晶が成長する。

3 結晶層が厚くなる
水が次第に拡散したり蒸発したりしてすっかりなくなると、鉱物が結晶化して層に加わる過程が終了し、壁には巨大な結晶がそのまま残される。

25万年前

現在

溶体と溶媒

塩や砂糖はそれぞれ水に加えると消えてなくなったように見えます。けれども、味が消えずに残ることから、これらは水に溶けて溶液全体に広がっているということがわかります。

溶媒の種類

物質が別の物質に溶けるとき、溶ける物質を溶質、溶質を溶かしている物質を溶媒といいます。溶媒にはおもに2種類あり、それぞれ極性溶媒と非極性溶媒といいます。水などの極性溶媒は、分子の中で場所によって電荷にわずかな違いがあり、逆電荷をもつ極性溶質と相互作用します。ペンタンなど非極性溶媒は、そのような電荷を帯びていません。非極性溶媒には、油脂類など電荷を持たない原子や分子がよく溶けます。

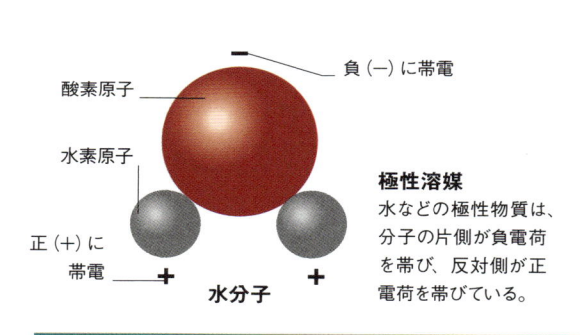

酸素原子
水素原子
負（−）に帯電
正（+）に帯電
水分子

極性溶媒
水などの極性物質は、分子の片側が負電荷を帯び、反対側が正電荷を帯びている。

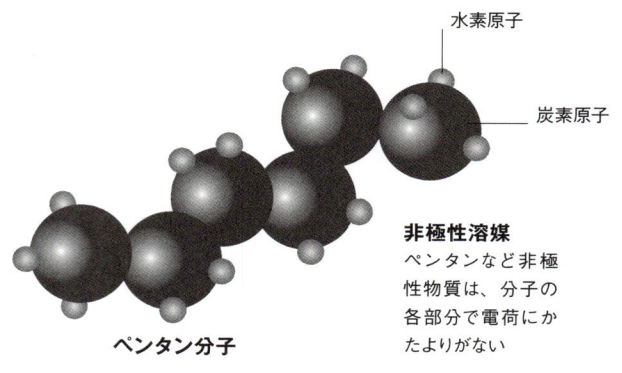

水素原子
炭素原子

ペンタン分子

非極性溶媒
ペンタンなど非極性物質は、分子の各部分で電荷にかたよりがない

溶媒の種類

溶質が溶媒に溶けて、均一になった混合物を溶体といいます。2つの物質を合わせてしっかりと混ぜると、粒子（原子や分子、イオン）が完全に混ざり合います。ところが、粒子どうしが反応しなければ、粒子は化学変化せずに元のままで存在します。溶体のなかでも、液体に固体が混ざった「溶液」は、最も慣れ親しんだ溶体ですが、ほかにも、液体に気体が混ざったもの、固体に固体が混ざったもの（固溶体）などがあります。溶質が溶媒に溶けるとき、その結果として生じる溶体は、溶媒と同じ状態（液体、固体、または気体）になります。

コーヒー
砂糖分子

液体の中に固体
甘いコーヒーは、コーヒーという液体（味の分子を含むが大部分は水）の中に、固体（砂糖）が溶けている「溶液」だ。

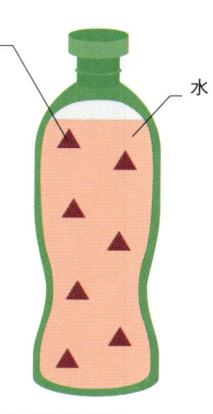

アンモニア分子
水

液体の中に気体
アンモニアは気体で、容易に水に溶けてアルカリ溶液になる。これは一部の家庭用洗浄剤の成分だ。

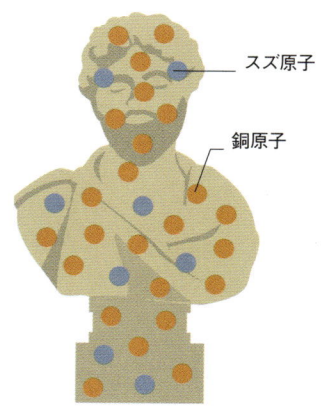

スズ原子
銅原子

固体の中に固体
青銅（ブロンズ）は銅にスズが入っている固体だ。銅が88%に対し、スズが12%含まれ、スズよりも銅が多いので、銅が溶媒といえる。

類は友を"溶かす"

極性溶媒は極性溶質を溶かします。両者の逆の電荷が引き合って、弱い結合をつくるためです。水に極性があるのは、水の酸素原子がわずかに負電荷を帯び、水素原子がわずかに正電荷を帯びているためです。非極性物質は極性物質とは混ざり合えないので、油は水とは混ざりません。油には非極性粒子だけが結びついて溶液がつくれるのです。

水は"万能溶媒"といわれている。どんな液体よりもたくさんの種類の物質を溶かすことができるからだ。

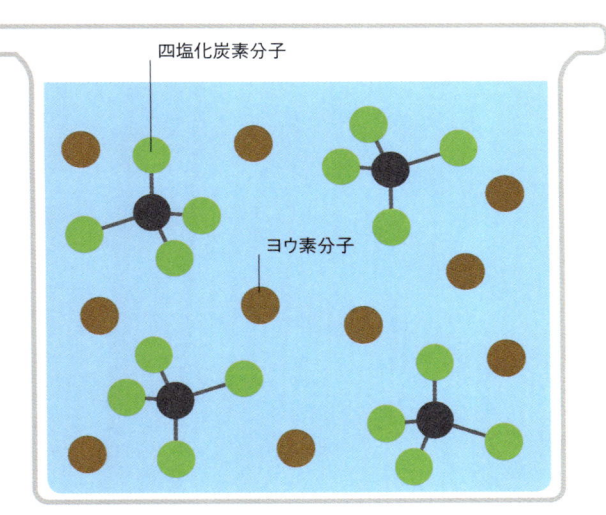

非極性溶媒中の非極性溶質
四塩化炭素などの非極性溶媒は、ヨウ素などの非極性溶質を溶かすが、極性溶質は溶かさない。

四塩化炭素分子

ヨウ素分子

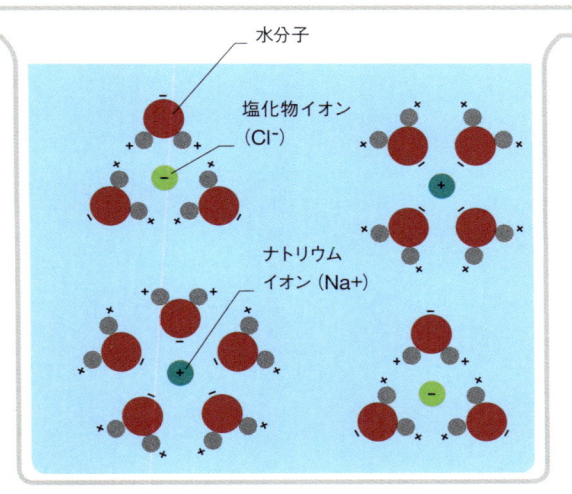

極性溶媒中の極性溶質
水などの極性溶媒は、食塩（塩化ナトリウム、NaCl）や砂糖など電荷をもつ物質を溶かすことができる。

水分子

塩化物イオン（Cl⁻）

ナトリウムイオン（Na+）

溶解度

溶解度とは、物質がその溶媒に溶ける限界量です。溶解度は温度によって、気体の場合は圧力によっても変わります。たとえば砂糖の溶ける量は冷たい水よりも湯のほうが多くなり、気体は圧力が高いほど液体に溶ける量が増えます。特定の温度と圧力で、与えられた溶媒の量に溶けることのできる最大量の溶質が溶けているとき、その溶液は飽和点に達している、すなわち飽和状態であるといいます。

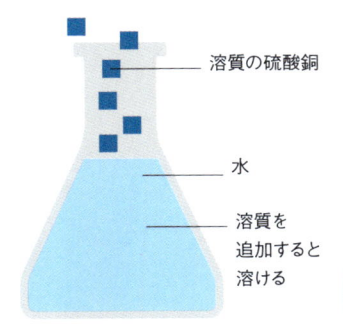

溶質の硫酸銅

水

溶質を追加すると溶ける

不飽和溶液
不飽和溶液では、溶質（ここでは硫酸銅結晶）をさらに加えると、溶媒に完全に溶ける。

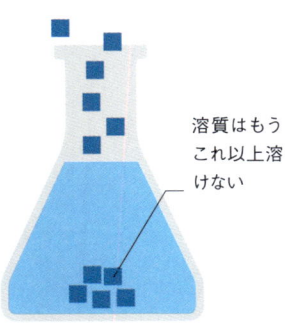

溶質はもうこれ以上溶けない

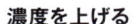
濃度を上げる

飽和溶液
飽和溶液では、その特定の温度で溶質が溶ける最大量が溶けている。

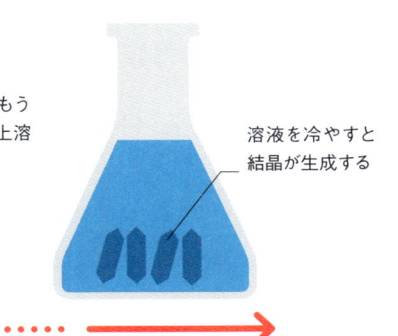

溶液を冷やすと結晶が生成する

過飽和溶液
飽和溶液にさらに溶質を加え、加熱して溶かす。これを急速に冷却すると溶液が過飽和になり、結晶が析出する。

触媒

化学反応では、高温になるほど原子や分子の衝突がひんぱんに起こるようになり、反応がより速く進みます。同じように、触媒と呼ばれる特定の化学物質も反応速度を速くすることができます。反応の前後で触媒そのものは変化しないので、触媒は繰り返し使えます。

触媒のはたらき

分子や原子どうしが反応を起こすには、十分なエネルギーが必要です。反応のなかには、この活性化エネルギー（p.44 参照）が大きすぎて、そのままでは反応物質の粒子がまったく反応しないことがあります。触媒は、本来の反応に必要な活性化エネルギーを下げ、その反応を起こりやすくするはたらきをします。これに必要な触媒の量は、通常はごくわずかです。

工業用触媒

工業では生産性を上げるため、化学反応にさまざまな触媒を利用します。触媒の多くは金属か金属酸化物です。たとえば、鉄はハーバー法（p.67 参照）でアンモニア生成反応を促進します。ほとんどの工業用触媒は、再利用のために分離しやすい固体が使われます。

アルミニウム原子、シリコン原子、
および酸素原子でできた格子

ゼオライト
分子の孔

ゼオライト

ゼオライトは、網のような分子構造をもつ多孔質の物質で、工業用に極めて幅広く使われている。原油を精製して有用な石油化学薬品にする際にも利用される。

カタラーゼ
という酵素は
たった **1秒** の間に
約 **4000万** もの反応に
触媒作用を及ぼすことが
できる

反応の促進

分子や原子を反応させるには単に物理的に引き合わせるだけでなく、反応が起こりやすくなるような引き合わせ方が必要になる。触媒は、たいてい反応の中間段階で反応物質と結合するという方法で、本来の反応が起こる手助けをしている。触媒自体は反応の途中では変化しているものの、反応後に元の物質として現れる。

＋
化学反応

触媒を伴わない場合の活性化エネルギーは非常に高い

触媒を伴う場合の活性化エネルギーは低い

反応物質のエネルギー

反応物質

反応物質 ＋ **触媒**

反応物質と触媒が結合して反応が生じる

生成物質のエネルギー

生成物質

反応後、触媒は元の状態で存在する

触媒

生成物質

エネルギー

時間

触媒コンバーター

現代の自動車に取り付けられている触媒コンバーターには、触媒の白金とロジウムでコーティングされたセラミックスのハニカム（蜂の巣）構造体が組み込まれています。この構造により触媒が排気ガスに作用する表面積が大きくなり、有毒ガスを害の少ない二酸化炭素と水、酸素、窒素に変えています。車のエンジンからの熱により効果的な速さで触媒がはたらきます。

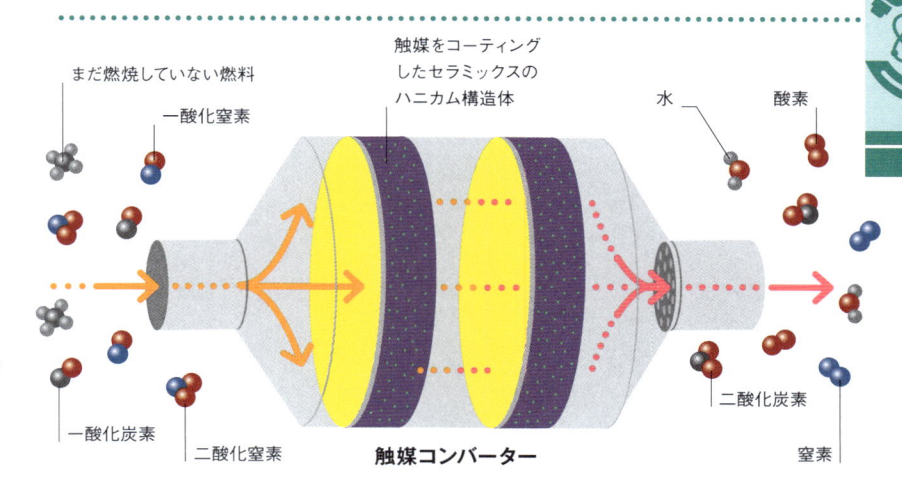

まだ燃焼していない燃料
一酸化窒素
触媒をコーティングしたセラミックスのハニカム構造体
水
酸素
一酸化炭素
二酸化窒素
触媒コンバーター
二酸化炭素
窒素

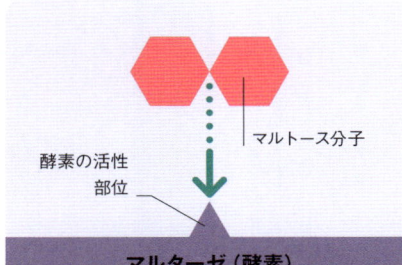

酵素の活性部位
マルトース分子
マルターゼ（酵素）

1 マルトース（麦芽糖）が酵素に結合する
反応分子（ここではマルトース）が酵素の活性部位（触媒作用を及ぼす部分）に一時的に結合する。マルターゼに適合するのはマルトースだけだ。

結合が弱まる
マルターゼ（酵素）

2 マルトースの結合が弱まる
酵素の活性部位に結合すると、マルトースが分解するための活性化エネルギーが低くなる。つまり、マルターゼによってマルトースが分解されやすくなる。

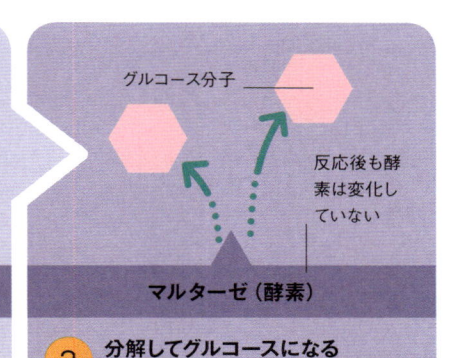

グルコース分子
反応後も酵素は変化していない
マルターゼ（酵素）

3 分解してグルコースになる
活性部位での化学反応が化学結合の配列を変え、マルトースは分解して2つのグルコース（ブドウ糖）分子になる。酵素は再び作用する準備ができる。

生体内ではたらく触媒

工業で使用されるほとんどの無機触媒は、触媒作用を及ぼすことができる反応に限りがありますが、生体内ではたらく触媒はさらに特異的に作用します。酵素と呼ばれるタンパク質は、DNAの複製や食物の消化など、ある特定の生体反応だけに触媒作用を及ぼします。各酵素の形が特定の種類の反応物質だけに適合するので、代謝を促進するためには、数多くの多種多様な酵素が必要です。それらの化学反応がすべて揃っていることで、生物は生き続けられるのです。

酵素配合のバイオ洗剤

ほかの触媒と同じように、酵素にも役立つ用途があり、生体反応が必要とされるものなら何にでも利用される。衣服の染みを落とす作用もその1つだ。酵素配合のバイオ洗剤に含まれる酵素は、油脂に含まれる脂肪や血液中のタンパク質の消化反応を触媒する。酵素は体温ではたらき、温度が高すぎると壊れてしまうので、デリケートな布地にも優しい低めの水温で効率よく作用する。

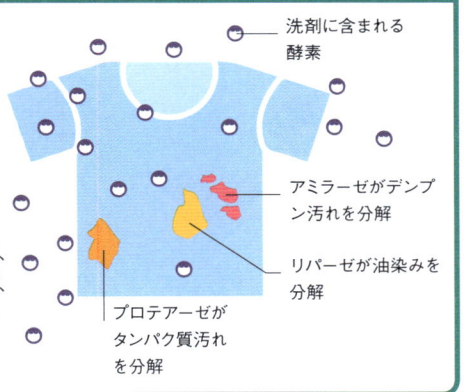

洗剤に含まれる酵素
アミラーゼがデンプン汚れを分解
リパーゼが油染みを分解
プロテアーゼがタンパク質汚れを分解

化学物質の製造

プラスチックから燃料、そして薬にいたるまで、私たちは日常的に人工の製品を使っています。こうした製品の多くを製造するには、硫酸、アンモニア、窒素、塩素、ナトリウムといった基本的な化学物質が必要です。

硫酸

硫酸は原料として最もよく使われている化学物質です。排水管洗浄剤や蓄電池に使用されるだけでなく、紙や肥料やブリキ缶など幅広い製品の製造にも使われます。硫酸の生成にはさまざまな方法がありますが、最もよく知られているのは接触法です。

接触法

液体硫黄を燃焼炉で空気と反応させ、生じた二酸化硫黄ガスから不純物を取り除く。それを乾燥させてから、バナジウム触媒に接触させて反応を促し、三酸化硫黄ガスに変える。そのガスに硫酸を加えて二硫酸をつくり、それを水で薄めると硫酸ができる。

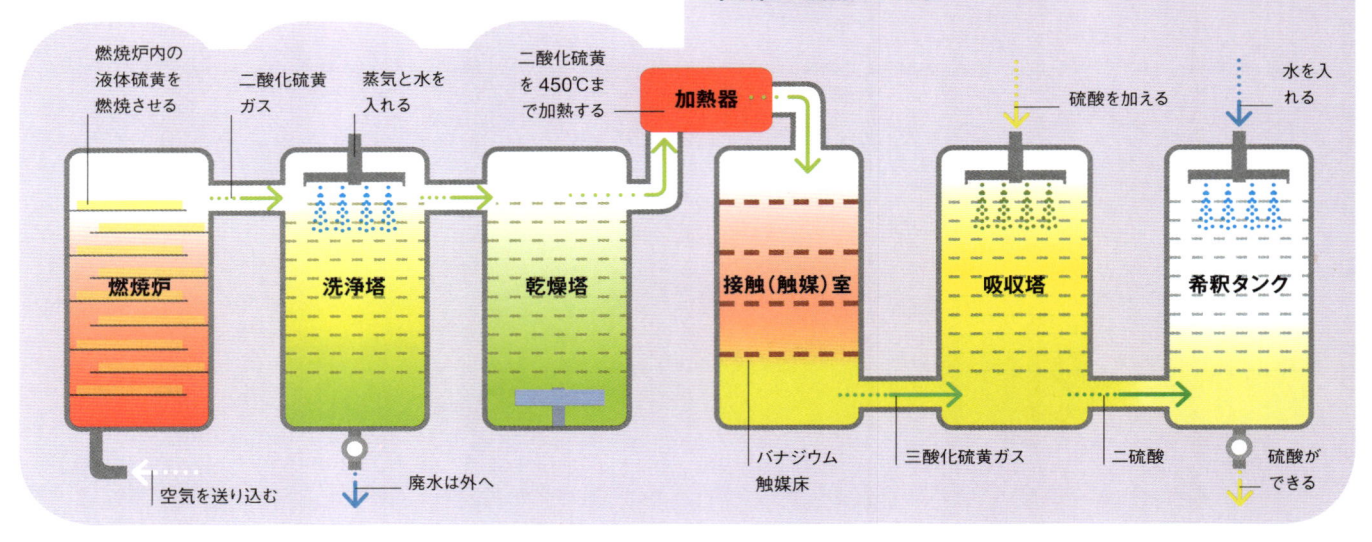

燃焼炉内の液体硫黄を燃焼させる／二酸化硫黄ガス／蒸気と水を入れる／二酸化硫黄を450℃まで加熱する／加熱器／硫酸を加える／水を入れる

燃焼炉／洗浄塔／乾燥塔／接触（触媒）室／吸収塔／希釈タンク

空気を送り込む／廃水は外へ／バナジウム触媒床／三酸化硫黄ガス／二硫酸／硫酸ができる

塩素とナトリウム

塩素とナトリウムは普通の塩（塩化ナトリウム）から、電気分解のプロセスによってつくられます。工業規模ではダウンズセルと呼ばれるタンクで行われます（ダウンズ法）。タンクには溶融した塩化ナトリウムと、鉄と炭素の電極がそれぞれ入っています。電流が電極を流れると、ナトリウムイオンと塩化物イオンが各電極へ移動してそれぞれの元素の原子になるので、そこで取り出されます。

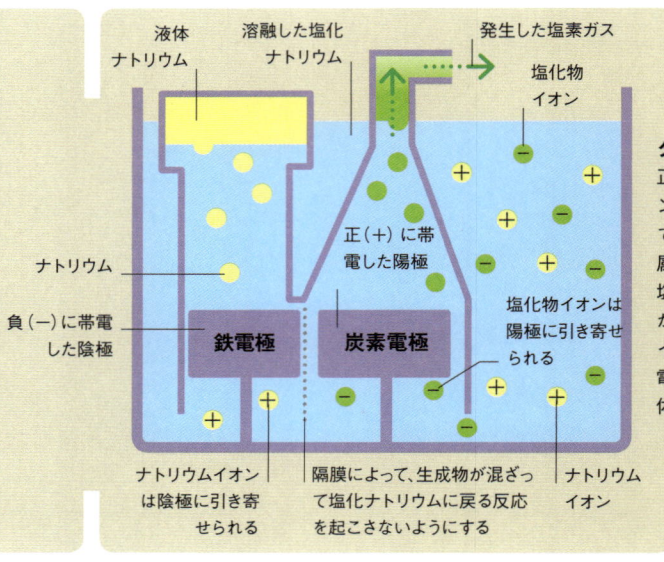

液体ナトリウム／溶融した塩化ナトリウム／発生した塩素ガス／塩化物イオン／ナトリウム／正（＋）に帯電した陽極／塩化物イオンは陽極に引き寄せられる／負（－）に帯電した陰極／鉄電極／炭素電極／ナトリウムイオンは陰極に引き寄せられる／隔膜によって、生成物が混ざって塩化ナトリウムに戻る反応を起こさないようにする／ナトリウムイオン

ダウンズ法

正（＋）電荷をもつナトリウムイオンは、陰（－）極へ移動して、そこで電子を受け取り、ナトリウム金属になる。この金属は、溶融した塩化ナトリウムの表面に浮かび上がる。負（－）電荷をもつ塩化物イオンは陽（＋）極に引き寄せられ、電子を失って塩素の泡になり、気体として外に出る。

窒素

空気の78%は窒素が占めており、空気は
純粋な窒素ガスの主要な供給源です。窒素は留留に
よって空気から抽出します。空気を冷やして液体にしてから再
び加熱すると、空気の各成分は、それぞれ異なる温度で気体に戻
り、蒸留塔でそれぞれ異なる高さまで上昇します。酸素は液体のまま底
に残ります。

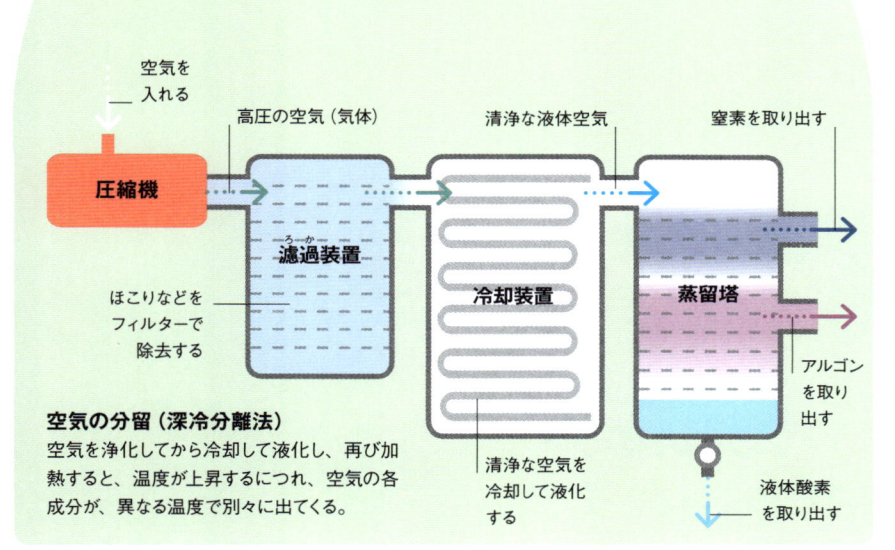

空気の分留（深冷分離法）
空気を浄化してから冷却して液化し、再び加
熱すると、温度が上昇するにつれ、空気の各
成分が、異なる温度で別々に出てくる。

石油製品

原油の分留から非常にさまざまな
有用な製品が生まれる。そのまま
使用できるものには、天然ガスや
ガソリンや軽油などの燃料、潤滑
油、路面用のアスファルト材がある。
さらに加工したものには、プラス
チックや溶剤がある。

天然ガス

交通燃料

アスファルト材

溶剤

プラスチック

潤滑油

硫酸の世界年間生産量は 2億3000万トンを超える

アンモニア

ハーバー法は、気体の窒素と水素からアンモ
ニアをつくる方法です。アンモニアは肥料や
染料、爆薬の製造に不可欠で、製品の清掃
にも使われます。窒素は不活性なので、ハー
バー法では鉄を触媒にして窒素とともに高温
高圧の反応炉に入れて反応速度を高めること
で、極めて効率よくアンモニアを生成します。

ハーバー法

気体の水素と窒素を混ぜ合わせて、鉄触媒に通過さ
せると、反応が促進されてアンモニアが生成される。
その混合物を冷やすと液体アンモニアが取り出せる。
未反応の窒素と水素は再び使われる。

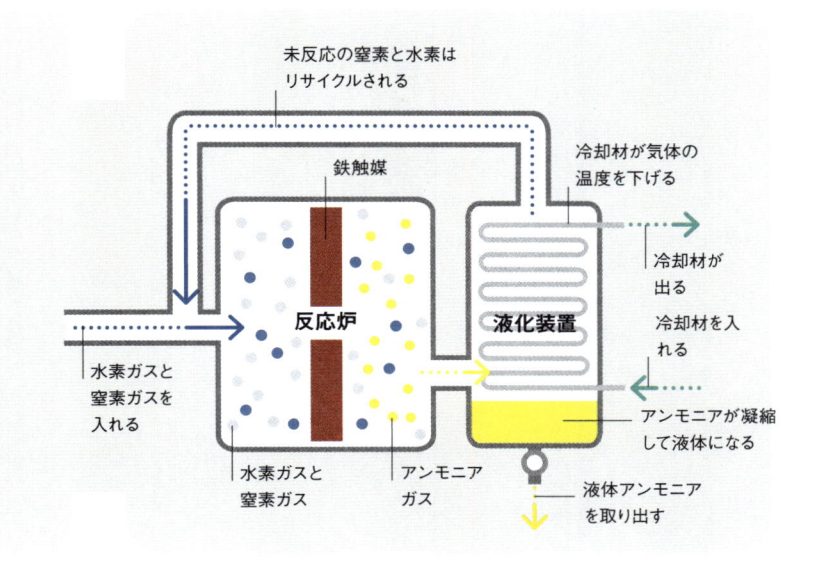

プラスチック

強くて軽くて安価なプラスチックは、現代生活に変革をもたらしました。ところが、ほとんどのプラスチックは化石燃料からつくられ、生分解しないため、プラスチックの利用が増えるにつれ環境問題が生じています。

モノマーとポリマー

プラスチックは合成ポリマーの一種で、モノマーと呼ばれるユニットの繰り返しによる長い鎖でできています。ポリマーの鎖は何百もの分子が連なることもあります。異なるモノマーからできているプラスチックは、それぞれ性質と利用法が異なります。たとえばナイロンは歯ブラシの強い繊維になりますが、ポリエチレンは軽い袋などによく使われます。

モノマー
多くのプラスチックのモノマーには、炭素と炭素の二重結合（p.41 参照）がある。

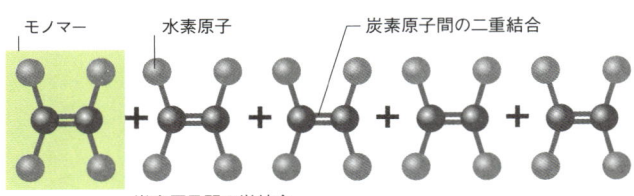

モノマー　水素原子　炭素原子間の二重結合

ポリマー
ポリマーの長い鎖は、炭素間の二重結合が切れて各モノマーが隣と結合することでつくられる。

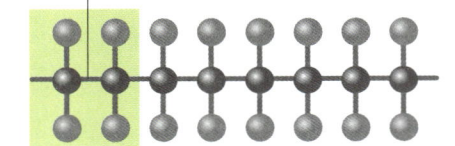

炭素原子間の単結合

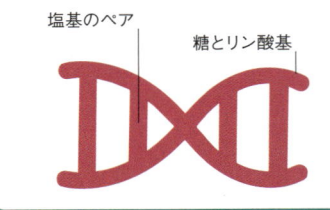
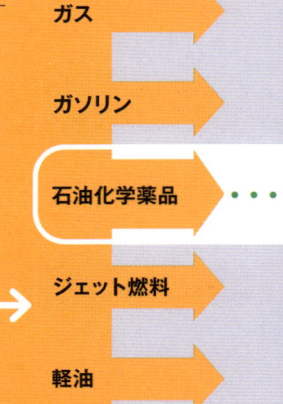

1年間に捨てられるプラスチックを**1列に並べると地球を4周してもまだ余る**

プラスチックの製造

ほとんどのプラスチックは原油から蒸留された石油化学薬品でできています。温度と圧力を制御しつつ触媒を加えると、モノマーの重合が促されます。プラスチックの性質を変えるために、ほかの化学物質を加えることもあります。合成されたプラスチックは、さまざまな形の製品になります。木材やバイオエタノールなど再生可能な資源が原料のバイオプラスチックも存在しますが、それらは今日製造されているプラスチックのごく一部に過ぎません。プラスチックには熱硬化性のものもあれば熱可塑性のものもあります。熱硬化性プラスチックは一度成形したら変えられませんが、熱可塑性プラスチックは繰り返し融かしてつくり直すことができます。

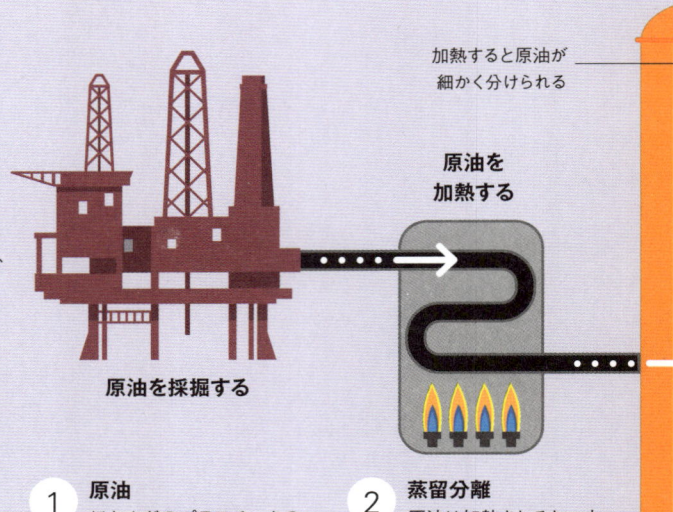

加熱すると原油が細かく分けられる

原油を加熱する

原油を採掘する

1　原油
ほとんどのプラスチックの原料は、地中深くから採掘した原油だ。動植物の遺物から何百万年もかけて形成され、地下に埋蔵されている。

2　蒸留分離
原油は加熱されると、大きさの違う分子に分離する。触媒を使うと大きい分子が分解できて、もっと小さい有用な分子になる。

ガス
ガソリン
石油化学薬品
ジェット燃料
軽油
オイル、ワックス
タール（アスファルト）

リサイクル

一部のプラスチックは、細かく切断して溶かし、また形にすれば、簡単にリサイクルできます。ところがそれ以外の種類のものは、別のリサイクル方法が必要です。目標の1つは、プラスチックを液体燃料に変えるか、燃やして直接エネルギーをつくり出すことです。そのほかに、細菌が消化できるプラスチックをつくるというアイデアもありますが、大規模にはまだ実現できていません。

プラスチックのメリットとデメリット	
メリット	**デメリット**
安くつくることができて、農作物や家畜、それらに必要な資源には頼らずにできる。	おもに再生不能な資源からつくられるうえ、資源の採掘が環境破壊につながる。
軽くて強いので、役に立つ多くの製品を少ない材料でつくることができる。	分解して小さな破片になって水系に入り込み、野生生物や私たちの食糧に影響を及ぼす。
さまざまな性質をもたせることができる。硬さ、柔軟さ、丈夫さなど性質はすべて調節できる。	繰り返しの使用で疲労して壊れることがある。太陽の紫外線でもプラスチックはもろくなる。
合成繊維からは、伸縮性がある布地や、天然繊維よりもしわになりにくく水や汚れが付きにくい布地ができる。	合成繊維の服は汗の蒸発を妨げるので、暑いときには不快になる。静電気も生じやすい。
種類によってはリサイクル可能なものもあり、リサイクル不可能のものよりも環境に優しい。	生分解できないプラスチックは、世界的に海でも陸でも環境汚染の原因であり、また、埋め立て地を満杯にしている。

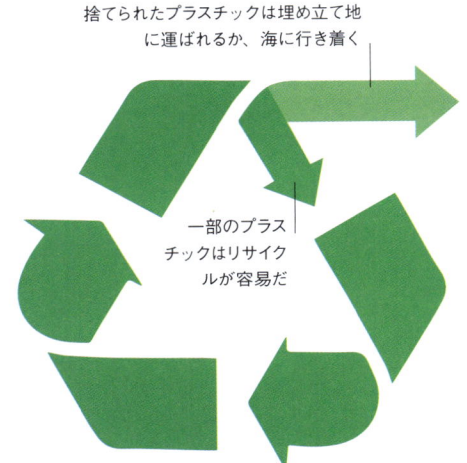

捨てられたプラスチックは埋め立て地に運ばれるか、海に行き着く

一部のプラスチックはリサイクルが容易だ

廃棄物

ほとんどのプラスチック廃棄物は、途方もなく長い年月の間、埋め立て地に留まり、有害な化学物質が土壌へ浸み出していく。廃棄物の一部は海へ流出し、分解してマイクロプラスチックになって野生生物に害をもたらしている。

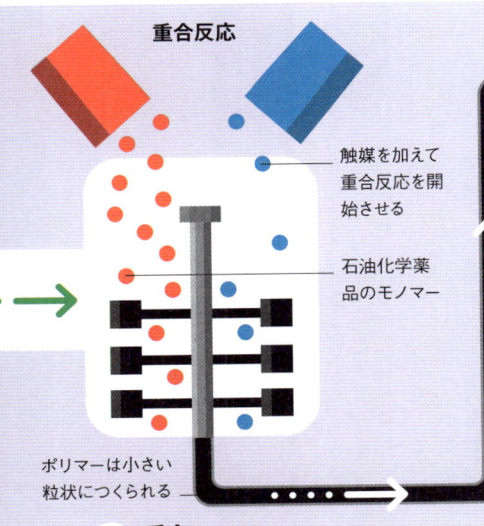

重合反応

触媒を加えて重合反応を開始させる

石油化学薬品のモノマー

ポリマーは小さい粒状につくられる

3 **重合**
触媒を加えて温度と圧力を制御すると、モノマーは反応が促進されてポリマーになる（重合反応）。場合によっては水のような小さい分子が副産物として生じる。

プラスチックの小さい粒をつぶして溶かす

4 **成形**
多くのプラスチックは熱を加えるとやわらかくなり、押し固めるか曲げて形をつくってから、冷やすとまた硬くすることができる。やわらかくしたプラスチックは、金型に流し込むか、真空にして金型に引き込むこともでき、液状にすれば射出成型もできる。

熱源

加熱されて成形可能な状態のプラスチック

プラスチックの成形

5 **完成品**
プラスチックは、飲み物のボトルからテレビのリモコンや衣類の繊維までさまざまなものの原料になる。製品ごとに必要な性質は異なるので、使用されるプラスチックの種類や製造方法もそれぞれ異なる。

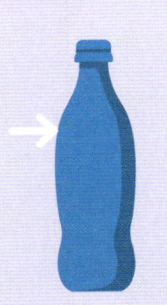

ガラスとセラミックス

硬くて腐食しにくく、多くの場合透明なガラスは、誰でも知っている物質ですが、そのほとんどが砂の主成分である、二酸化ケイ素です。ガラスは、セラミックまたはセラミックスと呼ばれる、熱処理などによって製造された非金属無機質固体の仲間に属しています。

ガラスの構造

ガラスはアモルファス構造をしています。つまり、分子や原子の配列に規則性がわずかにあるか、あるいはまったくないということです。原子レベルでは動かない液体のように見えます（p.16-17 参照）。それでもガラスは固体です。普通のガラスは、材料を熱で溶かしてから急速に冷却することで、原子や分子が通常の結晶や金属の構造として配列できずに固まったものです。液体だったときと同様に無秩序なまま、その場で動けなくなっています。

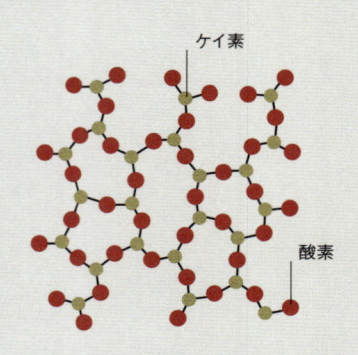

ケイ素

結晶形の二酸化ケイ素 (石英)

酸素

アモルファス構造　　**結晶構造**

ガラスの種類

身近なガラスといえば、窓にはめられている、透明で壊れやすい素材です。これらの主成分は二酸化ケイ素ですが、ガラスはほかにもさまざまな物質からつくることができます。ガラス状の金属やある種のポリマー（プラスチック）も技術的にはガラスと同じです。ケイ素を含むケイ酸塩ガラスは、ほかの化学物質を加えることによって性質が変わります。こうした化学物質は、ガラス製品の色や鮮やかさに影響を与えることもあれば、パイレックスなどのホウケイ酸ガラスのように耐熱性のあるガラスや、ゴリラガラス（多くのスマートフォンの画面に使用されているもの）のように傷がつきにくいガラスを生み出すこともあります。

ガラスの性質

ガラスは硬く、耐食性があり、反応しにくいという性質から多くの製品に適しているが、最も役に立つ性質は透明性だろう。おかげで建物や車の窓に広く使われるようになった。

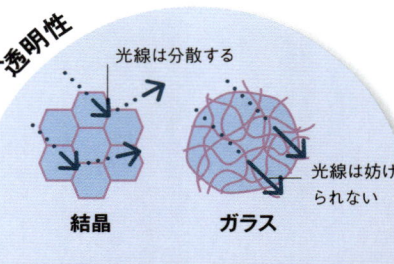

脆性（もろさ）

変形せずに砕ける

ガラスは分子が固定されていて、互いに滑ってずれることができないためにもろい。表面の傷やひびが急速に全体に広がって割れる。

透明性

光線は分散する

光線は妨げられない

結晶　　**ガラス**

ガラスが透明なのは、可視光のエネルギーが、ガラスの電子が取りうるエネルギー準位と合わないからだ。ガラスには光を散乱させる結晶境界もない。

ガラス以外のセラミックス

ガラスはセラミックまたはセラミックスと呼ばれる固体物質の仲間です。「セラミックス」という言葉は、昔から、粘土からつくられる陶磁器などを指しますが、科学的な定義は、成形してから加熱により硬化する非金属の固体ならなんでも含みます。セラミックスは結晶構造とアモルファス構造のどちらもあり、ほぼどんな元素からもつくれます。たいていはガラスのように硬くて壊れやすく、高い融点をもちます。このため、セラミックスは熱にも電気に対しても理想的な絶縁材になり、たとえば宇宙探査機の耐熱シールドにはセラミックスの炭化チタンが利用されています。

傷がつきにくい

圧縮に強い

反応しない

絶縁性がある

ガラスは流れるのか？

ガラスをゆっくり流れる液体と説明するのは間違いだ。昔の窓ガラスは下のほうが厚いことがあるが、長い年月の間に流れたわけではなく、ガラスを安定して設置するため最初から下を厚くしていただけだ。

耐水性

通常のガラスは水を引き寄せるので、表面に膜をつくる。撥水コーティングをすると水が粒状になりガラスから滑り落ちるので、ガラスの見通しがよくなる。また、そうした水によってガラス表面の汚れも落ちる。

固体のガラスは水を通さない

ガラスが初めて製造されたのは**約5000年前**のエジプトだった

強化ガラス

外側表面は圧縮されている

張力の中心

プラスチックの中間層

強化ガラス

強化ガラスは表面には圧縮に抵抗する力、内部には引っ張る力に抵抗する力がはたらき、ガラスの強度を高めている。壊れたときには、破片をプラスチックの層が保持する。

透明アルミニウム

透明アルミニウムとして一般に知られている酸窒化アルミニウムは、とびぬけて丈夫で透明なセラミックスだ。粉末材料の混合物を高圧で2000℃に熱した後に冷却すると、分子にアモルファス構造が残る。これは透明性を保ちつつ、徹甲弾（装甲車などに穴をあける目的の砲弾）を何回か被弾しても耐えられる強度をもつ。現在この物質が高価なのは、専門的な軍事利用に限られているためで、将来はもっと広く利用される可能性がある。

このセラミックスの強度と透明性は、装甲車の防弾ガラスに使用するには理想的だ

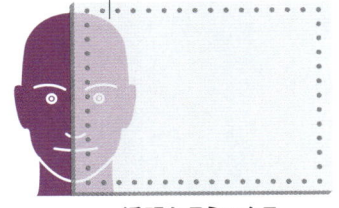

透明セラミックス

驚くべき物質

私たちが利用している物質のなかには、超強力なものから信じられないほど軽いものまで、驚くべき性質を備えたものがあります。これらの多くは人が発明したものですが、自然界に存在するものもあります。人工の物質のなかには、自然からインスピレーションを得た、バイオミミクリー（生体模倣）と呼ばれるプロセスで生み出されたものもあります。

複合材料

特定の製品をつくるとき、材料として、1つの物質だけでは性質のバランスが適当ではないことがあります。この問題を解決するために2つ以上の物質を組み合わせて、最終製品に最適な性質をもつ材料にすることができます。こうした物質を複合材料といいます。コンクリートは最も身近な現代の複合材料ですが、6000年前に壁を覆う材料として使われたしっくいもまた、わらや枝と泥でできた初期の複合材料といえます。新しい材料と技術を使って、さらに進歩した複合材料が生み出されています。

すべての複合材料は人工的なものか？

そうではない。木材と骨はどちらも自然にできた複合材料だ。骨は硬くてもろいハイドロキシアパタイトと、滑らかで柔軟なコラーゲンでできている。

相対的強度

コンクリートは、セメントマトリックスに骨材が入ってできた複合材料だ。コンクリートは圧縮する力には強いが、引っ張る力には弱いので、コンクリート単独では建築物に使えない。

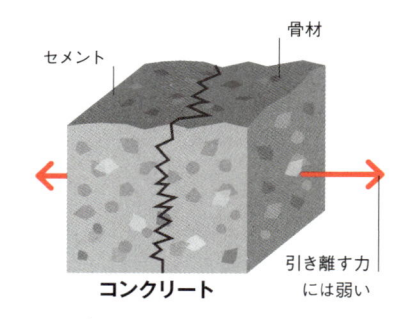

セメント　骨材

コンクリート

引き離す力には弱い

引張力に対する強化

建築の際は、引張力に強い鉄筋を入れてコンクリートを強化する。これらをまとめて鉄筋コンクリートという。現代世界で最も多目的に使われる材料の1つだ。

コンクリート

鉄筋コンクリート

鉄筋を加えると引っ張る力に対する強度が増す

先端複合材料

ハイテク複合材料には、カーボンファイバーやファイバーグラスのような強化ポリマーが含まれる。そうしたポリマーに炭素やガラスの繊維が別のポリマーの層にはさみ込まれるか、まだ液体状態の樹脂に混ぜ込まれている。いずれも強くて軽いが、高価でもある。

圧力か熱で硬化するエポキシ樹脂の外側の層

炭素やガラスなど、丈夫なファイバーの第1層

丈夫なファイバーの第2層は、第1層とは異なる方向で配置され、全体の強度を高める

絶縁と衝撃吸収のためのプラスチックの芯

クモの糸

クモの糸を大規模に生成すれば、防弾能力をもった新たな材料になる。鉄鋼と同じ強度があるが、鉄鋼よりはるかに軽く、伸縮性があるので破れにくい。

エアロゲル

ゲル状の物質に含まれる溶媒を気体に置換した極めて軽い固体。エアロゲルは98%以上が気体なので、優れた断熱性や絶縁性をもつ。

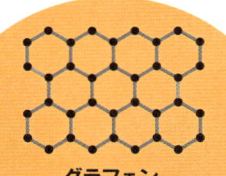

グラフェン

グラファイトの原子1個分の厚さの層でできたシート状のグラフェンは、鋼鉄よりも強く、電気伝導性がよく、透明で柔軟性があり、極めて軽い。

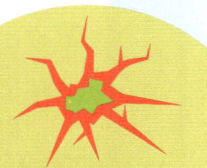

自己修復プラスチック

自己修復プラスチックにはカプセルが含まれていて、損傷を受けるとカプセルが破裂し、入っていた液体が反応して固まることで、空いた穴が修復される。

驚くべき性質

柔軟なのに防弾能力もあるケブラー繊維から、自己修復できるプラスチックまで、天然や人工の物質には、信じ難い性質のものが存在します。こうした物質は私たちの生活をより安全で便利にする"代用品"をもたらします。たとえば、多孔質金属インプラントでは、新たに骨をつくり生体内に埋め込んでうまく結合させます。また、窓の表面に超疎水性コーティングをすれば、ビルの窓を清掃する危険な仕事は不要になります。

発泡金属（多孔質金属）

溶融金属に気泡を吹き込むと金属が発泡体になる。非常に軽量だが、金属の多くの性質は保っている。

超疎水性材料

表面が微細突起でおおわれていて水滴をはじくので、ぬれない。

ケブラー繊維

とてつもない強度をもったプラスチックで、衣類に織り込んだりポリマーに添加したりして複合材料をつくる。

グラフェン1枚で4kgの猫をもち上げられるがグラフェン1枚の重さは猫の**ひげ1本よりも軽い**

エネルギーと力

エネルギーとは何か？

物理学者は、時空にある物質とエネルギーという観点から宇宙を理解します。エネルギーは、さまざまな形態で存在し、ある形態から別の形態へ変化することがあります。力を使って物体を動かすとき「力が物体に仕事をした」といいます。エネルギーとは仕事をする能力です。

エネルギーの種類

エネルギーはどこにでもあります。消えてなくなることはなく、宇宙が始まって以来存在し続けています。しかし、より理解しやすく、測定しやすくするために、エネルギーはさまざまな形態に分類されています。あらゆる自然現象と、機械や技術に利用されるあらゆる人工的なプロセスは、ある形態のエネルギーによって引き起こされ、その結果そのエネルギーは別の形態のエネルギーに変わっています。

 位置エネルギー（ポテンシャルエネルギー）
ある位置にある物体に蓄えられているエネルギーで、そのままでは仕事をしないが、その他の役に立つエネルギーに変わることができる。

 静電気力による位置エネルギー
静電気力（クーロン力）がはたらく電場では、電子など電荷をもつ粒子が位置エネルギーをもつ。

 弾性力による位置エネルギー
バネなど、伸び縮みする弾性体は、元の形に戻るとき位置エネルギー（弾性エネルギー）を放出する。

 重力による位置エネルギー
高い位置にある物体は、落ちるときにその位置エネルギーを運動エネルギーに変える。

化学エネルギー
燃焼などの化学反応は、原子を互いに結びつけているエネルギーによって起こる。

放射エネルギー
原子や分子の熱運動（振動や回転など）によるエネルギー。熱せられた原子はより多く振動する。

音響エネルギー
音が運ぶエネルギーは、空気などの媒質を縮めたり、伸ばしたりして伝わっていく。

核エネルギー
放射性物質からの放射や核爆発には、原子核を形成する結合エネルギーが使われる。

電気エネルギー
電流は、電気をもった電子が移動する流れであり、その運動エネルギーを電気エネルギーとしてもっている。

熱エネルギー
原子や分子の熱運動（振動や回転など）によるエネルギー。熱せられた原子はより多く振動する。

運動エネルギー
電子から銀河まで、動いているものすべてに運動エネルギーがあり、ほかの物体に仕事をする能力がある。

化学エネルギーの放出

人が重い積み荷を動かせば、エネルギーの変換が連鎖して起こる。最初に、身体は食料に蓄えられていた化学エネルギーを運動エネルギーに変える。

手押し車が一定の速度になるまで、運動エネルギーが手押し車に移行する。

重力による位置エネルギーが大きくなる

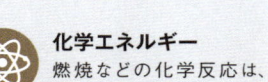
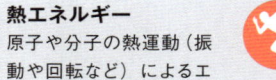

エネルギーの保存

宇宙にあるエネルギーの量は変わりません。エネルギーは、新たにつくることもなくすこともできず、ある形態から別の形態に変わるだけです。私たちが見ているさまざまなプロセスは、エネルギーの変換によって成り立っています。ですが、エネルギーの一部は拡散したり、より無秩序な状態になったりして、熱などの役に立たないものになります。そのため、その点だけを考えると、すべてのプロセスは、たいてい熱としてエネルギーを失っています。したがって、こうしたプロセスを続けるにはそれを補うエネルギー源が必要になります。

1 動き始める

身体の運動エネルギーは、手押し車に移行し、静止する手押し車の摩擦力に打ち勝って動かすのに使われる。また、身体のエネルギーの一部は運動エネルギーに変換されず、熱として放出されるので、身体が熱くなる。

板チョコのエネルギーは
どのくらいか？

50 グラムのミルクチョコレートの
エネルギーは約 250 キロカロリー
で、平均的な成人の体が 2.5 時間
で使うエネルギーと同じくらいだ。

レンガのもって
いた位置エネ
ルギーが運動
エネルギーに
変わり始める

身体に蓄えられていた化
学エネルギーが減る

2 斜面を登る

この男性が加えた力は、
手押し車にはたらく重力に逆ら
って仕事をする。斜面を登ると、
男性の運動エネルギーが男性の
身体と手押し車の位置エネル
ギーに変換される。

レンガは落ちるに従っ
て、運動エネルギーが
大きくなり、重力によ
る位置エネルギーが小
さくなる

3 位置エネルギーの
放出

手押し車を傾けて積み荷のレン
ガを捨てると、レンガの位置エ
ネルギーが運動エネルギーに変
わる。レンガが地面に衝突する
と運動エネルギーが熱や音に変
わったり、ある高さまで跳ね返
る運動エネルギーと、その高さ
の位置エネルギーに変わったり
する。

エネルギーの測定

エネルギーは、ジュール（J）と呼ばれる単
位で測ります。1 ジュールは、約 100 グラム
の物体を 1 メートル持ち上げるのに必要な
エネルギーです。食物のエネルギーは、キ
ロカロリーという単位で測られることが多く、
これは熱量計と呼ばれる装置で燃やしたと
きに食物が生み出す熱量に相当します。

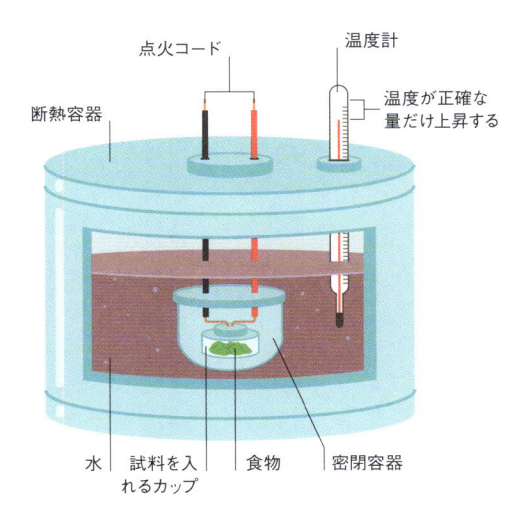

点火コード　　　温度計

温度が正確な
量だけ上昇する

断熱容器

水　試料を入　食物　密閉容器
　れるカップ

カロリーの測定
食物の試料が燃えると水温が上がる。この温度の上昇を使
うと、この食物が何カロリーあるか算出できる。

仕事率

エネルギーが変換される割合を、仕事率と
いい、ワット（W）で測られる。1 ワットは
1 ジュールの仕事を 1 秒間でしたときの仕
事率だ。仕事率が大きいプロセスは、エネ
ルギーをより速く使う。100W の電球の仕
事率と成人女性の仕事率はほぼ等しい。

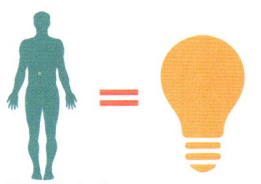

成人女性の仕事率
（1 日 2000kcal 消費の場合）

**100W の電
球の仕事率**

電気ショック
静電気が身体に帯電していると、金属性の物体などの導体に触れたとき電荷の移動が起こり、予想もしなかった電気ショックを起こして、火花が生じることがある。

余分な電子

身体全体がややマイナスに帯電する

足とカーペットがこすれ合う

静電気

最も身近な形の電気は、家庭へ供給される電流で、そのほとんどは人工的な現象です。これに対し、稲妻など、電気が関わる自然現象の原因の大半は、静電気です。

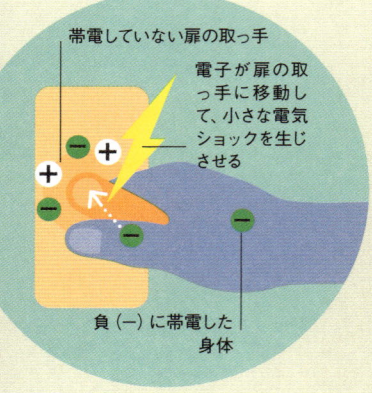

帯電していない扉の取っ手

電子が扉の取っ手に移動して、小さな電気ショックを生じさせる

負（−）に帯電した身体

2 放電
電荷は、金属（扉の取っ手）を通って逃げることができる。手がそれに触れるか近づくと、身体にある余分な電子が金属へ移動し、ビリッと小さな電気ショックを感じる。

静電気のメカニズム

電気は、帯電と呼ばれる物質の特性によって生じます。原子の中では正（＋）の電荷をもつ陽子と負（−）の電荷をもつ電子の数は同じです。このような状態の物質は電気的に中性で帯電していません。しかし、2つの物体が接触したとき、自由に動く電子が移ることで、電子が余分になった物体は負（−）に帯電し、電子が足りなくなった物体は正（＋）に帯電します。違う符号の電気を帯びた物体どうしは引かれ合い、同じ符号の電気を帯びた物体どうしは反発します。余分な電子は元の状態に戻ろうとし、帯電した物体から逃げるとき火花が発生します。

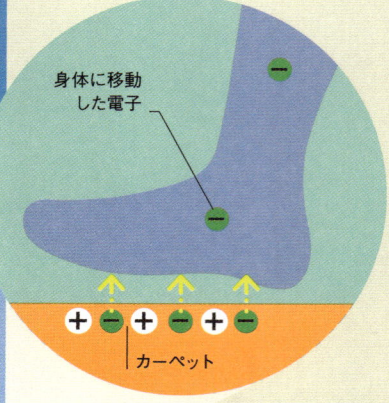

身体に移動した電子

カーペット

1 摩擦による帯電
化学繊維でできたカーペットの上で足をこすると、電子が地面から身体へ移動し、やや負（−）に帯電する。

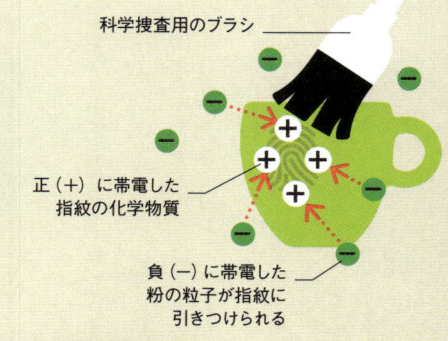

科学捜査用のブラシ

正（＋）に帯電した指紋の化学物質

負（−）に帯電した粉の粒子が指紋に引きつけられる

粉をつけて指紋を採る
指紋の採取には静電気が利用されている。事件現場の指紋の中に残る、正（＋）に帯電した化学物質の上に、負（−）に帯電した粉をブラシでつけている。

静電気の利用

静電気は、日常の多くの場面で利用されています。通常は静電気を利用して制御しやすい小さな力の場をつくり、ほかの物質を引きつけたりはねのけたりしています。帯電量が大きくなると危険だが、除細動器などの使い道があります。

ヘアーコンディショナー
シャンプーは髪を帯電させるので、髪の毛が互いに反発する。ヘアーコンディショナーはこの帯電を電気的に中和する。

除細動器
大容量のコンデンサにためた電荷を正常に拍動しなくなった心臓に流しショックを与える。

ラップ
プラスチックのラップを引き出すとラップに小さな静電気が生じる。これによってラップがほかの物体にくっつきやすくなる。

静電塗装ガン
プロ用の吹きつけ器は、塗料をプラスに帯電させ、マイナスに帯電した物体にくっつきやすくしている。

電子書籍リーダー
正と負に帯電した白と黒の粒子とオイルを入れた球体に電圧をかけ、スクリーンにどちらかの色を引きつけて文字を表示する。

ダストフィルター
工場排煙の中の有害な粒子を帯電させて、強く帯電した集塵（しゅうじん）プレートに引きつけて取り除く。

落雷

稲妻は大規模な放電だ。空気は電気をあまり伝えないので、嵐雲の中の電荷はなかなか逃げ出せずに膨大な量まで蓄えられる。最終的には、最も簡単に地上に達する経路を探して、空気の中をジグザグに放電する。

---

5 コピー終了
コピーが送り出される。プレートの上の電荷は保たれていて、さらに多くのコピーをつくることができる。

原本

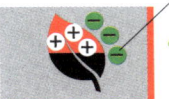

原本は裏向きに置かれる

正（＋）に帯電したプレート

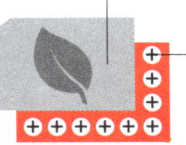

1 露光
原本を通して明るい光を正（＋）に帯電したプレートに照射する。

紙は、トナーを定着させるため、少し暖められる

4 転写
紙をプレートの上に押しつけるか転がすかして、トナーを転写する。

コピー機
コピー機は、画像や文章を、静電気が帯電した目に見えない版として再現する。次に、この版を使って、トナーを正確な位置に付着させ、極めて忠実なコピーをつくる。

帯電した版は原本とは左右対称

光が届いたところの正（＋）の電荷がなくなる

負（−）に帯電したトナー

3 現像：負（−）に帯電したトナーの吸着
負（−）に帯電したトナー（粉）が、プレートの正（＋）に帯電した版の部分にくっつく。

2 放電
原本の影になった領域以外のプレートの場所が光によって放電される。

電流

電流は電荷の流れです。電荷とは電気を帯びた物体がもつ電気のことで、電子は負（－）の電荷をもっています。日常生活では、たとえば銅線のような、金属の電子の動きによって電荷は運ばれます。電流がよく流れる物質は導体といい、電流がよく流れない物質は不導体（絶縁体）といいます。

電流が生じるとき

電池などで生じる電流は、火花や稲妻（p.78-79 参照）で起こる静電気の電荷の移動とは違い、電荷の移動が長く続きます。電荷をもつ粒子が移動するのは、反対の符号の電荷に引きつけられるためです。静電気の火花は、2 つの場所が反対の符号の電気を帯びているために起こります。電荷の移動が起こって瞬間的に電流が流れ、火花が出た後は 2 つの場所の帯電の違いはなくなります。一方、電池などで生じるような電流の場合、帯電の違いが続くため、電流が流れ続けるのです。

電気に関わる量	単位
電流：電荷の流れ。 電流の大きさ＝電気の流れる量	**A** アンペア
電圧：電位差。 電圧の大きさ＝電流を送り出すためにかける力の量	**V** ボルト
抵抗：電流の動きを妨げるもの。 抵抗の大きさ＝電気の流れにくさを表す量	**Ω** オーム

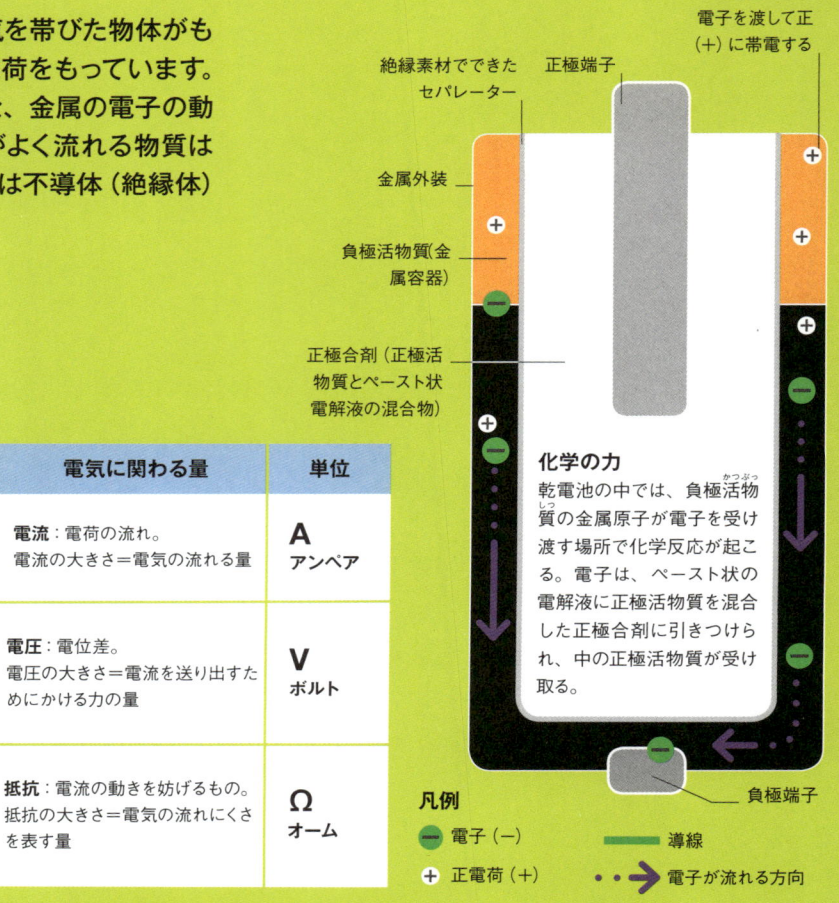

金属原子は、電子を渡して正（＋）に帯電する

絶縁素材でできたセパレーター

正極端子

金属外装

負極活物質（金属容器）

正極合剤（正極活物質とペースト状電解液の混合物）

化学の力

乾電池の中では、負極活物質の金属原子が電子を受け渡す場所で化学反応が起こる。電子は、ペースト状の電解液に正極活物質を混合した正極合剤に引きつけられ、中の正極活物質が受け取る。

負極端子

凡例

— 電子（－）　　— 導線
＋ 正電荷（＋）　　⋯▶ 電子が流れる方向

回路

電流が運ぶエネルギーは、物に仕事をさせることができます。たとえるなら、電子の流れは下り坂を流れる水です。流れる水のエネルギーは水車を使うことで、機械を動かすことができます。電流の場合、一方向に流れる水路とは違って、閉じた電気回路をめぐっているので、エネルギーは回路の途中に入れた電球やヒーターやモーターなどの機器をはたらかせることができます。回路を通して電気エネルギーを分散させる仕組みは、回路の形によって異なり、おもに直列と並列という 2 種類があります。

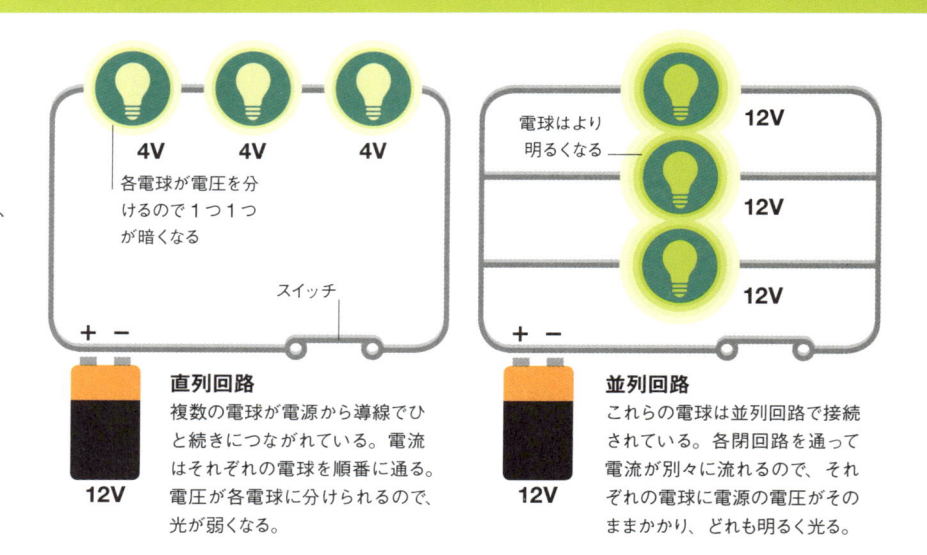

4V　4V　4V

各電球が電圧を分けるので 1 つ 1 つが暗くなる

スイッチ

＋ －

12V

直列回路

複数の電球が電源から導線でひと続きにつながれている。電流はそれぞれの電球を順番に通る。電圧が各電球に分けられるので、光が弱くなる。

電球はより明るくなる

12V
12V
12V

＋ －

12V

並列回路

これらの電球は並列回路で接続されている。各閉回路を通って電流が別々に流れるので、それぞれの電球に電源の電圧がそのままかかり、どれも明るく光る。

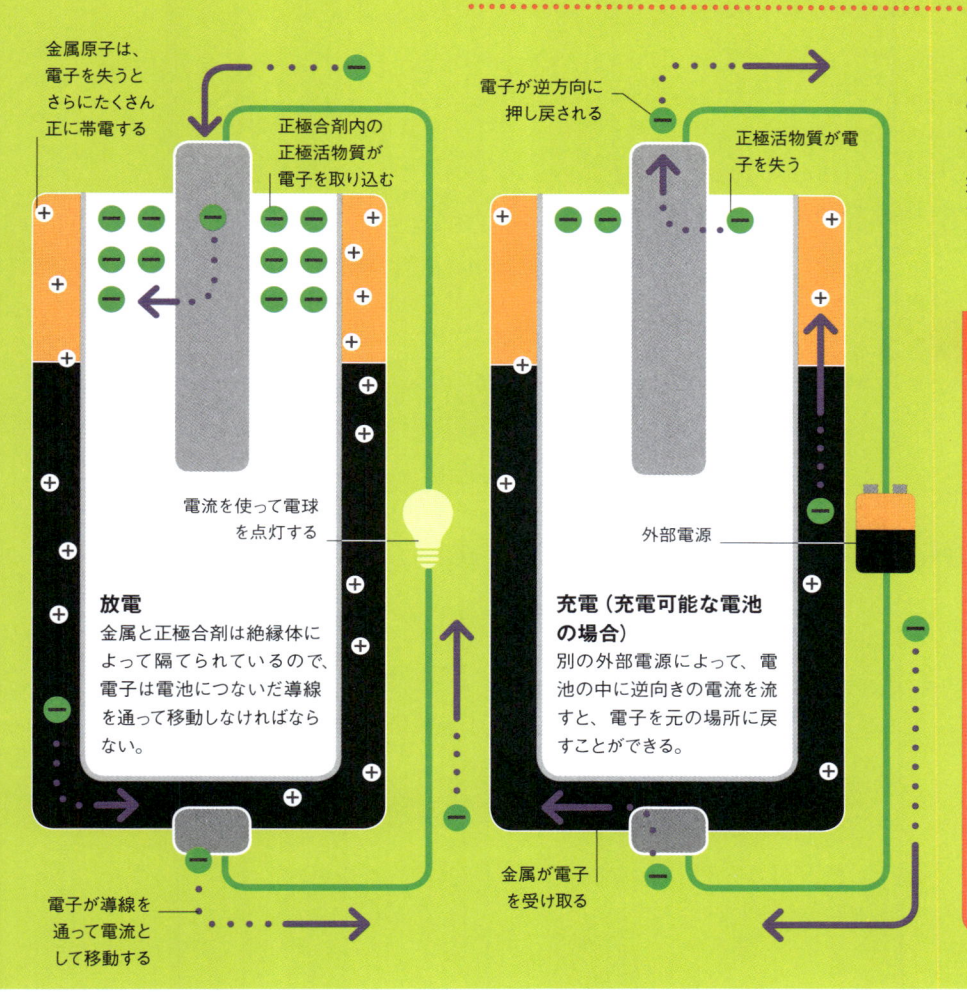

金属原子は、電子を失うとさらにたくさん正に帯電する

正極合剤内の正極活物質が電子を取り込む

電流を使って電球を点灯する

放電
金属と正極合剤は絶縁体によって隔てられているので、電子は電池につないだ導線を通って移動しなければならない。

電子が導線を通って電流として移動する

電子が逆方向に押し戻される

正極活物質が電子を失う

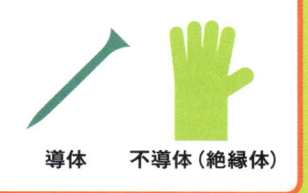

外部電源

充電（充電可能な電池の場合）
別の外部電源によって、電池の中に逆向きの電流を流すと、電子を元の場所に戻すことができる。

金属が電子を受け取る

（注）：右端の図もマンガン電池の模式図ですが、あくまで充電の仕組みを説明するために図を使用しています。市販のマンガン電池は充電して使用できる構造ではありません。万が一充電すると、液もれや破損の原因になり大変危険です。

自由電子

鉄など、金属の大半は、原子の電子殻にある電子がほかの原子の電子殻の周りを自由に動き回ることができるので、電気を通しやすい。このような導体は電子に十分なエネルギーが与えられれば、電流が流れる。一方、ゴムのような不導体の原子の原子核は電子をとても強く引きつけているので、電流が流れにくい。

導体　　　不導体（絶縁体）

オームの法則

電圧と電流と抵抗の関係は、オームの法則で表されます。その式（右）を使って、電源の電圧、回路の途中にある電球などのさまざまな抵抗に応じて、それを流れる電流がどのくらいか計算できます。

$$\text{電流} = \frac{\text{電圧}}{\text{抵抗}}$$

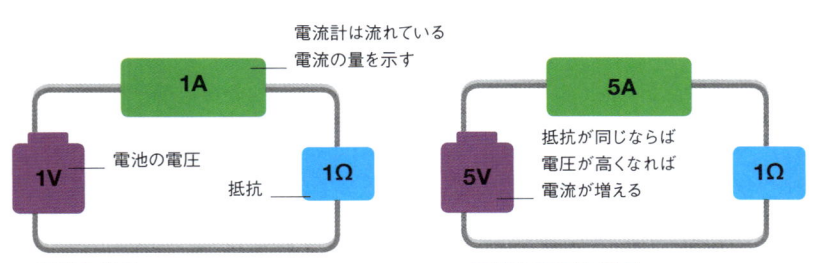

電流計は流れている電流の量を示す

1A

電池の電圧

抵抗　**1Ω**

1V

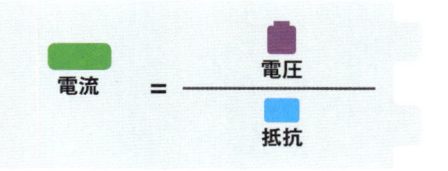

5A

抵抗が同じならば電圧が高くなれば電流が増える

5V　　**1Ω**

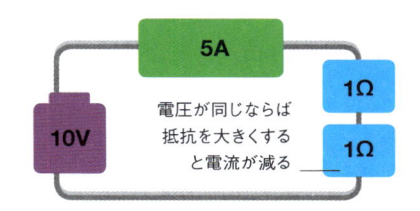

5A

電圧が同じならば抵抗を大きくすると電流が減る

10V　　**1Ω**
　　　　　　1Ω

抵抗の単位
抵抗は、オーム（Ω）と呼ばれる単位で測定される。1Ω の抵抗に 1V の電圧をかけると、1A の電流が流れる。

電流と電圧の関係
電流は電圧に比例する。抵抗が同じであれば、電圧を高くすると電流が増える。

抵抗を大きくする
抵抗を大きくすると、電圧が同じならば、電流があまり流れなくなる。電圧を高くすれば、電流の大きさは維持される。

磁気力

物質の間にはたらく磁気力（磁力）は、物質内部の原子や原子よりも小さなスケールでの粒子の振る舞いが積み重なり、大きなスケールになったものです。磁石には多様な用途があり、さまざまな装置に欠かせないものです。

磁場

磁石は、磁気力のはたらく「場」に囲まれています。磁気力は、あらゆる方向に広がり、距離とともに急速に小さくなります。磁気力には方向があり、磁石のN極から出て、S極へ入ります。磁石の両極は磁気力を表す磁力線の密度が最も高く、磁石の磁場で最も磁気力の影響が強い場所です。

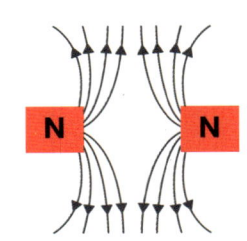

異なる極どうしは引かれ合う

磁気力は「反対のものは引かれ合う」という法則に従う。磁石のN極は別の磁石のS極を引きつける。この引力が磁石をくっつける。

同じ極どうしは反発する

同じ磁極（N極どうしやS極どうし）は互いに反発する。両方の磁場の磁力線の方向が同じなので、磁力線が離れるように曲げられる。

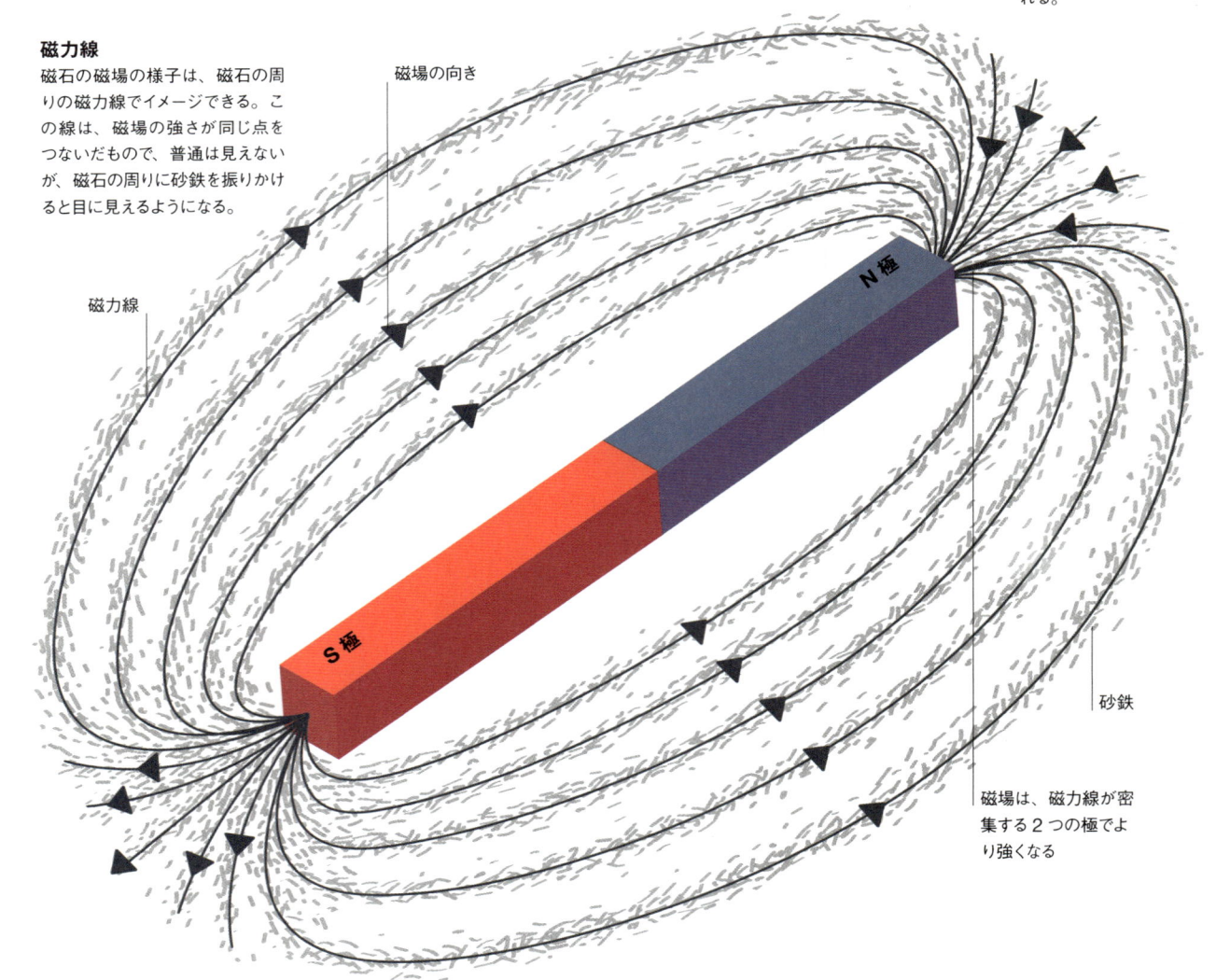

磁力線

磁石の磁場の様子は、磁石の周りの磁力線でイメージできる。この線は、磁場の強さが同じ点をつないだもので、普通は見えないが、磁石の周りに砂鉄を振りかけると目に見えるようになる。

磁場の向き

磁力線

N極

S極

砂鉄

磁場は、磁力線が密集する2つの極でより強くなる

磁性の種類

すべての原子はそれ自体の小さな磁場をもっていますが、通常はその方向がばらばらなので全体としては何の影響も生じません。しかし、外部の磁場によって物質の中の原子が整列すれば、原子の小さな磁場が積み重なって一つの大きな磁場になります。

	外部の磁場がないとき	外部の磁場があるとき	外部の磁場を除いたとき
反磁性体 銅や炭素などの物質は、外部の磁場とは反対方向に整列するので反対の磁場を生み出し、磁石をはねのける。	N S ばらばらな配列	N S 配列は外部の磁場と反対方向	N S 配列はばらばらに戻る
常磁性体 金属の大半は常磁性で、その原子は外部の磁場と同じ方向に整列するので、磁石を引きつける。	N S ばらばらな配列	N S 配列は外部の磁場と同じ方向	N S 配列はばらばらに戻る
強磁性体 鉄などのいくつかの金属の原子は、外部の磁場を取り去っても整列したままなので、永久磁石になる。	N S 原子は少し磁化しているが、全体的には磁性はない	N S 配列は外部の磁場と同じ方向	N S 原子が整列したまま

最強の磁石は何か？

マグネターと呼ばれる、高速で自転する中性子星の磁場は、地球の磁場の1000兆倍だ。

病院の検査で使われる**MRI（磁気共鳴断層撮影スキャナー）**は**マイナス265℃まで冷却した磁石を使って**ほんの一瞬で**全身を磁化する**

電磁石

電磁石の磁気力は、鉄芯の周りを流れる電流によって生まれます。そのため電磁石は、磁場をつくったり消したりでき、現代の装置に数多く使われています。

電気モーター
電気モーターは、電磁石を使って永久磁石の両極を押す力を発生させ、要求に応じて回転運動を生み出す。

コンピューターのハードドライブ
データは、磁化した領域と磁化していない領域で符号化したパターンとして、ハードドライブに記憶される。

スピーカー
電磁石の力を使って震わせたスピーカーのコーンが、空気を正確なパターンで震わせて音波ができる。

誘導加熱調理器（IH）
強力な電磁石を使って、金属でできた鍋の内側に変動する磁場をつくり、鍋を加熱する。

地球の磁性

地球は、外核に液状の鉄があるため、強い磁場が生じている。磁気コンパスの針は、地球の磁場に沿って並ぶので北を指す。この磁場は、宇宙にまで達していて、バリアとなって太陽風（太陽が生成する熱くて帯電したガスの突風）が地球に届くのを防いでいる。

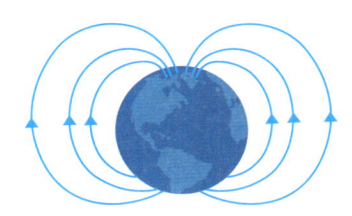

発電

電気は、とても役に立つエネルギー源です。広い範囲に供給することができ、発電した場所から遠く離れた場所でも使えます。そして、コンピュータから自動車まであらゆる種類の装置や機械に動力を供給できます。

誘導電流

発電機は、電磁誘導と呼ばれるプロセスによって電流を生み出します。導線を磁場で動かすと、導線に電圧と電流が生じます。導線の運動エネルギーが電気エネルギーに変換されて、導線を流れる電流をつくるのです。簡単な発電機は、強力な磁石の2つの極の間で導線の輪（1巻きのコイル）を非常に速く回転させる仕組みになっています。

交流と直流

導線の輪が磁場を通るたびに導線を流れる電流の方向が逆になる。これが交流（AC）だ。変圧器（下記参照）の二次コイルに電流を生じさせるには、絶え間なく逆流する電流が必要なので、発電所では交流がつくられる。左の発電機で直流（DC）をつくるには、導線の輪と回路の接続を半回転ごとに切り替えて、電荷が一方向にだけ動くようにする。

交流

直流

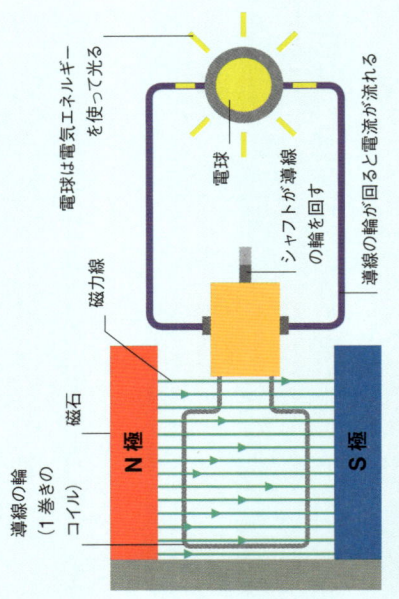

電球は電気エネルギーを使って光る

電球

シャフトが導線の輪を回す

導線の輪が回ると電流が流れる

磁力線

N極　S極

磁石

導線の輪（1巻きの）コイル

火力発電所

火力発電所の役割は、熱エネルギーを利用し、発電機の内部にある回転子を回して発電することです。火力発電所は、燃料を燃やして放出される熱を利用し、この熱を蒸気タービンの回転エネルギーに変換します。原子力発電所は、原子核の分裂で生じる熱を利用します。

1 使われる燃料

燃料は、燃やすと大量の熱を放出する物質が使われる。よく使われる燃料は、石炭、天然ガス、石油で、発電所によっては、木材や泥炭やごみを燃やす場合もある。

発電所に運び込まれる燃料

2 炉

燃料が燃えてできる熱によって、炉の中の管を通る水が沸騰する。これによってできた高圧蒸気はタービンへ導かれる。

燃料を燃やして水を沸騰させる

3 タービン

蒸気の流れがタービンを通って、タービンの翼を回転させる。蒸気の圧力が運動エネルギーに変換され、発電機に伝達される。

蒸気がタービン翼を回す

タービン

回転運動が発電機に伝達される

蒸気が冷やされて凝縮する。この水は再利用される

水

タービン

燃焼排出物

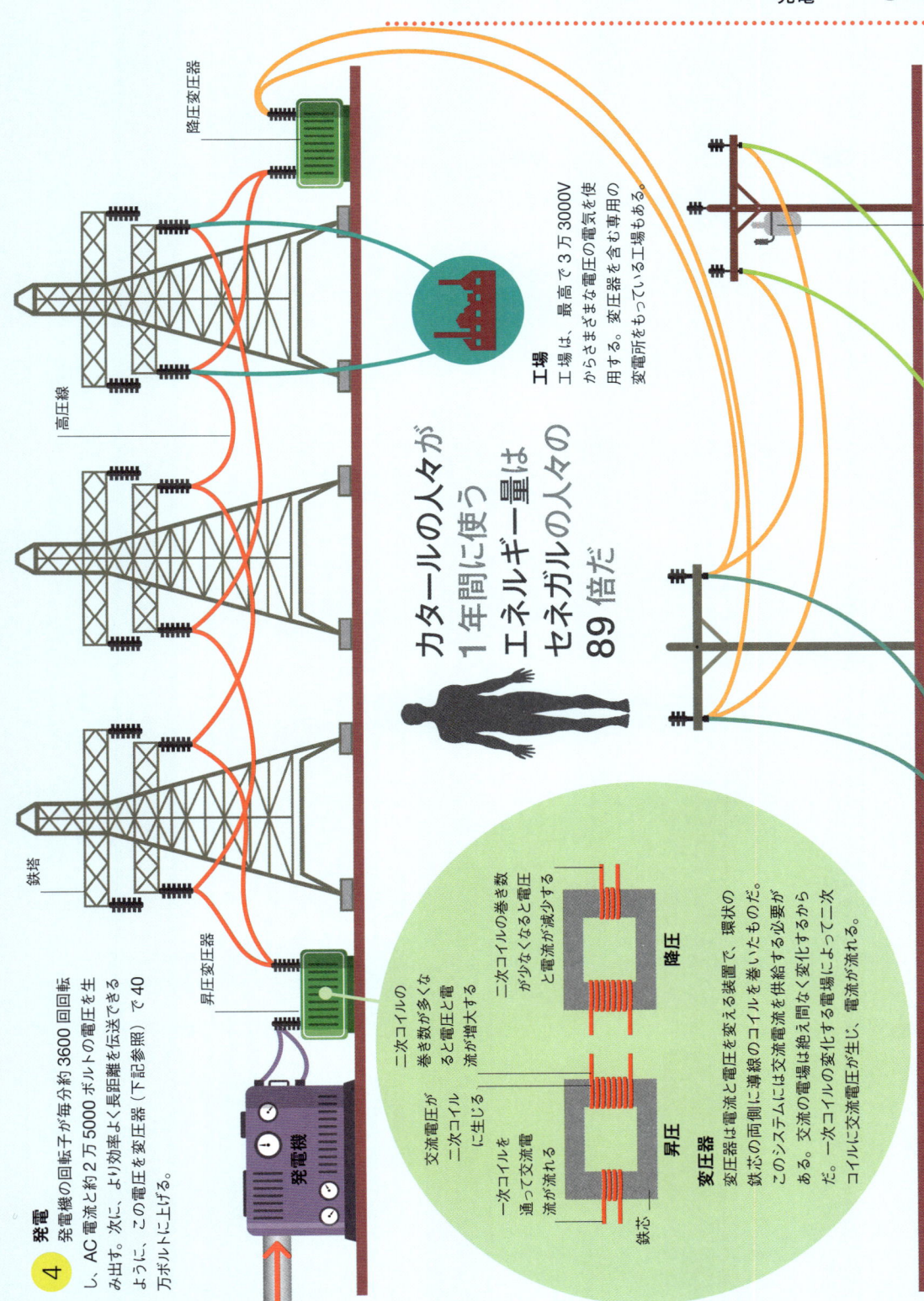

降圧変圧器

高圧線

鉄塔

昇圧変圧器

発電機

4　発電

発電機の回転子が毎分約3600回転し、AC電流と約2万5000ボルトの電圧を生み出す。次に、より効率よく長距離を伝送できるように、この電圧を変圧器（下記参照）で40万ボルトに上げる。

カタールの人々が
1年間に使う
エネルギー量は
セネガルの人々の
89倍だ

工場
工場は、最高で3万3000Vからさまざまな電圧の電気を使用する。変圧器を含む専用の変電所をもっている工場もある。

家庭で使えるように、鉄塔に据え付けた変圧器で電圧を下げる

住宅
家庭へ供給される電圧は100Vから240Vで、国によって異なる。

オフィスビル
商業ビルは、家庭より高い電圧を使うことができる。

降圧

昇圧

変圧器
変圧器は電流と電圧を変える装置で、環状の鉄芯の両側に導線のコイルを巻いたものだ。このシステムには交流電流を供給する必要がある。交流の電場は絶え間なく変化するから、一次コイルの変化する電場によって二次コイルに交流電圧が流れる。

二次コイルの巻き数が多くなると電圧と電流が増大する

二次コイルの巻き数が少なくなると電圧が減少する

交流電圧が二次コイルに生じる

一次コイルを通って交流電流が流れる

鉄芯

5　電力供給

高電圧送電網の電流は、電圧が高すぎて家庭では使えない。そこで、各地域には変電所があり、降圧変圧器で電圧を下げて使いやすくしている。

代替エネルギー

化石燃料の代わりに、自然に起こる大気や水の動き、地球や太陽からの熱など、自然界に存在する再生可能なエネルギーを使って発電するシステムがあります。こうした取り組みは環境汚染を減らすことにつながります。

風

風力発電

風は、気圧が高いところから低いところへ流れる大気の動きです。こうした気圧の差ができるのは、太陽の熱によって大気が温まるとき、場所によって温度に差ができるためです。この大気の流れは、風力タービンを動かすエネルギー源として利用できます。

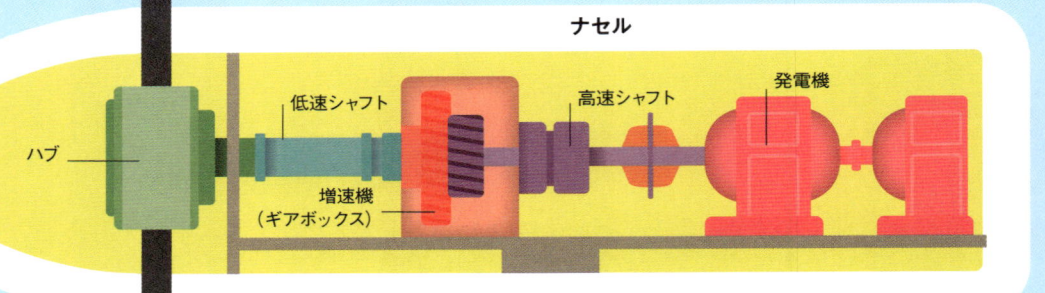

ナセル

低速シャフト　高速シャフト　発電機

ハブ

増速機
（ギアボックス）

1　ブレード
ブレードと呼ばれる羽根の部分は、プロペラの逆のはたらきをする。ブレードは、前進運動する空気をとらえて回転運動に変換するために、精密に加工されている。

**2　増速機
（ギアボックス）**
ブレードは1分間に約15回転する。これは、一般に使用される交流の電気をつくるには遅すぎるので、増速機でシャフトの回転を1分間に約1800回に増やす。

3　発電機
発電機によって、シャフトの回転運動が電気に変換される。発電機は始動モーターとして利用することもできる。電流を逆方向に流して、風が弱くて止まったブレードを回転させることもできる。

化石燃料の利用は
完全にやめられるのか？

代替エネルギーの供給が、私たちの需要を満たすことは十分可能だ。だが、化石燃料をまったく使わなくても済むようになるには、大量の電気を蓄える方法を開発しなければならない。

水力発電

代替エネルギーを利用した発電の課題の1つは、信頼できるエネルギー源を見つけることだ。水力発電所は、川の流れを利用するダムを使っていることが多く、代替電力の3分の2、全電力供給の5分の1を生み出している。水が流れ落ちると、その位置エネルギーが運動エネルギーに変換される。水力発電は、この運動エネルギーを使ってダムの内部にある水力タービンを回転させ発電する。

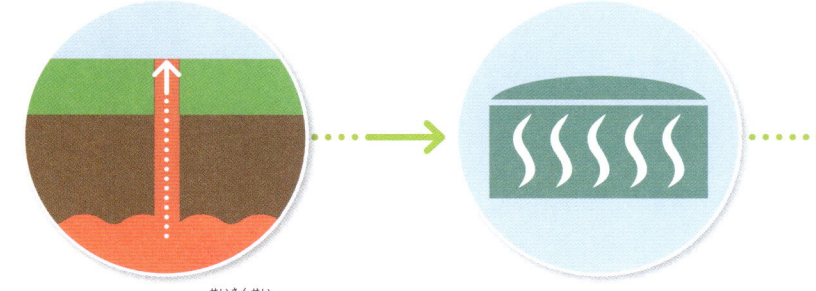

2 熱水を排出する（生産井）（せいさんせい）
火山の熱が水を100℃よりずっと高い温度に温める。圧力が高いため、この温度でも水の大半は液体のままなので、熱水と蒸気の混合物が地表へ運ばれる。

3 蒸気をつくる
水から蒸気を分離して、高圧の流れをつくりタービンへ導く。地表に達した水はすべて冷却塔へ流れ込む。

4 発電機
通常の火力発電所と同様に、高圧の蒸気がタービンのブレードを回す。次に、この回転運動エネルギーが発電機に伝達され電気がつくられる。

自然界の熱

空気や水の動きだけでなく、自然界に存在する熱源も発電に利用できます。集光型太陽熱発電所では、たくさんの鏡を配置して太陽光を集め、この熱を使って水を沸騰させ、タービンを回します。地熱発電所は、地球内部の熱が地表に特に近いところで取り出せる火山地帯に設置されていて、この熱をエネルギー源として利用しています。

1 冷水を注入する（還元井）（かんげんせい）（こうせい）
抗井と呼ばれる深いたて穴を通して、地下の深部（たいていは地表から2000m以上のほどの深さ）にある天然の地下水貯留層にポンプを使って冷水を高圧で注入する。

5 冷却塔
蒸気は、巨大な冷却塔の中で冷却されて液体に戻る。冷却された水は、地下に再度注入されて、このサイクルが再び始まる。

バイオ燃料

バイオ燃料は化石燃料に代わる燃料で、環境汚染を減らせる可能性があります。バイオ燃料は、生物から生じた生物資源（バイオマス）を化学変化させてつくります。生物資源のおもな供給源は、穀物、木材、藻類の3つです。穀物と木材には環境に対して問題もあることがわかってきましたが、藻類については、まだ開発の初期段階ではあるものの、最終的には安くて環境汚染の少ない燃料が得られるだろうと期待されています。

生物資源

穀物

木本植物（もくほん）（木材）

藻類

前処理
前処理として、まず、生物資源を物理的に粉砕して均一な材料にし、不要な汚染物質を取り除く。

糖化
生物資源の複雑な分子を化学的に処理して分解し、糖類など、より小さくて役に立つ分子にする。

発酵
アルコール飲料の製造と同じように、糖類が燃料として利用できる可燃性物質（エタノールなど）に変換される。

生成物（バイオ燃料）

バイオエタノール

バイオ水素

バイオガス

バイオブタノール

電子工学

電子工学（エレクトロニクス）は、電子部品そのものや電子部品を利用した電子回路などを対象とする技術です。電子部品には、電流を制御するのに使われるトランジスターなどがあり、その大半には動く部分がありません。

半導体とはどのようなものか？

導体には、電気を伝えるのに役に立つ自由電子がある（p.81 参照）のに対し、不導体（絶縁体）には、バンドギャップと呼ばれる、大きなエネルギーの差（電子が存在できない領域）があって、電子の移動を妨げ電流が生じないようになっています。一方、シリコンのような半導体は、このバンドギャップが小さいので、電気を通さない不導体から電気を流す導体へ切り替わることができます。

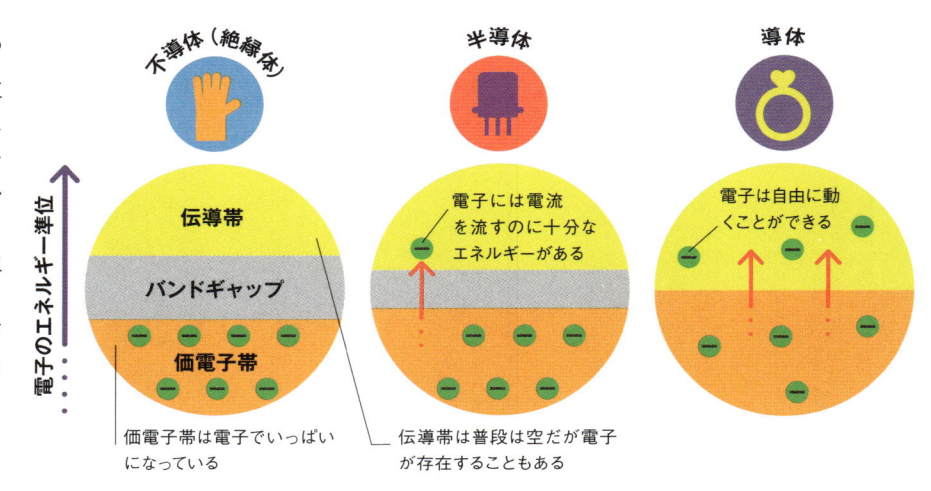

価電子帯は電子でいっぱいになっている

伝導帯は普段は空だが電子が存在することもある

トランジスタの中身

コンピュータの中枢部は、チップの上に組み立てられた電子回路でできています。こうした回路は、プログラムという一連の命令によって、何をするか指示されます。半導体素子のトランジスタは 1940 年代後半に発明され、とても信頼性が低かった初期の電子素子の真空管に取って代わりました。トランジスタは、「ドープ」した、つまり不純物を加えて電気的性質を変えた、シリコン結晶でできています。その結果、電流の流れを非常に精密に制御できる素子になっています。

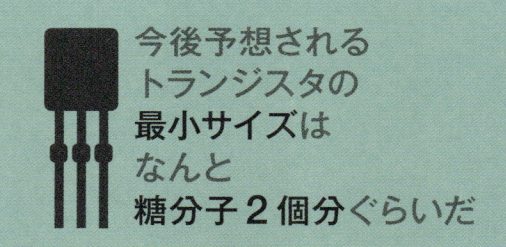

今後予想されるトランジスタの最小サイズはなんと糖分子 2 個分ぐらいだ

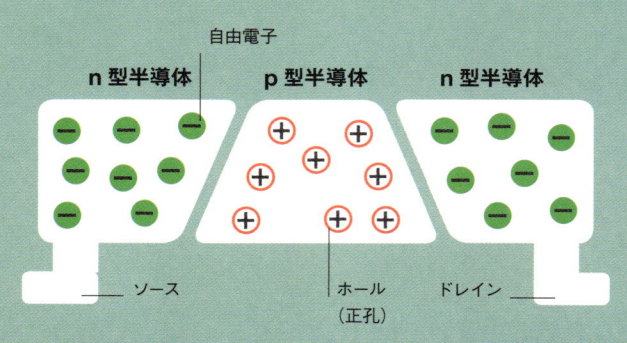

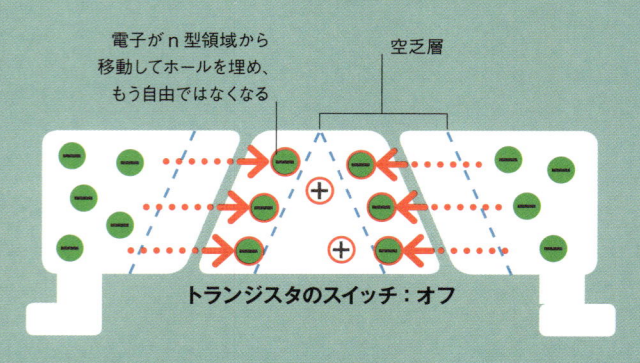

トランジスタのスイッチ：オフ

① **基本構造（電界効果トランジスタに分類される、N 型 MOS トランジスタの場合）**

このタイプのトランジスタは、p 型半導体の両側を n 型半導体が囲むような構造をしている。n 型半導体は、余分な電子があり、負（－）に帯電している。p 型半導体は、ホール（正孔）と呼ばれる電子がないが正電荷をもつ粒子のように振る舞うため、正（＋）に帯電している。

② **空乏層**

n 型領域の電子が、p 型の正電荷に引き寄せられて p 型領域に入り、電流を伝導する自由電子がない空乏層ができる。この段階では、電流は流れることができず、トランジスタのスイッチは「オフ」だ。

ムーアの法則

1965 年に、インテル社の共同創設者のゴードン・ムーアは、トランジスタのサイズは 2 年ごとに半分になると予想した。これまで、このムーアの法則はほぼ当てはまっている。現在では、標準的なトランジスタの基準のサイズは 14 ナノメートルになっている。このサイズはさらに小さくなる可能性はあるが、今後 10 年で電子工学の技術は限界に達し、基準サイズが小さくなりすぎて有効な電流障壁をつくれなくなるという予測もある。（注：2015 年現在。2019 年現在の最小は 5nm）

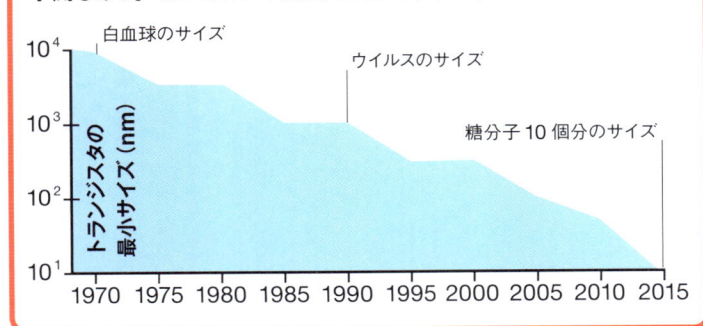

白血球のサイズ
ウイルスのサイズ
糖分子 10 個分のサイズ
トランジスタの最小サイズ (nm)

シリコンはどこにあるのか？

シリコン、つまりケイ素は、地球の地殻に 2 番目に多く存在する元素だ。一般的には、ケイ素の酸化物でできた砂と炭素を一緒に熱することでケイ素が取り出せる。

シリコンのドーピング

シリコンにドープする目的は、電子の数を増やしたり減らしたりすることだ。リン原子を加えると余分な電子ができ、ホウ素を加えると電子が除かれて空の空間、つまりホールができ、どちらも電気が流れやすい結晶になる。

シリコン原子には電流を伝導する電子が 4 個ある

n 型には余分な電子があって、負に帯電する

リンをドープした n 型シリコン

p 型には、電子を失って残された「ホール」があり、正に帯電する

ホウ素をドープした p 型シリコン

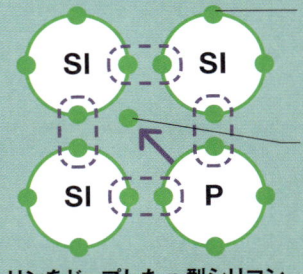

第 3 の電極ゲートで、p 型領域に正電圧をかける

ゲート

p 型領域の電子がゲートに引き付けられる

3 電圧をかける

電気が出入りする、ソースとドレインと呼ばれる電極だけでなく、このタイプのトランジスタには、p 型領域に正の電圧をかける第 3 の電極があり、これをゲートという。ここに正電圧をかけると、ゲートは空乏層の電子を引き寄せる。

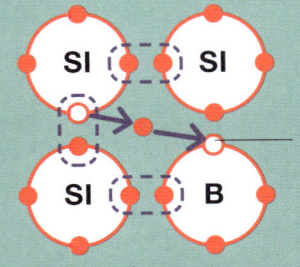

電子がソースからドレインへ流れる

空乏層が小さくなる

トランジスタのスイッチ：オン

ソース：電子の入り口

ドレイン：電子の出口

4 電流が流れる

ゲートに加えた電圧によって、自由電子がトランジスタを通り抜ける領域ができ、空乏層が小さくなるので、電流が流れるようになる。この状態では、トランジスタは「オン」だ。ゲートの電圧を切ると、電子が止まってトランジスタは再び「オフ」になる。

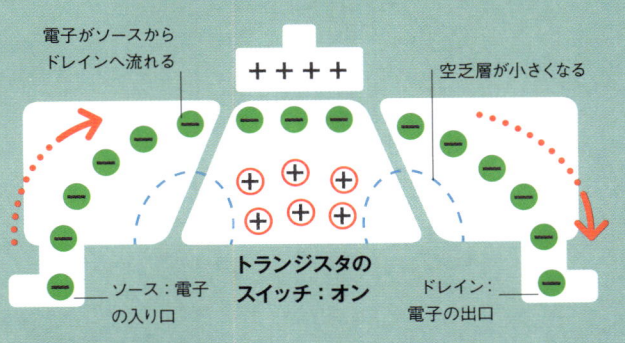

マイクロチップ

マイクロチップは、電話機からトースターまで、日常生活で使われるさまざまなものに含まれている部品です。マイクロチップは、純粋なシリコンの一片の上に電子部品が組み込まれています。

マイクロチップの製造

マイクロチップは、超小型の集積回路（IC）で、すべての電子部品とそれらを結ぶ配線が、きわめて小さい一片の材料の上に組み合わされています。マイクロチップの回路は、シリコンの表面に凹凸として刻まれます。細いワイヤーは銅などの金属でつくられ、トランジスタなどの電子部品は、ドーピングを施したシリコン（p.88-89 参照）に、ほかの半導体を加えてつくられます。

ペット用の マイクロチップとは何か？

このタイプのマイクロチップには、小さな無線送信機が入っていて、動物の皮膚の下に挿入される。読み取り機をそばに置くと、飼い主の情報などが詳しくわかる固有の識別番号が読み取れる。

1 コーティング
純粋なシリコンのウェハーを加熱して、表面に酸化物の薄い層をつくる。次に、フォトレジストと呼ばれる感光性のコーティングを塗る。

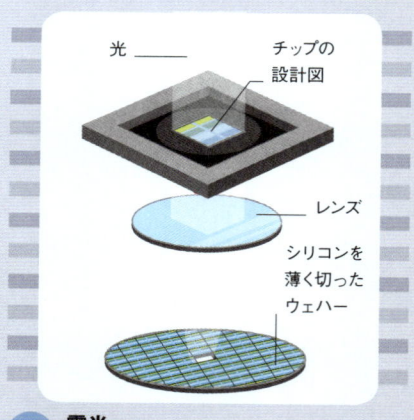

2 露光
透明な材料に、チップの設計図の大きなネガを描く。フォトレジストに焦点を合わせて設計図を通して光を当てる。それぞれのウェハーには同じチップをたくさんつくる余地がある。

3 現像
ウェハーの露光した部分が洗い流され、その下の酸化物層の上にパターンが現れる。設計図のいくつかの形状は、原子数十個分の幅しかない。

論理を使う

集積回路には、トランジスタとダイオードを組み合わせた論理ゲートを使って論理的な判断を行うものがあります。論理ゲートは、入ってくる電流を比べ、論理数学に基づき、新しい電流を送り出します。ブール代数と呼ばれるこの種の論理には、答えが常に「真」か「偽」のいずれかになる一連の演算があり、真は1で、偽は0で表されます。

AND ゲート
この部品には入力が2つあり、両方の入力が1のときのみスイッチがオン（出力が1）になる。

入力

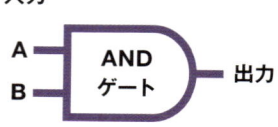

入力 A	入力 B	出力
0	0	0
0	1	0
1	0	0
1	1	1

OR ゲート
AND ゲートの逆で、両方の入力が0でない限り、出力は常に1になる。

入力

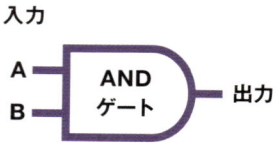

入力 A	入力 B	出力
0	0	0
0	1	1
1	0	1
1	1	1

電子部品

ほかの回路部品と同じように、電子部品も一連の記号で表される。チップの設計者は、新しい集積回路をつくる際に、こうした記号を使う。現代のチップには数十億個の部品があるので、人間の設計者がハイレベルアーキテクチャーを設計し、次にコンピュータが論理ゲート回路に変換する。新しいチップをつくって試験するには、千人以上の人が必要だ。

ダイオード
電流を一方向に流す一方向チャネル

発光ダイオード（LED）
半導体を使って電子に色のついた光を放出させる

フォトダイオード
光を当てたときだけ電流を生じさせる

NPN型トランジスタ
ベースからエミッタに電流が流れるとスイッチがオン

PNP型トランジスタ
エミッタからベースへ電波が流れるとスイッチがオン

コンデンサー
電荷を蓄えて、回路に戻すことができる

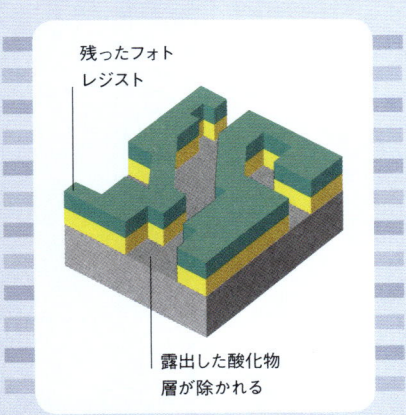

残ったフォトレジスト

露出した酸化物層が除かれる

④ エッチング
化学薬品を使って、酸化物層の露出部分を取り除き、シリコンウェハーの表面に精密な形状の溝を刻み込む。

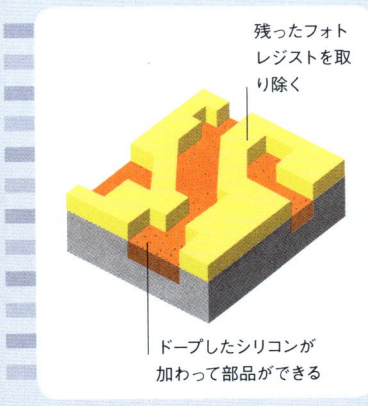

残ったフォトレジストを取り除く

ドープしたシリコンが加わって部品ができる

⑤ ドーピング
シリコンをドープして、有用な特性を与え、溝を化学物質の精密な混合物で埋めて部品をつくる。

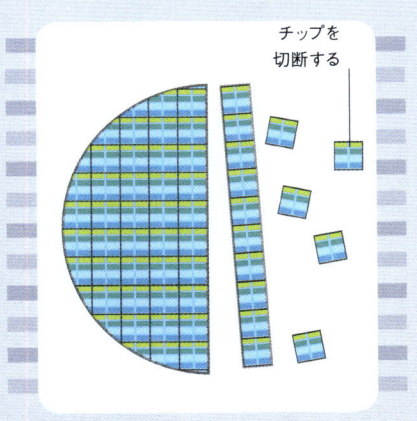

チップを切断する

⑥ 切断と実装
チップをウェハーから切り出し、プラスチックやガラスの保護コーティングを付ける。回路基板に実装される際には、ほかのチップや電源と接続される。

NOT ゲート

この論理ゲートは入力を切り替えるので、常に入力と異なる値を出力する。

入力

A — **NOTゲート** — 出力

入力	出力
0	1
1	0

XOR ゲート

XOR ゲートは、入力の違いを検出し、入力が同じであれば常に0を出力する。

入力

A —
B — **XORゲート** — 出力

入力A	入力B	出力
0	0	0
0	1	1
1	0	1
1	1	0

トランジスタは驚くほど小さいピンの頭の上になんと数億個ものってしまう

コンピュータの仕組み

一般的な入力装置には、マウス、キーボード、マイクロフォンなどがあります。こうした装置は使用者の動作や音声を数列に変換します。通常、この数列はランダムアクセスメモリー（RAM）へ送られます。次に、この入力が順番に中央処理装置（CPU）へ呼び出され、CPU が入力を計算して出力をつくり出します。この出力は、後で利用するためにハードディスクに記憶したり、たとえば、音声信号や、タイプしたときにスクリーンに現れる文字として出力装置へ送られたりします。

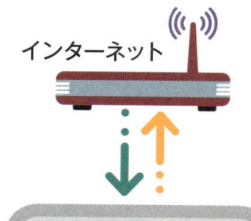
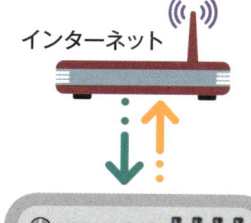

インターネット

インターネット

インターネットから受け取ったデータや命令は、コンピュータの入力として利用できる。コンピュータはインターネットへ出力することもでき、ユーザーのデータをインターネット上に、つまり「クラウド」に記憶させることができる。

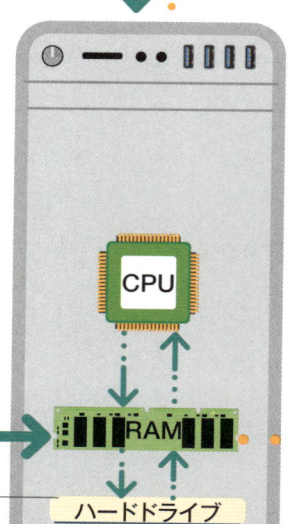

CPU

RAM

ハードドライブ

本体ケース

入力

入力情報が
RAM に
送られる

ハードディスクに
記憶された情報

CPU コア（プロセッサコア）
コンピュータの頭脳、CPU には、コアと呼ばれる、命令の解釈と実行を行う重要なユニットがある。通常の CPU にはコアは 1 つだが、実行効率を上げるため、1 つの CPU にコアを 2 つ以上備えたものもある。

マウス

キーボード

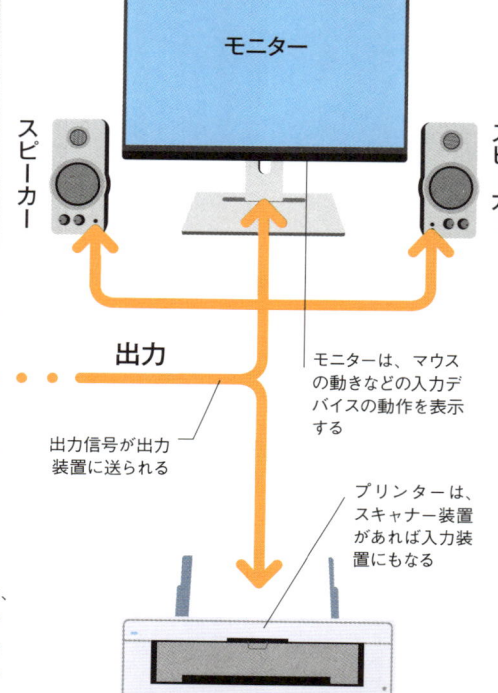

モニター

スピーカー

スピーカー

出力

出力信号が出力
装置に送られる

モニターは、マウスの動きなどの入力デバイスの動作を表示する

プリンターは、スキャナー装置があれば入力装置にもなる

プリンター

コンピュータの
仕組み

簡単にいえば、コンピュータは、入力信号を受けて、あらかじめプログラムされた一連の規則に従って、その信号を出力信号に変換する装置です。このようなシステムの本当の能力は、人よりも速くそして正確に計算を行えることです。

コンピュータコード

CPU は 0 と 1 だけを使い、それを 8 個、16 個、32 個、64 個並べてデータを処理する。プログラミングは長い 2 進コードを簡略化して16進数で表すことが多い。これは 0 〜 9 と、10 〜 15 を表す A 〜 F を使う記数法だ。

2 進数 ＝ 　　15　　 ＝ F 16進数

インターネットの仕組み

コンピュータネットワークでは、コンピュータどうしが直接つながったり、別のコンピュータを介して通信したりします。インターネットは、制御を行う中心部がないネットワークで、データはソースデバイスから受信者へ送られます。

> 世界で最も速い
> スーパーコンピュータは
> 1秒間に **20京回**も
> 計算できる能力がある

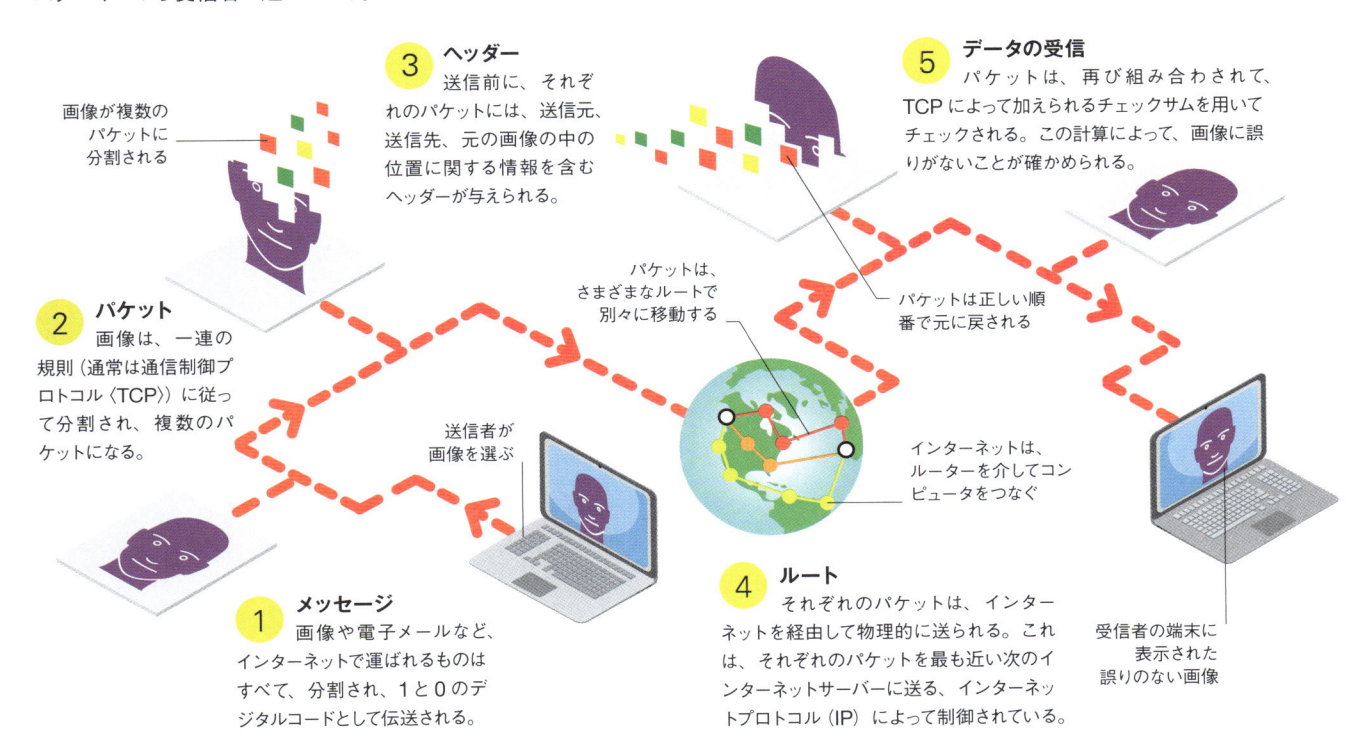

画像が複数の
パケットに
分割される

3 ヘッダー
送信前に、それぞれのパケットには、送信元、送信先、元の画像の中の位置に関する情報を含むヘッダーが与えられる。

5 データの受信
パケットは、再び組み合わされて、TCPによって加えられるチェックサムを用いてチェックされる。この計算によって、画像に誤りがないことが確かめられる。

パケットは、
さまざまなルートで
別々に移動する

パケットは正しい順
番で元に戻される

2 パケット
画像は、一連の規則（通常は通信制御プロトコル〈TCP〉）に従って分割され、複数のパケットになる。

送信者が
画像を選ぶ

インターネットは、
ルーターを介してコン
ピュータをつなぐ

1 メッセージ
画像や電子メールなど、インターネットで運ばれるものはすべて、分割され、1と0のデジタルコードとして伝送される。

4 ルート
それぞれのパケットは、インターネットを経由して物理的に送られる。これは、それぞれのパケットを最も近い次のインターネットサーバーに送る、インターネットプロトコル（IP）によって制御されている。

受信者の端末に
表示された
誤りのない画像

ハードディスクドライブ (HDD)

デスクトップ・コンピュータの大半は、おもな記憶場所としてハードディスクという補助記憶装置を使っています。それぞれのハードディスクには、1分間に数千回回転するプラッターが何枚かあります。このプラッターに磁化した領域としていない領域をつくり、その物理的なパターンとしてデータを記録します。このパターンは、電源を切ってもそのまま残ります。スマートフォンや薄型ラップトップなどの最近のコンピュータには、ハードディスクの代わりに、相互接続したフラッシュメモリーにデータを記憶するソリッドステートドライブ（SSD）が使われています。

アクチュ
エーター

スピンドル

読み書きヘッド

プラッター

読み取りと書き込み
読み書きヘッドがそれぞれのプラッターを走査し、ヘッドの電磁石がプラッターのパターンを検出するとともに、新しいパターンを書き込む。

バイトとは何か？

コンピュータコードの「0」もしくは「1」の1つが、1ビットというデータの最小値だ。データは8ビットの配列で扱われることが多く、8個の数字一組で1バイトのデータになる。4ビット、つまり1バイトの半分はニブルと呼ばれる。

仮想現実

長年にわたって、仮想現実（VR：バーチャル・リアリティ）とはこうあるべきという私たちの期待に、技術が追いつかない状況でしたが、最近になってやっとVRの応用が普及し始めています。VRヘッドセットは、利用者にあたかも別の場所にいるかのように感じさせるために数多くの仕掛けを組み込む必要があります。

VRヘッドセットの内部

ここで使われる「仮想（バーチャル）」という言葉は、現実ではないものの、あたかも現実であるかのように見たり、操ったり、触れ合ったりすることができるもののことです。鏡に映る虚像はそのよい例です。ガラスの「後ろ」にあたかも物体があるように見えます。VRヘッドセットは、スクリーンを使ってユーザーの視野を仮想場面の一部で満たします。ヘッドセットを動かすと、それに応じて見える場面が変化します。

ヘッドストラップによってスクリーンが適切な位置に保たれる

ヘッドホンが音を出す

マスクで外の光を遮る

焦点を合わせるため、スクリーンの位置が調節できる

トラッカーが動きを検出する

現実の世界

眼の焦点が合う距離

輻輳距離
ふくそう

対象物を見つめるとき左右の眼の視線が交差するところ

輻輳距離

焦点距離

視線

左右の眼

3Dディスプレイ

ディスプレイのスクリーンには立体視のために画像を2枚表示する

仮想場面が、スクリーンの後ろにあるように知覚される

焦点距離が短い

輻輳距離

左右の眼

両眼で見る
りょう め

VRスクリーンは、2つの画像をそれぞれの眼に1つずつ表示する。右眼は、左眼と比べて少し右にずれた画像を見る。このシステムは立体視と呼ばれ、実際の視覚をまねて、錯覚によって3Dの仮想場面を見せる。

トラッキング

VRの体験をより一層実体験のように感じさせるために、ヘッドセットはユーザーの頭と眼の動きを追跡し、それに応じて表示する場面を変えます。これによって、ユーザーは仮想空間を自然な形で見回すことができるようになります。ユーザーの手と脚の動きを追跡するには、身体で赤外光のビームを反射させる別の装置を使うことで、仮想環境とより深く触れ合えるようになります。

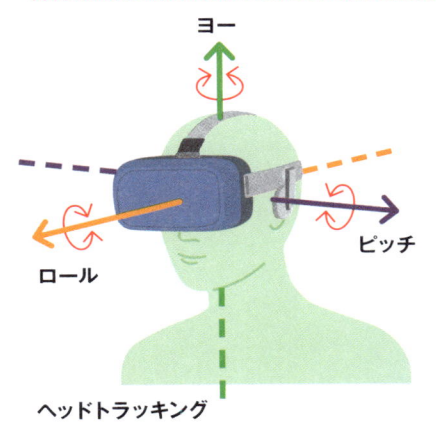

ヨー

ロール

ピッチ

ヘッドトラッキング

ヘッドセットのセンサーは、スマートフォンに使われているような3軸加速度センサーで、ユーザーの頭の動きを3軸で追跡する。この情報を使って、仮想場面を幅広く調節する。

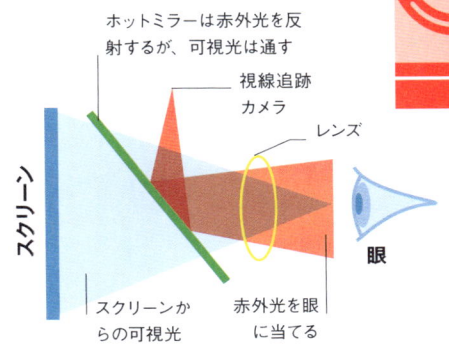

ホットミラーは赤外光を反射するが、可視光は通す

視線追跡カメラ

レンズ

眼

スクリーン

スクリーンからの可視光

赤外光を眼に当てる

アイトラッキング（視線追跡）

人の眼は場面の小さな部分にしか焦点を合わせないので、一部のVRディスプレイはその点に最も鮮明な画像を表示する。赤外光を眼に当て、カメラがその反射を解析して視線の方向を追跡する。

ディスプレイは、左右の眼に1枚ずつ画像を表示する

マザーボードの強力なグラフィックプロセッサーがディスプレイを制御する

スクリーン

マザーボード

アウターケース

知覚の変化

VRヘッドセットは、コンピュータがつくり出した3D空間にいるかのような体験をさせて、ユーザーの知覚をだましている。画像や音を使うだけでなく、手袋など身につける「触覚」デバイスによって、ユーザーは仮想物体を感じられるようになる。

拡張現実（オーグメンテッド・リアリティ）

拡張現実（AR）はVRと同様の技術を使うが、ARの特徴は、実際の場面にコンピュータのつくった画像が重ね合わされる点だ。これによって、ARのユーザーが（たとえばスマートフォンの）ライブカメラ映像を通して場面を見ることができたり、一対のガラスのような透明なスクリーンにコンテンツを投影できたりする。

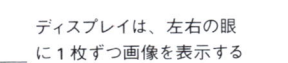

世界で初めての**立体視装置**は写真の発明より早く**1838年**に発明された

ナノチューブ

カーボンナノチューブは、炭素によってつくられる、直径数ナノメートルの円筒状の構造体です。今のところ数ミリメートルの長さまでしかつくることができませんが、もっと長いナノチューブができれば、鋼鉄の何倍も強く、低密度など役に立つ特性をもつ材料をつくることができるかもしれません。

**ナノチューブは
月に届くほどの長さでも
丸めてしまえば
ケシの実くらいの大きさになる**

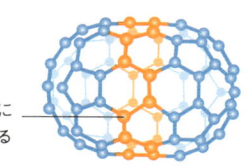

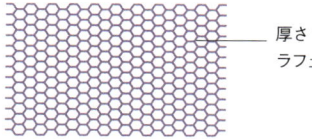

天然に存在する炭素の球体

1 ナノチューブを成長させる
ナノチューブの製法の1つは、成長させることだ。出発点は、バッキーボール（下記参照）と呼ばれる炭素原子60個でできた天然に存在する球体だ。

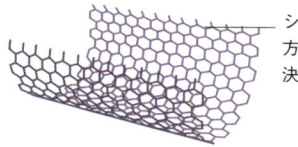

五角形と六角形でできた球体

2 六角形を追加する
この球体の大半は炭素原子の六角形でできている。六角形を加えてバッキーボールの長さを長くする。

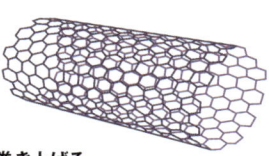

炭素原子をさらに加える

3 長さを伸ばす
炭素原子10個の環（わ）をさらに球体に加える。長さ1ミリメートルのナノチューブには、100万個以上の原子がある。

厚さ1原子のグラフェンシート

1 ナノチューブを巻いてつくる
ナノチューブをつくるもう1つの方法は、炭素の六角形でできたグラフェンと呼ばれる厚さが1原子のシートを巻くことだ。

シートの巻き方で伝導性が決まる

2 柔軟で強いシートを変形する
グラフェンはすべての方向でとても硬いので、湾曲させて別の形にできる。だからグラフェンは巻くことができる。

3 巻き上げる
グラフェンシートを巻いて単層ナノチューブをつくる。多層ナノチューブは、ナノチューブをもう1つのナノチューブの中に入れ子状に重ね入れてつくる。

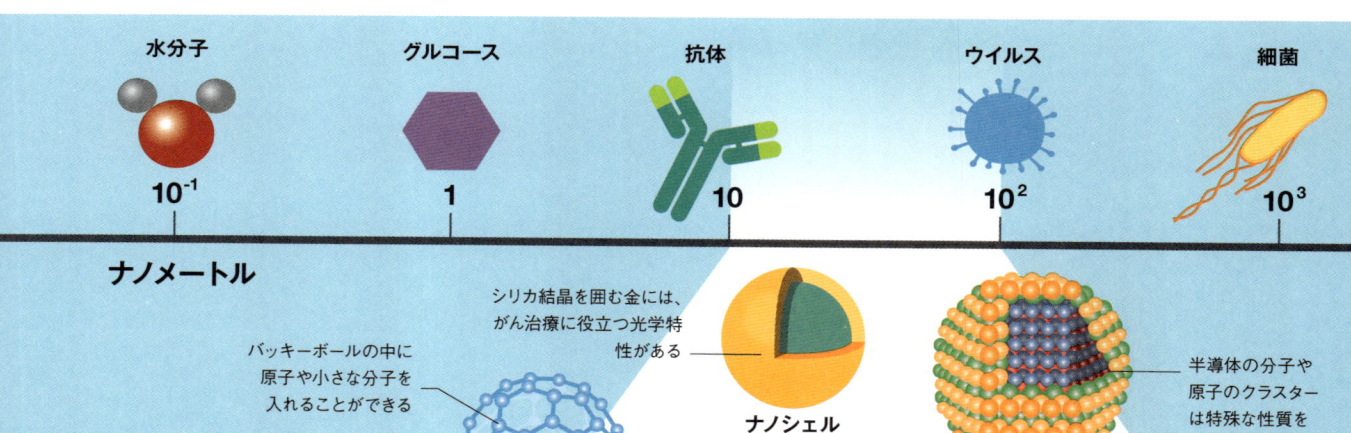

水分子	グルコース	抗体	ウイルス	細菌
10^{-1}	1	10	10^2	10^3

ナノメートル

バッキーボールの中に原子や小さな分子を入れることができる

シリカ結晶を囲む金には、がん治療に役立つ光学特性がある

ナノシェル

半導体の分子や原子のクラスターは特殊な性質を示すことがある

量子ドット

極小の技術
ナノ粒子は、体積のわりには表面積がとても大きいので、非常に速く反応できる。ナノ粒子には、ほかのスケールの同じ物質にはない独特な特性がある。しかし、粒子がとても小さいため、血流を介して脳に入り人の身体を傷つける可能性があると、やや懸念されている。

**バッキーボール
（バックミンスター
フラーレン）**

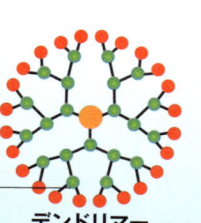

物質の輸送や配送や収集に使えるかもしれない分岐ポリマー

デンドリマー

ナノ構造体

炭素のシートを円筒状に巻いた構造の物質（上記参照）

カーボンナノチューブ

ナノテクノロジーの利用

ナノテクノロジーは、建築、医学、電子工学（エレクトロニクス）の未来を変えることになります。ある研究では、ナノマシンあるいはナノボットと呼ばれる機械的動作をする合成分子が体内ではたらいて、薬剤を運ぶという構想があります。また、ナノスケールのツールが分子を1つずつ組み立てて物体をつくるのではという発想もあります。こうした技術が実用化するのは数十年先のことかもしれませんが、ナノスケールの材料はすでに使われているのです。たとえば、傷つきにくいガラスは、厚さが数ナノメートルしかないため透明なケイ酸アルミニウムのナノ粒子の層で硬くなっています。

透明な日焼け止め

日焼け止め剤には酸化亜鉛や酸化チタンのナノ粒子が使われている。この小さな結晶が、有害な光を散乱して皮膚に当たらないようにしている。

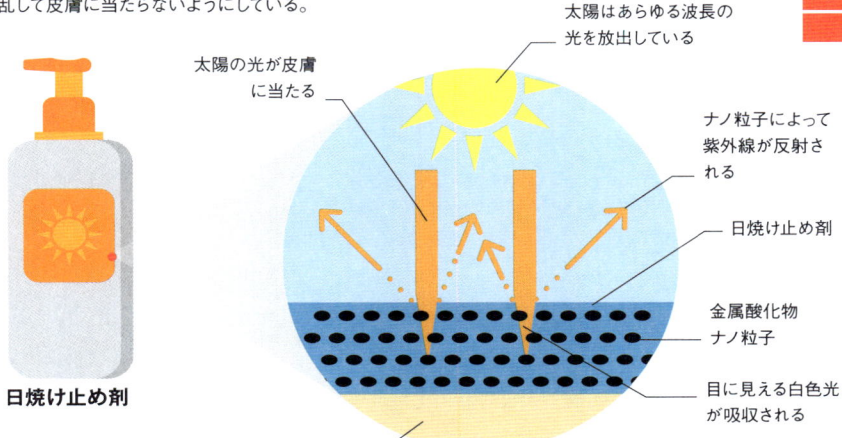

日焼け止め剤

太陽はあらゆる波長の光を放出している

太陽の光が皮膚に当たる

ナノ粒子によって紫外線が反射される

日焼け止め剤

金属酸化物ナノ粒子

目に見える白色光が吸収される

皮膚

OLEDテレビ（有機ELテレビ）
有機発光ダイオード（OLED）技術では、分子層に電気を流して発光させる。OLEDディスプレイは薄くて柔軟だ。

小型コンピューター
まもなく、線状のナノチューブと量子ドットがマイクロチップに組み込まれて、より小型で強力なコンピューターができるかもしれない。

巨大建築物
将来、ナノチューブを建築部材に加えることで、強度が増し、非常に大きな建築物がつくられるようになるかもしれない。

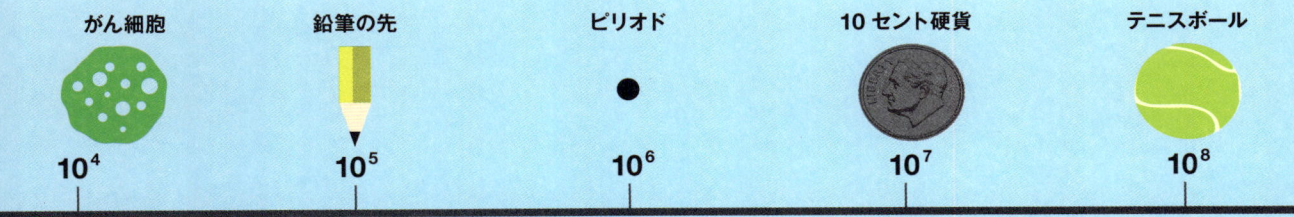

がん細胞	鉛筆の先	ピリオド	10セント硬貨	テニスボール
10^4	10^5	10^6	10^7	10^8

ナノテクノロジー

さまざまな工学において、超小型化は長年の夢です。ナノテクノロジーは、個々の原子や分子を組み立てて小さな機械をつくることを目標にしています。

ナノスケール

接頭辞の「ナノ」は「10億分の1」という意味で、1メートルは10億ナノメートル（nm）、英語のピリオド「.」は直径が100万nmほどです。ナノマシンやナノボットといわれるものは、ナノスケールで活動できる理論上の機械で、幅が10〜100nmのものになると考えられています。

DNAの利用

DNAの価値ある特性は、1本のDNA鎖を型にして自身の複製をつくれることだ。この自己複製という特性を操作することで、理論上は、形を変えることができ機械のように機能するナノスケールの装置を、DNAでつくれるかもしれない。

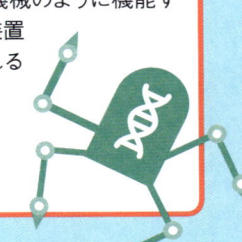

ロボットとオートメーション

ロボットは、複雑な動作を行うようにつくられた機械です。離れたところから人が操作することもありますが、たいていは自動で作動するように設計されています。

ロボットはどんなことに使われるのか？

ロボットの部品は、別々の方向に独立して動くことができます。そのためロボットは、人の手で行う必要があるような複雑な作業でも、要求される特定の動作をすべてできるようになっています。ロボットの用途は、危険な場所での作業や繰り返し作業など、おもに人が行うよりもロボットのほうが明らかに有利な作業に限られています。

ロボットは人に取って代わるのか？

現在のロボットは、種類の少ない特定の作業を行うように設計されていて、今のところ、人体のようにいろいろなことができる機械にはほど遠い。

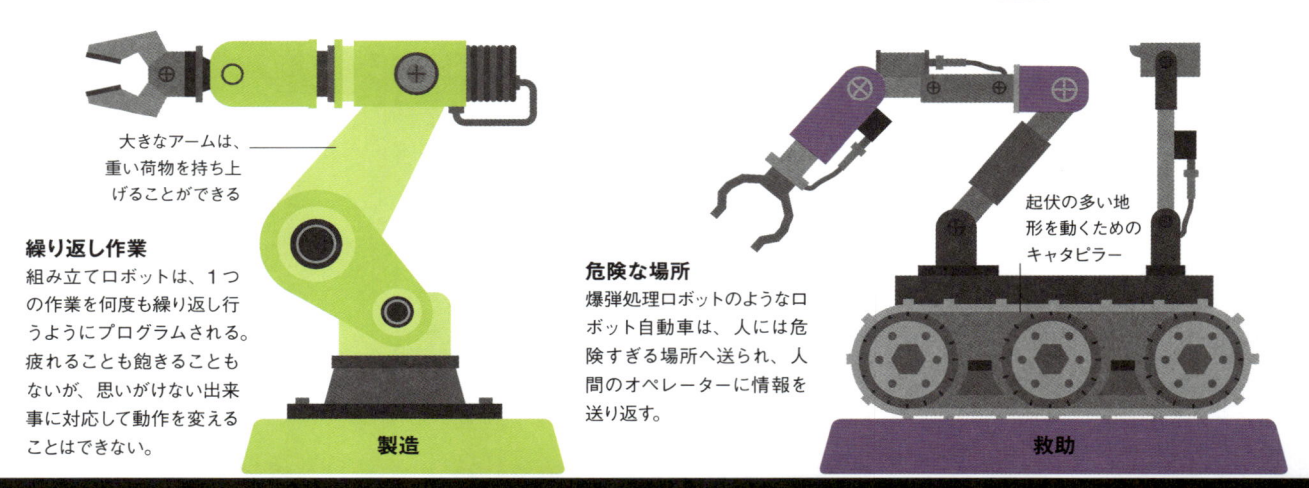

大きなアームは、重い荷物を持ち上げることができる

繰り返し作業
組み立てロボットは、1つの作業を何度も繰り返し行うようにプログラムされる。疲れることも飽きることもないが、思いがけない出来事に対応して動作を変えることはできない。

製造

危険な場所
爆弾処理ロボットのようなロボット自動車は、人には危険すぎる場所へ送られ、人間のオペレーターに情報を送り返す。

起伏の多い地形を動くためのキャタピラー

救助

アクトロイド

多くの技術者が、人の形をしたロボットをつくろうと試みています。この分野で最近開発されたのがアクトロイドで、話や顔の表情を認識して応答し、表面が皮膚のように柔らかい、まるで生きているかのようなロボットです。しかし設計者は「不気味の谷」を乗り越えなければなりません。これは、生気のない人間の模造品が、生きている人に似てくるにつれて、奇妙に、そして恐ろしくすら見えるようになる現象です。

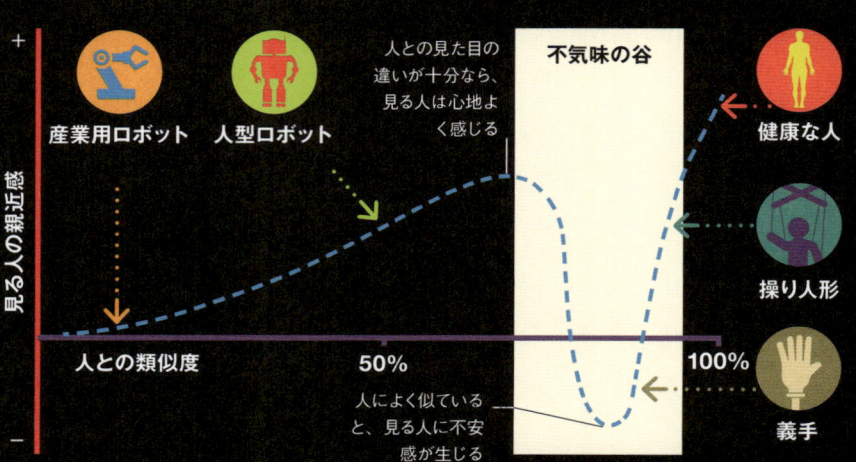

不気味の谷

産業用ロボット　人型ロボット

人との見た目の違いが十分なら、見る人は心地よく感じる

健康な人

操り人形

義手

見る人の親近感

人との類似度　　50%　　100%

人によく似ていると、見る人に不安感が生じる

ステッピング・モーター

曲がったり回転したりするロボットの関節は、ステッピング・モーターと呼ばれる種類のモーターに大きく依存している。このモーターは複数の電磁石を使い、それぞれの電磁石が駆動軸を毎回ある一定の角度だけ回転させる。その結果、モーターは精密に回転する。

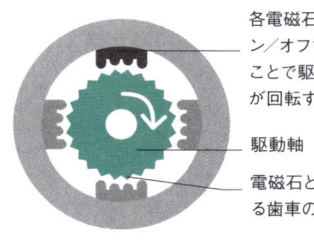

各電磁石をオン／オフすることで駆動軸が回転する

駆動軸

電磁石と接する歯車の歯

**火星探査車の
キュリオシティは
サンプルを蒸発させて
7m 前から分析できる**

別の世界

火星探査ローバーのような移動式の科学実験室ともいえる探査車は、オペレーターが送った経路に従って移動するが、危険に対して自動で対応することもできる。

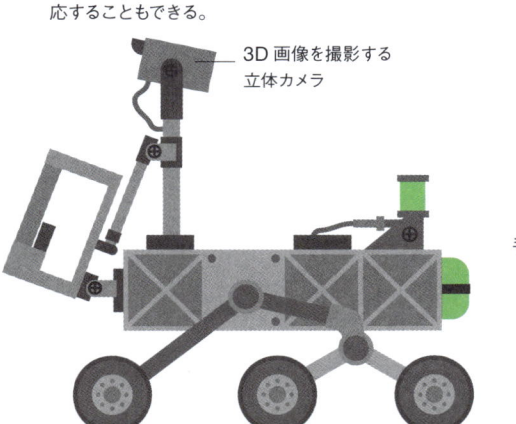

3D 画像を撮影する立体カメラ

探査

精密さが要求される仕事

手術ロボットは、医師に指示されるか、あらかじめ計画された手順に従って、非常に精密な切開や処置を行うことができる。

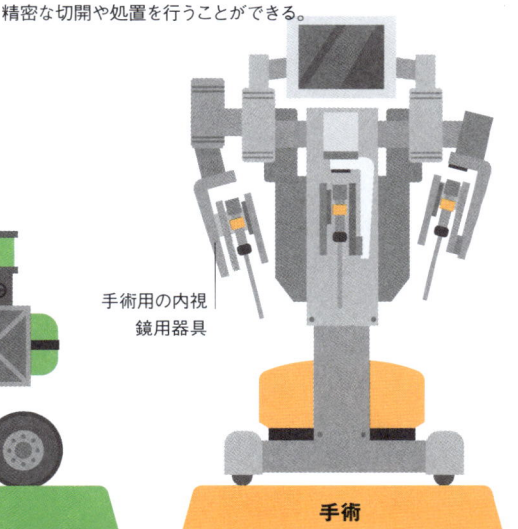

手術用の内視鏡用器具

手術

コミュニケーションに使うディスプレイ

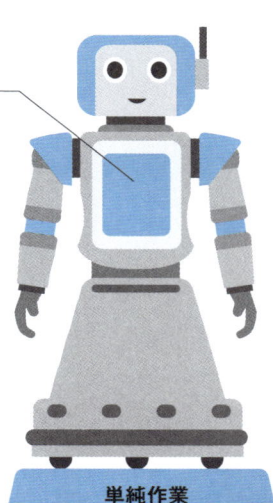

単調な仕事

将来、掃除や物の運搬のような単調な仕事をするロボットが、人に代わって介護をする日が来るかもしれない。だが、こうした作業をするロボットの設計はとても難しい。

単純作業

無人自動運転車

道に沿って自動で操縦され、周囲の状況に反応する自動車は、ロボットの一種です。ロボットの要素がハンドルとアクセルを操作しますが、無人で自動走行する自動車が成功するには、いまどこにいて、周囲で何が起こっているかを解釈できなければなりません。周囲を全体的に把握できるように、さまざまな検出システムが使われています。

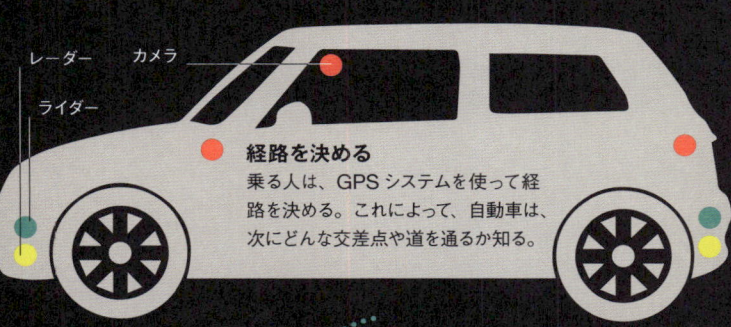

レーダー　カメラ

ライダー

経路を決める

乗る人は、GPS システムを使って経路を決める。これによって、自動車は、次にどんな交差点や道を通るか知る。

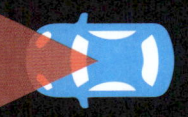

カメラ
車道、標識、路面表示を検出する。

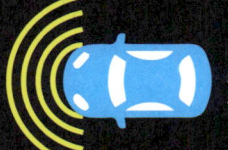

レーダー
移動物体や静止物体の方向と速度をとらえる。

ライダー（LiDAR）
レーザーを使った検出器が物体の大きさと形をとらえる

人工知能

知能とは、状況を有利にするには何が適切かを判断する能力と考えることができます。人工知能（AI＝Artificial Intelligence）を使う装置の開発は、コンピュータ科学の目標です。

弱い AI か、強い AI か？
AI の大半は「弱い AI」だ。つまり、その AI の設計者が定めた基準の範囲を超えて機能することはできない。「強い AI」はもっと融通が利き、ヒトの脳ができることのほぼすべてを行える可能性がある。強い AI は、知らないことを理解し学べるほど賢い。

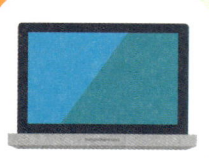

特化型 AI
ソーシャルメディアのニュース番組などの提案エンジンは特化型 AI だ。すでに見た記事と密接に関係する記事を、探して選ぶことができる。

エキスパートシステム
チェスコンピュータはエキスパートシステムだ。人間の熟練したチェスプレーヤーがまとめたデータベースを参考にして駒の動きを決める。

音声認識
音声起動アシスタントは、話し言葉を認識して表現を分析し、最もよい返事をすることを学習する。しかし、意味を理解しているわけではない。

汎用 AI
IBM 社のワトソンは、クイズ番組の対戦から医師への助言までさまざまな問題を、同じ枠組みに基づいて解くことができるコンピュータシステムだ。おそらく汎用 AI に最も近い。

量子計算
将来の AI は、量子計算に基づいているかもしれない。量子計算では、新しいタイプのプロセッサーによって、現在のスーパーコンピュータすら超える膨大なデータを扱うことができる。

弱い

強い

人工知能（AI）の種類

人工知能（AI）と聞くとまず私たちが思い浮かべるのは、私たち自身に近い知能をもつ、ヒトではない装置、ということです。しかし、AI がそこまでの機能を果たすことは当分なさそうです。現在のところ、実現している AI は、狭い範囲の特定の作業に集中して取り組むものです。AI はそうした作業を人の知能より速くかつ正確に実行できます。

機械学習

コンピューターシステムが新たな状況に対応してそれ自体の振る舞いを調節できるように学習することを、機械学習といいます。機械学習には、情報を処理し、情報に基づいて推論する人工ニューラル・ネットワークが必要です。これは、動物の脳に備わっている細胞（訳注：経路や位置を認識してナビゲートする格子細胞）から着想を得てつくられました。間違ったときは、次回によりよい答えを出せるように推論を調整します。

試行錯誤

「教師あり機械学習」では、出力が正しいか正しくないかを、つくり出した人間がシステムに教える。システムはこれを適用して、ネットワークのノードの重みづけ、つまりバイアスを変えて、正しい答えを得る。

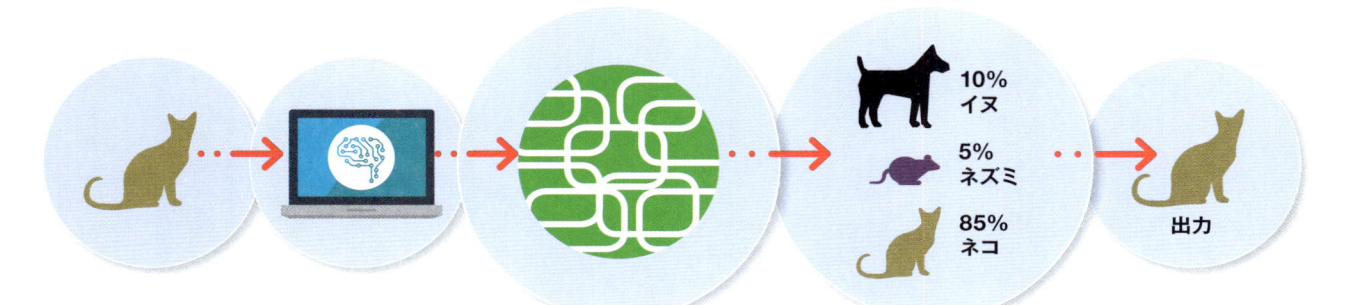

10%
イヌ

5%
ネズミ

85%
ネコ

出力

1 入力　システムは、色の強さが異なる画素のパターンとして、画像をニューラル・ネットワークに入力する。

2 学習　このコンピュータの目的は、さまざまな動物に関連する画素のパターンを認識することだ。最初は、手当たり次第に単純な推論を行う。

3 分析　画素に関するデータが、ニューラル・ネットワークのレイヤーを通る。それぞれのレイヤーは、画素のパターンをますます詳しく学習する。

4 機械学習　学習を何回も（数百回から数十億回になることもある）試みた後、ニューラル・ネットワークは、イヌかもネコかもネズミかもしれない画素のパターンを認識するのがうまくなる。

5 利用　AIシステムがその作業を学習した後、画像分析やほかの学習した作業を自動的に行うのに学習効果を利用できる。

チューリングテスト

コンピュータ科学の先駆者の一人、アラン・チューリングは、コンピュータに知能があるかどうか試すテストを考案しました。人間の判定者が、コンピュータと人間の被験者と文章で会話をします。どちらが人でどちらがコンピュータか判定者が見分けられなければ、そのコンピュータはチューリングテストに合格します。

盲検法

判定者は誰が話しているか見ることができない。より高度なテストでは、判定者は絵を示して被験者と話す。

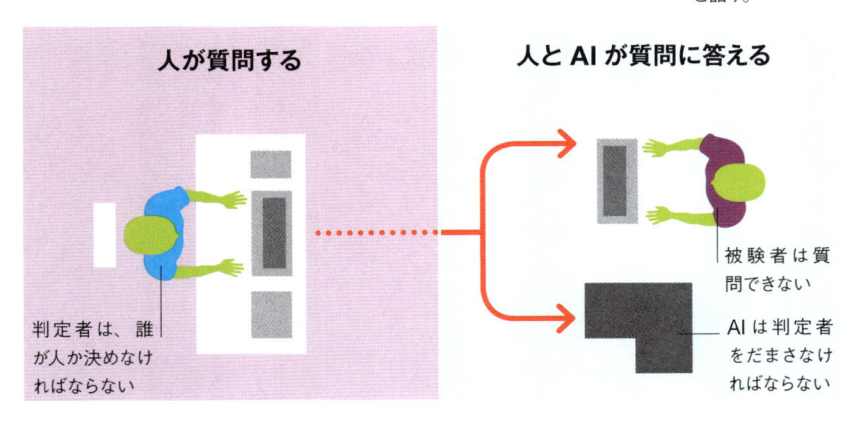

人が質問する

人と AI が質問に答える

判定者は、誰が人か決めなければならない

被験者は質問できない

AI は判定者をだまさなければならない

量子ビット

従来のコンピュータは、一度に1つのデータを「1か0」で記憶する。量子コンピュータは、特定の確率で1か0になる、つまり「1でもあり0でもある」量子ビット（キュービット）を使い、データを一度に2ビット保持できる。そのため量子コンピュータの能力は高く、32キュービットのプロセッサーは、42億9496万7296ビットを一度に扱うことができる。

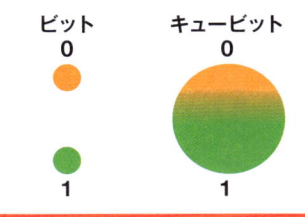

ビット
0

キュービット
0

1

1

波

波、あるいは波動とは、空間や物体を伝わる振動（周期性のある変動）です。水面の波だけでなく、光や音も波動です。波はさまざまな形をしていますが、すべての波には共通する特徴や振る舞いが見られます。

波の種類

波は、ある場所から別の場所へエネルギーを伝えます。すべての波は、振動運動から生じる波に共通した基本的な振る舞いをし、その運動は3つの形で現れます。音は縦波（疎密波）です。光をはじめとする電磁波は横波で、伝わるための媒質が必要ありません。海の波は、表面波と呼ばれる複雑な第3の形です。

表面波
表面波の水は、波と一緒に前に進むことはない。水は輪を描いて表面の近くを回転し、穏やかな天候のときは水面に沿って同じ高さの山と谷をつくる。

穏やかな水面の上の山

穏やかな水面の下の谷

波が進む方向

水分子が水中の定点の周りを回転する

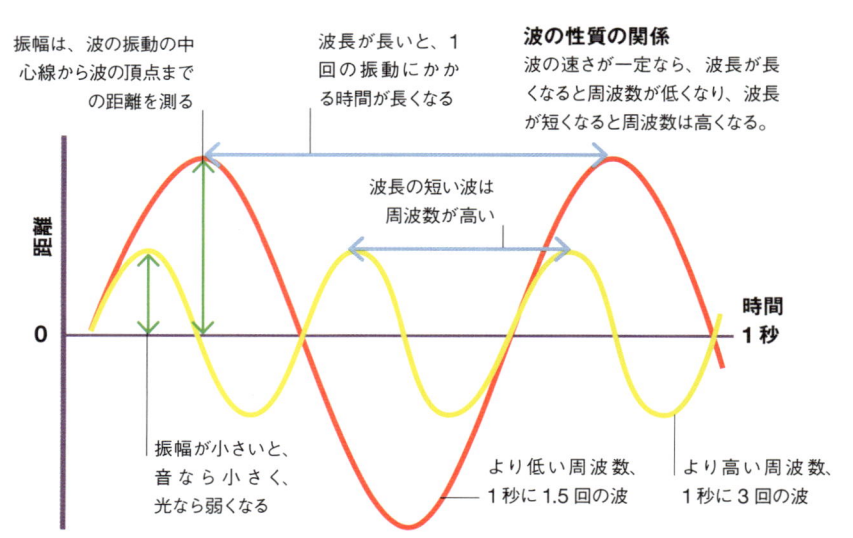

海の波はどこから来るのか？

広大な水域の表面の上を風が吹くことで海に波ができる。風の摩擦で水が押し上げられ、さらに多くの風をとらえるようになっている。

空気の分子が希薄になって（散らばって）、圧力の低い領域ができる

ボートのホーン

波を表す物理量

どんな形であっても、すべての波は、共通するいくつかの物理量で測定できます。「波長」は波の振動の1回分の長さです。これは、ある波のピークから次の波のピークまでの距離を測ります。「周波数」は、1秒ごとに生じる波の数で、単位はヘルツ（Hz）です。「振幅」は波の高さにあたるもので、波の強さ、つまり波が単位時間に運ぶエネルギーの大きさを示しています振幅が大きいほど波のエネルギーも大きいということです。

振幅は、波の振動の中心線から波の頂点までの距離を測る

波長が長いと、1回の振動にかかる時間が長くなる

波の性質の関係
波の速さが一定なら、波長が長くなると周波数が低くなり、波長が短くなると周波数は高くなる。

波長の短い波は周波数が高い

距離

0

時間
1秒

振幅が小さいと、音なら小さく、光なら弱くなる

より低い周波数、1秒に1.5回の波

より高い周波数、1秒に3回の波

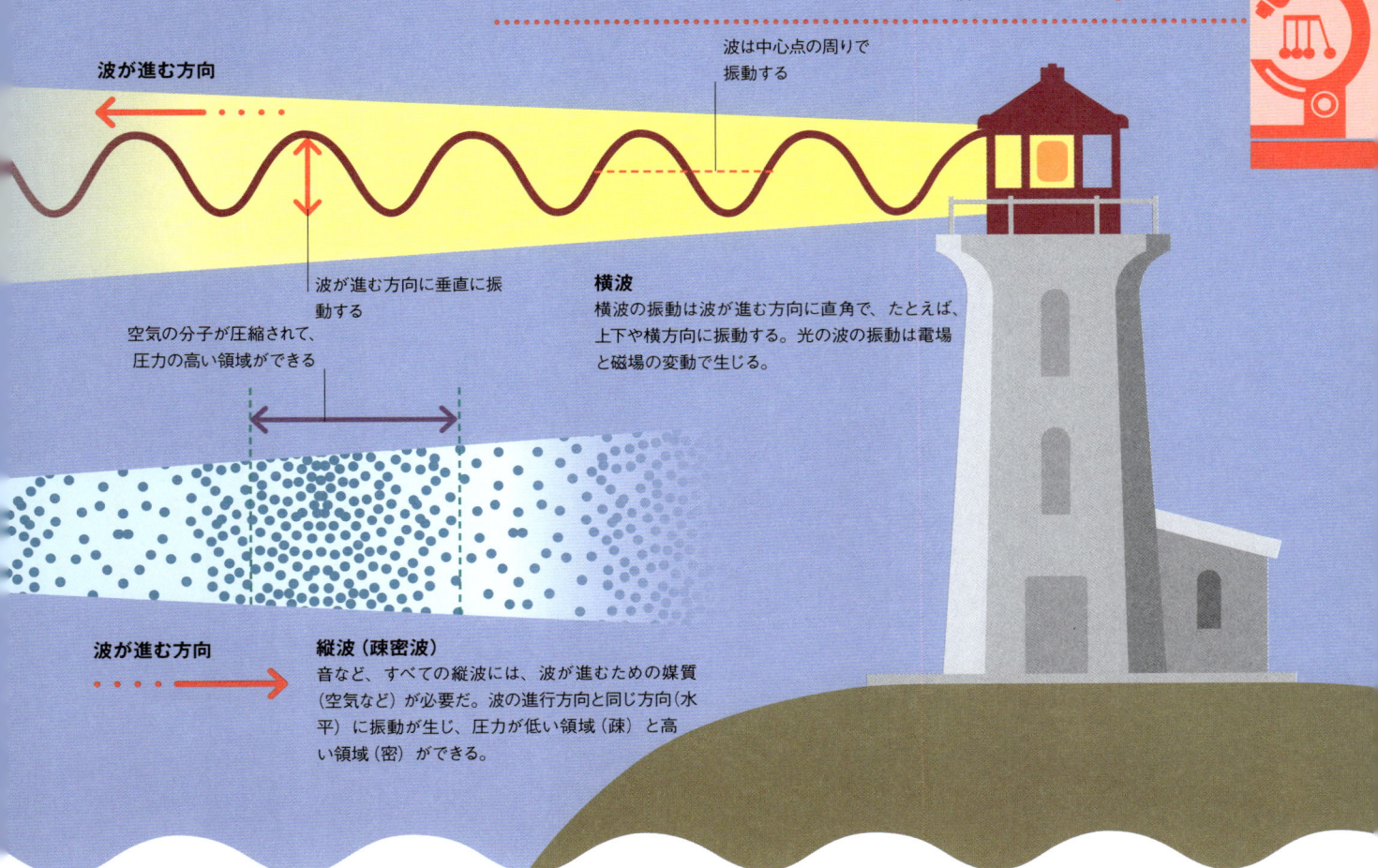

波が進む方向

波は中心点の周りで振動する

波が進む方向に垂直に振動する

空気の分子が圧縮されて、圧力の高い領域ができる

横波
横波の振動は波が進む方向に直角で、たとえば、上下や横方向に振動する。光の波の振動は電場と磁場の変動で生じる。

波が進む方向

縦波（疎密波）
音など、すべての縦波には、波が進むための媒質（空気など）が必要だ。波の進行方向と同じ方向（水平）に振動が生じ、圧力が低い領域（疎）と高い領域（密）ができる。

波の伝わり方

波は、進行を妨げるものがない限り、波源からすべての方向に広がります。波の強さ、つまり波のエネルギーの集中度は、波源から遠ざかるにつれて小さくなります。波の強さの低下（音は小さく、光は弱くなる）は、逆2乗の法則と呼ばれるものに従っています。たとえば、距離が2倍になるごとに、波の強さは4分の1になるります。

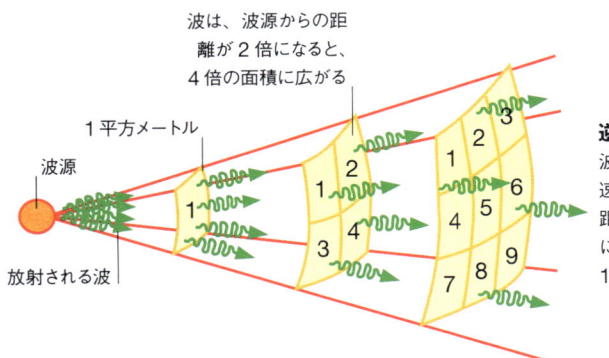

波は、波源からの距離が2倍になると、4倍の面積に広がる

1平方メートル

波源

放射される波

逆2乗の法則
波の強さの低下はとても速い。波源から3倍の距離では強さは9分の1になり、100倍になると1万分の1になる。

砕波

海の波は、海が浅くなって水が輪を描いて回転できなくなると砕ける（p.233 参照）。波が浅瀬に入ると、回転する水が押し寄せて高くて長い波頭になる。この波は上のほうが重くなり砕ける。

波の後方の水がより速く移動する

海岸近くの波

電磁波

身の周りで私たちが見るものはすべて、波の形で眼（め）に届く可視光の反射によるパターンです。しかし、こうした可視光は、ある場所から別の場所にエネルギーを運ぶ電磁波の幅広いスペクトル（波長の大小に従って分けて配列したもの）のごく一部にすぎません。

マイクロ波は危険なのか？

強いマイクロ波は人間を燃やしてしまうが、弱いマイクロ波は無害だ。電子レンジは、マイクロ波が常にレンジの中に閉じ込められるように設計されている。

電磁波

電磁波（電磁放射）は、エネルギーを運ぶことができ、横方向や上下に振動する横波です。この波には成分が2つあって、同じ位相で振動します。つまり、山と谷が規則正しい動きで生じ、互いにそろっているということです。波長は電磁波の種類によって異なりますが、何もない空間（真空）を通る波の速さは、どの電磁波も常に光の速さです。

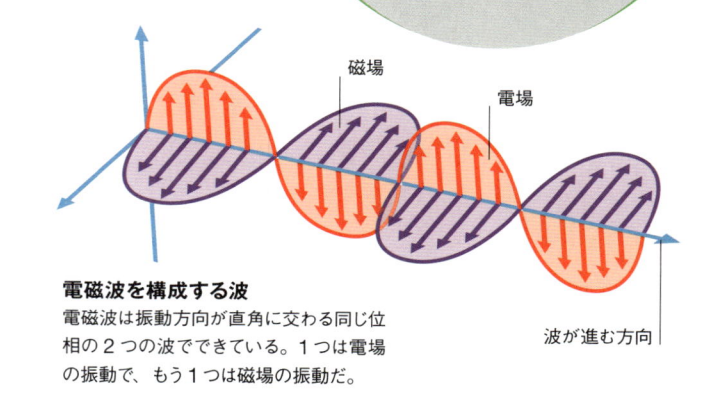

磁場

電場

電磁波を構成する波
電磁波は振動方向が直角に交わる同じ位相の2つの波でできている。1つは電場の振動で、もう1つは磁場の振動だ。

波が進む方向

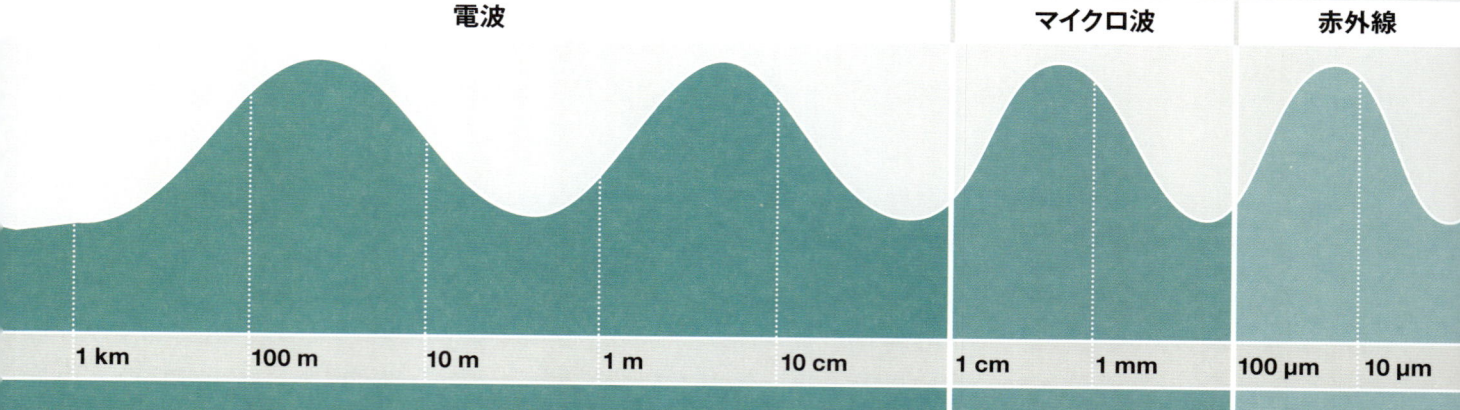

電波					マイクロ波		赤外線	
1 km	100 m	10 m	1 m	10 cm	1 cm	1 mm	100 μm	10 μm

電磁スペクトル

私たちは、電磁波の一部を可視光として知覚します。可視光は、それぞれが赤から紫の範囲の固有の波長をもつ色のスペクトルからなります。しかし、電磁スペクトルは可視光だけでなくすべての電磁波のスペクトルです。可視光より波長が長いものには、熱エネルギーを運ぶ赤外線からマイクロ波や電波まであります。波長が短いものには、紫外線やX線からガンマ線まであります。

電波望遠鏡
パラボラアンテナを使って、遠くの星が放射する電波を検出できる。

電子レンジ
エネルギーの大きいマイクロ波が内部の水分子を励（れい）起して、食品を温める。

リモコン
リモコンは、赤外線のパルスを使ってデジタル制御信号を送信する。

デジタル無線

アナログ無線送信機は、基本的に通常の電波に小波を加えた信号を送信します。しかし、さまざまな電波が互いに干渉し、アナログ放送を歪ませることがあります。デジタル無線は音をデジタル符号に変換するので、符号をつくっている数字が伝わりさえすれば、送信信号をはっきりした信号に変換できます。

高音質

音波は、送信前に1か0の数字の連続に変換される。デジタル受信機は受信した一連の数字を解読して、スピーカーを動かせる形に戻す。

2億9979万2458m／秒
真空中の電磁波はすべて**光速**で進む

デジタル信号は、干渉を避けるために広い帯域の周波数で送信される

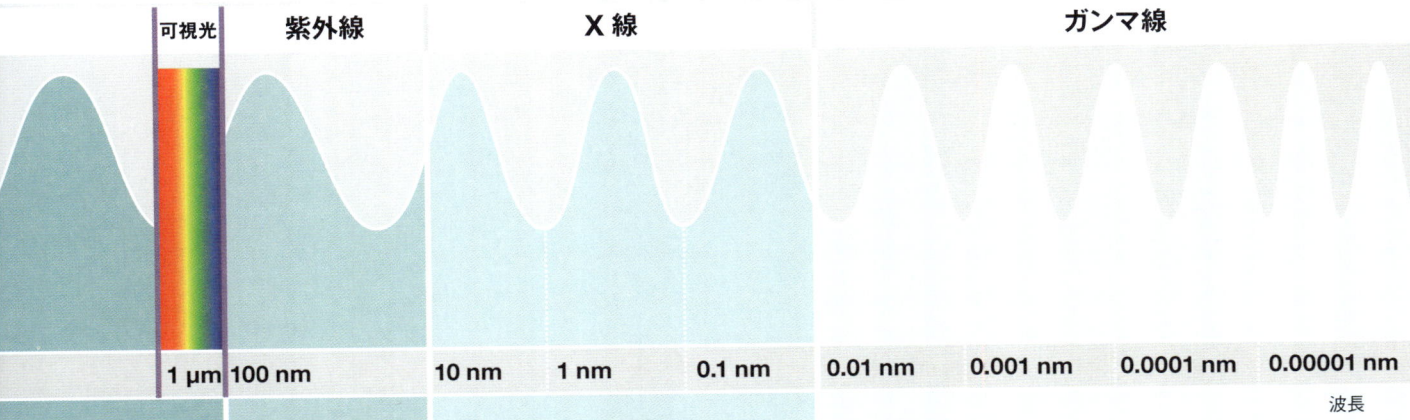

音は、連続的な変化、つまりアナログの音声信号としてとらえられる

AD変換器で音声信号をデジタル信号に変える

デジタル信号は、1か0かのいずれかだ

送信機が、大気を通して1と0の連続を送信する

デジタル受信機が、1と0の連続を解読して音に戻す

10110101110001

音源　　音波　　デジタル信号　　送信塔　　ラジオ受信機

可視光	紫外線		X線			ガンマ線			
1 μm	100 nm	10 nm	1 nm	0.1 nm	0.01 nm	0.001 nm	0.0001 nm	0.00001 nm

波長

人の眼
私たちの眼は、狭い範囲の波長を色スペクトルとして感知する。

殺菌消毒
特定の波長の紫外線を使って、細菌を殺したり、物を消毒したりできる。

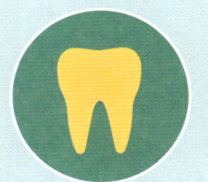

歯のレントゲン
短波長のX線は、組織を通ってその下にある歯を見えるようにする。

原子力
核反応で生じたガンマ線のエネルギーを使って発電する。

電磁波の利用
1880年までに見つかっていた電磁波は、赤外線、可視光、紫外線だけだった。しかし、現代の技術は、電磁スペクトル全体を利用している。

色

色は、私たちの眼と視覚システムが、さまざまな波長の光を区別して見えるようにすることによってつくり出される現象です。私たちが知覚する色は、眼が感知する光の波長で決まります。

可視スペクトル

人間の眼は、400～700ナノメートルの範囲の波長の光を感知できます。こうした波長をすべて含む光は白色光といい、白く見えます。光が波長の長さによって分かれると、脳が全色スペクトルからそれぞれの波長に特定の色を割り当てます。波長が最も長いのは赤色の光で、波長が最も短いのは紫色の光です。

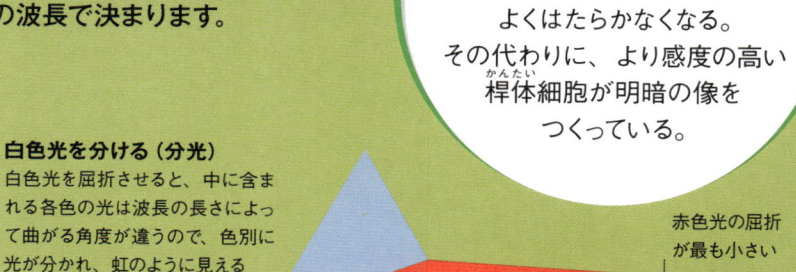

白色光を分ける（分光）
白色光を屈折させると、中に含まれる各色の光は波長の長さによって曲がる角度が違うので、色別に光が分かれ、虹のように見える

白色光がプリズムに入る

赤色光の屈折が最も小さい

赤色
オレンジ色
黄色
緑色
青色
藍色
紫色

ガラスのプリズム

なぜ夜は色が見えにくいのか？

暗くなると、色に敏感な眼の網膜にある錐体細胞がよくはたらかなくなる。その代わりに、より感度の高い桿体細胞が明暗の像をつくっている。

色覚

人の眼は、色を識別できる3種類の細胞を使って、眼に入ってくる光で像をつくります。この細胞は、その形から錐体細胞と呼ばれます。錐体には赤錐体・緑錐体・青錐体があり、それぞれ特定の波長の光に敏感な化学物質の色素をもち、光が当たると神経信号を発します。脳は、眼に入った赤・緑・青の光の信号を受け取り、その信号から色を知覚します。たとえば、緑錐体と赤錐体からの信号は、黄色と知覚されます。3つの錐体からの信号は白色になり、どの細胞からも信号がないと黒色になります。

光のセンサー

3種類の錐体細胞は、網膜のすべての部分にあるが、その大半は瞳の真後ろの中心部分にある。ここが、像の最もきめ細かい部分をつくるところだ。

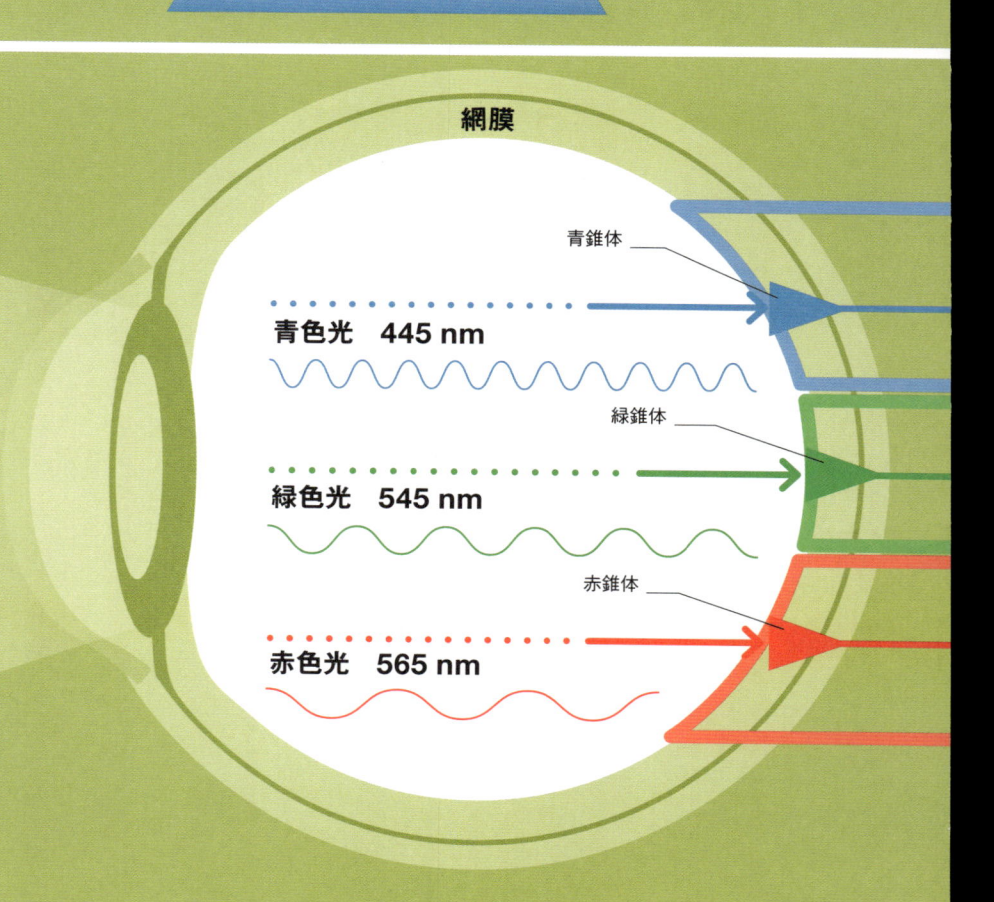

網膜

青錐体

青色光　445 nm

緑錐体

緑色光　545 nm

赤錐体

赤色光　565 nm

青空

空が青く見えるのは、ほかの色と比べて青色の光は波長が短く、私たちの眼に入る前に、空気の分子に強く反射して、あらゆる方向に散乱するためだ。紫色の光も散乱するがあまり多くはないうえに、私たちの眼は青色の光により敏感だ。

白色光が大気圏に入る

空気の分子が青色の光を散乱させる

地球の大気圏

マゼンタは虹の色の一部ではないが、眼が赤色光と青色光を感知して緑色光を感知しないときにつくられる

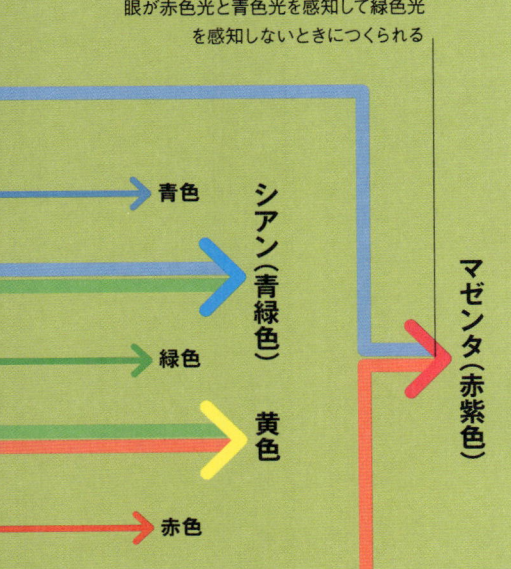

青色
シアン（青緑色）
緑色
黄色
赤色
マゼンタ（赤紫色）

色をつくり出す方法

光が物体に当たると、吸収されたり反射されたりすることがあります。脳は、反射して眼に入ってきた光に応じて物体に色を割り当てます。たとえば、バナナは黄色の光を反射し、それ以外の色の光をすべて吸収するので黄色に見えます。私たちが色をつくるとき、この仕組みを利用した方法は「減法混色」と呼ばれ、インクや染料をつくるのに使われています。これに対し、舞台照明のように、光そのものの色（光源からの光の色）を直接混ぜ合わせるような方法は、「加法混色」といわれています。

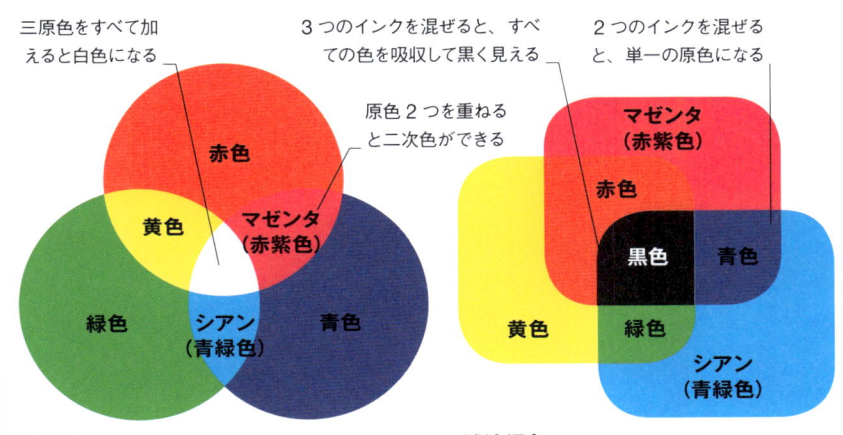

三原色をすべて加えると白色になる

3つのインクを混ぜると、すべての色を吸収して黒く見える

2つのインクを混ぜると、単一の原色になる

原色2つを重ねると二次色ができる

赤色・黄色・マゼンタ（赤紫色）・緑色・シアン（青緑色）・青色

マゼンタ（赤紫色）・赤色・黒色・青色・黄色・緑色・シアン（青緑色）

加法混色
透明な物体を通過する光は、加法混色によって色を変えられる。赤・緑・青という三原色を組み合わせて2次色をつくることができ、原色をすべて加えると白色光になる。

減法混色
シアン（青緑色）・マゼンタ（赤紫色）・黄色の顔料を使って反射光の色をつくる。それぞれが、原色の1つを吸収し、残りの2つを反射する。もう1つの顔料を加えると、反射光が減って単一の原色になる。

赤色　緑色　青色　白色

すべての色を反射する物体は白く見える

シアン（青緑色）　マゼンタ（赤紫色）　黄色　黒色

すべての色を吸収する物体は黒く見える

反射光
私たちが物体を見ると、特定の色に見える。これは、物質の性質と、その物体がどの波長の光を吸収しどの波長の光を私たちの眼に反射するかで決まる。

シャコ類は色を感じる細胞を12種類ももっている
紫外線や近赤外線まで見分けることができる

鏡とレンズ

光は、均質な媒質を通るときは常に直進しますが、反射や屈折などの現象によって方向が変わることがあります。この2つのプロセスは、鏡やレンズを使って光を制御するのに使われます。

蜃気楼

蜃気楼は、暑い日に見ることができる光学的な幻影だ。砂漠では、蜃気楼は遠くで揺らぐ水のように見える。この「水」は、実際には熱い空気の層によって屈折されて眼に入った空の明るい光だ。

反射光

反射光線の角度（反射角）は、入射光線の角度（入射角）と常に同じです。この角度は、垂線（反射面に対して垂直な仮想の線）から測ります。大半の物体から反射する光は、凸凹した表面にさまざまな角度で光線が当たるため、すべての方向に反射（乱反射）してしまいます。しかし鏡はとても平坦なので、反射光線は一方向に進み、はっきりした虚像をつくります。

ダイヤモンドはなぜ輝くのか？

宝石のダイヤモンドが輝くのは、差し込んだ光が内部のあちこちで反射し、その光が上の面からしか出て行かないように、表面のカットの角度が調節されているからだ。

鏡像

鏡は、鏡の向こう側にあるように見える、物体の虚像をつくる。反射は、元の物体を水平に回転させた像をつくるので、たとえば文字は左右が逆になる。

反射光線

光源からの光線が物体に当たり、反射して鏡へ向かう

鏡

垂線は入射する一点を通り鏡の面に直角な線だ

反射角は入射角に等しい

入射角は、入射光が鏡に当たるときの角度だ

入射光線

物体

鏡像は、鏡の向こう側に延びる仮想の光線によってつくられる

鏡像は虚像であり、その位置は幻影だ

鏡像

屈折光

光は、異なる媒質では異なる速度で進みます。光がそれまでとは別の透明な媒質に特定の角度で入ると、速度が変化して進む方向が小さな角度で変わります。この現象は、屈折と呼ばれています。斜めに入った光線は遅くなるタイミングがずれるので、光の進行方向が変わるのです。

雨上がりの虹は
雨滴によって光が
反射、屈折、拡散
されてできる

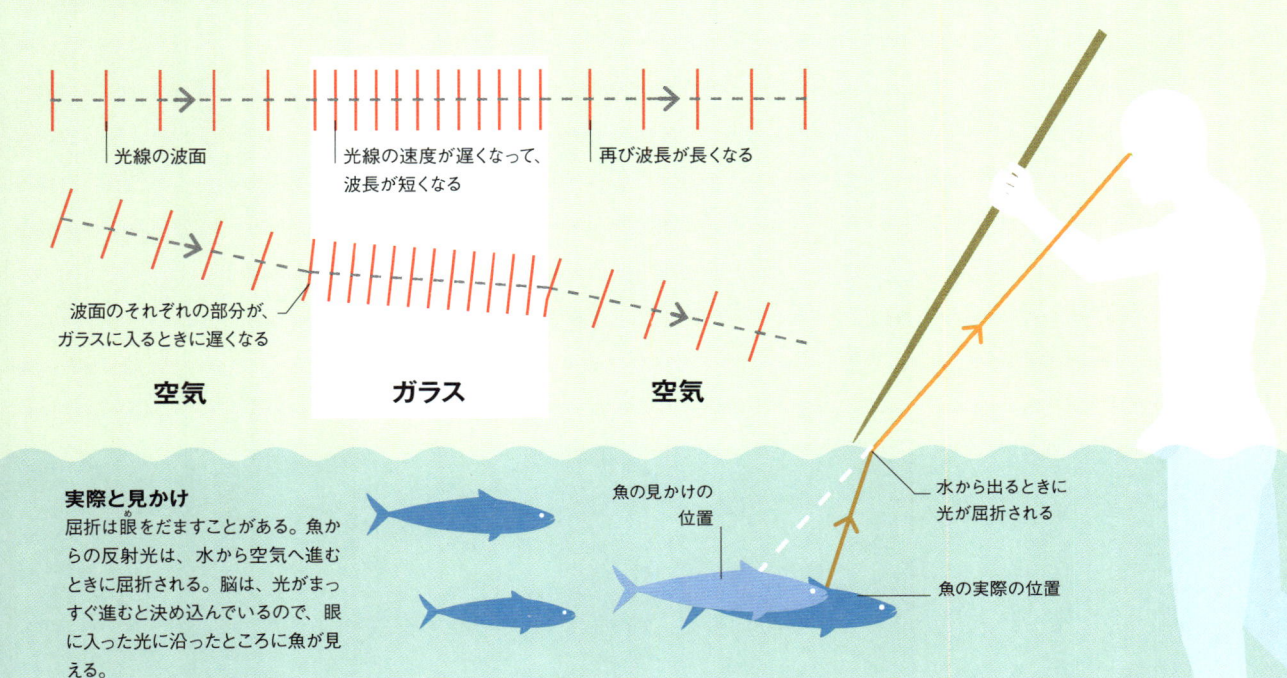

光線の波面

光線の速度が遅くなって、波長が短くなる

再び波長が長くなる

波面のそれぞれの部分が、ガラスに入るときに遅くなる

空気　　**ガラス**　　**空気**

実際と見かけ

屈折は眼をだますことがある。魚からの反射光は、水から空気へ進むときに屈折される。脳は、光がまっすぐ進むと決め込んでいるので、眼に入った光に沿ったところに魚が見える。

魚の見かけの位置

水から出るときに光が屈折される

魚の実際の位置

光の収束と発散

レンズは、屈折を利用して光の向きを変えるもので、透明なガラスでできています。レンズの表面は湾曲していて、光線がレンズに当たる角度が連続的に異なるため、光線が屈折される角度が場所によって異なります。レンズはおもに2種類あります。収束（凸）レンズは光を内向きに曲げ、発散（凹）レンズは光を外へ広げます。

収束レンズ

凸レンズを透過する光線は、入射側とは反対にある焦点に収束する。レンズから焦点までの距離が焦点距離だ。収束レンズを使うと、小さな物体を拡大できる（p.113 参照）。

発散レンズ

凹レンズは、まるでレンズの手前に焦点があってそこから光が来るかのように、光線を外へ広げる。このレンズは、近視用の眼鏡に使われている。

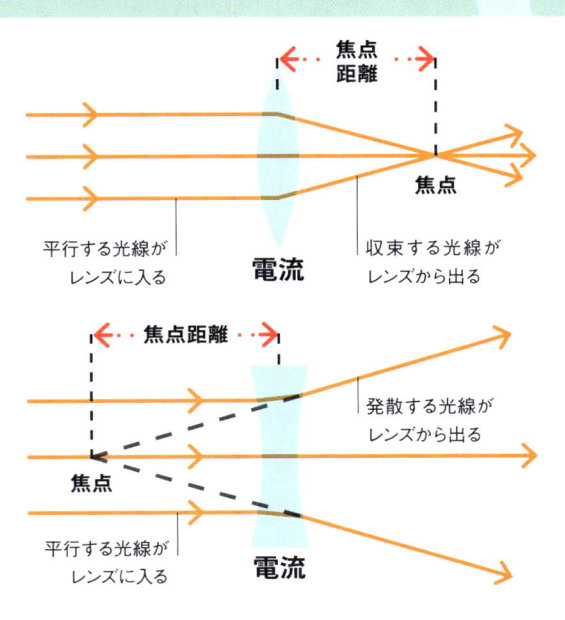

焦点距離

焦点

平行する光線がレンズに入る

電流

収束する光線がレンズから出る

焦点距離

焦点

発散する光線がレンズから出る

平行する光線がレンズに入る

電流

レーザーの仕組み

レーザーは、平行でコヒーレントな強い光のビームを生み出す装置です。この場合のコヒーレントとは、光の波動の周波数も位相もそろっているということです。そのため、レーザー光は精密で強度の高いビームになります。

光の増強

固体レーザーでは、ルビーなどの人工結晶に光を照射します。結晶内部の原子がエネルギーを吸収し光を再放出して、近くの原子にも光子を放出させます。このとき、すべての原子が固有の波長の光子を放出します。光子が結晶の両端にある鏡の間を往復して急増し、十分光が強くなると細いビームになって出て行きます。このビームは、ダイヤモンドに穴を開けられるほど強力です。

ルビー結晶の中に原子と光子がある

鏡（全反射鏡）が、結晶から光子が出るのを止める

フラッシュランプが励起光（光子）を結晶の中に入れる

鏡

光子

フラッシュランプ

原子

電子

エネルギー準位の高い電子殻

エネルギー準位の低い電子殻

原子核

原子

電子がエネルギー準位の低い電子殻に戻る

光子が別の原子の励起した電子に当たる

高いエネルギー準位

光子の吸収

電子が低いエネルギー準位から高いエネルギー準位へジャンプする

低いエネルギー準位

放出された光子

放出された2つの光子

1 励起
原子が光子を吸収すると、原子の中の電子の1つが高いエネルギー準位へ移動する。この励起状態では、原子は不安定だ。

2 余分なエネルギー
電子は、数ミリ秒しか励起状態に留まらず、すぐに吸収した光子を放出する。電子が放出した光子は、特定の波長をもっている。

3 誘導放出
励起状態の電子に光子が当たると、光子が1つではなく2つ放出される。これは誘導放出と呼ばれる。

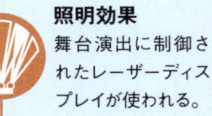

レーザー光の利用

レーザーは、現代における最も用途の広い発明の1つだと認められています。今日では、衛星通信からスーパーマーケットでのバーコードの読み取りまで、幅広い日常的な用途や特殊な用途にレーザーが使われています。

レーザー印刷
レーザーが当たった部分にインクが引きつけられる。

データの書き込み
データは、レーザーで光ディスクに書き込まれる。

照明効果
舞台演出に制御されたレーザーディスプレイが使われる。

| 低 | 中間 | 高 |
レーザー光の強度

医療
外科医は、外科用メスの代わりにレーザーを使って、組織を切ったり壊したりする。

材料の切断
強力なレーザーは強靭（きょうじん）な材料を切断できる。

天文学
精密なレーザーを使って距離を正確に測る。

レーザーはどのくらい強くできるのか？

世界で最も強力なレーザーは、1兆分の1秒で2ペタワットのビームを生み出せる。これは、全世界の平均消費電力と同じくらいの量だ。

励起された電子がますます光子を放出して、結晶中の光子の量が増える

レーザービームは、方向と位相がそろった固有の波長の光子からなっている

光子が反射されて両端の鏡と鏡の間（結晶の長さ方向）を往復する

部分的に銀メッキされた鏡（半反射鏡、出力鏡）

4 光の増幅
1つの光子が2つの光子の放出を誘導するたびに、光が増幅される。「レーザー（Laser）」とは「放射の誘導放出による光増幅（light amplification by stimulated emission of radiation）」の略だ。光は2つの反射鏡の間を何度も往復する。

5 レーザービームの放出
部分的に銀メッキされた鏡（半反射鏡）によって、光子の一部が、強力でコヒーレントな光のビームとして、結晶から外に出る。

光学の利用

光学とは、光を研究する学問です。たとえば、光を光線とみなしたときの反射や屈折のような光学的な振る舞いは、人の眼の限界を越える視覚をもたらすのに効果的に応用できます。

光学のはたらき

人の眼は、さしわたしで0.1mm以上の物体しか見ることができません。これより小さい物体からの光は、人の眼では、よくわからない不鮮明な像しかつくれないからです。光学機器は物体からの光をより多く集めて、より明るい像をつくり、レンズで拡大します。光学機器を使えば、もっと小さい物体を見たり、とても遠いところにある物体の細部を見分けたりすることができます。

光ファイバー

光ファイバーと呼ばれる超高速通信ケーブルは、ガラスでできた柔軟なファイバー(繊維)の中を、レーザー光の点滅として符号化された信号が送られます。光は、ファイバーの内面に反射しながら進みます。レーザーの当たる角度はとても重要で、角度が大きすぎると、レーザー光は反射せずに屈折してファイバーから外へ出ていってしまいます。

通信の多重化

さまざまな色のレーザーを使うことによって、1本のファイバーで複数の信号を送ることができる。

凡例
光信号1
光信号2

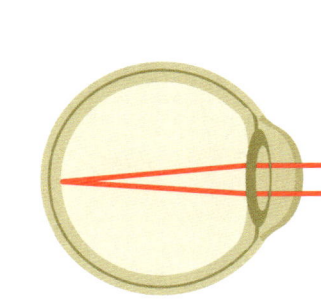

接眼レンズの倍率は10倍か15倍の場合が多い

次の接眼レンズに向けて光を集める

接眼レンズ

光線が交差して、最終的な像が反転する

調整ねじ

低倍率では、調節ねじで鏡筒を動かして試料に近づける

倍率の異なる対物レンズを所定の位置へ回すことができる

干渉

光を波動とみなしたとき、ほかの波と同じように、光の波も互いに干渉する。つまり、2つの光波が出合うと重なり合って1つの波になる。波長が同じで位相がそろっている(山と谷の間の長さが同じで、山と山、谷と谷が重なる)場合、波が足し合わされてより強い波ができる。位相が完全にずれていると、波は互いに打ち消し合う。干渉によって波はさまざまなパターンに変化する。

建設的干渉

位相がそろった2つの波

相殺的干渉(そうさい)

位相が180度ずれた波

眼鏡をかけると視力は落ちるのか?(めがね)

視力が弱い原因は、眼の形や水晶体の柔軟性にある。眼鏡をかけても、これらには何の影響もない。ただ、よく見えるようになるだけだ。

望遠鏡

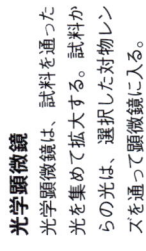

天体望遠鏡は、レンズや鏡を使って遠い星から来る光を集める。地上で使う望遠鏡は、レンズを使って像を反転し正立像にする。

双眼鏡

大きなメインレンズを通って光が入る。入った光は、鏡での内側に反射されて向きを変えて、より小さな拡大レンズを通って眼に入る。

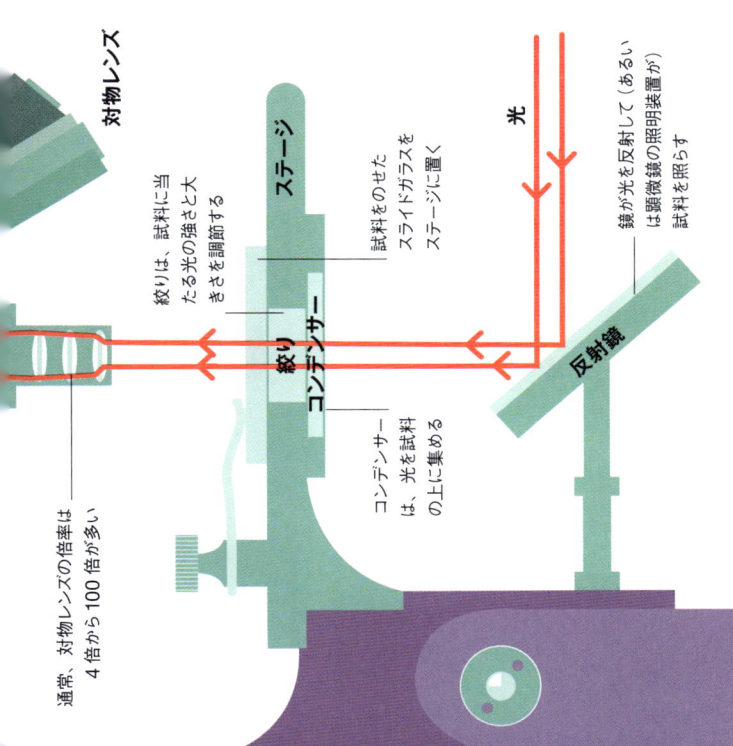

対物レンズ

通常、対物レンズの倍率は4倍から100倍が多い

絞りは、試料に当たる光の強さと大きさを調節する

ステージ

試料をのせたスライドガラスをステージに置く

コンデンサー

コンデンサーは、光を試料の上に集める

反射鏡

鏡が光を反射して（あるいは顕微鏡の照明装置が）試料を照らす

光

光学顕微鏡

光学顕微鏡は、試料を通った光を集めて拡大する。試料からの光は、選択した対物レンズを通って顕微鏡に入る。

カナリア大望遠鏡の
反射鏡全体の直径は
10.4メートル
この反射鏡は
**36枚に分割された
セグメント鏡だ**

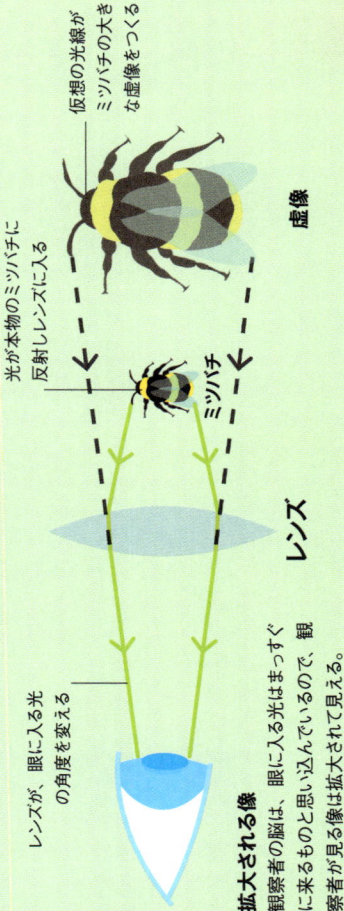

仮想の光線が
ミツバチの大きな虚像をつくる

光が本物のミツバチに
反射しレンズに入る

虚像

ミツバチ

レンズ

レンズが、眼に入る光の角度を変える

拡大される像

観察者の脳は、眼に入り込んでいるので、観察者が見る像は拡大されて見える。光線はまっすぐに来るものと思い込んでいる

拡大の仕組み

顕微鏡に組み込まれているレンズの大半は、凸レンズ（p.109 参照）で、試料の拡大した像をつくるのに使われています。物体を拡大した像をつくるその焦点の間に置くと、物体からレンズとその焦点の間に置くと、レンズの光線がレンズの反対側に集まります。レンズの湾曲を大きくすると、焦点距離が短くなり、レンズの倍率は大きくなります。

音

私たちの耳に届く音はすべて、空気などの媒質を通って波（p.102-103 参照）の形で進みます。といっても、音波は、光波や電波とは違い、空気の圧縮によって音源から波の進行方向と同じ向きに振動する縦波（疎密波）です。

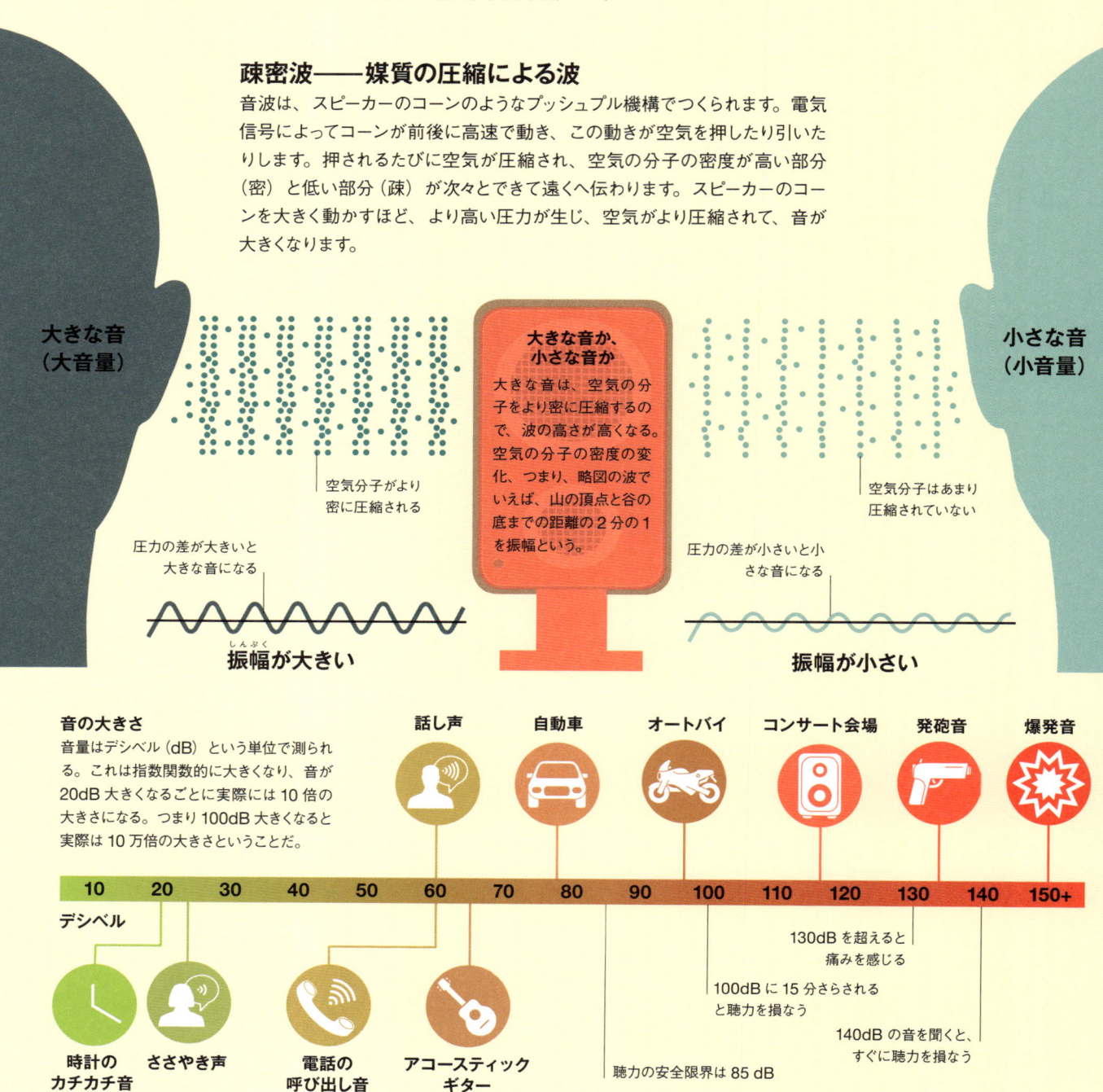

疎密波——媒質の圧縮による波

音波は、スピーカーのコーンのようなプッシュプル機構でつくられます。電気信号によってコーンが前後に高速で動き、この動きが空気を押したり引いたりします。押されるたびに空気が圧縮され、空気の分子の密度が高い部分（密）と低い部分（疎）が次々とできて遠くへ伝わります。スピーカーのコーンを大きく動かすほど、より高い圧力が生じ、空気がより圧縮されて、音が大きくなります。

大きな音
（大音量）

空気分子がより密に圧縮される

圧力の差が大きいと大きな音になる

振幅が大きい

大きな音か、小さな音か

大きな音は、空気の分子をより密に圧縮するので、波の高さが高くなる。空気の分子の密度の変化、つまり、略図の波でいえば、山の頂点と谷の底までの距離の2分の1を振幅という。

小さな音
（小音量）

空気分子はあまり圧縮されていない

圧力の差が小さいと小さな音になる

振幅が小さい

音の大きさ

音量はデシベル（dB）という単位で測られる。これは指数関数的に大きくなり、音が20dB 大きくなるごとに実際には 10 倍の大きさになる。つまり 100dB 大きくなると実際は 10 万倍の大きさということだ。

話し声	自動車	オートバイ	コンサート会場	発砲音	爆発音

10　20　30　40　50　60　70　80　90　100　110　120　130　140　150+

デシベル

130dB を超えると痛みを感じる

100dB に 15 分さらされると聴力を損なう

140dB の音を聞くと、すぐに聴力を損なう

聴力の安全限界は 85 dB

時計のカチカチ音　**ささやき声**　**電話の呼び出し音**　**アコースティックギター**

ドップラー効果

音波は、空気中を時速約1238kmで進みますが、発信源が動くと、その速さの影響を受けます。大きな音を立てながら走る自動車が、その音を聞いている人に向かって進むと、音の波の間隔が近づいて、周波数が高く（音が高く）なります。自動車が通り過ぎると、波の間隔が伸びて周波数が低く（音が低く）なります。

波の競争

このレーシングカーの前方へ広がる音波は、大きな音を立てるエンジンが次の波を送る前にそれぞれの波に少し近づくため、圧縮される。

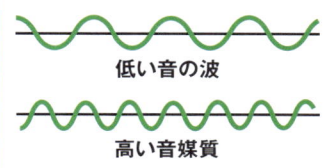

音の高さ

音の高さは、その波の周波数と関連があり、周波数が高くなるほど音の高さが高くなる。周波数とは、ある点を1秒間に通る周波（波の1つの山と1つの谷のセット）の数で、ヘルツ（Hz）を単位として測られる。

低い音の波

高い音媒質

1秒あたりに繰り返す波の数が多いほど、より高い音になる

自動車の後ろの音波は常に間隔が広がる

新しい音波が、まだ広がり続けている古い音波にぶつかる

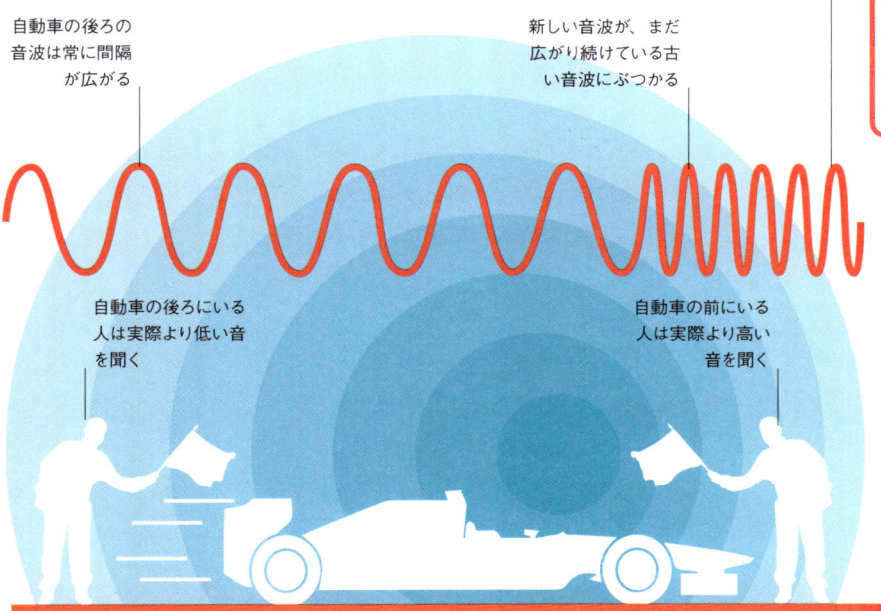

自動車の後ろにいる人は実際より低い音を聞く

自動車の前にいる人は実際より高い音を聞く

なぜ、宇宙空間で叫んでも聞こえないのか？

音は、空気のような媒質を圧縮することで生じる疎密波だ。真空の宇宙には、波となる空気自体がないので伝わらない。

超音速

音速より速く飛ぶジェット飛行機の多くは、その飛行機の音を聞く前に頭上を通ります。その音波はかなり圧縮されるため、衝撃波を生じます。

シロナガスクジラの声は
180dB を超える音量に
なることがある

ジェット機の前方へ広がる音波

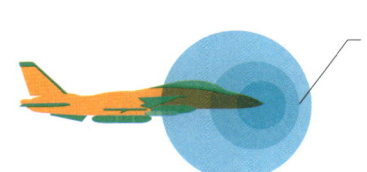

1 速度を上げる
超音速ジェット機が低速から加速されると、音波が前方へ広がるが、その音波はドップラー効果で圧縮されてどんどん密になる。

音波の合体

衝撃波が広がる

2 音速を超える
この飛行機は、時速1238kmで音速を超える。飛行機が圧縮された音波に追いつき、音波が合体して1つの衝撃波になる。

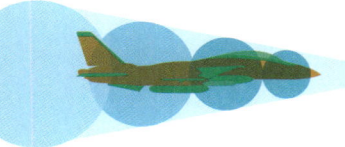

3 ソニックブーム
衝撃波は、飛行機の後方に円錐状に広がる。衝撃波が地面に当たるところでは、飛行機が通ったあと、大きな爆発音（ソニックブーム）が聞こえる。

物体を構成する分子の熱運動の激しさに応じて、人は熱さ・冷たさを感じますが、この感覚は人によって違うので、正確に比較できません。そこで、激しさの度合いを客観的な数値として表示したのが温度です。温度の目盛りは基準の温度（定点）をもとに定められています。たとえば摂氏温度目盛りの定点は水の融点（0℃）と沸点（100℃）です。

薪の火
空気をよく通した火は、鉱石を精錬して純金属をつくれるほど高温になる

旅客機のジェット排気
ジェットエンジンの推力は、エネルギーの高い気体分子の高速運動で生じる

鉛の融点
鉛は、融点が比較的低いので、最初に精錬された金属だった

家庭用オーブンの最高温度
この温度で長時間調理すると、金属製のラックが徐々に劣化する

水の沸点
摂氏目盛りの上の定点で、再現しやすいので選ばれた

地球上の最高温度
イランのルート砂漠の地表温度（2005年に人工衛星による調査で記録）

薪の火	1,112	873.15	600
旅客機のジェット排気	752	673.15	400
鉛の融点	621.5	600.7	327.5
家庭用オーブンの最高温度	482	523.15	250
水の沸点	212	373.15	100
地球上の最高温度	159.3	343.85	70.7

熱

物体の原子や分子は、常に熱運動という乱雑な運動または振動をしているため、運動エネルギーをもっています。物体を温めるとこの運動エネルギーが増え、温度が高くなります。このように物体に出入りして温度を変化させるエネルギーを熱または熱エネルギーといいます。

熱運動が速くなる
物質が熱エネルギーを得ると、その原子や分子はより速く動く。そのため熱運動による運動エネルギーが増えて皮膚に与える刺激が大きくなり、熱く感じる。

コーヒーの中の分子は、熱せられるとより速く動いて広がる

コーヒー

熱いもの
固体や液体の原子は、熱すると振動が激しくなり、気体では、原子がより速く飛び回ってほかの原子と衝突します。物体の質量は変わりませんが、原子と原子の間の空間が広がって、物体は膨張します。

冷たい牛乳

熱エネルギーの移動
冷たい牛乳を熱いコーヒーに加えると、コーヒーの熱の一部が移り、牛乳は温められ、コーヒーは冷たくなり、牛乳入りコーヒーは中間の温度になる。

冷たい牛乳のように、より温度の低い物質では、分子はあまり動かない

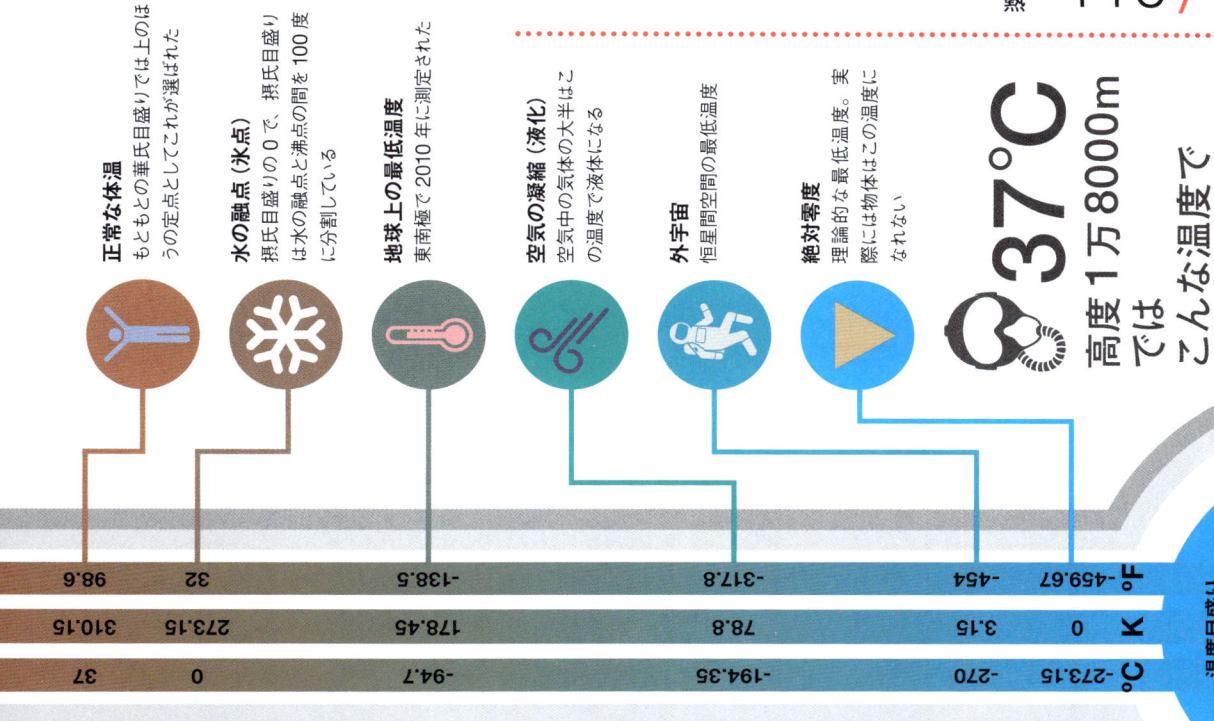

正常な体温
もともとの華氏目盛りでは上のほうの定点としてこれが選ばれた

水の融点（氷点）
摂氏目盛りの0で、摂氏目盛りは水の融点と沸点の間を100度に分割している

地球上の最低温度
南極で2010年に測定された

空気の凝縮（液化）
空気中の気体の大半はこの温度で液体になる

外宇宙
恒星間空間の最低温度

絶対零度
理論的な最低温度。実際には物体はこの温度になれない

37°C
高度1万8000m では こんな温度で 水が沸騰する

°F	98.6	32	-138.5	-317.8	-454	-459.67
K	310.15	273.15	178.45	78.8	3.15	0
°C	37	0	-94.7	-194.35	-270	-273.15

温度目盛り
おもな温度の目盛りは3つある。華氏（°F）、摂氏（°C）、ケルビン（K）で、それぞれ1724年、1742年、1848年に考案された。

せんねつ 潜熱

熱エネルギーを物体に加えるにつれて、原子や分子の動きが激しくなり、最終的には結合が切れることを負います。すると、この物体の状態変化（p.22-23参照）が起こります。たとえば液体から気体になるときの沸騰のように、状態変化をしている間は、物体を熱しても温度は高くなりません。代わりに、その熱エネルギーは隠れた熱、つまり潜熱としてはたらきます。

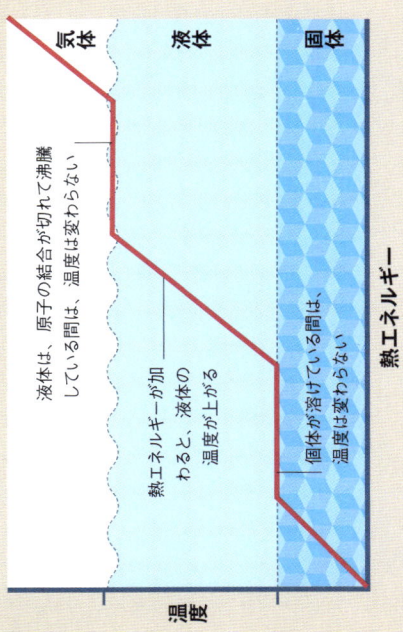

気体　液体　固体

液体は、原子の結合が切れて沸騰している間は、温度は変わらない

熱エネルギーが加わると、液体の温度が上がる

固体が溶けている間は、温度は変わらない

温度

熱エネルギー

隠れた効果

潜熱のエネルギーは、原子や分子の動きを激しくする代わりに、原子の結合を切るのに使われる。そのため、熱エネルギーを加えても、温度は一時的にそのままになる。結合が全部切れると、温度は再び上がる。

エネルギー VS 温度

線香花火の火球は約1000℃に達することがあり、肌に触れればやけどを負う。しかし、火球から飛び散る小さな火花に一瞬触れたくらいなら影響はないことが多い。ごく小さな火花の場合、温度は高いが質量が非常に小さいため、そのエネルギーはとても小さい。

線香花火の火花は火球から飛び出した液滴で、カリウムと炭素が含まれている合物と炭素が含まれている

熱の移動

熱は、対流・伝導・放射という3つの過程を通して、ある物体から別の物体へ移動します。熱が移動する方法は、その物体内部の構造によって決まります。

最もよく熱を伝える物質は何か？

ダイヤモンドは、最も優れた熱伝導体だとされている。銅の2倍、アルミニウムの4倍も熱を伝えやすい。

対流

熱は、流体（液体や気体）の対流によって移動します。対流の過程は「暖かい流体は上昇し冷たい流体は下降する」という原理によってはたらきます。熱によって流体の原子や分子が広がるので、流体の体積が増え、密度は低くなります。そのため、暖かい流体が上昇し冷たい流体が沈むことで、熱エネルギーを移動させる対流が生じます。

冷たい空気が沈んで、暖かい空気が上昇する道を開ける

ストーブによって温められた空気が上昇する

冷たい空気が沈んで、暖かい空気が上昇する道を開ける

暖房
薪ストーブなどの室内暖房器は、対流によって熱を部屋中に広げる。集中暖房システムのラジエーターも同じことをしている。

下降した空気はストーブの近くに引き寄せられ、温められて上昇する

激しい振動が金属のすべての原子に伝わると、全体の温度が上がる

原子は互いに結合しているので激しい振動が隣の原子に伝わっていく

材料の選択
鍋は熱伝導性のよい金属製が多い。金属は、原子間の結合が弱いうえ、自由電子があるため振動が特に伝わりやすい。

熱源からの熱がその周辺の原子をより激しく振動させる

金属の場合、原子間を自由に動く電子の流れが、金属全体に熱エネルギーを伝達するため熱が特に伝わりやすい

伝導

固体は伝導によって熱を伝達します。固体の一部が熱を得ると、その部分の原子の振動が激しくなり、結合する隣の原子に振動の激しさが伝わります。原子の運動エネルギーが大きくなると温度が上がります。この伝導の過程は熱が物体全体に移動するまで続きます。

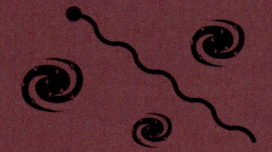

赤外放射は光の速さで進み 宇宙の真空を通って移動できる

熱の速さ
伝導や対流と違って、熱の放射は原子の運動ではなく電磁波によって運ばれる。

太陽は、可視光だけでなく、目に見えない赤外放射（赤外線）も放出している

皮膚は、赤外放射を熱として感じる

放射

熱の移動の3つ目の方法は放射です。熱エネルギーは、赤外放射または赤外線と呼ばれる目に見えない放射によって運ばれます。「赤外」と呼ばれるのは、その周波数が可視光の赤より低い（電波より高い）ためです。赤外線は、暖かい物体すべてから放出されますが、おそらく最も多く放出しているのは太陽です。体積に比べて表面積が大きい物体は、比較的表面積の小さい物体よりも、速く熱を放射して冷たくなります。

断熱

断熱材は、熱の移動を妨ぐことができる。空気のような気体は熱をあまり伝えないので、空気の気泡を含む断熱材もある。衣服は、身体の近くに空気を閉じ込めて私たちを保温している。体温は空気を伝わらないので、衣服の内側で保たれる。また、二重窓は、2枚の窓ガラスの間に、真空にしてから不活性ガスや乾燥した空気を満たしてある。これにより放射と対流の両方を妨げるため、断熱性がよい。

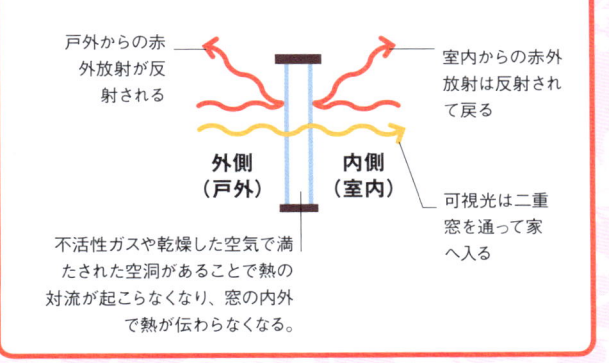

戸外からの赤外放射が反射される

室内からの赤外放射は反射されて戻る

外側（戸外）　**内側（室内）**

可視光は二重窓を通って家へ入る

不活性ガスや乾燥した空気で満たされた空洞があることで熱の対流が起こらなくなり、窓の内外で熱が伝わらなくなる。

熱平衡

2つの物体が互いに物理的に接触すると、暖かい物体から冷たい物体へ熱が移動するが、その逆は起こらない。熱は、両方の物体が同じ温度になるまで移動し続ける。温度が一定になった状態は熱平衡と呼ばれ、それ以上の熱の移動は起こらない。

熱エネルギーは、均一に分配されるまで広がる

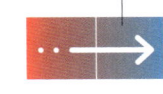

熱い　**冷たい**　　　　　**暖かい**

力と運動

質量をもつ物体に力がはたらくとその物体に運動が生じます。力が物体に及ぼす影響は、物体の質量に応じて異なります。力は、ニュートン（N）で測ります。1 ニュートン（1N）の力は、質量が 1kg の物体を、1 秒につき秒速 1 メートル加速します。

ぶつかると 壊れない物体と壊れる 物体があるのはなぜか？

柔軟性のある物体は衝突して 力が加わると変形するが、脆性（ぜいせい）（p.15 参照）の大きい物体は 力が加わったときほとんど 変形しないため、 壊れやすい。

物体の衝突

2 つの物体が衝突するとき、互いが及ぼし合う力（撃力）は物体の運動の方向や速さを変えたり物体の形を変えたりするなど、それぞれの物体の状態を変化させます。衝突後、多くの場合は、はね返ります。また、2 つの物体が合体したり、1 つの物体が複数の物体に分裂したりすることもあります。いずれの場合でも、外から加えた力がない場合、衝突の前後で全体の運動量（各物体の質量 × 速度の総和）は変化しません。

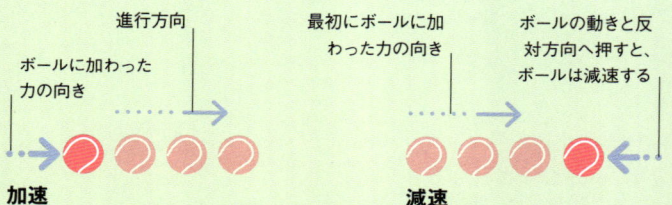

進行方向

ボールに加わった 力の向き

最初にボールに加わった力の向き

ボールの動きと反対方向へ押すと、ボールは減速する

加速
テニスボールにぶつかる力が、ボールを加速させ、ボールが動き始めて速さが増す。

減速
ボールの進行方向とは反対の方向に押す力は、ボールを減速させる。

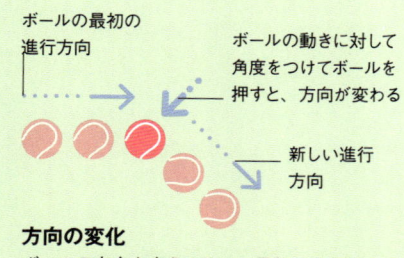

ボールの最初の進行方向

ボールの動きに対して角度をつけてボールを押すと、方向が変わる

新しい進行方向

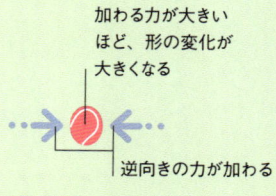

加わる力が大きいほど、形の変化が大きくなる

逆向きの力が加わる

方向の変化
ボールの方向を変えるには、最初の力とは異なる角度ではたらく別の力が要る。

形の変化
ボールの進行方向と逆向きの力によって圧縮されるため、ボールの形が変わる。

 史上最速のテニスのサーブは 時速 263.4km という速さだ

放物運動

このテニスボールのように斜め上方に放たれた物体は、重力がはたらくため、放物線の軌道をたどる。ボールが高く上がるにつれ、ボールの鉛直方向の運動エネルギーは、徐々に重力による位置エネルギーに変換され最高点で鉛直方向の運動エネルギーが 0 になり、落下するに従って再び運動エネルギーが増えていく。

凡例
⇢➤ 速度の鉛直成分
⇢➤ 速度の水平成分
⇢➤ 速度
⋯ ボールの軌道

鉛直方向の速度と水平方向の速度が同じになるとき、ボールは 45° の角度で進む

水平方向の速度は一定だが、ボールには下向きの重力が常にはたらくため、鉛直上向きの速度はだんだん遅くなる

ボールの速度は鉛直方向に進む速度と水平方向に進む速度に分解できる

ラケットが斜め上向きの力を加えるとボールは同じ方向に動き出す

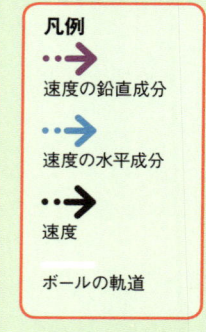

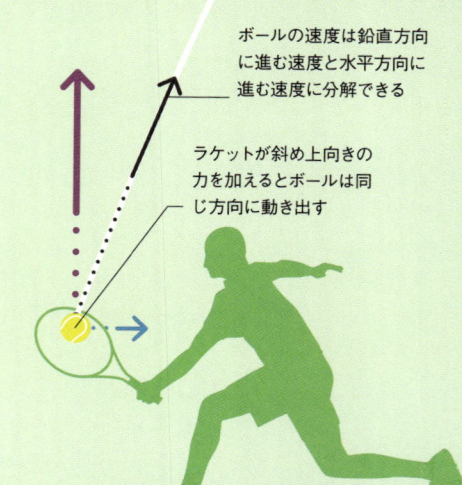

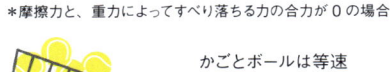

慣性

慣性は、物体が止まっていても一定の速さで動いていても、その運動状態の変化に抵抗する物体の性質です。慣性に打ち勝つには外力が必要です。慣性は、質量の小さい物体よりも質量の大きい物体のほうが大きいので、より大きな質量の物体の運動状態を変えるには、より大きな力が必要です。

＊摩擦力と、重力によってすべり落ちる力の合力が 0 の場合

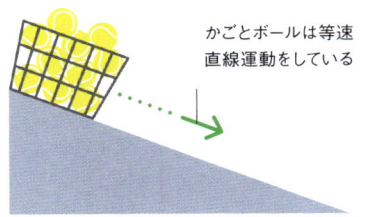

かごとボールは等速直線運動をしている

等速直線運動

かごとボールが、同じ速さで同じ方向に動いているとする。外から加わる力だけが、その運動を変えることができる。

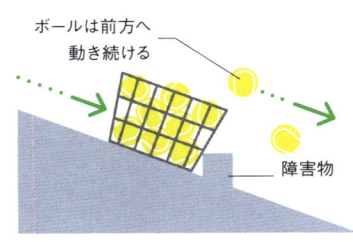

ボールは前方へ動き続ける

障害物

状態の変化

外からの力（障害物）によってかごの動きが止まるが、この力はボールにほとんど影響を与えないので、ボールは慣性によって動き続ける。

上向きの速度が 0 になり、軌道の最高点に達する。鉛直上向きの運動エネルギーはこの高さの位置エネルギーに変換されている

重力に引っ張られるため、鉛直下向きの速度がだんだん速くなる。水平方向はあいかわらず一定の速度で進む

ボールが軌道のどこにあっても、重力は同じ力でボールを下向きに引っ張っている

重力

重力によって加速されるため、ついに水平方向の速度よりも下向きの速度のほうが速くなる

重力によって、ボールは地面に当たるまで加速され続ける

力の作用

テニスボールを打ち返すと、ボールは一瞬へこんでから方向や速度を変えて飛んでいきます。ラケットがボールに力を及ぼしたからです。斜め上向きの力を受けたボールはその力の方向と同じ向きに飛び始めますが、最後は地面に落ちてしまいます。飛んでいくボールに鉛直下向き（地球の中心の向き）の重力がはたらくからです。

エアバッグの仕組み

自動車が急に止まったとき、慣性により乗っている人の身体は動き続ける。この現象は自動車事故における主要な危険の 1 つだ。エアバッグは、慣性を利用して衝突を検知して膨らみ、乗っている人が前に飛び出したときの衝撃を受け止める。

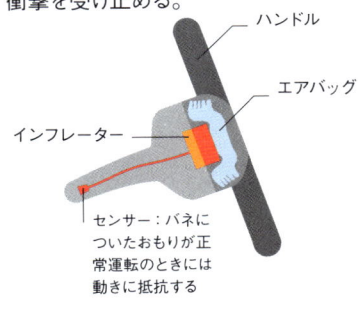

ハンドル

エアバッグ

インフレーター

センサー：バネについたおもりが正常運転のときには動きに抵抗する

衝突前のエアバッグ

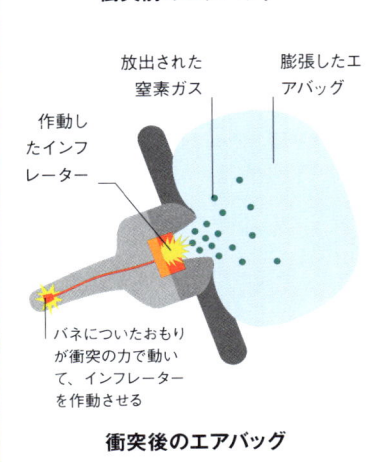

放出された窒素ガス

膨張したエアバッグ

作動したインフレーター

バネについたおもりが衝突の力で動いて、インフレーターを作動させる

衝突後のエアバッグ

スペースシャトルは時速2万8000kmという速さまで加速するのに8.5分かかった

3つの法則
打ち上げ時のロケットは、ニュートンの運動の3法則がはたらいていることを示している。静止状態を変えるには力が必要で（第一法則）、ロケットの加速度はその質量と燃料を燃やすことで得られた力によって決まり（第二法則）、ロケットの推力（前方へ進む力）は、同じ大きさで逆向きの力、ロケットエンジンから後方へ噴出力を押し出す力の反作用だ（第三法則）。

ニュートンの第一法則

すべての物体は、外力が作用しない限り、静止し続けるか、等速直線運動を続ける

運動の第一法則は、外力によって強制されない限り、物体は運動状態の変化に抵抗するという物体の慣性について説明している（p.120-121参照）。

力の向き

速度と加速度

速度とは、物体が特定の方向に進む速さです。物体の速度を変えるには、力を加える必要があり、速度の変化率は加速度として測定されます。

速度

速さは、一定の時間に移動した距離を示す尺度です。一方、速度は、速さと進む距離で示せます。自動車が1時間で進む距離で示せます。同じ速さで反対方向に進む2台の自動車の「速度」は異なるということです。動いている物体の速度は、観測者の運動の状態によって見かけの速度が実際の速度とは異なります。これを相対速度といいます。

時速30kmで進む自動車

時速30kmで進む自動車

時速30kmで進む自動車

時速30kmで進む自動車

時速60kmで進む自動車

時速30kmで進む自動車

一定の間隔
この2台の自動車は、速さと方向が同じ、つまり同じ速度だ。そのため、互いに対する相対速度はどちらも0で、この2台の距離はずっと変わらない。

追いつく
黄色の車は緑色の車より時速30km速く動いているので、緑色の車に対する相対速度は時速30kmといえる。

正面衝突
2台の自動車が進む速さは同じだが、方向が逆だ。互いに対する相対速度はどちらも時速60kmだ。

運動の法則

すべての運動は、物体の質量、物体に作用する力、その結果の加速度の関係を示す3つの法則に支配されています。運動の法則は、アイザック・ニュートンによって1687年に発表されました。この運動の法則はほとんどの場合十分正確に当てはまりますが、アルベルト・アインシュタインは1905年に、物体が光の速さに近づくとこの法則が成り立たなくなるとして有名な理論を立てました（p.140-141参照）。

ニュートンの第二法則

物体の加速度は、物体の質量と物体に作用する力によって決まる

物体に作用する力が大きいほど、加速度は大きくなる。これは、力=質量×加速度といういう式で表される。

ニュートンの第三法則

自然界のあらゆる作用には、大きさが同じで方向が反対の反作用がある

「作用」という言葉は力を及ぼすという意味で、「反作用」は常に反対方向へ押し戻す同じく大きさの力だ。この法則は、力はそれ自体では存在せず、2つの物体の間の相互作用であることを示している。

加速度

加速度とは単位時間当たりの速度の変化の割合で、単位はメートル毎秒毎秒（m/s²）などです。減速の場合も速度変化なので加速度という言葉を使います。加速度は、最終速度から初速度を引き、その数字を経過時間で割って計算します。

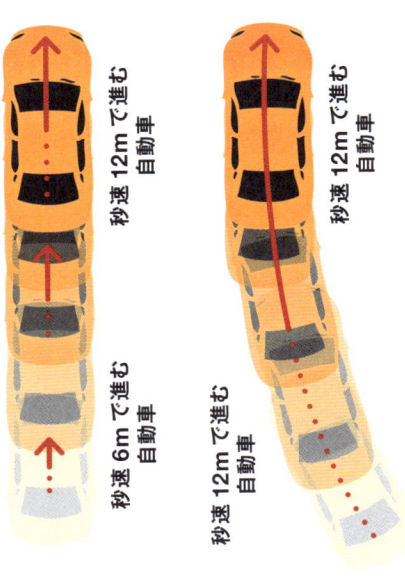

直線運動の加速

この自動車の速さが1分で倍になった場合、速度の変化（6m/s）を求め、経過時間（60秒）で割って加速度を計算できる。その結果は0.1m/s²だ。

秒速12mで進む 自動車
秒速6mで進む 自動車

方向の変化

方向転換のような進む方向の変化も速度の変化だ。方向転換には力が必要なので、速さが変わらなくても方向転換には加速度が必要だ。

秒速12mで進む 自動車
秒速12mで進む 自動車

減速

この自動車の速さが1分間で半分になった場合、その加速度は−0.1m/s²（になる。最終速度（6m/s）が初速度（12m/s）よりも小さいので、負の値になる。

秒速12mで進む 自動車
秒速6mで進む 自動車

スリップストリーム

物体が空気中を動くとき、進行方向に空気を押す。これが抵抗が生じる。これが空気抵抗だ。スリップストリーム（動いている物体の後ろにある空気抵抗が小さい領域）に入ることで減らせる。こうすることで、後ろの自動車は同じ速度で走っても燃料の使用量を減らすことができる。

空気は物体を押す。進行方向に空気を押す。これが空気抵抗だ。空気抵抗が大きいので、この車が加速するにはより大きな力が必要となる。

抗力（空気抵抗）
スリップストリーム

機械

単純機械または単一機械と呼ばれるものは、ある種の力を別の種類の力に変換する、昔からあるシンプルな機械要素です。単純機械には 6 種類あり、そのなかには少しも機械のようには見えないものもあります。

6 種類の単純機械

ほとんどの機械装置と同じように、自転車には単純機械が利用されています。そのなかには、チェーン装置やブレーキレバーのように、はっきりとした機械的な機能をもつものもありますが、調整や修理に使われるものや、たとえば上り坂を上れるようにするのに利用するものなど、自転車自体の部品ではないものもあります。要するに、自転車で走ったり、メンテナンスしたりするのに、てこ・滑車（プーリー）・輪軸・ねじ・くさび・斜面という、6 種類の単純機械がすべて使われているのです。

『空圧ねじ』
レオナルド・ダ・ヴィンチは自分が考案した飛ぶ機械をこう呼んだこのアイデアはヘリコプターの原型だ

ねじ

ナットがねじ山を締め付ける

サドルを固定するねじを締めると、ねじのたくさんの回転が、少量だが強力な圧縮に変わる。これは、基本的には長いらせん状のくさびだ。

くさび

タイヤの下に入れてタイヤを車輪から外す工具は、くさびの原理を使っている。押す力が、より短い距離にはたらく、ものを広げる（離す）大きな力に変わる。

くさびがタイヤをリムから離す

車輪のリムを支点として使う

滑車（プーリー）

小さい円盤はより速く回る

自転車のチェーンは、滑車のシステムと基本的には同じで、回転する 2 つの円盤にかけた鎖を片方の円盤が引っ張りもう片方の円盤を動かす。2 つの円盤の相対的な大きさによって、その相対的な速さと動力が決まる。

輪軸

リム（外枠）はより速く動く

車軸に車輪を固定して回転するようにしたもので、大きな車輪の動きを強力な車軸の回転運動に変える。てこのような作用で、道路の摩擦（p.126-127 参照）に打ち勝つ。

軸受はゆっくり動く

仕事の原理

てこを利用してペンキ缶のふたを開けるように、機械を使って小さな力で仕事をすることはできますが、どんな機械を使っても（あるいは使わなくても）、仕事の量は変わりません。これが仕事の原理です。仕事は、力の大きさ × 移動距離で表せます。仕事の量は変わらないので、力を半分にすれば距離は 2 倍になり、力を 2 倍にすれば距離は半分になります。力を小さくする方法では速さが遅くなります。機械はこの原理を利用しています。

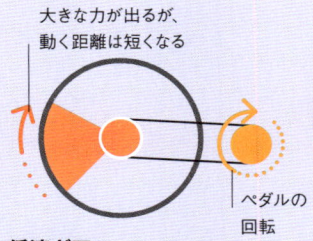

大きな力が出るが、動く距離は短くなる

ペダルの回転

低速ギア
自転車で坂を上るとき、低速ギアでペダルをこぐ力を小さくし車輪を動かす力を大きくするが、速さは遅くなる。

車輪を動かす力は小さくなるが、動く距離は長くなる

高速ギア
坂の上に着いたら、高速ギアでこぐ力を大きくし速く走ることができる。

凡例 → 加えた力（力の入力）　⇢ 負荷（力の出力）　● 支点

てこ

支点

ブレーキは、支点を中心として回転するレバーによって操作される。小さな力を加えて長い距離をはたらかせるタイプのてこの作用で、小さな力を大きな力に変えられる。レバーを引くとケーブルがピンと張り、ブレーキキャリパーが車輪のリムを締め付ける。

斜面

短い距離で上るのは重労働だ

自転車で丘の上まで垂直に上るのは不可能だ。だが、斜面を利用すれば、走る距離が増えるという代償は払うものの、丘の上まで自転車で上ることができる。

てこの種類

支点に対して力を加えるところ（力点）と力がはたらくところ（作用点）がどこにあるかによって、3 種類のてこがあります。異なる方向で、力か動きのどちらを増やすかによって、てこの種類を選択できます。

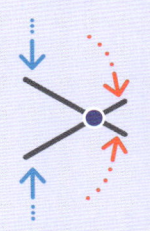

第 1 種てこ
作用点と力点が支点の両側にあるもの。
例：はさみ、ペンチ

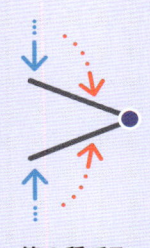

第 2 種てこ
力点と支点の間に作用点があるもの。
例：くるみ割り器

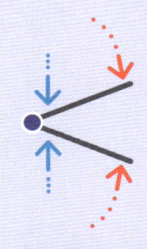

第 3 種てこ
作用点と支点の間に力点があるもの。
例：トング、ピンセット

歯車比（ギア比）

トルク、つまり回転力という形の動力は、多くの場合、かみ合った歯車の「歯」によって伝達されます。駆動する大きな歯車に小さな歯車の 3 倍の数の歯があれば、駆動歯車は小さな歯車を 3 倍速く回転させます。いくつかの歯車を順に組み合わせたものは、歯車列と呼ばれます。

小さな歯車はより速く回転する

駆動歯車

歯車比（ギア比）
駆動歯車が大きければ、小さい歯車の回転速度は上がる。逆に、小さい歯車が駆動歯車なら、大きい歯車の回転速度は下がるがトルクは大きくなる。

摩擦

摩擦は、2つの物体や物質がこすれ合うときに生じる、運動の方向とは反対にはたらく抵抗力です。物体が液体や気体の中を押し進む場合には、抗力と呼ばれる形の摩擦が生じます。

反対方向の力

摩擦は2つの物体の表面が接するときに生じます。顕微鏡レベルでは、表面は少しも滑らかではなく、表面どうしが反対方向へ動く際に、小さな凸凹が互いの動きを妨げます。それぞれの突起が加える力は小さいですが、それらが合わさると、物体の運動を遅くしたり止めたりする抵抗力になります。2つの表面が互いに動くと、摩擦によって運動エネルギーが熱エネルギーに変換されて熱くなります。

表面が粗ければ、2つの表面が互いに動くのは簡単ではない。

水の層

アイスホッケーのパック

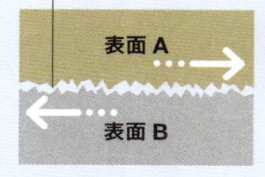

表面A

表面B

水

氷

こすれ合う

摩擦は物体の表面の粗さと関係している。片方の物体の重さでもう片方に押しつけられると、表面が密接に接触する。

滑らかにすべる

氷は、液体の水の薄い層によって、ほかの物体の表面とへだてられほとんど接触しないため、滑りやすい。そのため、摩擦力が小さい。

潤滑剤

機械の可動部どうしの摩擦は、部品がこすれ合ってすり減るため、壊れる原因になる。この影響を減らすために、油性潤滑剤を部品に塗ることが多い。こうすることで表面の間に滑りやすい境界ができる。潤滑剤は十分な粘着性があって部品を長時間保護する。

潤滑剤が歯車の間に物理的な境界をつくる

2つの歯車

リニアモーターカー（磁気浮上式鉄道）は列車を浮かせて列車と線路の間の摩擦をなくす乗り物だ

路面をとらえる

タイヤの表面にある刻み目によって、タイヤがより凸凹になるため、路面とより多く接触するようになり、グリップできる。タイヤの表面の溝は、タイヤと路面の間から水を排出する。タイヤの粘着力と変形は、路面をとらえるのを助けるが、圧力が大きすぎるとゴムが変形しすぎて弾性回復できずに表面が裂ける。

トラクション（駆動力）

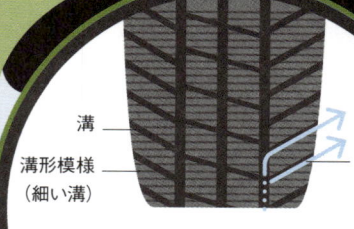

溝

溝形模様（細い溝）

水が排出される

タイヤの溝の模様は、雨や雪など特定の条件下で車の駆動力が最大になるように設計されている。普通のタイヤは雨水を排出するので、タイヤと道路の接触は減らず、トラクションに問題は生じない。

グリップとトラクション

自動車のタイヤは、道路をとらえて路面と大きな摩擦が生じるように設計されています。この摩擦によって車輪にトラクション（駆動力）が生じ、車輪が道路を押して自動車の向きを変えたり前に進ませたりすることができます。グリップが十分でないと、車輪が空回りして横滑りします。

接触の増大
重い荷物はタイヤを地面により強く押しつけ、接触面積が増えるので、摩擦力が大きくなる。

小さな鉛直荷重

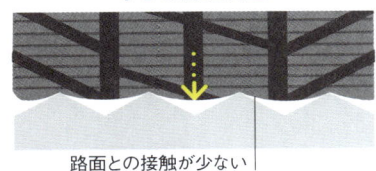

路面との接触が少ない

大きな鉛直荷重

路面との接触が多い

摩擦を利用した火起こし

火を起こす方法として最も知られているのは摩擦の利用で、たとえば火打ち石を硬い物体の表面でこすって火花を出す方法もその1つだ。また、弓ぎりは、堅い木でできた先のとがった棒を、火きり板のおがくずを詰めた溝に差し込み、弓を高速で左右に動かして棒を回す。この摩擦で生じた熱によっておがくずに火がつく。

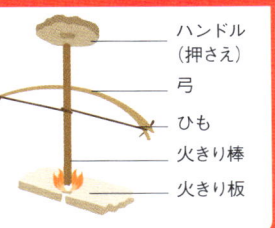

- ハンドル（押さえ）
- 弓
- ひも
- 火きり棒
- 火きり板

抗力を減らす工夫

抗力は、物体が液体や気体の中を進むことで生じる摩擦力です。飛行機の翼や船の船体は、抗力を減らすように設計されています。三胴船（トリマラン）や水中翼船のような一部の船体は、水と接触する面積を制限しています。飛行機の主翼の先端は、乱気流を制御して抗力を減らします。

翼端渦
主翼の先端は、飛行時に渦を発生させるため、燃料効率が下がる。ウイングレットという小さな翼をつけると、翼端の大きさが小さくなって抗力が減る。

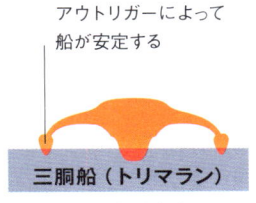

アウトリガーによって船が安定する

三胴船（トリマラン）

水との接触を減らす
三胴船には、小さな船体が3つあり、水に接する面積が小さいので抗力が減る

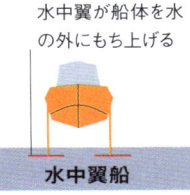

水中翼が船体を水の外にもち上げる

水中翼船

揚力
水中翼船は、翼のような水中翼を使って船を水の上にもち上げ、抗力を大きく減らす

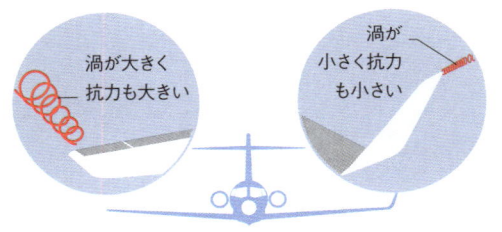

渦が大きく抗力も大きい

渦が小さく抗力も小さい

普通の翼端

一体化したウイングレット

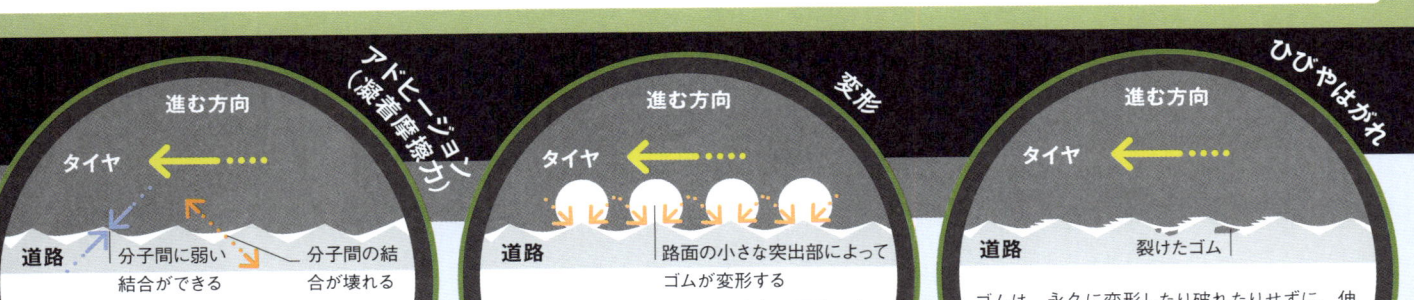

アドヒージョン（凝着摩擦力）

進む方向

タイヤ

道路　分子間に弱い結合ができる　分子間の結合が壊れる

タイヤのゴムが道路と接触すると、分子間力などによりゴムの表面と道路に弱い結合ができて一次的にくっつくが、その後結合が壊れて離れる。

変形

進む方向

タイヤ

道路　路面の小さな突出部によってゴムが変形する

タイヤのゴムは柔らかいが、内部の圧力の高い空気によってタイヤの形は補強されている。道路の凸部の周囲では、自動車の重さでタイヤが変形し、重さが凸部に集中して、タイヤのグリップが大きくなる。

ひびやはがれ

進む方向

タイヤ

道路　裂けたゴム

ゴムは、永久に変形したり破れたりせずに、伸びたり縮んだりできる。しかし、強い力によってタイヤの表面が裂け、柔軟に変形する能力がゆっくりと落ちていく。最終的には、交換が必要になる。さもないと破裂する。

ばねと振り子

ばねは、押し縮めたり伸ばしたりしても、元の長さに戻る弾性体です。これは、復元力と呼ばれる力によって生じます。復元力は、物体がある一点を中心に反復運動する単振動（調和振動）の重要な特徴ですが、振り子の動き方にも同じ特徴があります。

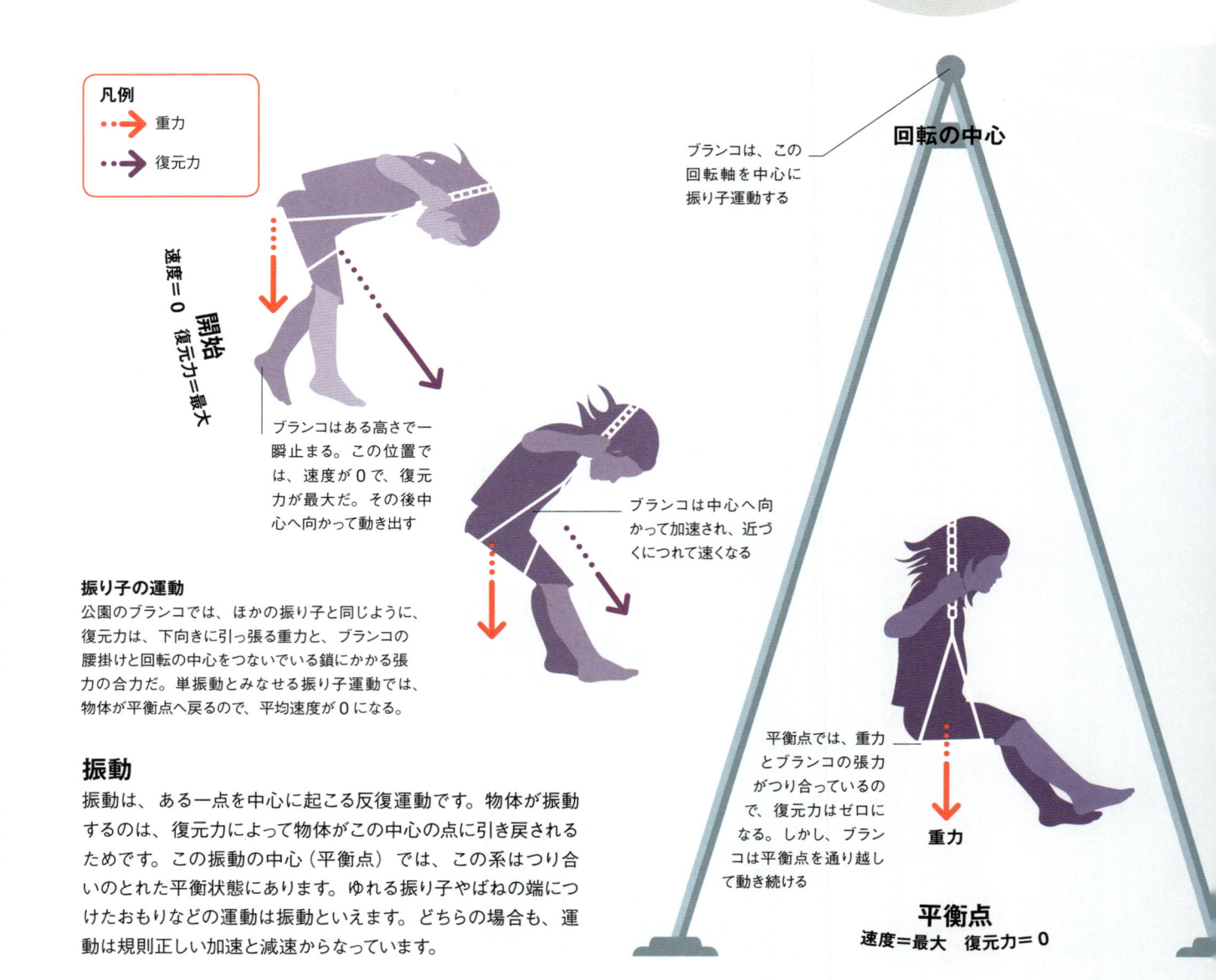

凡例
···▶ 重力
···▶ 復元力

開始
速度＝0　復元力＝最大

ブランコはある高さで一瞬止まる。この位置では、速度が0で、復元力が最大だ。その後中心へ向かって動き出す

ブランコは、この回転軸を中心に振り子運動する

回転の中心

ブランコは中心へ向かって加速され、近づくにつれて速くなる

振り子の運動

公園のブランコでは、ほかの振り子と同じように、復元力は、下向きに引っ張る重力と、ブランコの腰掛けと回転の中心をつないでいる鎖にかかる張力の合力だ。単振動とみなせる振り子運動では、物体が平衡点へ戻るので、平均速度が0になる。

振動

振動は、ある一点を中心に起こる反復運動です。物体が振動するのは、復元力によって物体がこの中心の点に引き戻されるためです。この振動の中心（平衡点）では、この系はつり合いのとれた平衡状態にあります。ゆれる振り子やばねの端につけたおもりなどの運動は振動といえます。どちらの場合も、運動は規則正しい加速と減速からなっています。

平衡点では、重力とブランコの張力がつり合っているので、復元力はゼロになる。しかし、ブランコは平衡点を通り越して動き続ける

重力

平衡点
速度＝最大　復元力＝0

弾性力

ばねは、特に弾性が大きい物体です。つまり、形を一次的に変えて、また戻ることができます。物体がばねを引っ張ると、ばねは伸びます。ばねが伸びると、引っ張って元の形に戻そうとする復元力が生じます。これは弾性力ともいいます。復元力とばねを変形させる力が等しくなると、それ以上ばねは伸びなくなります。

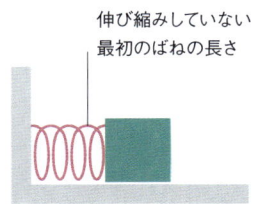

伸び縮みしていない
最初のばねの長さ

静止状態
ばねの端につけた物体がばねに力を加えていない状態の位置を、平衡点という。

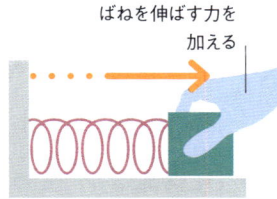

ばねを伸ばす力を
加える

伸張力
物体を動かしてばねを伸ばすと、平衡点へ引き戻そうとする復元力が生じる。

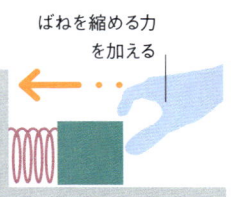

ばねを縮める力
を加える

圧縮力
ばねを押して離すと平衡点を通り過ぎて縮むが、復元力によって引き戻される。

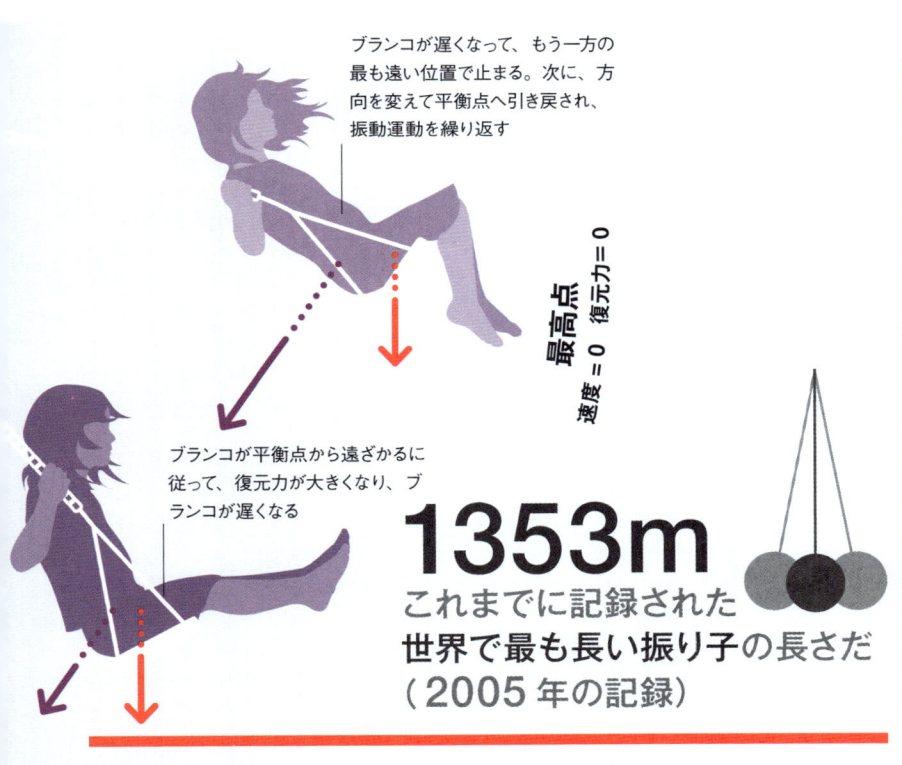

ブランコが遅くなって、もう一方の最も遠い位置で止まる。次に、方向を変えて平衡点へ引き戻され、振動運動を繰り返す

最高点
速度 = 0　復元力 = 0

ブランコが平衡点から遠ざかるに従って、復元力が大きくなり、ブランコが遅くなる

1353m
これまでに記録された
世界で最も長い振り子の長さだ
（2005 年の記録）

ヤング率

工学では、材料やその使用方法を選択するために物質の硬さを知る必要があります。物質の弾性は、変形させるのにどのくらいの力が必要かを示すヤング率で測定されます。ヤング率は、圧力の単位であるパスカルで測られます。ヤング率が高ければ、その物質は硬く、伸ばしてもほとんど変形しないことを表し、ヤング率が低ければ、その物質は大きく弾性変形できることを示しています。

変形

力のなかには物体の形を変えることができるものがあります。伸張力で物体が弾性変形している間は、力を除けば、復元力（弾性力）によって元の形に戻ります。しかし、伸張力を大きくして、物質の弾性限界を超えると、物体の変形は戻らなくなります（塑性変形）。

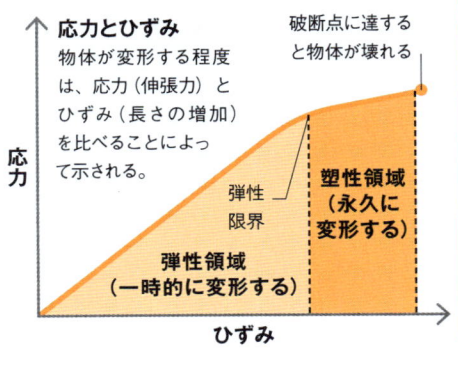

応力とひずみ
物体が変形する程度は、応力（伸張力）とひずみ（長さの増加）を比べることによって示される。

破断点に達すると物体が壊れる

弾性限界

塑性領域（永久に変形する）

弾性領域（一時的に変形する）

応力

ひずみ

物質	ヤング率（パスカル）
ゴム	0.01 〜 0.1
木	11
高強度コンクリート	30
アルミニウム	69
金	78
ガラス	80
歯のエナメル質	83
銅	117
ステンレス鋼	215.3
ダイヤモンド	1050 〜 1210

圧力

圧力とは、物体の表面にかかる単位面積当たりの力です。気体や液体のような流体に対する圧力。あるいは、流体によって生じる圧力には固体の圧力とは異なる特徴があります。

気体の圧力

力を加えると、気体は圧縮されて体積が小さくなります。分子は、気体分子として振る舞うのをやめて液体に変わるまで、より密に詰め込まれます。加圧したガスボンベに気体が入っているのはこのためです。弁を開けて圧力を下げると、液体は気体に戻ります。

低圧　　高圧

より重いおもりが中身を圧縮する

高い密度
空気などの気体を圧縮すると、体積が減るが質量は変わらないので、気体の密度は大きくなる。

圧力鍋の仕組み

大気圧では、水は100℃で沸騰する。通常は、沸騰してできた水蒸気は逃げていくが、圧力鍋は中に閉じ込める。こうすると、水の沸点が上がり、温度も上がるので、食品をより速く調理できる。

閉じ込められた水蒸気によって圧力が増す

水の温度は121℃に達する

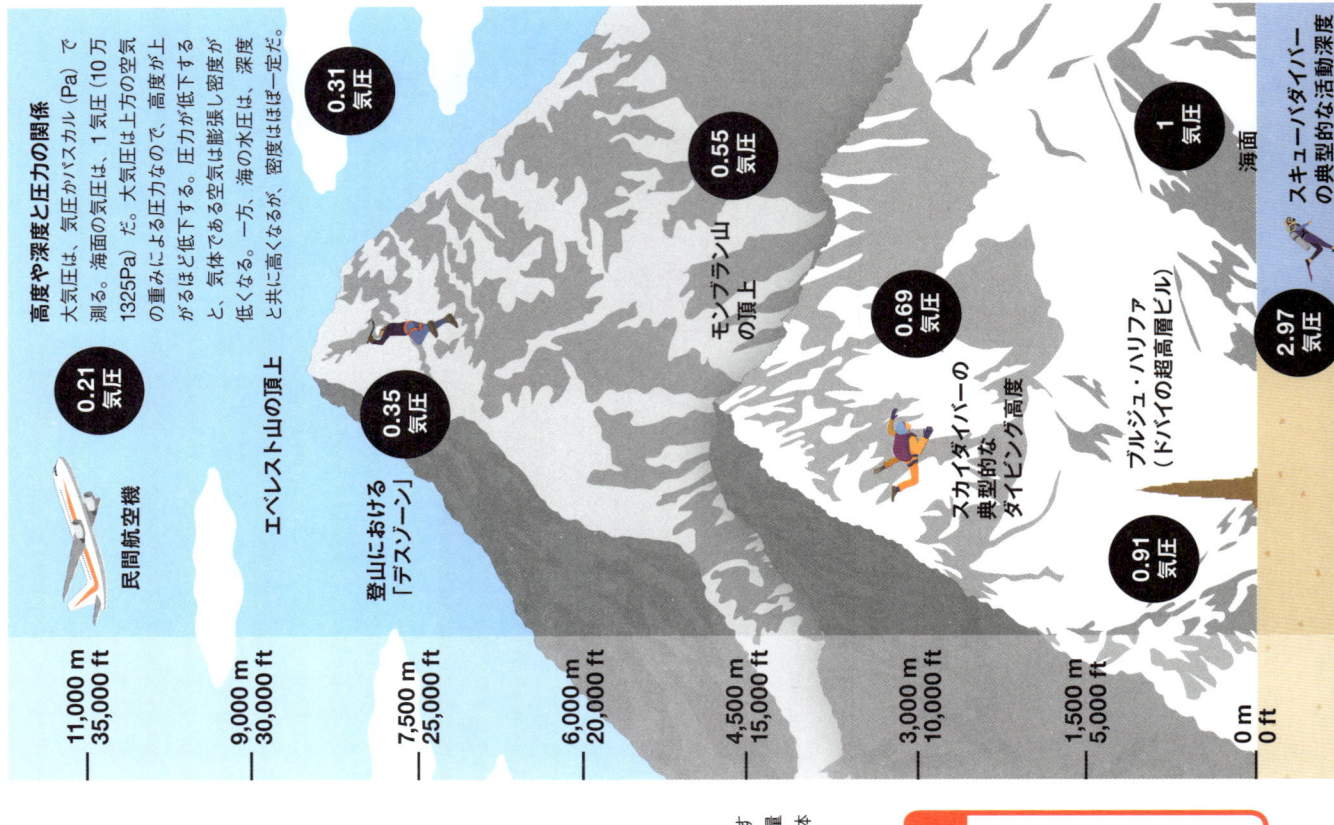

高度や深度と圧力の関係

大気圧は、気圧が大気による圧力を測る。海面の気圧は、1気圧（10万1325Pa）だ。大気圧は上方の空気の重みによる圧力なので、高度が上がるほど低下する。圧力が低下すると、気体である空気は膨張し密度が低くなる。一方、海の水圧は、深度と共に高くなるが、密度はほぼ一定だ。

0.21 気圧　民間航空機 ── 11,000 m / 35,000 ft

エベレスト山の頂上 ── 9,000 m / 30,000 ft

0.35 気圧　登山における「デスゾーン」 ── 7,500 m / 25,000 ft

0.31 気圧

0.55 気圧　モンブラン山の頂上 ── 6,000 m / 20,000 ft

0.69 気圧　スカイダイバーの典型的なダイビング高度 ── 4,500 m / 15,000 ft

0.91 気圧 ── 3,000 m / 10,000 ft

ブルジュ・ハリファ（ドバイの超高層ビル）

1 気圧　海面 ── 1,500 m / 5,000 ft

── 0 m / 0 ft

2.97 気圧　スキューバダイバーの典型的な活動深度

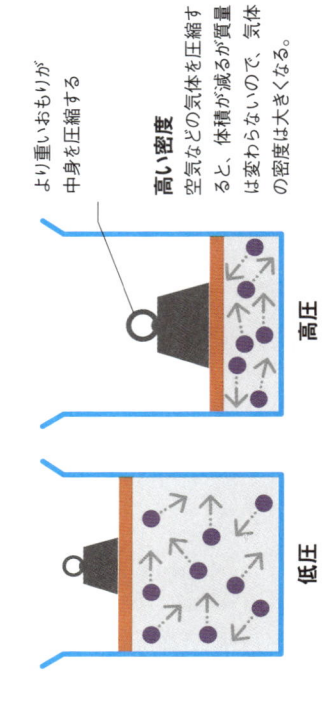

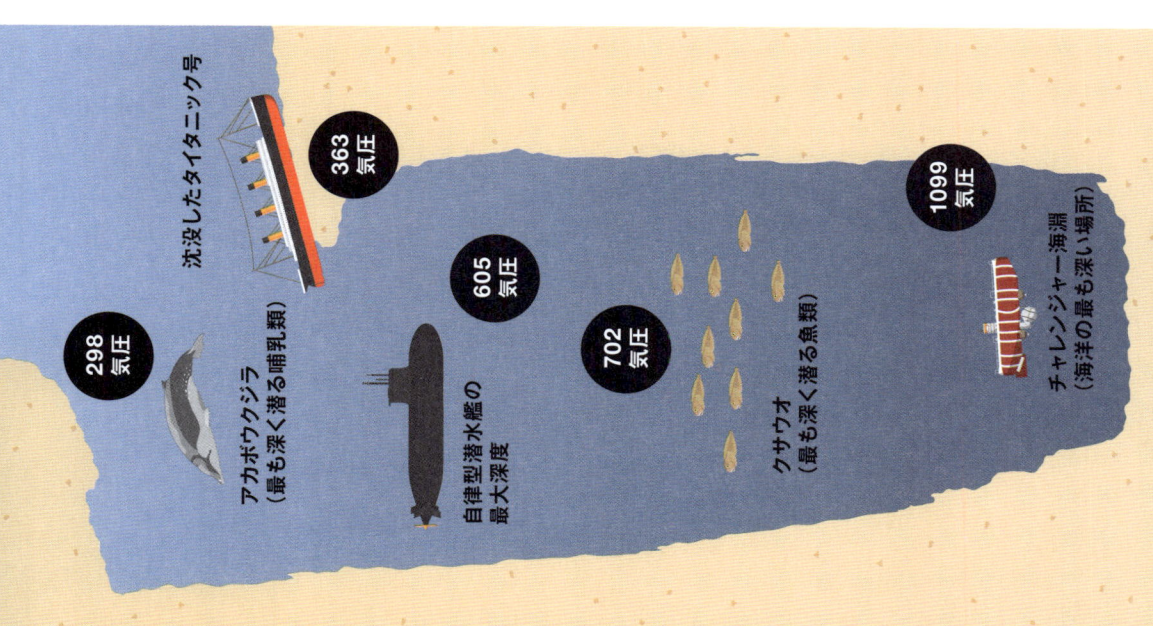

298 気圧
アカボウクジラ
（最も深く潜る哺乳類）

363 気圧
沈没したタイタニック号

605 気圧
自律型潜水艦の
最大深度

702 気圧
クサウオ
（最も深く潜る魚類）

1099 気圧
チャレンジャー海淵
（海洋の最も深い場所）

地球の海洋で最も深い場所
チャレンジャー海淵の水圧は
海面の1099倍だ

1,500 m
5,000 ft

3,000 m
10,000 ft

4,500 m
15,000 ft

6,000 m
20,000 ft

7,500 m
25,000 ft

9,000 m
30,000 ft

11,000 m
35,000 ft

液体の圧力

気体と違って、液体は圧力をかけても体積はほとんど小さくなりません。液体にかけた圧力はすべて、液体を通して伝達されます。たとえば、液体が管の中に満たされているとき、片方の端にかけた圧力ははるかに遠いもう片方の端まで伝わります。また、圧力は液体の深さと共に大きくなります。これは上にある液体の重さのためです。だからダムの底にあたる基部は厚くしなければならないのです。圧力は密度にも影響を受けます。液体の密度が大きくなるほど、液体がかける圧力も高くなります。

穴の開いたバケツ

バケツに開いた同じ大きさの3つの穴から漏れる水の速さから、深いほど水圧が高いことがわかる。

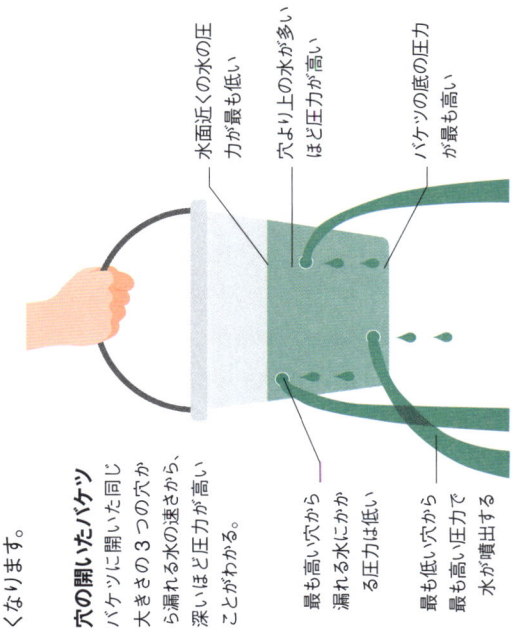

水面近くの水の圧力が最も低い

穴より上の水が多いほど圧力が高い

バケツの底の圧力が最も高い

最も高い穴にかかる圧力は低い

最も低い穴から最も高い圧力で水が噴出する

水力学

液体はほとんど圧縮できないので、配管を通して液体で圧力を伝達し、機械を作動させることができる。管を使って、ポンプのシリンダーと、面積が2倍の押し上げ機構をつなぐことによって、かける圧力が同じでもはたらく力は2倍になる。

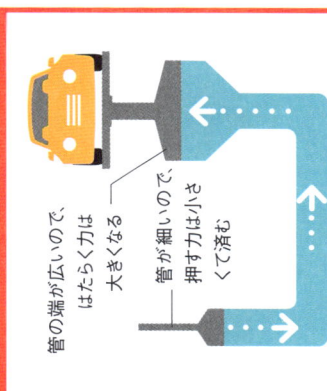

管の端が広いので、はたらく力は大きくなる

管が細いので、押す力は小さくて済む

飛行

航空機の飛行技術は、非常に異なる2つの原理を利用しています。気球や飛行船は、熱い空気や水素やヘリウムなどの気体が大気中を上昇するという事象を利用しています。その他の航空機はすべて、翼や回転翼を用いて生み出す揚力を利用しています。

空気より軽くする

通常の気球は、外部の空気より軽い気体で満たされているため、空へ上昇します。人を乗せる気球の大半は、空気を熱して膨張させることでこれを実現しています。膨張すると、空気の密度が小さくなるため、周囲の冷たい空気より軽くなるからです。飛行船は、たいてい水素かヘリウムを使用しています。ヘリウムは、パーティで風船を膨らませるのにも使われます。水素の重さはヘリウムの半分ですが、燃えやすくて危険です。これに対し、ヘリウムは燃えることはありません。

暖かい空気は膨張して密度が小さくなる

密度の大きい冷たい空気

熱せられた空気は外部の空気より軽い

浮力

熱気球の浮力

空気を熱すると、分子どうしが離れるので膨張する。同じ体積を占める気体分子が少なくなるため、気球の内部の空気の密度は小さくなる。

動力飛行

空気より重い、主翼が固定された飛行機やヘリコプターは、特別な断面形状の翼や回転翼を使って空気の向きを変え、機体の上の圧力を減らすことで飛びます。重要なのは翼と接近してくる空気との角度（迎え角）です。離陸するには、飛行機の翼のフラップを下ろして迎え角と翼の曲率を増やし、可能な限り揚力を最大にします。

進行方向

1 離陸の準備
航空機は、前進運動によって空気を翼の上に押し上げ、離陸のための揚力をつくる。加速には強力なエンジンを使うが、低速では可動式のフラップで揚力を増やす。

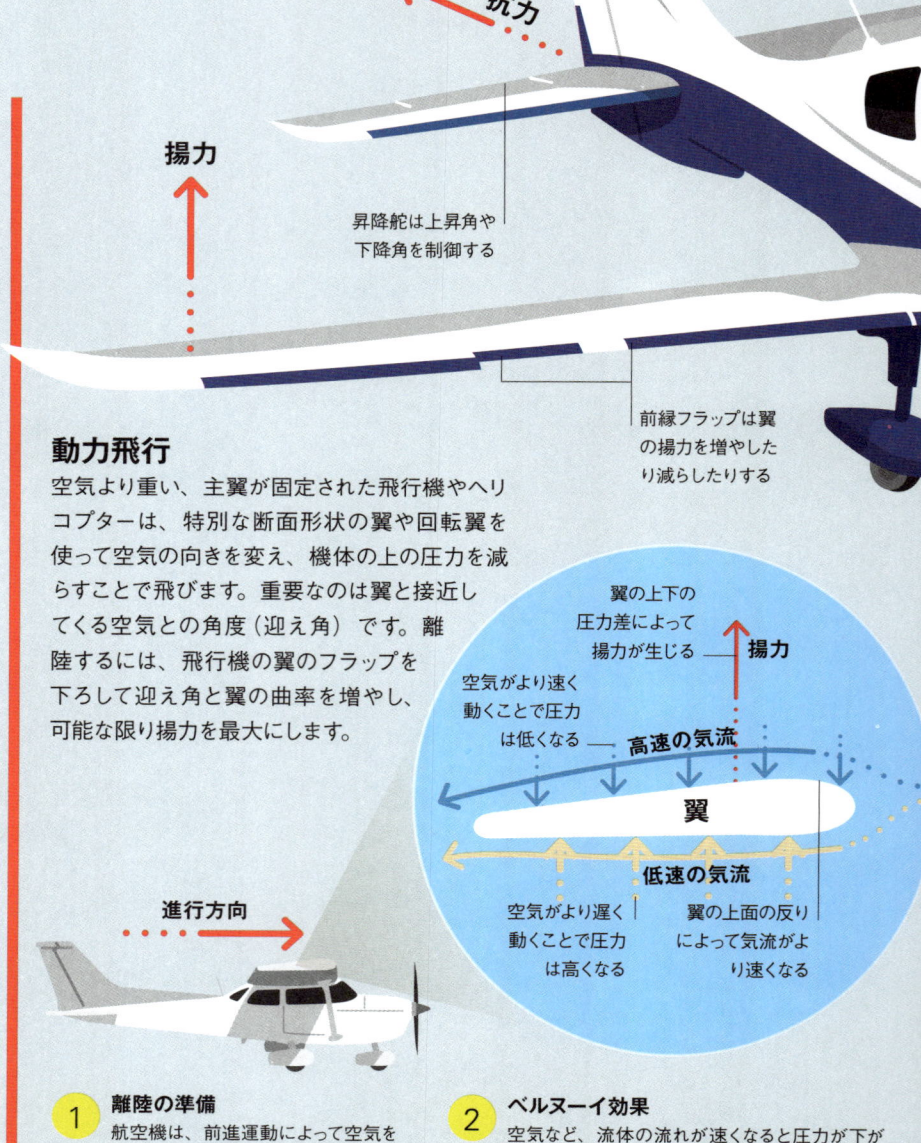

垂直尾翼の方向舵が空気を横向きにそらして飛行機の方向を変える

抗力

揚力

昇降舵は上昇角や下降角を制御する

前縁フラップは翼の揚力を増やしたり減らしたりする

翼の上下の圧力差によって揚力が生じる → **揚力**

空気がより速く動くことで圧力は低くなる → **高速の気流**

翼

低速の気流

空気がより遅く動くことで圧力は高くなる

翼の上面の反りによって気流がより速くなる

2 ベルヌーイ効果
空気など、流体の流れが速くなると圧力が下がる。これは、ベルヌーイ効果と呼ばれる。翼の上面は下面より長いカーブで、上面の上の気流はより速くなる。そのため、翼の上の圧力が下がり、揚力が生まれる。

いつなんどきでも
およそ **9250** 機の旅客機が
世界中の空を飛んでいる

揚力

後縁フラップを使って、離陸時には揚力を増やし、着陸時には抗力を増やして、飛行機を減速させる。水平飛行の間は引っ込められている。

プロペラは大量の空気を後方に移動させて飛行機を前進させる

推力

重力

③ 水平飛行
翼が生み出す揚力は、重力のはたらきを打ち消すが、それは、エンジンが生み出す推力によって飛行機が十分速い前進運動を維持する場合に限る。この推力は、進行方向と逆向きに生じる抗力にも打ち勝たなければならない。

離陸した最も重い飛行機は何か？

1988 年に初飛行した、大型輸送機アントノフ An-225 は、最大重量が 640 トンで、ターボファンエンジンを 6 基備えている。

ヘリコプターが揚力を生み出す仕組み

ヘリコプターは、高速で動く回転翼の羽根が生み出す揚力によって、空気中にとどまる。サイクリック・スティックと呼ばれる操縦装置を前へ動かすと、回転翼の角度が変わり、ヘリコプターは空気中を前へ進む。

スワッシュプレートを傾けると回転翼の羽根が下へ傾き、迎え角が大きくなって揚力が大きくなる

傾ける

回転翼

サイクリック・スティック

進行方向

つり合いのとれていない揚力によって、ヘリコプターが傾き前へ進む

最初に、パイロットがサイクリック・スティックを前へ動かすと、スワッシュプレートが前へ傾く

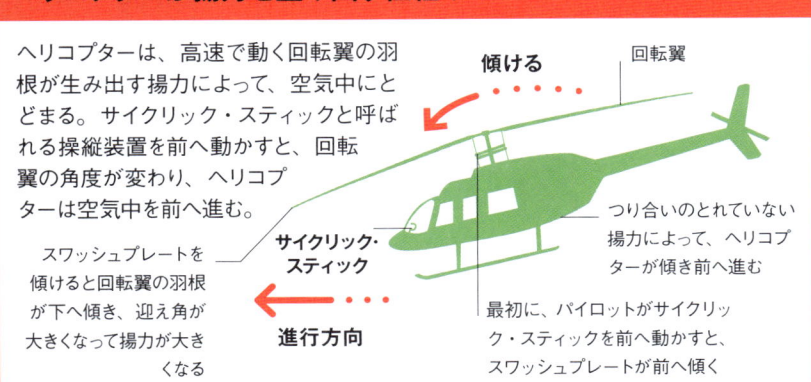

カーマン・ライン

空気の密度は高度と共に小さくなります。空気の密度が小さくなると、抗力が小さくなるので飛行機はより速く飛べますが、揚力を生み出すためにはさらにもっと速く飛ばなければなりません。カーマン・ラインと呼ばれる高度 100km より上では、空気に支えられた飛行はできません。このカーマン・ラインは、地球の大気圏と宇宙の境界とみなされています。

熱圏
80 〜 600km

軌道へ
カーマン・ラインより上で地球の周りを回って飛び続けるには、軌道速度、つまり遠心力が重力を相殺する速さで物体が動かなくてはならない（p.214-215 参照）。

時速 2 万 9000km

カーマン・ライン　100km

航空機が空中に留まるのに必要な速さ

中間圏
50 〜 80km

成層圏
16 〜 50km

民間旅客機が高度 12km に留まって飛行するのに必要な速さ

対流圏
0 〜 16km

時速 900km

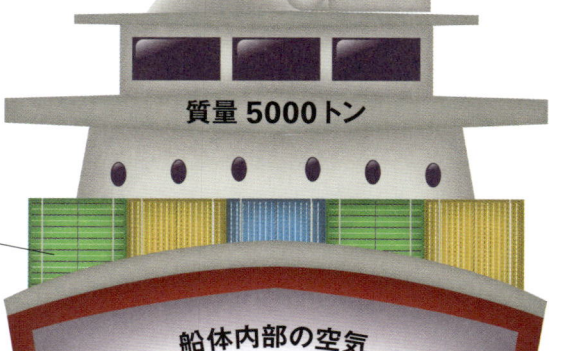

船の重さ（重力）

下向きの力は 5000 トンの質量にかかる重力だ

質量 5000 トン

荷物を載せると船の全体的な密度は大きくなるが、船に空洞があるため、結局密度は水より小さい

船体内部の空気

鋼鉄の船体

なぜ、アルキメデスは「わかった」と叫んだのか？

アルキメデスは、水より重い物体がその体積の水を押しのけることを発見した。これは、あらゆる形の物体の体積を測るのに役立つ。

沈む

固体の鋼鉄のおもりの密度は、水の 8 倍だ。5000 トンのおもりを沈めると、同じ体積の水を押しのけるが、その水の重さは物体の 8 分の 1 しかない。上向きにはたらく浮力は、その水の重さと同じ大きさなので、小さすぎて鋼鉄のおもりの重力に対抗できないため、おもりは沈む。

おもりの重さ（重力）

質量 5000 トン

この鋼鉄のおもりは小さくて密度が大きく、空洞もない

おもりが沈む

浮力の大きさは 625 トンの質量にかかる重力（重さ）に等しく、5000 トンのおもりにかかる重力に対抗できない

浮力

船の中の空気によって、船全体の密度は水より小さくなる

水は、5000 トンの船の重さ（重力）と同じ大きさの浮力で対抗する

浮力

浮いている

鋼鉄の貨物船の内部は空気で満たされているので、全体としての密度は水より小さい。貨物船は質量 5000 トン分の重さの水を押しのけ、浮かび続けている。5000 トンの重力と同じ大きさの上向きの力で浮いている。

浮力の仕組み

浮力は、液体や気体の中の固体にはたらく上向きの力です。ただし、浮力のはたらきは密度と関係があります。物体の密度が大きすぎれば、浮力は物体が沈むのを止められなくなります。

浮力とは何か？

流体（液体または気体）の中に物体を置くと、物体はその体積と同じ体積の流体を押しのけます。物体の密度が流体より大きければ、押しのけられた体積の流体の重さ（浮力）は物体の重さ（重力）より小さいので、物体は沈みます。流体より密度が小さい物体は、浮力と物体の重さがつり合うため、浮いた状態になります。

浮き袋

一部の魚は、ガス腺という細胞を介して血液に溶けている気体を浮き袋に放出し、潜水艦と同じように浮かび上がる。気体が放出されると浮き袋の体積が大きくなり、魚の密度が小さくなって浮上する仕組みだ。血液に気体を再び溶かして、浮き袋を縮めることによって、魚はまた沈むことができる。

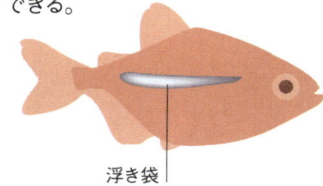

浮き袋

重さと密度

船に貨物を積み込むと、空気のすき間が空気より重い荷物でいっぱいになって、全体的な密度が大きくなります。コンテナが積まれて船の重さが増えるたびに、重さと浮力のつり合いが新たにとれるまで、船はより多くの水を押しのけるため、水中に沈んでいきます。満載喫水線（まんさいきっすいせん）（これ以上船が沈むと危険という水位線）は、船体の外側に描かれています。

浮かんでいる物体はすべて
物体と同じ質量の水を
押しのけている

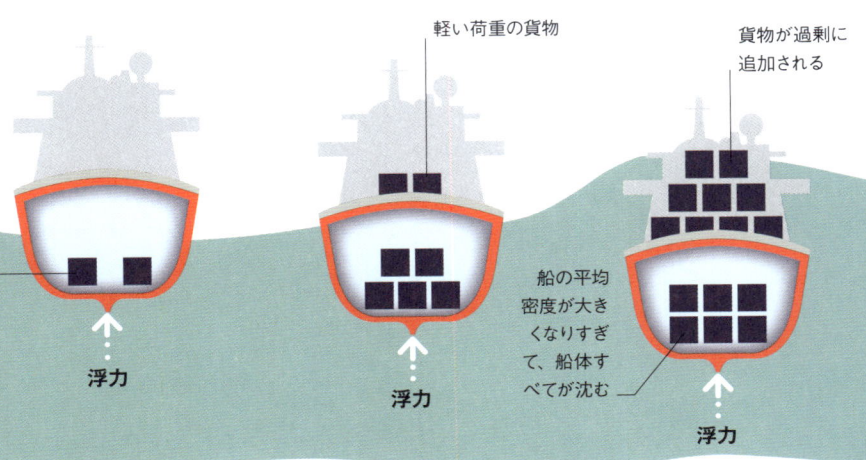

軽い荷重の貨物

貨物が過剰に
追加される

軽い荷重の貨物

船の平均
密度が大き
くなりすぎ
て、船体す
べてが沈む

浮力

浮力

浮力

潜水艦

潜水艦は、圧縮空気タンクを使って船体の平均密度を操作して、自由自在に潜水したり浮上したりします。動力源がある限り、潜水艦はこれを無制限に行うことができます。それは、浮上したときにポンプで外気を取り込み、圧縮して空気タンクに入れ次の浮上の準備をするからです。

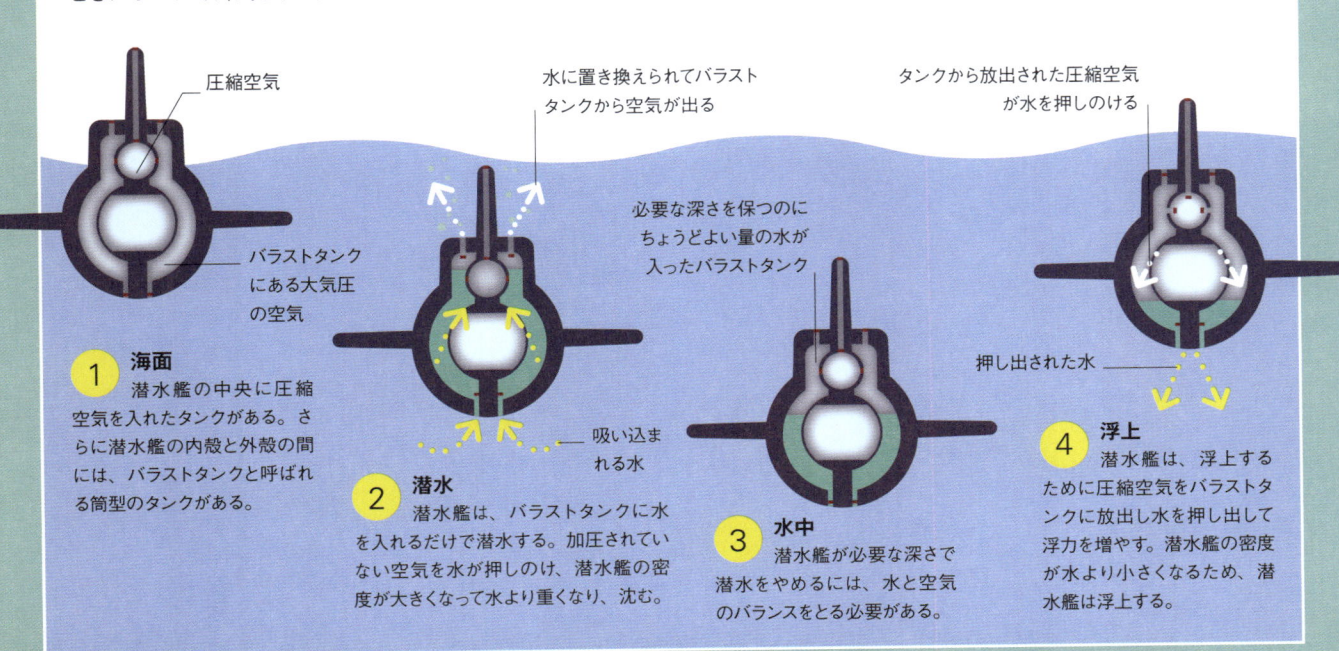

圧縮空気

水に置き換えられてバラスト
タンクから空気が出る

タンクから放出された圧縮空気
が水を押しのける

バラストタンク
にある大気圧
の空気

必要な深さを保つのに
ちょうどよい量の水が
入ったバラストタンク

押し出された水

1　海面
潜水艦の中央に圧縮
空気を入れたタンクがある。さ
らに潜水艦の内殻と外殻の間
には、バラストタンクと呼ばれ
る筒型のタンクがある。

吸い込ま
れる水

2　潜水
潜水艦は、バラストタンクに水
を入れるだけで潜水する。加圧されてい
ない空気を水が押しのけ、潜水艦の密
度が大きくなって水より重くなり、沈む。

3　水中
潜水艦が必要な深さで
潜水をやめるには、水と空気
のバランスをとる必要がある。

4　浮上
潜水艦は、浮上する
ために圧縮空気をバラストタ
ンクに放出し水を押し出して
浮力を増やす。潜水艦の密度
が水より小さくなるため、潜
水艦は浮上する。

真空

完全な真空は、どんな種類の物質も入っていない何もない空間です。これが実際に観測されることはありません。外宇宙ですら多少の物質があって、観測できる圧力がはたらいているのです。だから、現実の自然界の真空は不完全な真空と呼ばれます。

真空とは何か？

17 世紀に、ポンプを使って容器から空気を吸い出して真空をつくることができるようになりました。実験によって、真空中では火が消え、音が伝わらないことがわかりました。音が伝わるには、空気などの媒質が必要だからです。光は媒質を必要とせず、真空中も通ることができます。

空気中の炎
ろうそくは、空気の入った容器の中では燃える。空気の中の酸素がろうと反応して熱と光を放出する。

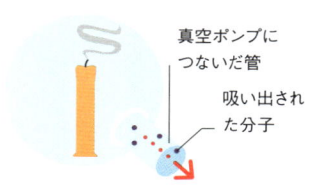

消えた炎
空気を吸い出して真空にすると、炎が消える。燃焼には酸素が必要だからだ。

環境	圧力（パスカル）	1立方センチメートル当たりの分子数
標準気圧	101,325	2.5×10^{19}
掃除機	約 80,000	1×10^{19}
地球の熱圏	$1 \sim 0.0000007$	$10^7 \sim 10^{14}$
月の表面	0.000000009	400,000
惑星間空間		11
銀河間空間		0.000006

魔法瓶の仕組み

魔法瓶は、真空を利用して温かい液体が冷めるのを抑え、冷たい液体がぬるくなるのを防ぐ。液体は、真空に囲まれた内びんの中に入れ、真空によって、熱を外側に伝達する対流が起こらないようになっている。内びんは銀メッキされていて、熱を内側に反射するとともに外側の熱も外に反射する。

プラスチックのふた
栓
外びん
真空
液体
銀メッキされた表面

真空の中で

物質は空の空間があれば、常に拡散して満たそうとします。掃除機の吸引はこの現象を利用しています。掃除機がものを吸い込むのは、掃除機の内部にできた真空に外の空気が勢いよく入り込むからです。特に、真空中に置かれた液体の分子は、その結合から自由になり、気体になって空の空間を満たします。

抵抗がない世界

真空中を落ちる物体は、落下を遅くする空気抵抗を受けない。金づちと羽は、空気中では異なる速さで落ちるが、真空中では並んで落ちる。

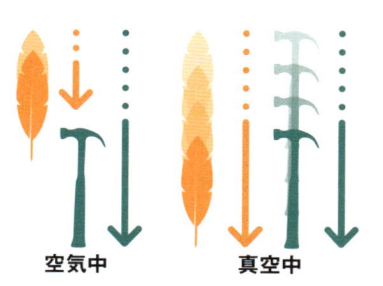

空気中　　真空中

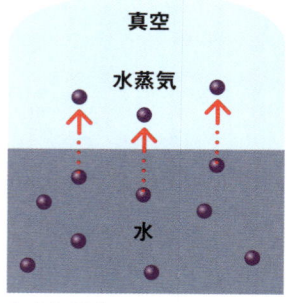

完全な真空
真空にさらされると、水分子は水蒸気になってその空間を満たす。液体に戻る水はほとんどない。

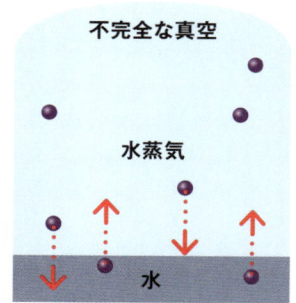

不完全な真空
水が蒸発して、圧力が高くなる。そして、水分子の蒸発と液化のどちらの方向へも等しく起こる平衡状態に達する。

真空の中の人体

宇宙空間はほぼ完全な真空です。宇宙遊泳する宇宙飛行士は、宇宙服を着て放射線や太陽光、何もない空間の寒さから身体を守る必要があるだけでなく、身体の周りに与圧環境もつくらなければなりません。宇宙服や反射バイザーが無ければ、ほぼ確実に即死しますが、その最後はSFでの描写ほど劇的でないでしょう。

クマムシは
宇宙の真空中でも
生き延びられる
微小動物だ

3 酸素欠乏
真空中では、酸素は気泡になって血液から抜け出し、体内の組織が酸素を利用できなくなる。

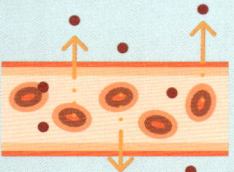

4 死
脳に酸素がなくなると、宇宙飛行士は約15秒で意識を失う。酸素の供給を受けなければ、90秒以内に脳死となる。

2 乾燥
真空にさらされた水はすべてすぐに蒸発する。眼や、口や鼻の粘膜は乾燥し、皮膚は霜におおわれる。

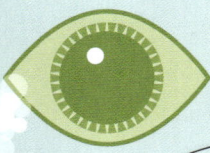

5 身体の膨張
身体が壊れ始め、液体や気体が放出され、身体が膨らんで大きさが2倍になる。

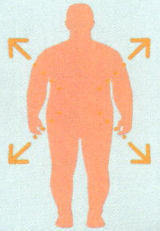

1 急速な空気の放出
肺や腸の中の空気は、身体の開口部から真空中に吹き出し、傷つきやすい組織が損傷する。

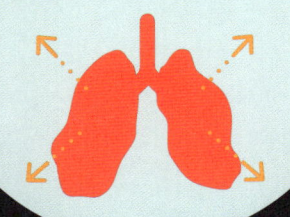

6 凍結
真空にさらされてから数時間後には、身体は水の氷点以下に冷却され、完全に固体になる。

重力

重力とは、万有引力のことです。地球上で落下する物体が地面に引き寄せられるのも、地球が太陽のまわりを回る軌道を維持しているのも、重力のはたらきによるものです。アイザック・ニュートンは、1600年代に数学を使って重力を初めて説明しました。

重力の特徴

重力は、2つの物体が互いに引き寄せ合う引力です。ニュートンの万有引力の法則に定められているように、引力の大きさは、引き寄せ合う物体の質量とその間の距離という2つの要素によって決まります。重力は、自然界の4つの力（p.27参照）の中で最も弱い力ですが、恒星や銀河のような巨大な質量をもつ物体は、長距離でも作用する大きな重力を生み出します。

重力と質量

2つの物体の間の距離（D）が同じであれば、重力（F）は2つの物体の質量（M）に比例する。片方の物体の質量を2倍（2M）にすると、物体の間の引力は2倍（2F）になる。両方の質量を2倍にすれば、引力は4倍（4F）に増える。

重力と距離

2つの物体の質量が同じであれば、重力は2つの物体間の距離（D）の2乗に反比例する。距離を2倍（2D）にすると、引力は4分の1（1/4F）に減る。距離を半分（1/2D）にすれば、重力は4倍（4F）に増える。

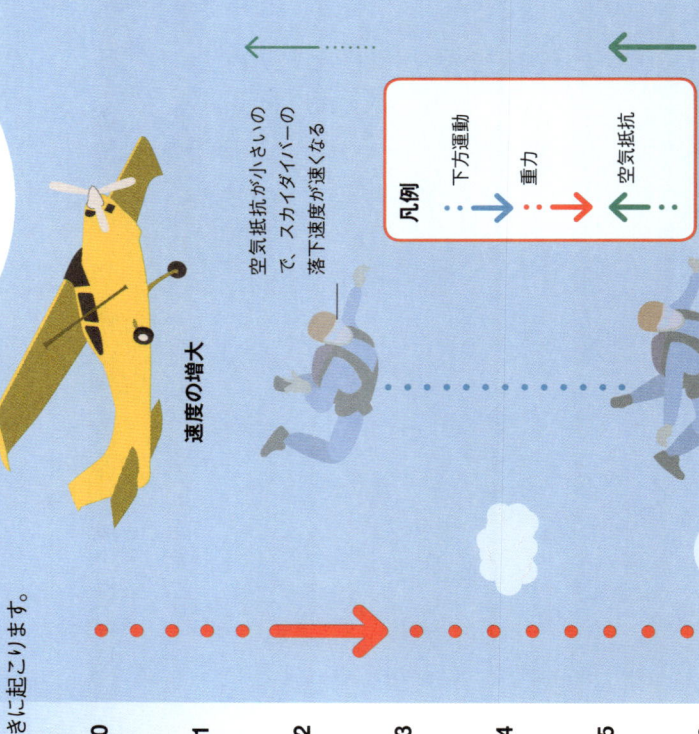

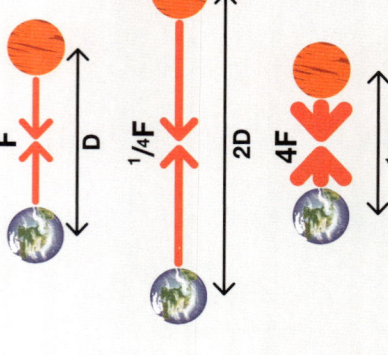

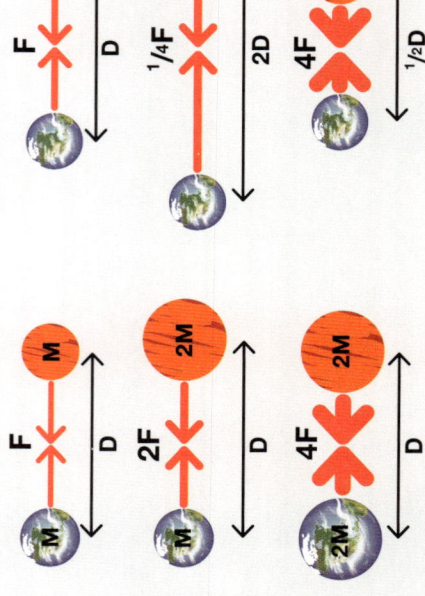

G とは何か？

G とは重力加速度のことで、速度変化する物体にはたらく力を比で表したものだ。これによって、人が加速すると、体をより重く感じる。地面に立っている人にかかる重力は1Gだ。

終端速度

重力によって落下する物体は、加速されて地面に近づくに従って速度が速くなります。しかし、長い時間落ち続ける物体は、あるときそれ以上速度変化せず、一定の速度、すなわち終端速度で落下するようになります。これは、下向きの重力と上向きの空気抵抗が同じになったときに起こります。

速度の増大

凡例
下方運動
重力
空気抵抗

空気抵抗が小さいので、スカイダイバーの落下速度が速くなる

重力と空気抵抗

スカイダイバーは、9.8メートル毎秒毎秒で加速する。この加速度は落下するすべての物体で同じだ。速度が速くなると、スカイダイバーの身体を押し上げる空気抵抗の力も増える。

0
1
2
3
4
5
6
7
8

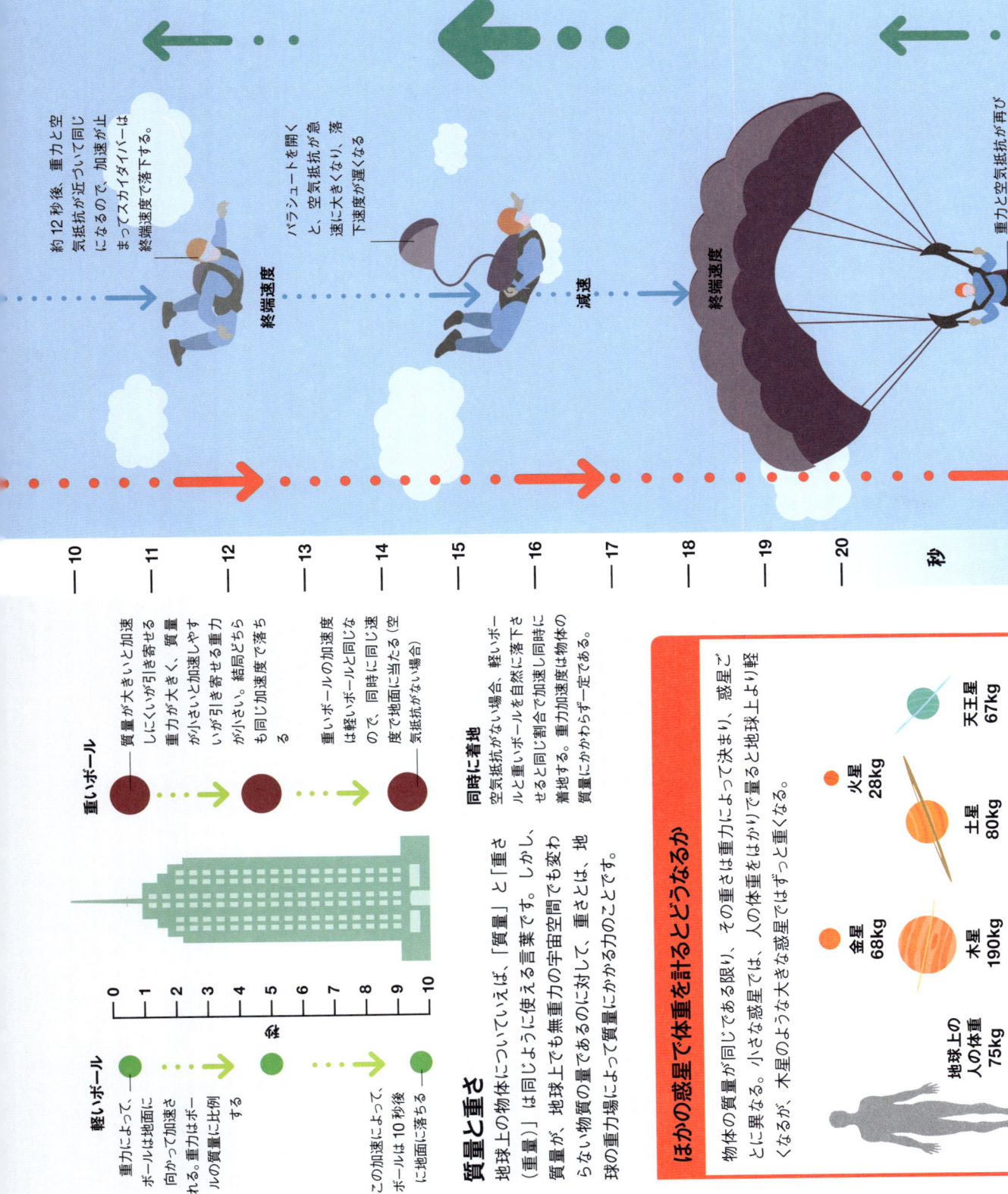

約12秒後、重力と空気抵抗が近づいて同じになるので、加速が止まってスカイダイバーは終端速度で落下する。

終端速度

パラシュートを開くと、空気抵抗が急速に大きくなり、落下速度が遅くなる

減速

重力と空気抵抗が再びつり合って、スカイダイバーの落下速度はより遅い終端速度になる

終端速度

—10 —11 —12 —13 —14 —15 —16 —17 —18 —19 —20 秒

重いボール

質量が大きいと加速しにくいが引き寄せる重量が大きく、質量が小さいと加速しやすいが引き寄せる重力が小さい。結局どちらも同じ加速度で落ちる

重いボールの加速度は軽いボールと同じなので、同時に同じ速度で地面に当たる（空気抵抗がない場合）

同時に着地

空気抵抗がない場合、軽いボールと重いボールを自然に落とせると同じ加速で同時に着地する。重力加速度は物体の質量にかかわらず一定である。

軽いボール

重力によって、ボールは地面に向かって加速される。重力の量はボールの質量に比例する

この加速によって、ボールは10秒後に地面に落ちる

—0 —1 —2 —3 —4 —5 —6 —7 —8 —9 —10 秒

質量と重さ

地球上の物体についていえば、「質量」と「重さ（重量）」は同じように使える言葉です。しかし、質量が、地球上でも無重力の宇宙空間でも変わらない物質の量であるのに対して、重さとは、地球の重力場によって質量にかかる力のことです。

ほかの惑星で体重を計るとどうなるか

物体の質量が同じである限り、その重さは重力によって決まり、惑星ごとに異なる。小さな惑星では、人の体重をはかると地球上より軽くなるが、木星のような大きな惑星ではずっと重くなる。

地球上の人の体重 75kg

金星 68kg
火星 28kg
木星 190kg
土星 80kg
天王星 67kg

特殊相対性理論

1905年、アルベルト・アインシュタインは、運動と空間と時間がどのように関わって作用しているのかを理解する、革新的な方法を提案しました。のちに彼は、それを特殊相対性理論と呼びました。その目的は、当時の物理学における最大の問題だった、光と物体が空間を通るときの進み方の矛盾を解決することでした。

矛盾する法則

運動の法則では、運動する物体はすべて、観測者の運動の方向と速さによって、見かけの速度が変わります。しかし、電磁気学の法則によれば、光は一定の速さで進みます。観測者が止まっていても、光に向かって動いていても、光から遠ざかる方向に動いていても、光の見かけの速さは元の速さと変わらないということです。

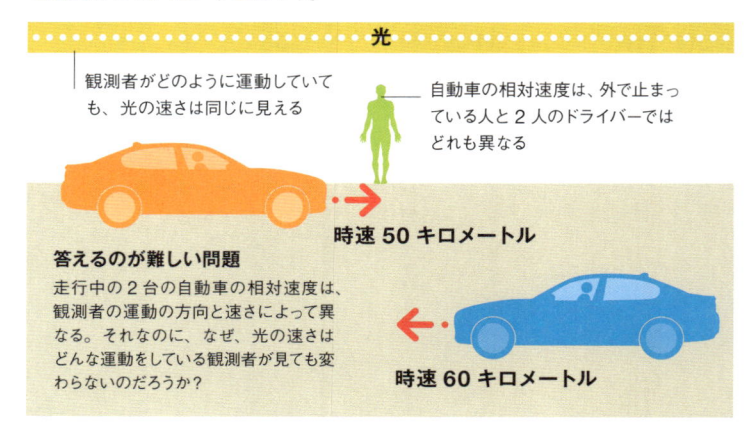

光

観測者がどのように運動していても、光の速さは同じに見える

自動車の相対速度は、外で止まっている人と2人のドライバーではどれも異なる

時速 50 キロメートル

答えるのが難しい問題
走行中の2台の自動車の相対速度は、観測者の運動の方向と速さによって異なる。それなのに、なぜ、光の速さはどんな運動をしている観測者が見ても変わらないのだろうか?

時速 60 キロメートル

長さの収縮

運動する物体は、時間が遅くなるのと同様に、物体の周囲の空間が収縮する。この収縮の測定は、測定装置も同じ量だけ収縮するので不可能だ。物体が光の速さに近づくと、観測者から見て空間が収縮し、時間が伸びて、まるで止まっているかのように見える。

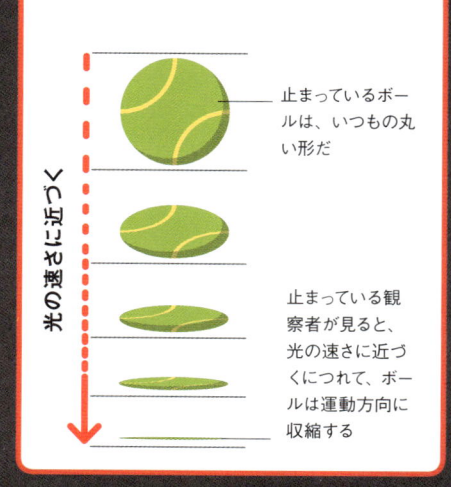

止まっているボールは、いつもの丸い形だ

光の速さに近づく

止まっている観察者が見ると、光の速さに近づくにつれて、ボールは運動方向に収縮する

時間の遅れ

アインシュタインは、物体が空間をより速く移動するほど、物体は時間をより遅く移動するという理論を立てて、光の速度とほかの物体の速度の矛盾を説明しました。これは、異なる速度で移動する観測者は、異なる速さで時間が経過するということです。止まっている観測者では、光の速さに近い速さで移動する観測者よりも、時間は早く過ぎます。

光の速さが一定であることの説明

光の速さに近い速さで移動する宇宙船の内部では、時計を使って光の速さを測定する宇宙飛行士は、相対的に短い距離を短い時間で光が移動することに気づく。止まっている観測者にとっては、光はより長い距離を長い時間かけて移動する。しかし、どちらの観測者の測定でも、光は同じ速さで移動する。

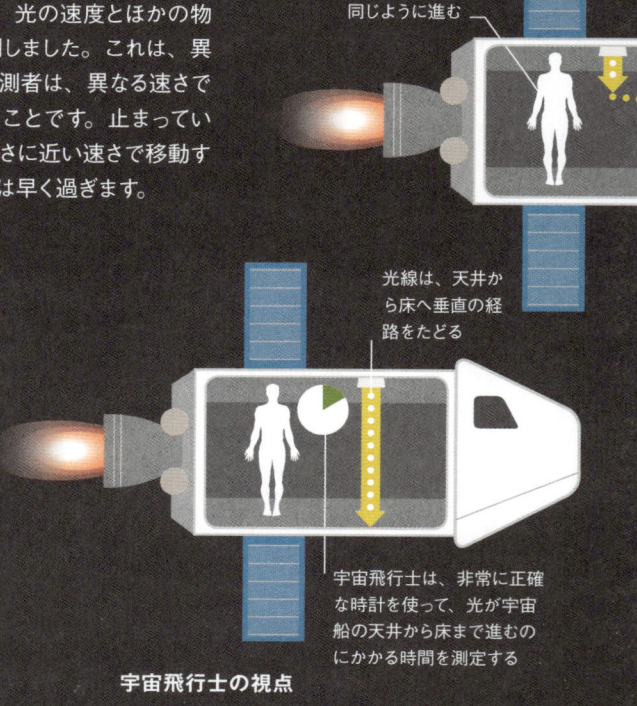

光も宇宙飛行士も同じ宇宙船内にいる。光も宇宙船と同じように進む

光線は、天井から床へ垂直の経路をたどる

宇宙飛行士は、非常に正確な時計を使って、光が宇宙船の天井から床まで進むのにかかる時間を測定する

宇宙飛行士の視点

質量とエネルギー

アインシュタインが、どのようにして光が常に一定の速さで移動するのか考えていたとき、質量とエネルギーの性質も考察しました。その結果、質量とエネルギーが等価であることに気づき、よく知られている関係式 $E=mc^2$（E はエネルギー、m は質量、c は光の速さを表す）を使って関連付けました。止まっている物体にエネルギーを加えると、物体を動かすことができます。エネルギーと質量は等価なので、この運動によって、物体は止まっていたときよりも、加えたエネルギーの分、重くなったかのように振る舞います。低速時にはこの効果は無視できますが、光の速さに近づくと物体は限りなく重くなっていきます。

$$E = mc^2$$

質量の形で物体に閉じ込められたエネルギーの量は膨大で、核爆発の際には、少量の質量が大量の熱や光に変換される

質量は、運動の変化に抵抗する物体の性質で、質量が大きくなると放出される可能性があるエネルギーも大きくなる

光は質量のない粒（光子）によって運ばれるので、起こりうる最速のスピードで移動する。つまり光の速さだ

いつから「特殊相対性理論」という表現が使われたのか？

アインシュタインがこのように表現するようになったのは、論文発表後 10 年経ってからで、自身の一般相対性理論と区別するためだった。発表時の論文の標題は「運動物体の電気力学」だった。

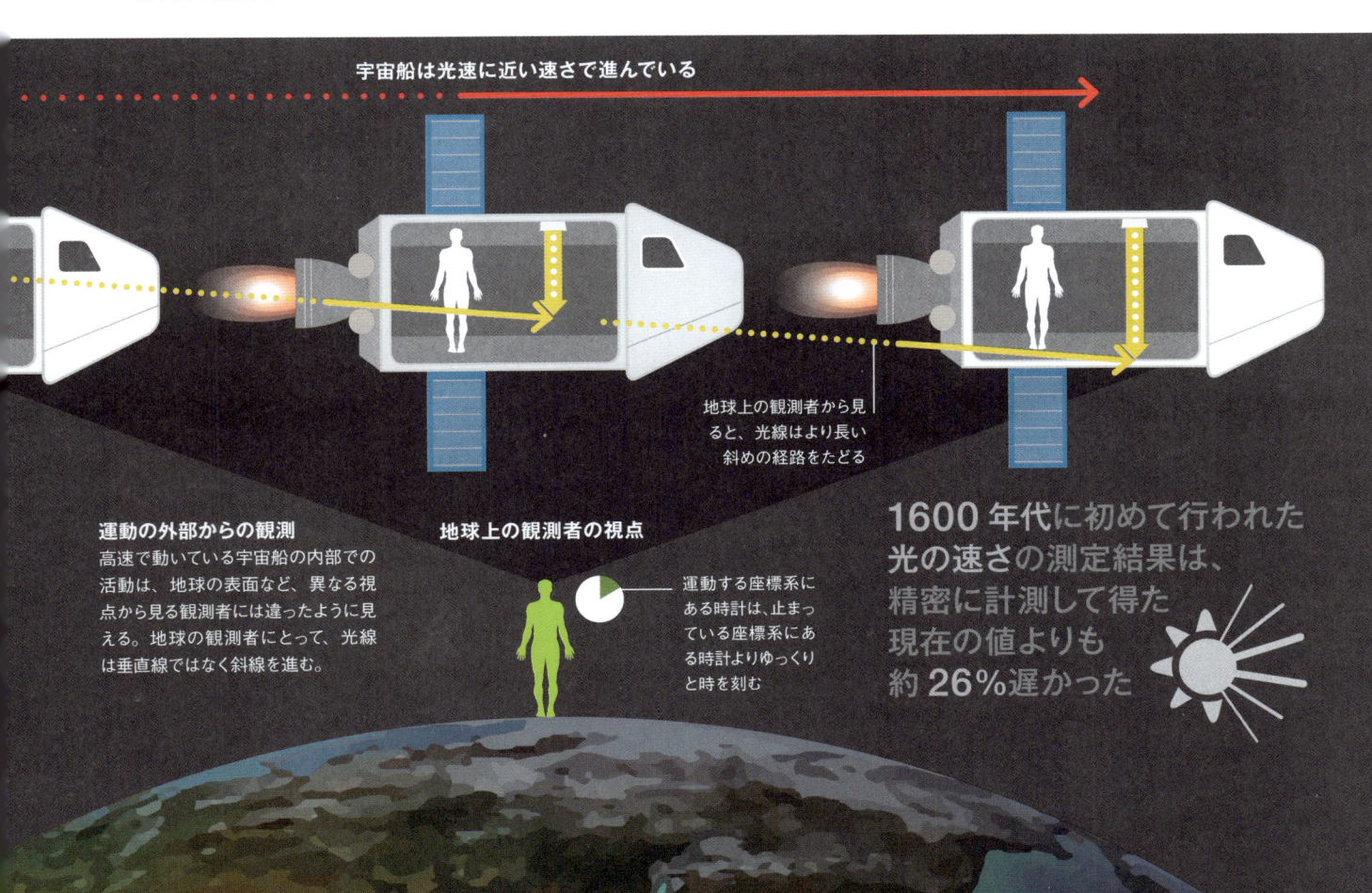

宇宙船は光速に近い速さで進んでいる

地球上の観測者から見ると、光線はより長い斜めの経路をたどる

運動の外部からの観測
高速で動いている宇宙船の内部での活動は、地球の表面など、異なる視点から見る観測者には違ったように見える。地球の観測者にとって、光線は垂直線ではなく斜線を進む。

地球上の観測者の視点

運動する座標系にある時計は、止まっている座標系にある時計よりゆっくりと時を刻む

1600 年代に初めて行われた光の速さの測定結果は、精密に計測して得た現在の値よりも約 26% 遅かった

一般相対性理論

1687 年にアイザック・ニュートンが説明した重力は、アルベルト・アインシュタインの特殊相対性理論とは相いれないように思われました。そこで、1916 年にアインシュタインは、重力と、空間と時間の相対性という考えを一般相対性理論で統合しました。

時空

特殊相対性理論は、物体の運動に応じてその物体の空間と時間がどのように異なるのか説明しています。特殊相対性理論が示唆したのは、空間と時間が常に結びついているという重要なことです。一般相対性理論は、極めて重い物体によって曲げられる「時空」と呼ばれる四次元の連続体で、それを説明します。質量とエネルギーは互いに等価で、質量とエネルギーによって時空が曲がると、月が地球を回るような重力の効果が生じます。

一般相対性理論はどうやって証明されたのか？

1919 年に天文学者のアーサー・エディントンは、皆既日食のときに、曲げられた星の光を観測した。この結果が、曲がった時空の効果を実証し、アインシュタインを世界的に有名にした。

一般相対性理論は太陽の周りを回る惑星の運動を説明する

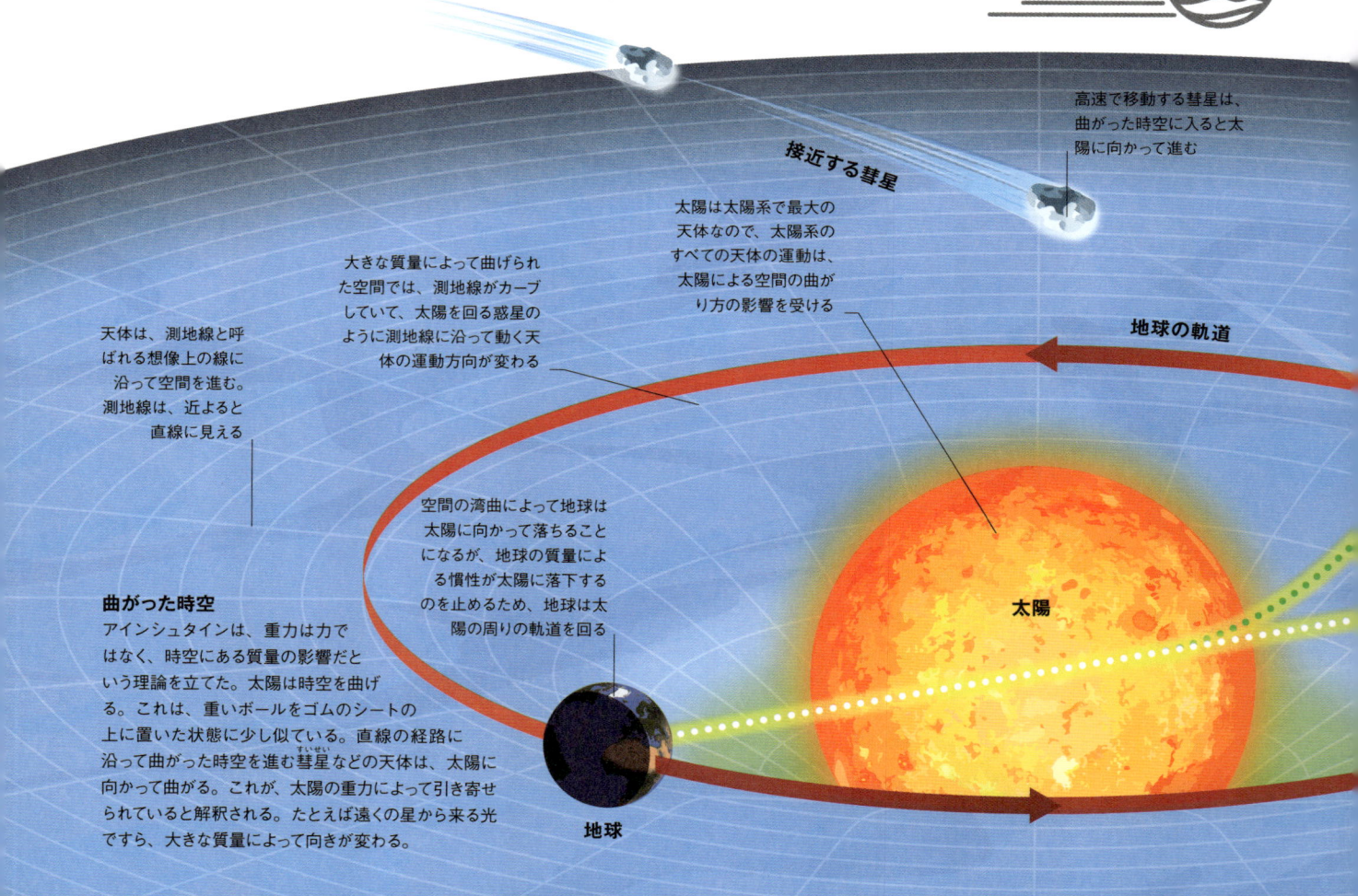

高速で移動する彗星は、曲がった時空に入ると太陽に向かって進む

接近する彗星

太陽は太陽系で最大の天体なので、太陽系のすべての天体の運動は、太陽による空間の曲がり方の影響を受ける

大きな質量によって曲げられた空間では、測地線がカーブしていて、太陽を回る惑星のように測地線に沿って動く天体の運動方向が変わる

天体は、測地線と呼ばれる想像上の線に沿って空間を進む。測地線は、近よると直線に見える

地球の軌道

空間の湾曲によって地球は太陽に向かって落ちることになるが、地球の質量による慣性が太陽に落下するのを止めるため、地球は太陽の周りの軌道を回る

太陽

曲がった時空

アインシュタインは、重力は力ではなく、時空にある質量の影響だという理論を立てた。太陽は時空を曲げる。これは、重いボールをゴムのシートの上に置いた状態に少し似ている。直線の経路に沿って曲がった時空を進む彗星（すいせい）などの天体は、太陽に向かって曲がる。これが、太陽の重力によって引き寄せられていると解釈される。たとえば遠くの星から来る光ですら、大きな質量によって向きが変わる。

地球

等価原理

重力を理解するために、アインシュタインはエレベーターの中にいる自分自身を想像し、床に自分をとどめている力が重力なのか、それともエレベーターが上昇しているときの慣性の効果なのか自問しました。しかし、内部からでは何もわかりません。これが、等価原理と呼ばれるものです。この考えから、彼は自身が静止座標系にいて周囲を動いている宇宙を見ている観測者であると考え始めました。

アインシュタインによるエレベーターの思考実験

アインシュタインは、エレベーターの中にいる人に光線がどのように見えるか3つの異なるシナリオで想像することで、自身のエレベーターの思考実験を拡張した。内部にいる人は、エレベーターの動きを完全には説明できないが、光線の振る舞いは観察できる。極めて速く移動していたり強力な重力で引き寄せられたりしていると、空間が（そして光線も）曲がることが、この思考実験によって明らかになった。

エレベーター

止まっていると、光りが水平に動いて見える

エレベーターの中の人

静止

一定の速さで上昇するエレベーター

外から見ると光線はまっすぐ動くが角度が下向きになる

上向きに加速されるエレベーター

一定速度

中の人は、高速で上へ動いているか、強い重力で下へ引っ張られているかのように感じる

外から見ると、光は人から離れて曲がる経路をたどる

加速

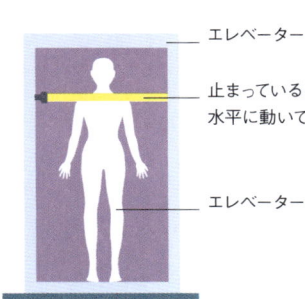

星の実際の位置

光線も曲がった空間によって向きが変わる。星からの光線が曲がるので、光は天空の異なるところから来ているように見える

地球上で検出される光は、観測者から見て一直線のところから来ているように見える

星の見かけの位置

彗星に十分なエネルギーがあれば、曲がった空間から逃れられるが、十分でない場合、らせん状に太陽へ落下する

GPS ナビゲーション

全地球測位システム（GPS）は、アインシュタインの2つの相対性理論の効果を実証している。GPS衛星は、その位置と正確な時間の信号を送り、この信号を使って衛星ナビゲーションシステムが位置を計算する。しかし、GPS衛星は高速で動いているので、衛星に搭載されている時計は地球上よりゆっくり動くため、衛星ナビゲーションシステムはこの相対論的効果を考慮しなければならない。

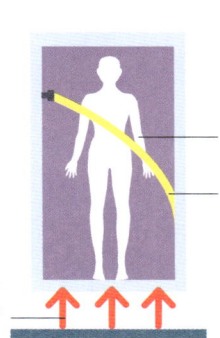

GPS衛星は、極めて正確な時計を使う

送信信号と受信信号の時間差から、衛星がどのくらい遠くにあるかがわかる

重力波

一般相対性理論によって、空間を進む物体が重力波と呼ばれる時空のさざ波を生み出すと予測されました。2015 年に、こうした波が初めて検出されました。

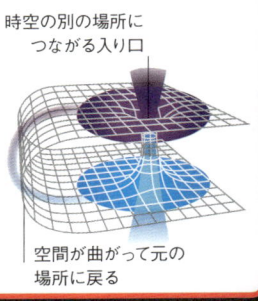
重力波とは何か？

特定の方法で空間を加速して進む物体は、重力波を生み出します。最大級の重力事象からは、波の周期が長く周波数の低い波が生じます。たとえば、ビッグバンで生じた波は、波長が数百万光年になると考えられています。重力波によって、光に頼らずに宇宙を推測する方法が手に入り、ブラックホールの内部では一体何が起こっているかというような、今のところ私たちにはよくわからないことが明らかになるかもしれません。

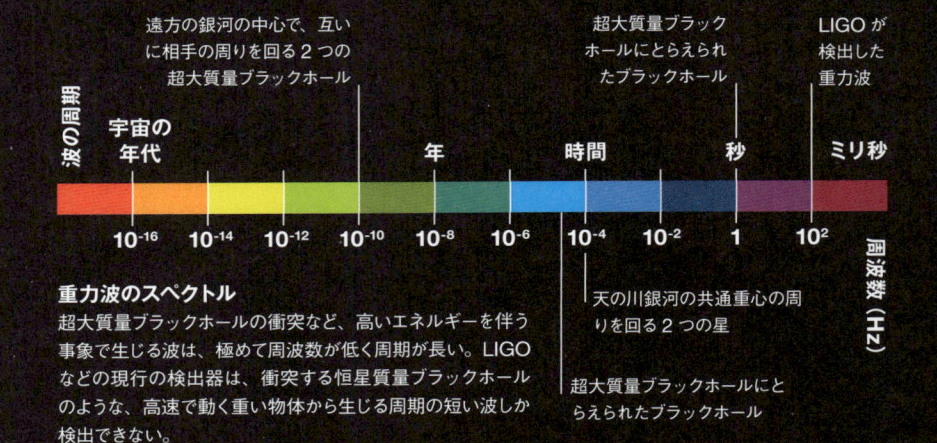

遠方の銀河の中心で、互いに相手の周りを回る 2 つの超大質量ブラックホール

超大質量ブラックホールにとらえられたブラックホール

LIGO が検出した重力波

波の周期

宇宙の年代 ── 年 ── 時間 ── 秒 ── ミリ秒

10^{-16}　10^{-14}　10^{-12}　10^{-10}　10^{-8}　10^{-6}　10^{-4}　10^{-2}　1　10^{2}

周波数 (Hz)

天の川銀河の共通重心の周りを回る 2 つの星

超大質量ブラックホールにとらえられたブラックホール

重力波のスペクトル

超大質量ブラックホールの衝突など、高いエネルギーを伴う事象で生じる波は、極めて周波数が低く周期が長い。LIGO などの現行の検出器は、衝突する恒星質量ブラックホールのような、高速で動く重い物体から生じる周期の短い波しか検出できない。

重力波が形成される仕組み

LIGO が初めて検出した重力波は、約 13 億光年離れた場所で衝突しつつあった 2 つのブラックホールから生じ、地球に向かって進んできた波でした。この 2 つのブラックホールは重力によって互いに引き寄せ合っていました。

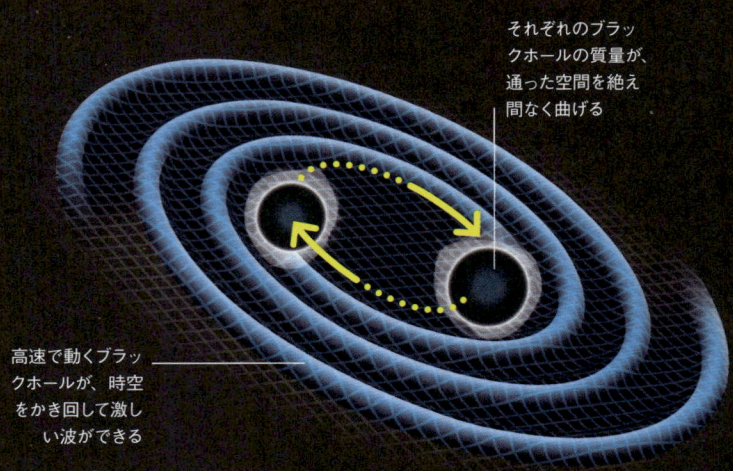

それぞれのブラックホールの質量が、通った空間を絶え間なく曲げる

高速で動くブラックホールが、時空をかき回して激しい波ができる

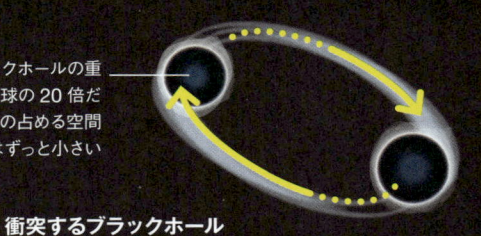

ブラックホールの重さは地球の 20 倍だが、その占める空間はずっと小さい

① 衝突するブラックホール
2 つのブラックホールは重力によって互いに引き寄せ合っていた。LIGO が検出した一定間隔の振動は、これらのブラックホールがほぼ完全な円軌道を描いて、1 秒当たり 15 回を超える速さで互いの周りを回っていることを示していた

② 軌道速度が急速に速くなる
ブラックホールが近づくと、そのらせん状の軌道がどんどん小さくなり、速度が速くなって光の速さに近づいた。このようなものすごい速さで動く質量のすべてから、全方向に拡がる強力な重力波が生み出された。

LIGO が重力波を
検出する方法

レーザー干渉計重力波観測施設（LIGO）は、長さ 4 キロメートルの 2 本の管へ照射したレーザービームに対する重力波の影響を検出します。片方のビームは、もう片方より半波長長く進みます。これによって、ビームがぶつかると互いに相殺して光が消えることになります。しかし重力波があるとレーザーが進む距離が変わるので、ビームがぶつかるとちらつく光の信号が生じます。

2 レーザー光は鏡に反射されて往復し、分けられた場所で再び重ね合わされる。レーザーは同期して進むので、光が光検出器に入るのが妨げられる。

鏡

鏡

管

1 単一のレーザー光源からの光が 2 つに分けられて、互いに直角に位置する 2 本の長い蓄積管に送られる。

3 重力波は、蓄積管の中でレーザー光が進む距離を変えて、どちらかのレーザー光の経路を乱す。これによって、光検出器に光が当たるようになる。

ビームスプリッター

レーザー

光検出器

新しいブラックホールの質量は、太陽の約 50 倍だった。LIGO が検出した信号がなくなり、ブラックホールが安定した新たな平衡状態に落ち着いたことが示された。

重力波は光の速さで空間を広がる

3 **衝突と合体**
この 2 つの天体の近くから放出される重力波は、ブラックホールが衝突して合体し、1 つのブラックホールになって最大に達した。新しいブラックホールは速く動くのを止め、生み出される重力波の大きさは小さくなり始めた。

伸張

圧縮

波が進む方向

あらゆる波と同じように、重力波は媒質の振動だ。この場合、媒質は時空そのもので、時空が波の進行方向に垂直に伸びたり縮んだりする。

重力波が空間を移動する仕組み

弦理論

弦理論（ひも理論）は、とてつもなく小さなスケールでは重力がどのようにはたらくのか、といったような、物理学の最大の問題を解こうとする試みです。弦理論では、すべての粒子は一次元の「ひも」であり、普遍的な枠組みの一部であると考えられています。

それぞれのひもは異なる周波数で振動している

クォーク

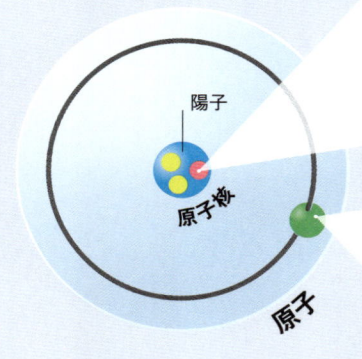

陽子

原子核

原子

分子

粒子ではなく「ひも」

亜原子粒子を見ることはできませんが、それらが及ぼす影響を観測することで、私たちはそうした粒子を理解できます。弦理論は、素粒子は粒子ではなく、振動する小さなひもであると考えます。電子やクォークなどの素粒子には独特の振動があって、質量、電荷、運動量などの特性の多くがその振動で説明されます。弦理論を検証する方法を見つけた人はいません。したがって、現在のところは、量子的な粒子の振る舞い方と合っているようにみえる、数学的体系といえます。

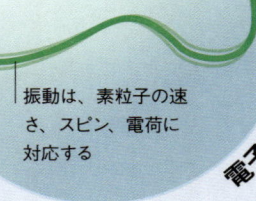

振動は、素粒子の速さ、スピン、電荷に対応する

電子

エネルギーの細い糸

弦理論によれば、電子や、陽子をつくっているクォークなどの素粒子は、特有の振動をするエネルギーのひも（あるいは、細い糸）だ。

万物の理論はなぜ必要なのか？

宇宙は、最も小さなスケールと最も大きなスケールではたらく一連の規則に従っている。万物の理論は、こうした規則は統一できると考え、その説明方法を見出そうとしている。

量子重力

量子重力理論は、惑星のような巨大な構造体の重力を説明する、一般相対性理論と、重力以外の３つの基本的な力が原子のスケールでどのように作用するかを示す、量子力学を結びつけようとするものです。量子重力の効果は、プランク長と呼ばれる長さの単位で測るスケールで作用する可能性があります。

プランク長

プランク長未満の距離でしか離れていない２つの物体の位置を決めることはできないので、プランク長は物理的に意味がある最も短い長さの単位になる。

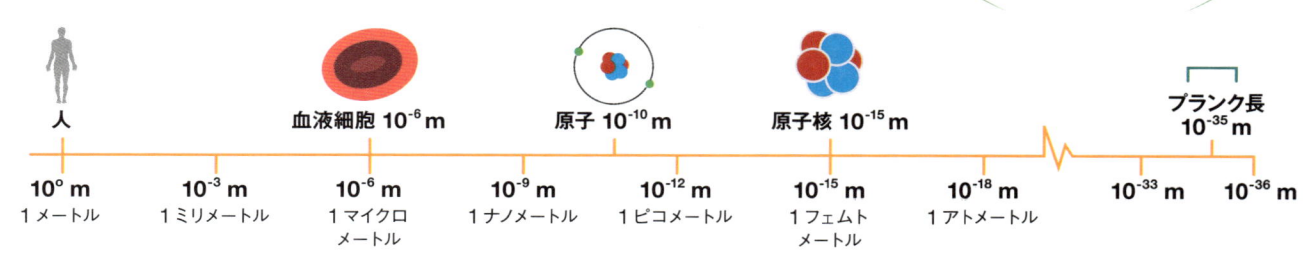

| 人 | | 血液細胞 10⁻⁶ m | | 原子 10⁻¹⁰ m | | 原子核 10⁻¹⁵ m | | プランク長 10⁻³⁵ m |

人　血液細胞 10^{-6} m　原子 10^{-10} m　原子核 10^{-15} m　プランク長 10^{-35} m

10^0 m　10^{-3} m　10^{-6} m　10^{-9} m　10^{-12} m　10^{-15} m　10^{-18} m　10^{-33} m　10^{-36} m

1 メートル　1 ミリメートル　1 マイクロメートル　1 ナノメートル　1 ピコメートル　1 フェムトメートル　1 アトメートル

たくさんの次元

弦理論では、ひもは、目に見える 3 つの次元（長さ・幅・深さ）だけでなく、そのほかに私たちからは隠れた少なくとも 7 つの次元で振動しているとされています。この隠れた次元（余剰次元）は、「コンパクト化」されているといいます。これは、原子より小さな最小スケールでしか現れないという意味です。このような次元は私たちの周りのいたるところにあるかもしれず、ダークマターやダークエネルギー（p.206-207 参照）のような謎めいた現象を説明する方法になる可能性があります。

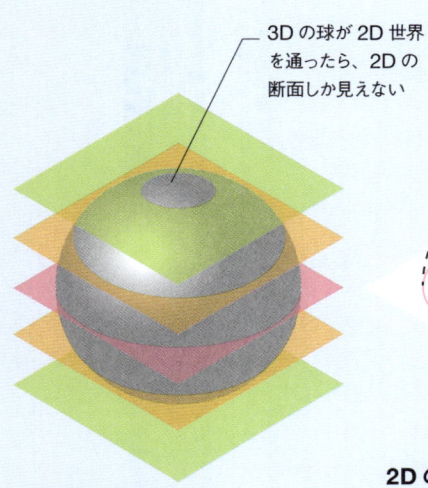

3D の球が 2D 世界を通ったら、2D の断面しか見えない

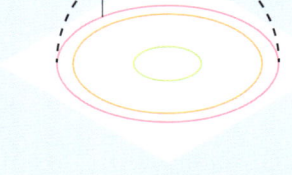

2D の観察者にとって、球のそれぞれの部分が 2D 表面を通る際に、球の断面が同心円状の環として見える

2D 世界の 3D 形状

二次元で見た三次元の形状を想像することは、より高い空間次元を理解するのに役立つ。3D の球を 2D で見ると、球をスライスしてできた円だけが見える。

2D の観察者の眺め

2D の観察者は、上下の次元を見ることができず、球が上下に動くと円が広がったり縮んだりするように見える。この奇妙な振る舞いは、見えない空間次元があるために起こる。

カラビ・ヤウ多様体

弦理論の一部の研究者たちによれば、私たちには見えない余剰次元は、巻き上げられてカラビ・ヤウ多様体と呼ばれる幾何学的構造になっている可能性があるという。この図は、カラビ・ヤウ・クインティックと呼ばれる六次元多様体の 2D 断面を示している。

この多様体は 25 の領域、つまり「パッチ」に分かれていて、それぞれが異なる色で描かれている

弦理論から発展した超弦理論によれば宇宙は 10 次元で構成されているという

超対称性粒子

ある種の弦理論では、物質はエネルギーが最も低い振動にすぎず、音楽の和声のように何オクターブも高いひもの振動がほかにもあるとされています。より高い振動は超対称性粒子を表していて、そのそれぞれは普通の素粒子の理論的なパートナーです。弦理論の研究者のなかには、超対称性粒子の質量は対応する普通の粒子より最大で 1000 倍重いと予想する者もいます。

物質粒子、およびそれに対応するとされる超対称性粒子		力を媒介する粒子、およびそれに対応するとされる超対称性粒子	
素粒子	**超対称性粒子**	**素粒子**	**超対称性粒子**
クォーク	スクォーク	重力子（グラヴィトン）	グラヴィティーノ
ニュートリノ	スニュートリノ	W ボソン	ウィーノ
電子	セレクトロン	Z ボソン	ジーノ
ミュー粒子（ミューオン）	スミューオン	光子（フォトン）	フォティーノ
タウ粒子（タウオン）	スタウ	グルーオン	グルイーノ
		ヒッグス粒子（ヒッグスボソン）	ヒグシーノ

生命

「生きている」とはどういうことか？

生命は、私たちが知っているあらゆるものの中で最も複雑です。生きているもの、すなわち、生物には、分子という構成要素やいろいろな部分が協調してはたらく仕組みがあり、どんなコンピュータよりも精巧です。生物の生物たる所以（ゆえん）、つまり生物らしさとは何かを理解するには、生物のさまざまな生態の大部分をそぎ落として残る、ごく基本的な機能に着目する必要があります。

生きている証

地球上には数え切れないほどの生物がいますが、どの生物にも共通する特徴がいくつかあります。これらは生命のあるものに特有の性質で、その全部がそろって初めて「生きている」と言えます。生物は、食物（栄養）を利用し、呼吸をすることでエネルギーにし、排せつ物を出します。また、何かしらの動きをし、周囲の状況を感じとり、成長して、自分と同じ種の個体をつくります。無生物の場合、これらの機能がいくつかあっても、全部揃っていることはありません。

複雑な構造の化学物質

生物をつくっている複雑な構造の化学物質は、骨格が炭素原子でできている大きな分子です。DNAやセルロースは、分子の鎖の長さが数センチメートルにもなります。植物はこのような有機分子を、二酸化炭素と水といった簡単な構造の物質からつくります。動物は食物（ほかの生物か、ほかの生物の排せつ物）を体に取り込んでつくります。食物分子は、体の中でエネルギーにも体をつくる材料にもなります。

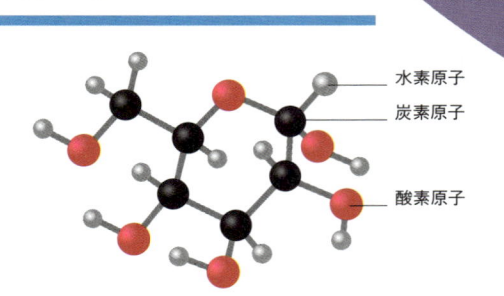

水素原子
炭素原子
酸素原子

食物分子
グルコース（ブドウ糖）の分子は 24 個の原子で構成され、食物として利用される分子の中では、最も構造が単純な単糖の仲間だ。グルコース以外の生体分子も、炭素原子が骨格を形成している。

感染症の病原体となる**細菌**マイコプラズマは**最も単純な生物の仲間**だ。なかには**遺伝子の数が 600 個**にも満たない種もいる

生殖
細胞が分裂して体が再生できるのは、細胞内の DNA が自己複製して遺伝情報が伝わるおかげだ。生殖（自分と同じ種類の個体を生じる現象）は、進化や新しい生息地への定着を促す。

結晶
結晶には成長と再生が見られる。これは、結晶の周りに材料となる物質が析出して固体になり付着するときに起こる。けれども結晶には複雑な代謝の仕組みはない。

成長
細胞は、エネルギーを使ってより多くの有機分子を合成しながら、成長や分裂をする。体細胞が増えることで、ジャイアントセコイアやクジラのような巨大な多細胞生物にもなる。

生物は、光や温度変化や化学物質など、取り巻く環境からの刺激を感じる。そして、それぞれの刺激に対して特定の反応をする。

感度

コンピュータ
コンピュータは、刺激を検出して反応することができ、動物の脳の記憶のように情報を蓄える。どちらも素晴らしい能力だが、生物に比べればたいしたことはない。

生物のベン図
生物はじつにさまざまだが、細菌と植物と動物ほどの違いがあっても、すべての生物には共通する 7 つの基本的な機能がある。これらを全部かなえることが生物の条件だ。

栄養

すべての生物は、エネルギーと体をつくる材料を絶えず調達しなければならない。生物の多くは、これらをタンパク質や炭水化物のような有機分子の形で取り込む必要がある。

運動

顕微鏡サイズの細胞の中では体液やその他の成分が流動している。また、動物の筋肉は力強く収縮する。このように、程度の差こそあれ、すべての生物は動いている。

生物の基本は炭素でなければならないのか？

SFの世界では、ケイ素生物（ケイ素化合物からなる生命体）が登場したこともある。しかし、現実の世界では、さまざまな原子と結合し、これほどまでに複雑な分子を、ひいては生物を形成できる元素は、炭素だけだ。

生物

ミドリムシ（池などにすんでいる、単細胞の微生物）は、植物のように光合成もできるし、動物のように食物を取り込むこともできる。

排せつ

生物の細胞の中で起こり続ける化学反応によって、二酸化炭素などの老廃物が生じる。排せつとは、こうした不要な物質を体の外に出すことだ。

代謝とは？

生命を支えているのは、代謝という数え切れないほどたくさんの化学反応だ。分子は一連の化学反応の中で変化していくが、各段階の反応は、酵素と呼ばれる特定のタンパク質が触媒となって促進される。生物の代謝の特性は、DNAの遺伝情報で決まる酵素群に左右される。

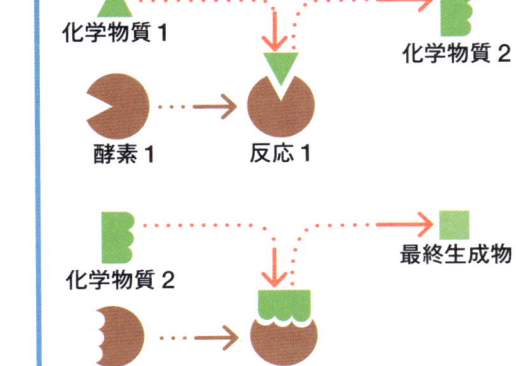

化学物質1　　化学物質2

酵素1　　反応1

化学物質2　　最終生成物

酵素2　　反応2

呼吸

呼吸は、エンジンの中で燃料が燃えるのと同じ化学反応で、食物（栄養）として取り込んだ有機物の多くを分解し、体で使われるエネルギーにする作用をしている。

内燃機関

エンジンは、燃料を取り込み、これを燃やしてエネルギーをにし、運動を生じ、排ガスを出す。生きている証しのうち4つを満たしているが、感度と成長と生殖の機能がない。

生物の分類

私たちは、バラバラな物事を分類することで全体を理解します。このような体系化を生物について行うとき、現代の科学的分類がさらに目指しているのは、それぞれの種に見られる、身体的特徴や遺伝的特徴の類似性を基準に、進化の関係が反映されるような方法で図に表すことです。

生物の系図——系統樹

細菌と動物ほど違っていても、生物には細胞や遺伝子に似ているところがあります。これは、すべての生物が1つの共通祖先から生じたことを示す有力な証拠です。生物は数十億年をかけて進化してきました。その様子は系統樹と呼ばれる、壮大な系図で表されます。生物を大きなグループから小さなグループへと分類し続けると、進化の過程で大きな枝から小さな枝が出てくる様子がわかります。最も古い枝は生物界の基礎を示し、一番外側にある小枝は、これまでに地球に誕生した何百万という種を表しています。

**小さじ1杯分の土の中には
100,000種以上の
微生物が含まれている**

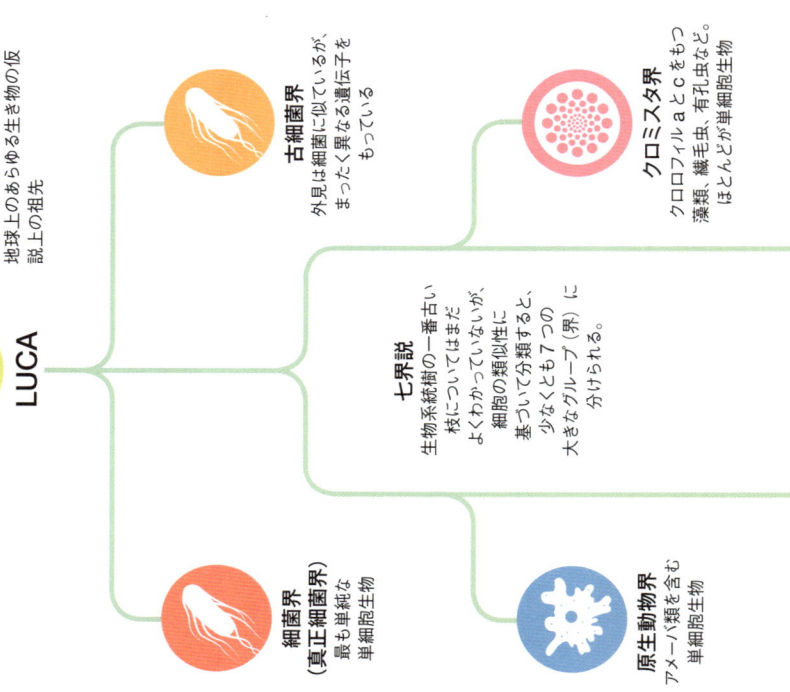

LUCA — 全生物最終共通祖先 (**L**ast **U**niversal **C**ommon **A**ncestor) 地球上のあらゆる生き物の仮説上の祖先

古細菌界 外見は細菌に似ているが、まったく異なる遺伝子をもっている

クロミスタ界 クロロフィルaとcをもつ。藻類、繊毛虫、有孔虫など。ほとんどが単細胞生物

植物界と関連のある藻類の一部 これに属する種はすべてクロロフィルaとbをもつ

菌界

動物界

細菌界(真正細菌界) 最も単純な単細胞生物

原生動物界 アメーバー類を含む単細胞生物

七界説 生物系統樹の一番古い枝についてはまだよくわかっていないが、細胞の類似性に基づいて分類すると、少なくとも7つの大きなグループ(界)に分けられる。

学名

生物の種には固有の学名がある。たとえば、エイジュやブライアなど複数の普通名(各地域の言語でつけられた呼び名)をもつ植物の学名はエリカ・アルボレア(Erica arborea)だ。学名は世界共通で種を特定できる。また、種の特徴を表す(アルボレアの意味は「樹」のような)場合が多く、必ず2つの名前からなる。学名エリカ・シネレアやエリカ・アルボレアを例にとると、最初の名前「エリカ」は近い関係にある種のグループ(属)名で、2番目の名前は個々の種を特定する。

ロードデンドロン・アルボレウム

エリカ・シネレア

エリカ・アルボレア

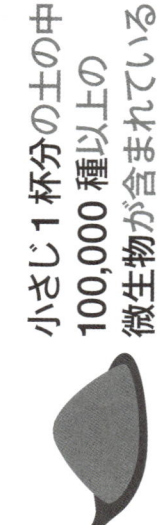

無脊椎動物

 海綿動物

刺胞動物（イソギンチャクやクラゲなど）

前口動物（節足動物、軟体動物、環形動物など）

 無脊椎後口動物（ヒトデの仲間など）

無脊椎動物は自然分類群ではない
背骨がないという以外、無脊椎動物に共通する特徴はない。体のつくりも単純なものから複雑なものまでさまざまだ。「無脊椎動物」という分類群は、後口動物に属する脊椎動物（背骨をもつ動物）を除外しているため、不完全だ。

魚類

無顎類（ヤツメウナギ、スタウナギ）

軟骨魚類（サメ、エイ、およびその仲間）

条鰭類（肉鰭類を除く硬骨魚類）

肉鰭類（ハイギョ）

魚類は自然分類群ではない
すべての魚類は共通する1つの祖先の子孫だ。しかし、肉鰭類の子孫である四肢動物は、魚類に入っていないので、無脊椎動物と同じように、魚類はクレード（単系統群）ではない。ただ無脊椎動物とは違い、特有の性質をもとにくくられた魚類はよく共有しているので、クレードと呼ばれる非単系統群だ。

恐竜、鳥類、現生爬虫類

トカゲやヘビの仲間

カメの仲間

ワニの仲間

竜盤類

鳥盤類

鳥類

獣脚類

哺乳類

恐竜と鳥類

四肢動物（四足類）
陸にすむ脊椎動物（すべて四肢をもつ祖先の子孫）

両生類

卵羊膜類
羊膜（防水性の膜）をもつ動物

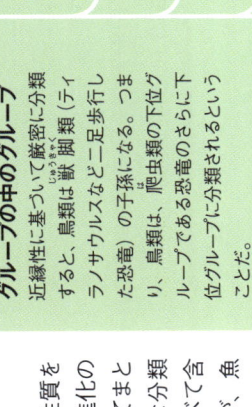

自然分類群とそうではない分類群

進化の過程が一致している場合、多くの生物は共有する性質をもちます。ただし、鳥と昆虫はどちらも翅があるものの、進化の過程が異なります。ですから、これらを「飛ぶ動物」としてまとめるのは自然分類ではありません。哺乳類や鳥類のような分類群は、共通する祖先（生命の系図の分岐点）の子孫をすべて含んだ、クレード（単系統群）と呼ばれる自然分類群ですが、魚類や無脊椎動物のような分類群は、すべての子孫を含まないのでクレードではありません。たとえば魚類にはその子孫にあたる陸生脊椎動物は含まれていません。

グループの中のグループ

近縁性に基づいて厳密に分類すると、鳥類は獣脚類（ティラノサウルスなど二足歩行した恐竜）の子孫になる。つまり、鳥類は、爬虫類や鳥類のような分類グループである恐竜のさらに下位グループに分類されるということだ。

ウイルス

ウイルスは自己複製して大量に増えようとしますが、じつは生物ではありません。ウイルス粒子は、殻の中に遺伝子が詰まっているだけの構造体で、感染性があり、宿主である生物の細胞を破壊して、自分の複製を宿主の体にばらまきます。ほとんど害のないウイルスもありますが、なかにはとても恐ろしい病気を引き起こすウイルスもあります。

多角体型ウイルス

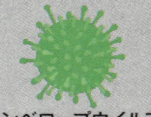

エンベロープウイルス

らせん状ウイルス

複合型ウイルス

ウイルスの類型

ウイルスの外形はさまざまですが、タンパク質の殻が遺伝物質を包む基本的な構造は共通しています。ウイルスには遺伝物質としてDNAをもつものとRNAをもつものがあります。RNAは、生物の細胞の中でタンパク質をつくるときに橋渡し役をする物質です（p.158-159 参照）。とても興味深いことですが、ウイルスの遺伝子の多くが、ほかのウイルスの遺伝子よりも宿主の遺伝子と近い関係にあります。これは、ウイルスが宿主の染色体から逃げ出してきた遺伝子の粒子である可能性を示しています。

ウイルスの感染サイクル

ウイルスはすべて寄生体です。直接触れても、ウイルスに汚染された空気や食品を通じても感染します。ウイルスは本当の生物ではありません（p.150-151 参照）。というのも、ウイルスは宿主の細胞を利用しないと自己複製できないからです。一方、ウイルスの振る舞いは、生物と同じように、ウイルス自体の遺伝子に暗号化されています。つまりウイルスはこの遺伝暗号に従って宿主に感染し、可能な限り複製しているのです。宿主に及ぼす影響はウイルスによって違います。たとえば、ライノウイルスは軽い風邪を引き起こし、エボラウイルスは体の機能を完全に停止させてしまいます。

核

宿主細胞のDNAを含む核

リボソームの付着した粗面小胞体

タンパク質合成に関わるリボソーム

脱殻（だっかく）

3 ウイルスは不要になった殻を壊し、宿主の細胞に遺伝物質を放出する。

RNAからなる遺伝子。DNAをもつウイルスもある

ウイルスが細胞膜に吸着する

ウイルスの外側の殻はタンパク質（図のオレンジ色の多角体と青色の球状突起）でできている

小さな泡に包まれたウイルスが細胞膜に侵入する

吸着

1 ウイルスの外側の殻にある分子が、宿主の細胞膜の特定の分子と結合し、ウイルスが宿主の細胞に吸着する。ウイルスによって攻撃できる組織や生物の種が異なるのは、このような仕組みのためだ。

侵入

2 多くのウイルスは、宿主の細胞膜がつくる「泡」に取り込まれて細胞に侵入する。この「泡」は細胞の表面でウイルスを取り囲むと、細胞の内側に向かって伸びてウイルスを引きずり込む。

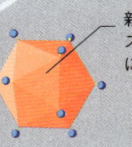

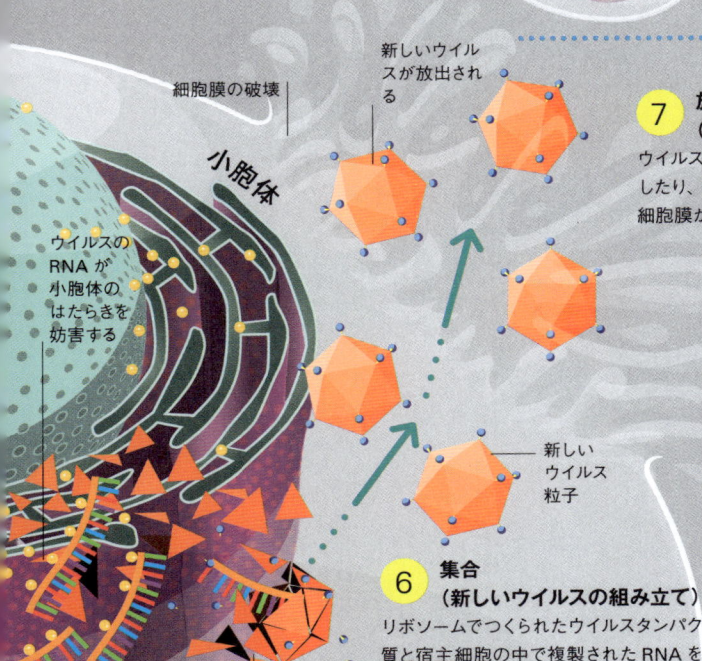

細胞膜の破壊

新しいウイルスが放出される

小胞体

ウイルスのRNAが小胞体のはたらきを妨害する

7 放出
（成熟した新しいウイルスの脱出）
ウイルスは細胞から飛び出し、別の細胞に感染したり、新しい宿主に広がったりする。このとき細胞膜が破壊されると、宿主細胞は死んでしまう。

新しいウイルスは別の細胞に感染できる

新しいウイルス粒子

6 集合
（新しいウイルスの組み立て）
リボソームでつくられたウイルスタンパク質と宿主細胞の中で複製されたRNAを組み立てて新しいウイルスを完成させる。

5 宿主のタンパク質合成の妨害
宿主の細胞にある粗面小胞体の表面には、タンパク質の合成に必要なリボソームという、ごく小さな粒子が付着している。ウイルスのRNAはこのリボソームと結合して、新しいウイルスの形成に必要なタンパク質をリボソームにつくらせてしまう。

ウイルスが遺伝子を複製する

4 遺伝子の複製
ウイルスの遺伝物質はまったく同じものを大量につくる。RNAをもつウイルスには、自分でもっている酵素を使ってまずDNAをつくるものと、直接複製するものとがある。図では説明していないが、DNAをもつウイルスは宿主の核に直接入り、自分のDNAを宿主のDNAに組み込んでいる。

細胞膜

ウイルスとの闘い
ウイルスが感染し攻撃が始まると、体の中では免疫系の白血球が活動を始めます。白血球は、ウイルスと結合してウイルスを無力化するタンパク質（抗体）や、ウイルスに感染してしまった細胞を攻撃する「キラー細胞」をつくります。ウイルスに抗生物質は効きません。抗生物質が退治できるのは細菌だけです。ウイルスとの闘いの最前線で活躍するのはワクチンです。ワクチンは「ウイルスのふり」をして免疫系を刺激します。

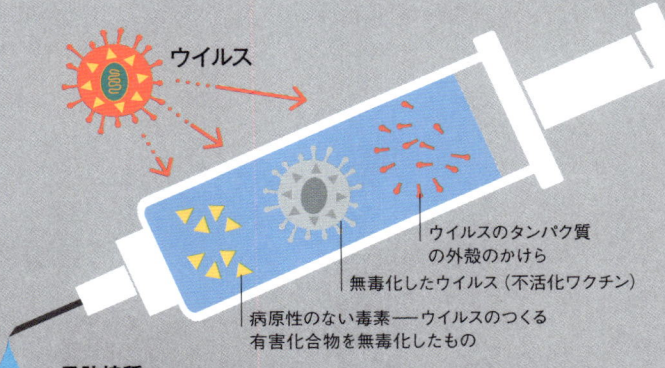

ウイルス

ウイルスのタンパク質の外殻のかけら

無毒化したウイルス（不活化ワクチン）

病原性のない毒素──ウイルスのつくる有害化合物を無毒化したもの

予防接種
ワクチンに使われるウイルスは、病気にはならないが免疫反応は起きるように無毒化（または弱毒化）されている。このワクチンを接種すると免疫系はだまされて攻撃する。このような刺激を一度受けた免疫系は、本物のウイルスに出会ったとき、すぐに強く反応できる。

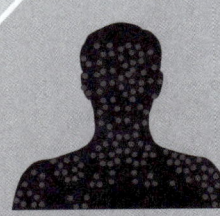

数ある感性症のなかで
ワクチン接種のおかげで
世界中で患者がいなくなり
根絶宣言が出されたのは
今のところ、**天然痘**だけだ

役にたつウイルス

ウイルスは、遺伝子操作することによって、がん細胞など標的となる特定の細胞に薬を届けることができる。遺伝子治療では、DNAウイルスに「健康な」遺伝子を細胞まで運ばせることもできる（図参照）。さらに、病気を引き起こす細菌と闘う可能性を秘めたウイルスは、感染症治療に使われる抗生物質の代わりとなる。

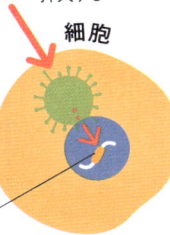

新しい遺伝子

ウイルスのDNAに新しい遺伝子を挿入する

細胞

遺伝子操作されたウイルスが細胞のDNAに挿入される

細胞

どんな生物でも、ほぼすべての部分が細胞という基本単位でできています。細胞では食物の栄養素を分解してエネルギーをつくります。周りの環境を感じるのも細胞です。また細胞は成長したり、自らを修復したりもします。こういったことすべてが、英文のピリオド（.）のわずか5分の1ほどの大きさの中で行われているのです。

細胞の仕組み

細胞には細胞小器官と呼ばれる小さな構造物が詰まっています。体の器官と同じように、それぞれの細胞小器官は細胞の活動になくてはならない特別なはたらきをします。すべての細胞は、周りから材料となる物質を集めてさまざまな複雑な物質をつくっています。

1 タンパク質の合成
細胞が必要な物質の大部分は、特定のタンパク質で、これらはリボソームで遺伝子の指示に従ってつくられる（p.158-159 参照）。リボソームは、粗面小胞体という細胞小器官の入り組んだ表面に散らばって付着している。

2 包装
タンパク質は、小さな膜でできた袋状の小胞に包まれて、ゴルジ体という細胞小器官まで流れていく。ゴルジ体は、タンパク質をまとめて再び包装し、次の行く先を示す荷札をつける、配送センターのようなはたらきがある。

3 運搬
ゴルジ体はタンパク質を送り先別にまとめて別々の小胞に入れる。この小胞がゴルジ体から離れて細胞膜と融合し、包んでいたタンパク質を細胞の外に放出する。

800,000個
これは、たった1枚の葉の表面の
1平方ミリメートル当たりに
びっしりと並んでいる葉緑体の数だ

粗面小胞体の表面にはリボソームが散らばって付着しているので、ザラザラしているように見える

核の中には DNA がある。DNA は、タンパク質をつくる指示書を集めた図書館のようなはたらきをする

核小体ではリボソームがつくられる

植物細胞

核

核小体

粗面小胞体

リボソーム

細胞壁

ミトコンドリア

小胞

ゴルジ体

すべての細胞は、ミトコンドリアで発生するエネルギーを使って活動する

小胞はタンパク質などの物質を運ぶ

ゴルジ体はタンパク質などを整え仕分けして分配する

細胞壁

タンパク質を放出する小胞

粗面小胞体ではタンパク質がつくられる。できあがったタンパク質は入り組んだ膜の間を運ばれる

滑面小胞体は、脂質・脂肪酸・コレステロールをつくり、輸送している

細胞はどれくらい生きるのか？

細胞の寿命は、それぞれのはたらきによって異なる。動物の皮膚の細胞は数週間ではがれ落ちるが、長期にわたって生命を守る白血球は1年以上生き続ける。

液胞

液胞は、水や栄養分、植物を守るための毒素などを蓄える

葉緑体で光合成が行われる（p.168-169 参照）

細胞小器官どうしの間は、液体のように流動する細胞質基質で埋められている

細胞膜は細胞の内と外との物質の出入りを管理している

リソソームには、侵入者や必要のない物質を破壊する消化酵素が含まれる

葉緑体

リソソーム

細胞膜

さまざまな細胞

動物細胞と植物細胞には違いがあります。動物細胞には細胞の形を支える細胞壁がなく、植物細胞ほど大きくなれません。しかし、細胞の形がそのはたらきによって異なる点は、動物細胞も植物細胞も同じです。動物は植物よりもエネルギーを使うので、動物細胞はミトコンドリアがたくさんあるものが多いですが、光合成に必要な葉緑体はもっていません。動物は栄養をつくるより、もっぱら消費する生き物です。

さまざまな動物細胞

平たい皮膚細胞は薄い層をつくる。あまりタンパク質をつくらないので、ミトコンドリアが少ない。一方、白血球にはミトコンドリアが多く含まれ、体を守る際は素早く反応して白血球を助ける。

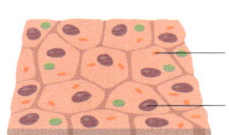

ミトコンドリアと小胞が少ない

DNAを含む核

皮膚の細胞

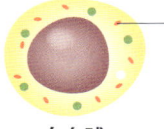

ミトコンドリアと小胞が多い

白血球

細菌の細胞

細菌の細胞は動物細胞とも植物細胞ともまったく違う。細菌が地球に誕生したのは、動物や植物、あるいは単細胞藻類よりもずっと前だ。細菌細胞には細胞壁があるが、DNAを含む核はない。

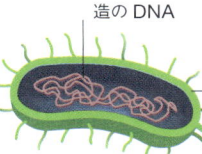

ゆるい環状構造のDNA

植物のように細胞壁が細胞の形を支えている

細菌

細胞の数を増やす方法

多細胞生物が体の成長や再生をするとき、体細胞は分裂して2つの同じ細胞をつくる複製を繰り返して数を増やす。この有糸分裂というプロセスはやや複雑だ。元の細胞の中にDNAを含む糸状の染色体が現れ、まずDNAを完全に複製してから「娘」細胞に分かれる。だから、各細胞はゲノム（DNAのすべての遺伝情報）のコピーを必ずもつことになる。

休止細胞	有糸分裂	並んだ染色体に紡錘糸が付着する	細胞が分裂し始める

染色体（DNAを含む構造体）

複製された染色体

植物のように細胞壁が細胞の形を支えている

元の細胞とまったく同じ娘細胞ができる

遺伝子のはたらき

DNA の中には、体の成長や維持を調節する情報が暗号化されて入っています。この暗号が翻訳（p.159 の⑤参照）され、生物が必要とする特定のタンパク質がつくられます。長いひものような DNA の中で、あるタンパク質のための暗号が書かれた領域を遺伝子といいます。

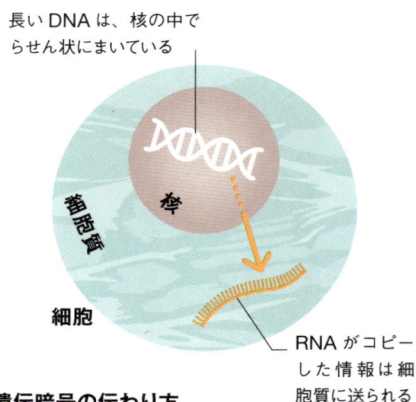

長い DNA は、核の中でらせん状にまいている

細胞質

核

細胞

RNA がコピーした情報は細胞質に送られる

タンパク質の合成

細胞内では数え切れないほどのタンパク質がはたらいています。その多くは化学反応を促す触媒の作用をする酵素です。さらに、細胞膜を通して物質を移動させるタンパク質や、その他の重要なはたらきをするタンパク質もあります。こうしたタンパク質はすべて DNA に含まれる遺伝子の指示に従ってつくられます。各遺伝子に書き込まれた指示は、まず核にある RNA という分子に写し取られ、タンパク質をつくる部分まで運ばれます。

遺伝暗号の伝わり方

DNA はとても長くかさばるので核の内部に留まるしかない。一方、タンパク質は核の外の細胞質でつくられる。このため遺伝子はいったん伝令 RNA（mRNA）に写し取られて細胞質に送られる。

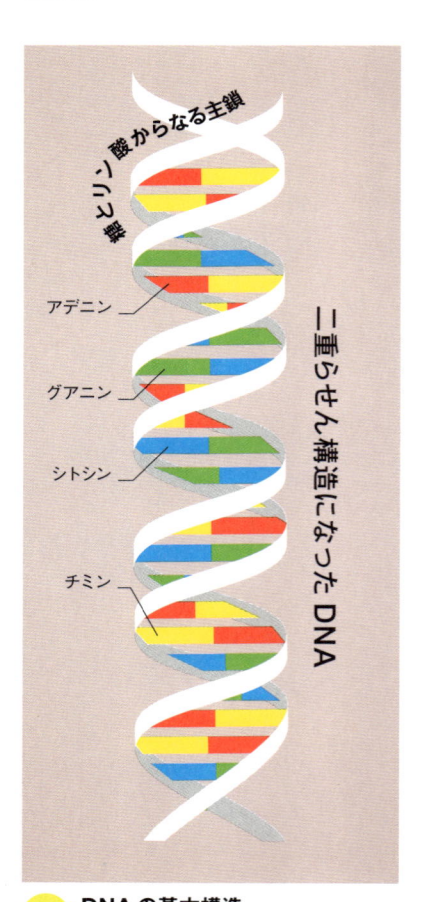

リン酸からなる主鎖

アデニン

グアニン

シトシン

チミン

二重らせん構造になった DNA

① DNA の基本構造
DNA は 2 本の長い鎖状の分子が絡み合う二重らせん構造だ。1 本の鎖状分子には 4 種類の塩基が向かい合う鎖状分子の塩基と必ず決まったペアになるように（アデニンはチミンと、グアニンはシトシンと対になる）並んでいる。

ほどけた DNA

塩基の配列の一部がむき出しになり、新しい鎖をつくるための鋳型になる

② DNA がほどける
遺伝子の指示は鎖状分子に並んだ塩基の配列の中に暗号化されている。二重らせん構造の一部がほどけると、特定のタンパク質をつくる暗号が書かれた、遺伝子と呼ばれる部分がむき出しになる。

シトシンが結合した構成単位

ウラシル

グアニンはシトシンと対になる

③ DNA の鋳型で RNA がつくられる
RNA の分子は、DNA のむき出しになった部分（遺伝子）の塩基配列と対になるような塩基配列でつくられる。ただし、RNA ではチミンのかわりにウラシルがアデニンと対になる。

遺伝暗号は世界の共通語

どの生物もそれぞれ固有の遺伝子群をもっているが、遺伝子の塩基の配列がアミノ酸に翻訳される仕組みは、細菌も植物も動物もすべて同じだ。三つ組塩基は必ず決まったアミノ酸に翻訳される。たとえば、AAA ならリジン、AAC ならアスパラギンを指定する。

AGC CAT TCA GGA CGT ...

50個

ヒトの細胞では DNA が複製されるとき
1 秒ごとに
これだけの数の塩基が増える

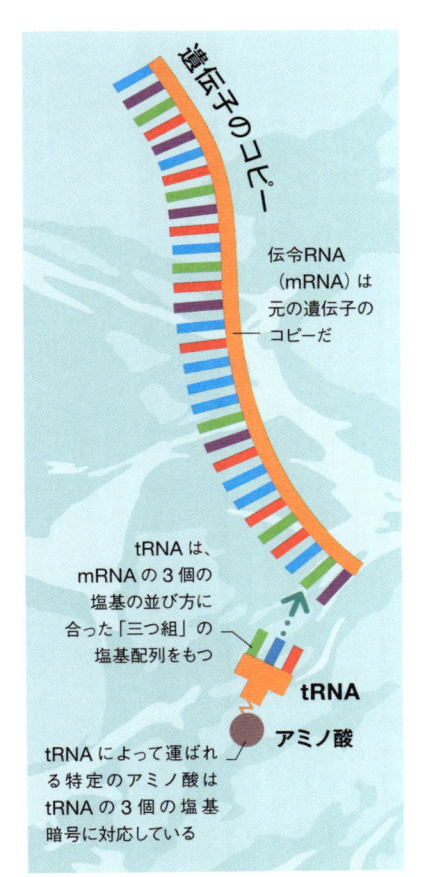

遺伝子のコピー

伝令RNA（mRNA）は元の遺伝子のコピーだ

tRNA は、mRNA の 3 個の塩基の並び方に合った「三つ組」の塩基配列をもつ

tRNA

アミノ酸

tRNA によって運ばれる特定のアミノ酸は tRNA の 3 個の塩基暗号に対応している

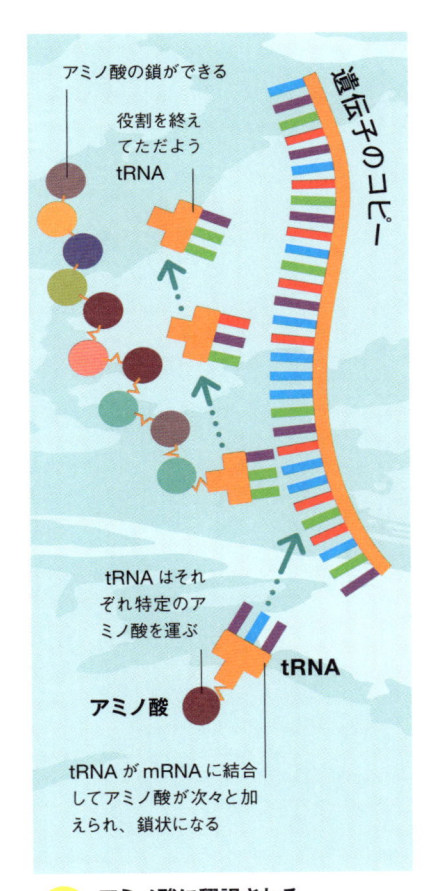

アミノ酸の鎖ができる

役割を終えてただよう tRNA

遺伝子のコピー

tRNA はそれぞれ特定のアミノ酸を運ぶ

アミノ酸

tRNA

tRNA が mRNA に結合してアミノ酸が次々と加えられ、鎖状になる

酵素をはじめ、多くのタンパク質の形は複雑な球状をしている

タンパク質

この図では、色ごとに違う種類のアミノ酸を示している

4 　**読み取られた遺伝子が核から出る**
完成した伝令 RNA（mRNA）の鎖状分子（元の遺伝子と鏡写しの関係）だけが、核から細胞質へ移動する。細胞質に入ると、mRNA は、3 個の塩基配列がそれぞれ対になる、運搬 RNA（tRNA）と結合する。

5 　**アミノ酸に翻訳される**
tRNA 分子は mRNA の特定の配列を認識して結合する。tRNA にはそれぞれ特定のアミノ酸が結合しているので、これらのアミノ酸が鎖のようにつながっていく。この mRNA の塩基配列からアミノ酸を生成する過程を翻訳という。

6 　**アミノ酸がつながってタンパク質ができる**
遺伝子の塩基の並びに対応したアミノ酸の配列によって、アミノ酸の鎖の折りたたみ方が決められ、複雑なタンパク質ができあがる。タンパク質は折りたたみ方によって形や機能が決まる。

生殖

生命は新たな生命をつくりだして数を増やします。だから生物には、自分の遺伝子をできるだけたくさん次の世代に伝えるさまざまな方法が備わっているのです。生殖の方法として単に分裂するだけの生物もいますが、雌雄の性をもつ大多数の生物の場合、生殖は遺伝的多様性（1つの種の中での遺伝子の多様性）をもたらします。

無性生殖

どのような生物でも、細胞分裂するときはDNAを複製します。ある生物とまったく同じ遺伝子をもつ生物を人工的につくる場合（p.186-187 参照）も、単なる複製です。無性生殖（受精をしない生殖）によって生まれる子は、親となにひとつ変わらないので、同じ病気になったり、同じ環境の影響を受けたりします。一方で、単純に複製できるおかげで急速に増殖します。

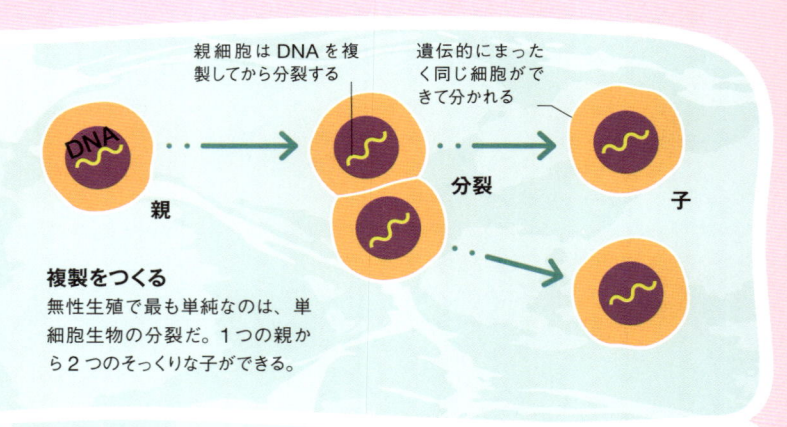

親細胞はDNAを複製してから分裂する

遺伝的にまったく同じ細胞ができて分かれる

親　　分裂　　子

複製をつくる

無性生殖で最も単純なのは、単細胞生物の分裂だ。1つの親から2つのそっくりな子ができる。

出芽

単純な構造の動物では、親の体から子が出てくるものがある。イソギンチャクにも出芽する種がいる。

体壁から伸びてきた部分が芽のようになる

子が切り離され、成長して成体になる

単為生殖

多くはないが単為生殖をする動物もいる。アブラムシは受精をしていない母親の中で卵から子になる。

アブラムシは単為生殖で直接幼虫を産む

栄養生殖

茎やつるを伸ばす植物には、根や地下茎などから無性的に新しい個体をつくるものが多い。

ほふく茎から新しい植物が生まれる

生き残り戦略

次の世代に子孫を残すためには、対照的な2つの戦略があります。数え切れないほどたくさんの子を生む生物の場合、1個体の生き残る可能性がかなり低い状況をカバーしようとしています。あまり子を生まない生物の場合、親が子の世話を熱心にすることで、子の成長を助けます。

多産多死の動物

カエルは1回の産卵でとてもたくさんの卵を生み、しかも、毎年これを繰り返す。ところが、その多くは捕食者に食べられてしまう。

少産少死の動物

カリフォルニア・コンドル（猛禽類の一種）は8歳でようやく繁殖活動を始め、卵は1年おきに1個しか生まない。

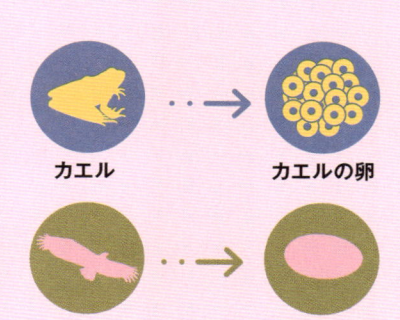

カエル　　カエルの卵

コンドル　　コンドルの卵

交雑を妨げる仕組み

種が異なる生物はめったに交配しない。生殖隔離という仕組みがはたらくからだ。鳥は求愛するとき同じ種類の鳥のさえずりにしか応答しない。トラとライオンは生息する地域や環境が違う。時には自然に交雑することもあるが、たいてい受精率が低く、子は生まれにくい。ところが、飼育の場では両者を隔離する自然の仕組みがはたらかず、ライガーのような交雑種が生まれることもある。

ライガー：父親がライオン、母親がトラの雑種動物

有性生殖

雌と雄が関わる生殖では、生まれる子はきょうだいとも親とも遺伝的に同一ではありません。生殖器での細胞分裂でできる精子または卵子は、元の細胞とは遺伝子の組み合わせが変わっているうえに、受精によってさらに両親からの2つの組み合わせが合わさるからです。こうしてできた新しい世代の個体は、予想のつかない環境の変化に出合った場合、生き残ることのできる組み合わせをもつ可能性が高くなっています。

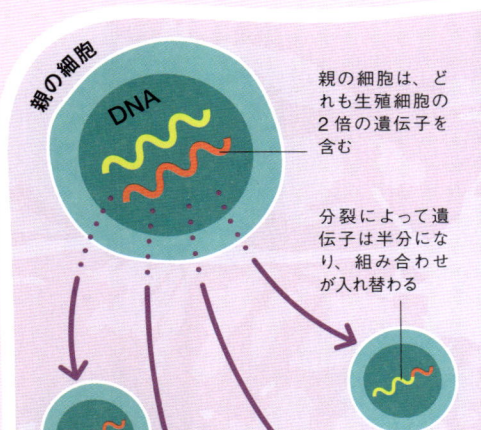

親の細胞

DNA

親の細胞は、どれも生殖細胞の2倍の遺伝子を含む

分裂によって遺伝子は半分になり、組み合わせが入れ替わる

生殖細胞（卵子）

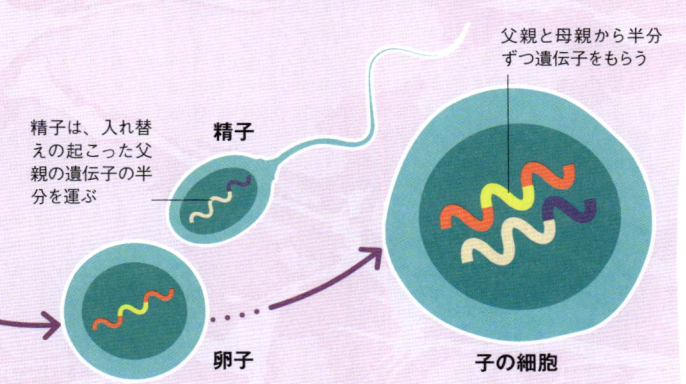

精子は、入れ替えの起こった父親の遺伝子の半分を運ぶ

精子

卵子

父親と母親から半分ずつ遺伝子をもらう

子の細胞

① 減数分裂
減数分裂という細胞分裂によって生殖細胞（精子と卵子）がつくられる。この分裂では染色体の数は半分になるが、その中の遺伝子は入れ替わって新しい組み合わせになっている。

② 融合（受精）
多くの生物では、雄の生殖細胞は小さくてよく動き、数が多く、雌の生殖細胞は大きくて、数が少ない。2種類の生殖細胞が融合してできる新たな細胞には両親の遺伝子が混ざる。

③ 新しい組み合わせ
受精によって染色体の数が元にもどる（生殖細胞の2倍）が、子の細胞の遺伝子は誰のものとも違う。この遺伝子の新しい組み合わせは、子の体のすべての細胞で複製される。

植物の雌雄
種子植物では、花粉粒にある精細胞（オス）が雌性器官まで移動する。めしべの先についた花粉から細い花粉管が伸びて、花の奥にある卵細胞まで精細胞が運ばれる。

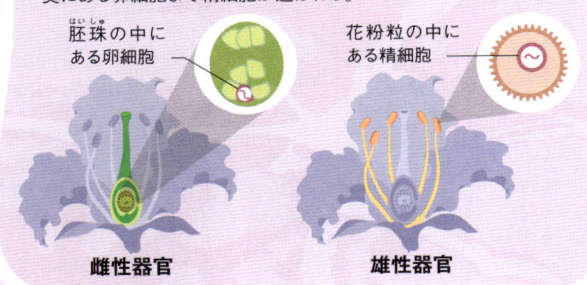

胚珠の中にある卵細胞

花粉粒の中にある精細胞

雌性器官

雄性器官

動物の雌雄
動物の精子はムチのような尾を使って卵子まで泳ぐ。水生動物は水の中で受精する場合が多い。陸生動物の精子は雌の体に入らなければならないため、体の中で受精が起こる。

大きな卵子

小さな精子

雌

雄

マンボウが一度に産む卵の数は **3億個**
背骨のある**脊椎動物**の中では
ずば抜けて多い

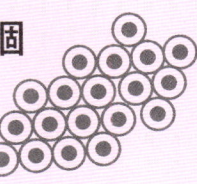

遺伝

子は親の特徴を受け継ぎます。子の形質は、細胞に含まれる遺伝子の影響を受けるからです（p.158-159 参照）。細胞が分裂するときには必ず遺伝子が複製されますが、複製された遺伝子は卵子や精子によって運ばれ、親から次の世代へと伝えられます。受精をすると、両親の異なる遺伝子が一緒になります。遺伝子の新たな組み合わせが遺伝の基本になります。

基本的な遺伝

遺伝の最も簡単なパターンは、1つの遺伝子が1つの形質を直接決める場合です。たとえば、トラの毛の色は1つの遺伝子によって決まります。通常、トラの毛はオレンジ色になりますが、ごくまれに白色になることがあります。オレンジ色の遺伝子にある遺伝子は2つ一組で存在します。白い毛になるためには白色の遺伝子が2つ一緒に存在しなくてはなりません。そうなったとき初めて白色の毛の子が生まれるのです。オレンジ色の遺伝子が1つでもあれば優先して読み取られて白色の遺伝子が読み取られて白色の毛の子が生まれるのです。

（p.158-159 参照）

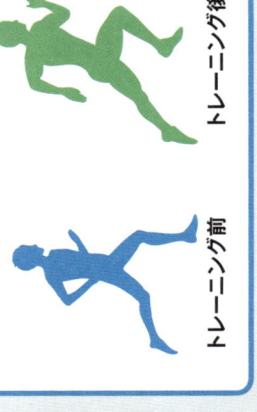

ホワイトタイガーは独立した種ではないい大部分はベンガルトラでたまたま白色に生まれただけだからオレンジ色の仲間と交配することができる

雌のベンガルトラ

雄のベンガルトラ

体細胞

オレンジ色の遺伝子を含む染色体

白色の遺伝子を含む染色体

1 親の遺伝形質
この図の親の遺伝子の組み合わせは、毛の色に限っている。どちらも同じで、1つはオレンジ色、もう1つは白色だ。その他の形質を決める遺伝子は、父親と母親で違うものがたくさんある。

親に生じた変化は子に伝わるか？

生物が生きている間に、DNAが化学物質の影響を受けて、遺伝子の読み取り方が変化するという現象が起こる。後生的影響という現象が起こる。ときおり、このような変化が子に伝わることもある。

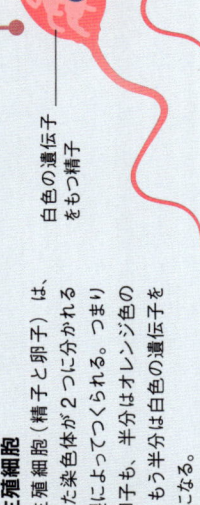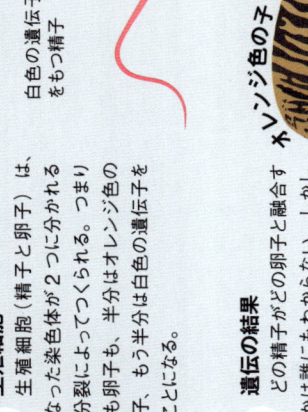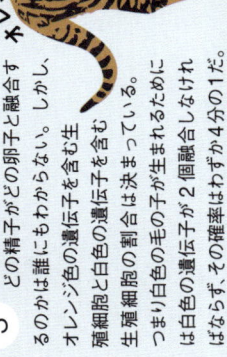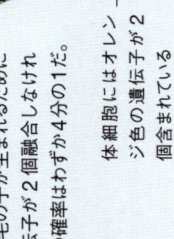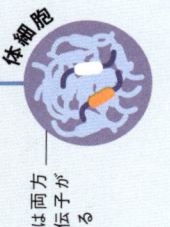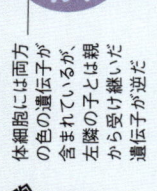

② 生殖細胞

生殖細胞（精子と卵子）は、対になった染色体が2つに分かれる細胞分裂によってつくられる。つまり精子も卵子も、半分はオレンジ色の遺伝子、もう半分は白色の遺伝子を含むことになる。

精子　精子
白色の遺伝子をもつ精子
オレンジ色の遺伝子をもつ精子

卵子　卵子
白色の遺伝子をもつ卵子
オレンジ色の遺伝子をもつ卵子

③ 遺伝の結果

どの精子がどの卵子と融合するのかは誰にもわからない。しかし、オレンジ色の遺伝子と白色の遺伝子を含む生殖細胞の割合は決まっている。つまり白色の毛の子が生まれるためには白色の遺伝子が2個融合しなければならず、その確率はわずか4分の1だ。

白色の子
オレンジ色の子
オレンジ色の子
オレンジ色の子

体細胞
体細胞には白色の遺伝子が2個含まれている
体細胞には両方の色の遺伝子が含まれているが、左隣の子とは親から受け継いだ遺伝子が逆だ
体細胞には両方の色の遺伝子が含まれている
体細胞にはオレンジ色の遺伝子が2個含まれている

さまざまな遺伝子の影響

すべての特徴が、トラの毛の色に見るような簡単な割合で遺伝するわけではありません。じつは、ほとんどの特性には複数の遺伝子が関係しています。たとえばヒトの身長は、骨と筋肉の成長に影響を及ぼすたくさんの遺伝子の相互作用によって決まります。そのための中間の身長の子も生まれ、形質は極端に異なることはありません。

子の身長は何センチ？

ヒトの身長に影響を及ぼすものは遺伝子だけではない。食事など、その他の要因も大きく関わる。総じて、背の高い親の子は背が高くなる傾向があるが、正確な身長までは予測できない。

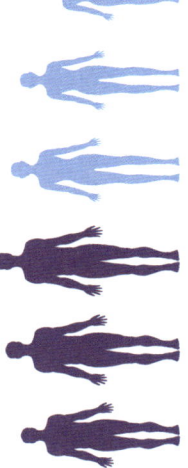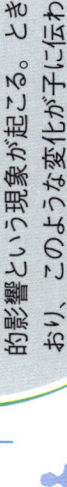

父親　母親
成長した子

生命はどのようにして誕生したのか？

生命のない物質からどのようにして生物が現れたのか、確かなことはおそらく誰にもわからないでしょう。しかし、私たちの周りにある岩石や、現存する生物をつくっている物質の中に、この重大な出来事に関する手がかりがあります。こういった手がかりを追っていくと、数十億年前の地球環境が、簡単な構造からだんだんと複雑になっていく分子の形成過程を育み、これが最初の細胞の誕生につながった可能性が見えてきます。

生命の構成要素

最初の生命が誕生したころの地球は、現在とは違い、とても過酷な環境でした。火山活動が活発で雷がよく起こり、大気は有害な気体で構成され、オゾン層がなかったため、太陽の強烈な紫外線がさえぎられることなくそのまま地表に降り注いでいました。このような高いエネルギーのもとで、二酸化炭素、メタン、水、アンモニアなどの簡単な無機化合物から最初の有機分子ができる様子は実験で確かめられています。生命の構成要素となるこのような有機物質が初期のころの海で凝結したとき、生物は偶然ではなく必然的に誕生した可能性が高いようです。

原始スープ

40億年ほど前の地球の表面は熱く不安定で、小惑星の衝突が起こり、火山も噴火を繰り返していた。そのような中でもところどころに液体の水がたまり、海ができ始めた。最初の命を発生させたこの原始の海は「原始スープ」と呼ばれている。

初期の地球

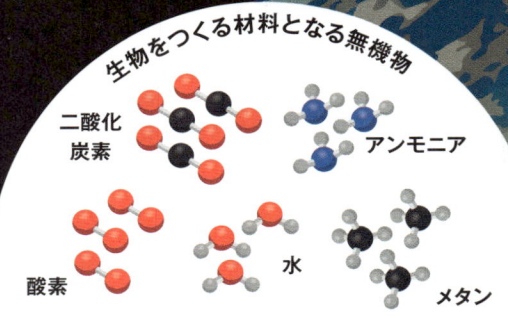

生物をつくる材料となる無機物

二酸化炭素　アンモニア　酸素　水　メタン

1 初期の地球の大気には酸素は含まれておらず、その他の気体が複雑に混ざっていた。その成分である、二酸化炭素やアンモニアなどが、炭素・水素・酸素・窒素という生命をつくるおもな元素の材料になった。

エネルギーの投入
（地熱や稲光）

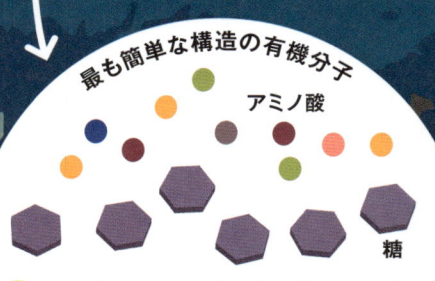

最も簡単な構造の有機分子

アミノ酸　糖

2 十分なエネルギーをもった無機物は互いに反応し、アミノ酸や簡単な糖など、生命の構成要素となる分子をつくった。こうしてできた、無機物よりわずかに複雑な物質を「有機物」（p.50-51参照）という。有機物とは、生物に関わりのある、炭素を含む化合物だ。

生命の火花

1952年、シカゴ大学のスタンリー・ミラーとハロルド・ユーリーは、簡単な無機物を材料にして複雑な有機分子をつくることができると考えた。このアイデアを確かめるために、初期の地球の状態を再現し、無機物の混合物に稲光に見立てた火花でエネルギーを与えたところ、生物のタンパク質をつくる基本物質である、簡単なアミノ酸ができた。

複雑な分子がフラスコの壁に凝縮する

放電
（落雷のモデル）

凝縮した液体

沸騰した水、メタン、アンモニア、水素

加熱

液化した分子はここで回収して分析された

ユーリー・ミラーの実験

地球の
年齢は
およそ
45億4000万年
これまでに発見された
最古の生命の痕跡は
42億8000万年前
のものだ

生命のないものから
誕生した生命

簡単な有機分子だけで細胞ができるわけではありません。小さな有機分子は、互いに結合してタンパク質やDNAなどの大きな分子になる必要があります。生命が誕生する前は、お腹をすかせた生物もいなかったので、食べられることもなく分子はどんどん長くなり、ふとした拍子にリン脂質の膜でできたカプセルの中に入ったのでしょう。深海の海底火山の噴火口は、現在もなお化学反応を触媒する無機物に富んでいますが、当時もそこが「ふ化場」のような役割を果たし、最初の原始細胞ができたと考えられています。

地球以外の太陽系に
生命がいないわけ

水をたたえた海があり、地表が硬いなど、生命が存在する「ちょうどよい適度な条件」を備えているのは地球だけだ。このような条件は、ゴルディロックス条件ともいわれる。

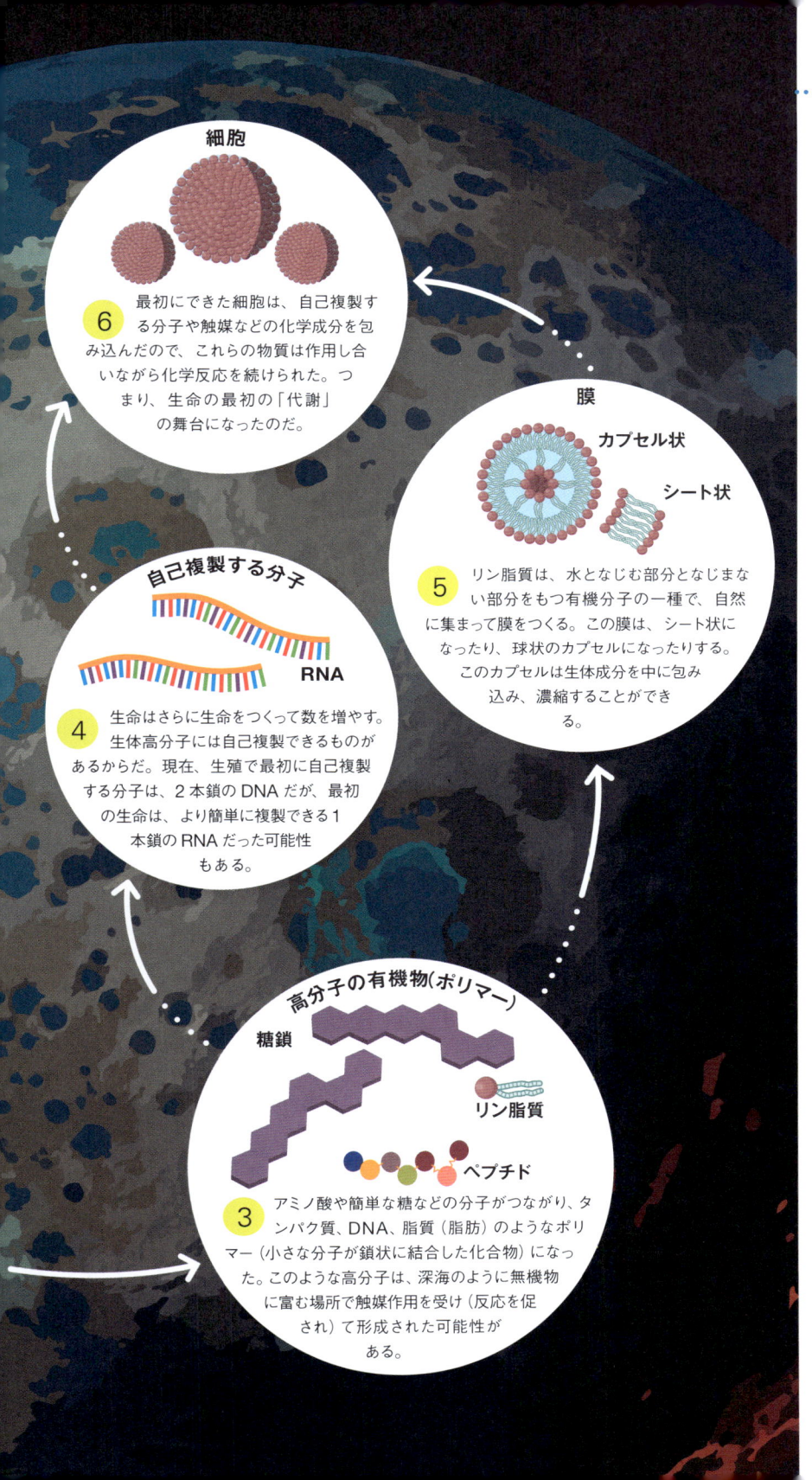

細胞

6 最初にできた細胞は、自己複製する分子や触媒などの化学成分を包み込んだので、これらの物質は作用し合いながら化学反応を続けられた。つまり、生命の最初の「代謝」の舞台になったのだ。

膜

カプセル状

シート状

5 リン脂質は、水となじむ部分となじまない部分をもつ有機分子の一種で、自然に集まって膜をつくる。この膜は、シート状になったり、球状のカプセルになったりする。このカプセルは生体成分を中に包み込み、濃縮することができる。

自己複製する分子

RNA

4 生命はさらに生命をつくって数を増やす。生体高分子には自己複製できるものがあるからだ。現在、生殖で最初に自己複製する分子は、2本鎖のDNAだが、最初の生命は、より簡単に複製できる1本鎖のRNAだった可能性もある。

高分子の有機物（ポリマー）

糖鎖

リン脂質

ペプチド

3 アミノ酸や簡単な糖などの分子がつながり、タンパク質、DNA、脂質（脂肪）のようなポリマー（小さな分子が鎖状に結合した化合物）になった。このような高分子は、深海のように無機物に富む場所で触媒作用を受け（反応を促され）て形成された可能性がある。

どうやって進化するのか？

ナラの木、ヒト、ニチニチソウ…これほどまでに生物は多種多様ですが、じつは遺伝子の上ではほとんど差がありません。このことから、私たちは、すべての生命はただ1つの共通祖先から生まれた、という1つの壮大な科学的結論に否応なしにたどり着きます。たとえるなら、生物はみな、1本の巨大な系統樹のどこかの枝です。数え切れないほどの世代にわたる進化は、木の枝が次々と分かれるように、生命に多様性を与えるプロセスなのです。

ガラパゴスゾウガメの場合

離れた島で周囲から隔絶されていると、生命は独自の方法で進化します。ガラパゴス諸島に生息するゾウガメの遺伝子を調べたところ、南アメリカ大陸のカメと近い関係にあることがわかりました。数百万年の間に、たった1つの集団から島ごとに異なる姿のゾウガメの種が現れたようです。

進化の様子を見ることはできるのか？

進化には長い年月がかかる。しかし、ショウジョウバエなど、実験用の世代交代の早い生物は異種交配できない種をつくり出す。ほかの種と交配できない生物は新しい種と見なされる。

1 変異

生物の自然個体群はどれも変化していく。突然変異（DNA複製の間違い）が起こるからだ。遺伝子はめったに変化しないが、必ずどこかで変異は起こり、長い時間をかけて蓄積していく。その結果、ゾウガメでは大きさ、形、色の違う集団が現れた。こうした変異が進化につながっていく。

2 移住

絶滅したナンベイリクガメ最大の種が、現在のガラパゴスゾウガメの祖先と考えられている。南米大陸の西海岸から、太平洋を流れるペルー海流に流されてガラパゴス諸島にたどり着いたようだ。

南アメリカ大陸

ガラパゴス諸島

丸の色は、カメの個体群の種類を表す

丸の色の違いは自然に起こった突然変異の個体群を表す

カメは海流に乗ってガラパゴス諸島まで流された

大きなカメほど乾燥した草原に適応した

3 隔絶

島に上陸したナンベイリクガメは周囲から隔絶された状態になり、南米大陸のカメとは異なる進化を始めた。乾燥した環境に適応できた個体が、ガラパゴスの乾いた大地を生きのび、島から島へと広がっていった。最も乾いた地域では、馬の背にのせる「鞍」形の甲羅のカメだけが、この地に多い背の高い植物を食べることができたため、時が経つにつれて鞍形のカメが優勢になっていった。

ピンタ島のゾウガメは2012年に絶滅した。各島の個体群はおそらく島ごとに独立した固有種だ

ピンタ島

ヘノベサ島

マルチェナ島

サンチャゴ島

3
ガラパゴス諸島

フェルナンディナ島

ピンソン島

サンタ・クルス島

サン・クリストバル島

イサベラ島

ガラパゴス諸島最大の島。さまざまな生息地があり、2種以上のカメがいる

フロレアナ島

エスパニョラ島

ゾウガメは、サン・クリストバル島に最初に定着したと考えられている

凡例

- 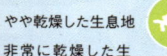 湿り気の多い生息地
- やや乾燥した生息地
- 非常に乾燥した生息地

 大陸に生息する祖先のカメの個体群

ドーム形の甲羅のゾウガメの個体群

鞍形の甲羅のゾウガメの個体群

適者生存

遺伝的変異が生死を分けることもあります。葉を食べる昆虫は、体が緑色ならば昆虫を食べる動物から身を隠すことができます。しかし、突然変異で体の色が変われば、カムフラージュができなくなります。つまり、緑色の個体がどの色よりも多く生き残り、繁殖する可能性が高いということです。変異した個体の中に、環境によりうまく適応できる個体がいると、その個体が生きのびてより多く子孫を残すので種が進化する、という「自然選択」の考え方を基本に、ダーウィンは有名な進化論をまとめました。ヴィクトリア朝時代の思想家ハーバート・スペンサーは自然選択の考えを「適者生存」という言葉で表しました。

捕食者による選択

緑色の毛虫は捕食者からうまく隠れる。灰色や茶色に変異した個体は背景となる葉の色に溶け込めないので、集団の中からエサとして「選ばれ」てしまう。

体の色は遺伝する

変異によってほかの色が現れる

緑色でない毛虫は食べられるので、数は増えない

食べられる　食べられる

食べられる　食べられる

捕食者

緑色の毛虫が集団の大半を占めるようになる

この場合、捕食者が自然選択のにない手となる

古い種から新しい種へ

集団の中で自然選択が起こっても、ひとりでに新しい種が現れるわけではありません。新しい種が誕生するためには、ガラパゴスのゾウガメのような地理的な隔離、あるいは集団が分かれるとしばしば生じる生殖行動の違いや、交尾できても子孫を残せない現象によって、元の集団と交配できなくなる必要があります。このように、集団が分かれ、十分な時間が経って生殖が隔離されると、新しい種が枝分かれすることになります。

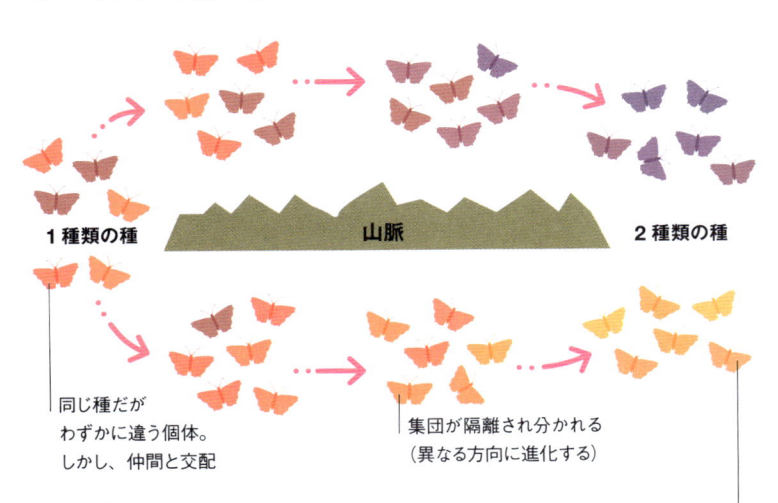

1 種類の種　　山脈　　2 種類の種

同じ種だがわずかに違う個体。しかし、仲間と交配

集団が隔離され分かれる（異なる方向に進化する）

新しい種の集団になる。元の種と出会っても交配しない

新しい種の出現

チョウは自然選択によって、山脈のあちら側とこちら側で異なる進化をする。十分な時間が経つと違いが大きくなり、交配できなくなる。

大進化

小さな変化が何世代にもわたって積み重なり、数百万年も経つととても大きな変化になる。種の分化はまったく新しい生物の集団を生じさせる可能性がある。このような大規模な進化を大進化という。絶滅した生物の化石を調べると、同じ祖先からどのようにしてジャイアントセコイアとヒマワリほども違う生物が現れたのかがわかる。

コケ

ヒゲノカズラ

シダ

針葉樹

顕花（けんか）植物

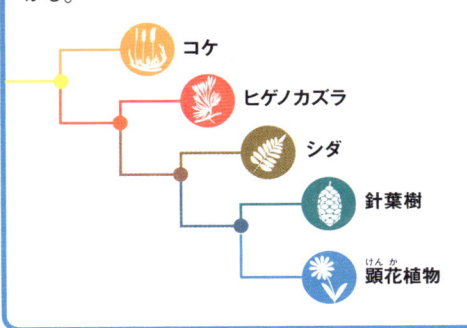

遺伝子の突然変異が起こるのは精子または卵子の遺伝子の 100 万個に 1 つ起こる確率は低い

すべての生物を支える植物

植物の緑色の部分で行われる光合成は、生命活動のエネルギー源となる糖をつくり、実質的に地球上のすべての食物連鎖を支えています。ソーラーパネルが日光を利用して電気をつくるように、植物細胞内にある、顕微鏡でしか見えないほど小さな器官が、水と二酸化炭素という、ごく単純な物質から、日光を利用して養分をつくり出しています。

クロロフィルはなぜ緑色なのか？

クロロフィル（葉緑素）は赤色と青色の波長の光を吸収し、そのエネルギーを利用して光合成をする。緑色の波長の光は使われずに反射して私たちの目に入るため、緑色に見える。

― 茎の中を走るごく細い管（師管）で糖を運ぶ

太陽

太陽の光エネルギーは光合成によって化学エネルギーに変わり、糖に蓄えられる

化学物質の流れ

食物に含まれる有機分子の90％以上は炭素と水素と酸素でできています。植物が養分をつくるときは、空気から二酸化炭素を取り込んで得た炭素と酸素と、土から水を取り込んで得た水素を利用します。最初に、緑色の色素であるクロロフィル（葉緑素）で光のエネルギーを吸収し、水から高いエネルギーの水素を奪います。次に、この水素を二酸化炭素と結合させて糖をつくります。これらの反応は最初から最後まで葉緑体というごく小さな粒の中で行われます。

酸素を放出

二酸化炭素を吸収

葉の表面にあるたくさんの小さな穴（気孔）から二酸化炭素を取り込む

養分をつくる仕組み

葉緑体の中で実際に光合成の場となるのは、チラコイドという膜となった部分だ。チラコイド膜はクロロフィルと結合していて、ストロマという液体に浮かんでいる。チラコイド膜とストロマには反応を促す酵素が豊富に含まれる。

パンケーキのように積み重なったチラコイド膜

光は葉緑体に入る

光合成の工場

葉緑体は、できるだけたくさんの光を捕まえられるように、葉の表面の細胞の中に集まっている。葉緑体は1個の細胞に数十個、1枚の葉に数十億個ある。

葉緑体

葉の細胞

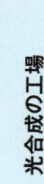

3　バイオマスの構築

グルコースの一部は「燃焼」してエネルギーを放出すると、水から水素を取り出すのに必要な脂質タンパク質。また一部は代謝されて脂質タンパク質、植物の体を構成するリグニンなどになる。そして残りはエネルギーの長い糖の鎖や、植物の貯蔵場であるデンプンなどになる。植物の骨格成分であるセルロースになる。

セルロースなどの糖鎖（グルコースが直線状に結合したもの）は植物の骨格をつくる

葉の細胞にある酵素は二酸化炭素を養分に変える化学反応を起こりやすくする地球上で最も豊富に存在するタンパク質だ

1　日光が水を分解する

チラコイド膜は円盤のような形をして重なっていて、たくさんのクロロフィル分子と、水から水素を取り出すのに必要な酵素で覆われている。そのおかげで日光のエネルギーは効率よく水素に変換している。

水の分子を吸収する

水

酸素

水素

グルコース（ブドウ糖）は、スクロース（ショ糖）という2つの単糖が結合した糖になってから茎に運ばれる

クロロフィル（葉緑素）

水素が生じる

円盤状のチラコイド膜

グルコース（ブドウ糖）

グルコースが運ばれる

二酸化炭素を取り込む

二酸化炭素

副生成物の酸素分子は気孔（葉にあいた小さな穴）を通して空気中に放出される

水素は二酸化炭素と結合してグルコースになる

2　糖の製造

エネルギーを与えられた水素はストロマに移動する。ストロマで酵素のはたらきによって水素に二酸化炭素が結合し、グルコースができる。

あらゆる栄養素をつくる

細胞が生きて活動し続けるためには、炭素と水素と酸素のほかにも必要な元素があります。そのような元素は、根を通して土から無機物（溶解イオン）の形で取り込まれます。それらの元素のうち、窒素（硝酸として取り込まれる）からはタンパク質の元になるアミノ酸がつくられます。またリン酸は細胞の遺伝物質であるDNAの構成成分になります。

カルシウム

カルシウムイオン

マグネシウム

マグネシウムイオン

硫黄

硫酸イオン

カリウムイオン

カリウム

リン酸イオン

リン

硝酸イオン

窒素

植物の成長のしかた

植物の一生は、種子から発芽して花が開くまで、成長の段階ごとに物質によって細かく調節されています。成長を促したり抑制したりする、このような物質は「植物ホルモン」と呼ばれるもので、ほんの少量しかつくられないものの、成長した植物の形に大きな影響を与えます。

年輪

植物の成長の速さは温度や雨量によって変わる。夏は成長が早いが、冬はほとんど成長しないこともある。このように一時期だけ急成長する場合、木の幹によく見られる、年輪ができる。ゆっくり成長する冬がない熱帯でも、雨期には特に早く成長し、温帯の木に見られるような年輪ができる。1年中、同じ速さで成長していれば年輪はできない。

薄い色の輪は夏に早く成長した部分で、中心は最初にできた輪だ

木の幹の断面

成長を促す

植物では、成長の段階に応じて異なる植物ホルモンがはたらき、発育が調節されています。芽や根や葉の細胞でつくられた植物ホルモンは組織からしみ出て、植物体内を流れる液によって、ほかの部分に移動します。その結果どうなるかは、複数のホルモンのバランスによって決まります。互いの作用を弱め合う場合もあれば、補強し合う場合もあります。同じホルモンでも植物の部位よっては、逆の効果が現れることもあります。

凡例

- 💧 水
- 🔴 ジベレリン
- 🟢 オーキシン
- 🟣 サイトカイニン
- 🟡 花成ホルモン（フロリゲン）

頂芽

わき芽（側芽）

茎の先端でつくられるオーキシンが頂芽優勢に導き、側芽からの枝分かれを抑制する

3 頂芽の成長が優先される（頂芽優勢）

茎の一番上の部分（頂芽）はオーキシンをつくり続ける。オーキシンの作用で頂芽が優先的に成長し、わきから出る芽（側芽）の成長がおさえられ、周りの植物に光を遮られぬように、若い植物はまず上向きに伸びる。それと同時に、サイトカイニンという植物ホルモンが根の成長を促す。

オーキシンは茎として成長している部分（頂端分裂組織）でつくられる

1 種が発芽する

種子が吸い上げた水が胚を刺激し、ジベレリンという成長を促す植物ホルモンがつくられる。ジベレリンは酵素を活性化し、種子に養分として蓄えられていたデンプンが分解されて糖になる。糖は成長に必要なエネルギーを供給する。

2 オーキシンが芽の成長を促す

芽の先端では、オーキシンという植物ホルモンがつくられる。オーキシンは細胞壁をやわらかくして引き伸ばされやすくし、芽が上向きに伸びるのを促す。オーキシンの一部は根にも移動する。

種子

胚

芽

根

胚が分泌したジベレリンが発芽を促す

オーキシンの一部は発育中の師管を通って移動し、枝分かれしている根を刺激する

サイトカイニンは細胞分裂を促し、根を成長させる

ジベレリンは根や茎の先端などの成長している部分でつくられる

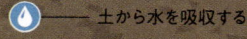

土から水を吸収する

素早い反応

植物の茎が太陽の方向に曲がる（屈光性がある）のはオーキシンの作用です。一方向から光がさすと、オーキシンは影になるほうに移動します。すると影側の細胞が大きくなるので、茎は光側に向かって曲がり、葉に日光が当たるようになります。この反応は、日中の太陽の動きに対応できるくらい早く現れます。

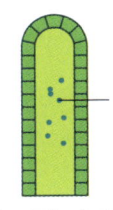

オーキシンは植物の組織にまんべんなく広がっている

暗い所にある茎の先端

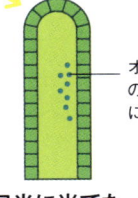

オーキシンは日光の当たらないほうに移動する

日光に当てた茎の先端

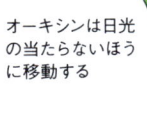

影側の細胞がオーキシンの作用で長くなるので茎は日光側に曲がる

日光に対する反応

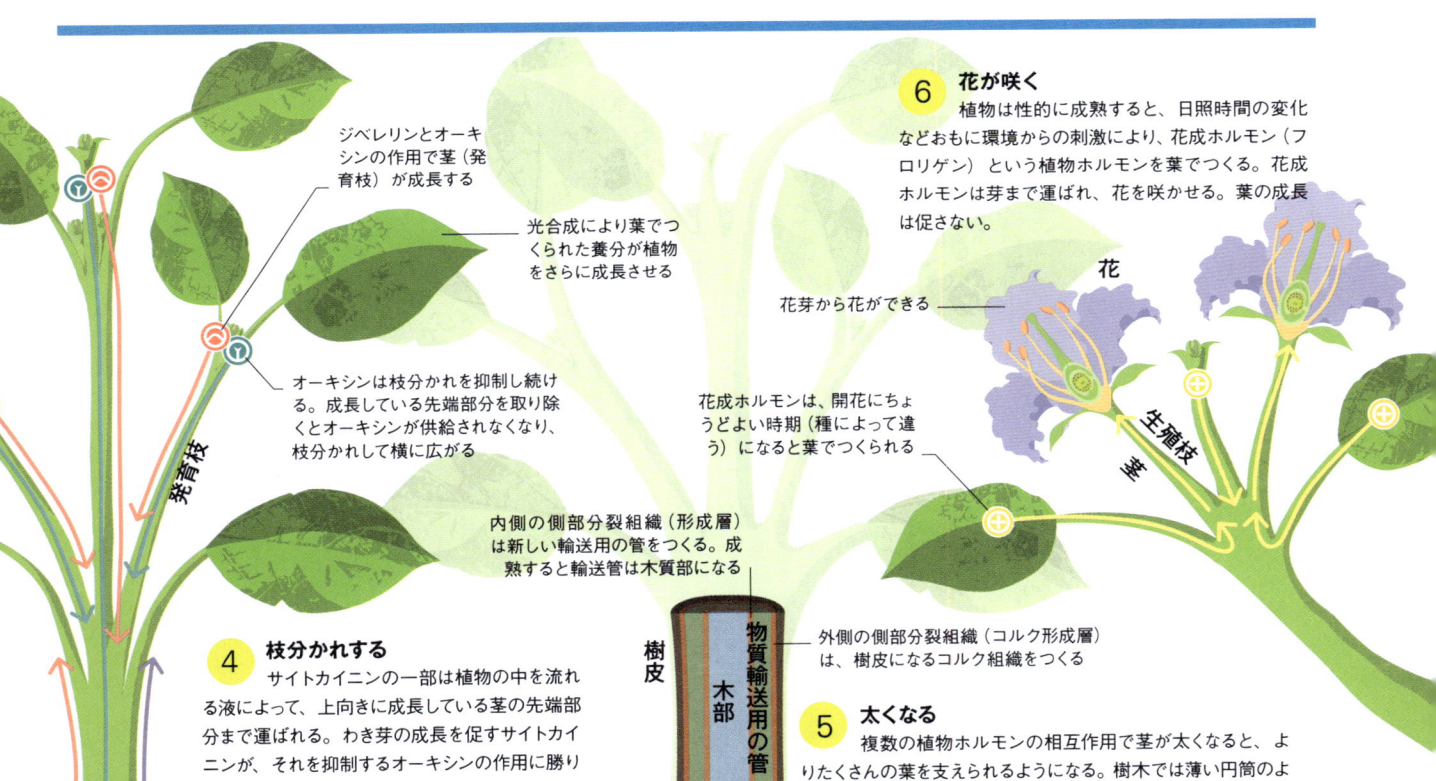

ジベレリンとオーキシンの作用で茎（発育枝）が成長する

光合成により葉でつくられた養分が植物をさらに成長させる

オーキシンは枝分かれを抑制し続ける。成長している先端部分を取り除くとオーキシンが供給されなくなり、枝分かれして横に広がる

発育枝

6 花が咲く
植物は性的に成熟すると、日照時間の変化などおもに環境からの刺激により、花成ホルモン（フロリゲン）という植物ホルモンを葉でつくる。花成ホルモンは芽まで運ばれ、花を咲かせる。葉の成長は促さない。

花芽から花ができる

花成ホルモンは、開花にちょうどよい時期（種によって違う）になると葉でつくられる

花

生殖枝

内側の側部分裂組織（形成層）は新しい輸送用の管をつくる。成熟すると輸送管は木質部になる

樹皮

物質輸送用の管（師部）

木部

外側の側部分裂組織（コルク形成層）は、樹皮になるコルク組織をつくる

4 枝分かれする
サイトカイニンの一部は植物の中を流れる液によって、上向きに成長している茎の先端部分まで運ばれる。わき芽の成長を促すサイトカイニンが、それを抑制するオーキシンの作用に勝り始めると、外側に向かって枝分かれが起こる。こうなると植物は枝が増え、より多くの葉で日光のエネルギーを捕らえることができる。

5 太くなる
複数の植物ホルモンの相互作用で茎が太くなると、よりたくさんの葉を支えられるようになる。樹木では薄い円筒のように幹を覆っている分裂細胞（側部分裂組織）がある。この組織が、幹の中心部をなす木質の層をつくる。

サイトカイニンとオーキシンは根と茎で反対の作用を示す

竹の成長は早い
なかには
1日に90cmも伸びる
巨大な竹もある

呼吸

生命活動を続けるためにはエネルギーが必要です。細胞の中には、生命を維持するための仕組みが備わり、エネルギーを使って、養分を分解したり、新しい物質をつくったり、あるいは変化に対応したりしています。この、養分の分解をはじめとした、いくつかの段階をふむ化学反応をまとめて呼吸といいます。エネルギーは、呼吸によってつくり出されているのです。

ミトコンドリア

筋肉細胞

細胞にエネルギーを与える

微生物であれナラの木であれ、ほぼすべての生物はグルコース（ブドウ糖）を分解してエネルギーを得ています。エネルギーを最も効率よく手に入れる方法は、グルコースを完全に分解すること、つまりグルコースに含まれる6個の炭素原子を6個の二酸化炭素分子に変えることです。このような分解が起こるためには酸素が必要です。この反応は燃料の燃焼に似ています。動物の場合は、血液の循環を利用してグルコースと酸素を細胞まで運びます。細胞内の細胞質基質で一連の反応が始まり、細胞の発電所であるミトコンドリアで終了します。すべての過程を経ることによって最大限のエネルギーが放出されます。

血管

エネルギー放出

1 燃料を届ける
大きな動物は、肺やえらから取り込んだ酸素や、腸から吸収したグルコースなど必要な物質を、血管を通して細胞まで届ける。植物や微生物は、必要な物質を周りの環境から直接取り込む。ただし植物は光合成によって細胞の中でグルコースをつくる。

6個の酸素分子

この段階ではグルコース分子1個につき酸素分子6個が使われる

ピルビン酸

血管を通じて運ばれるグルコース

グルコース（ブドウ糖）

グリコーゲンが分解されてグルコースになる

ピルビン酸

エネルギー放出

3 酸素を使ってブドウ糖の全エネルギーを解き放つ
ピルビン酸の分子は細胞のミトコンドリアまで移動する。ミトコンドリアでは酸素を使った複雑な反応が続き、最大の効率でピルビン酸の分解を完了する。

2 酸素を使わないで得るエネルギー
呼吸の最初の段階は細胞で起こり、グルコース分子1個がピルビン酸分子2個に変わる。この分解では酸素は使わず、グルコースのもつエネルギーのわずか5%だけが放出される。これは「嫌気呼吸」と呼ばれ、酸素が不十分な危機的状況のときに最初に起こる。

酸素

グリコーゲン

細胞が利用するグルコースはグリコーゲンで短期間、貯蔵される

筋肉細胞

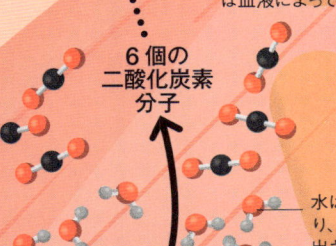

④ 老廃物
ミトコンドリアで起こる反応によって二酸化炭素と水ができる。水は一部利用されるが、有毒な二酸化炭素は血液によって運び出される。

6個の
二酸化炭素
分子

水は体で利用されたり、汗や尿として排出されたりする

6個の　水分子

エネルギー放出

ピルビン酸

ミトコンドリア

ピルビン酸の分解によって放出されるエネルギーは、元のグルコースのエネルギーの95%に相当する

エネルギーはどこで使われるのか？

すべての生物は、エネルギーを利用して、細胞の機能（体の基本的な代謝）を維持しています。さらに運動や成長や生殖といった活動にもエネルギーは使われます。動物の場合、筋肉の収縮にもエネルギーが必要なので、運動に関しては植物よりも多くのエネルギーを利用します。最もエネルギーが必要なのは恒温動物です。大きなエネルギーの大部分は高い体温の維持に使われます。

凡例
- 代謝
- 生殖
- 体温維持
- 成長
- 運動

植物
植物は光のエネルギーを利用した光合成で養分をつくる。さらに呼吸することで養分から取り出したエネルギーを利用して、生命維持に必要な活動をしている。

変温動物のヘビ
多くの動物と同じように、ヘビはエネルギーの大部分を運動に使うが、呼吸によって発生するエネルギーは体温維持には使わない。その代わり、ヘビは日光を利用して体温を保っている。

恒温動物のネズミ（成体）
小型の恒温動物は体温を失いやすい。このためエネルギーの大部分を使って体内で熱をつくり出している。

植物は二酸化炭素で呼吸をするのか？

しない。日光のもとで、植物は二酸化炭素を取り込んで糖をつくるが、これは呼吸ではない。植物も動物とまったく同じように、酸素を取り込んで、二酸化炭素を放出する。これが呼吸だ。

ガス交換

「呼吸」とは息を吸ったり吐いたりすることではない。エネルギーを放出する「呼吸」は、生物のすべての細胞で行われている。一方、息を吸ったり吐いたりする「換気」は、肺をもつ動物の場合、肺の運動そのものだ。「換気」をすることで、酸素を血液に取り込み、二酸化炭素を体の外に排出するガス交換ができる。

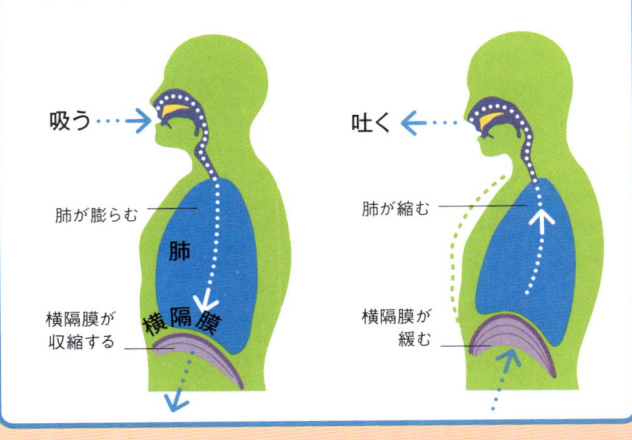

吸う

肺が膨らむ

肺

横隔膜が収縮する　横隔膜

吐く

肺が縮む

横隔膜が緩む

マングローブと呼ばれる木々は
空気の少ない泥地に生える
だから根を伸ばして
酸素を取り込んでいる

炭素循環

炭素原子は、有機物や無機物に形を変えて、化学変化や物理変化のプロセスを通して、大気、海、陸、生物の体の間を循環しています。炭素を貯蔵するものを吸収源といい、炭素は吸収源から別の吸収源へさまざまな速さで移動します。

自然のバランス

自然界では、光合成のはたらきにより、大気中の二酸化炭素（CO_2）がひっきりなしに養分（有機物）に変えられ、植物や藻類に炭素が集まっています。一方、呼吸と、自然に発生する燃焼現象により、年間ではほぼ同じ量の炭素が大気中に戻されています。また炭素は岩石の中を数百万年という時間をかけてゆっくり移動しています。ところが、人間が化石燃料を燃やすと CO_2 の排出量はいっきに増え、毎年82億トンもの炭素が余分に放出されることになります。

凡例

炭素の循環にかかる時間は、私たちが生きている長さから、数百万年までと幅広い。

- ━ 遅い（数百万年）
- ━ 速い、自然現象（人間の一生くらい）
- ━ 速い、人間が関与（人間の一生くらい）

大気

CO_2 は大気中にわずか0.04%しか含まれない。
6530 億トン

人間の関与する燃焼

82 億トン

化石燃料などの有機物を燃やすと CO_2 が発生する。エネルギーを得るために人間が化石燃料を燃やすと、自然の炭素の循環よりもかなり短い時間で CO_2 が発生する。つまり自然に回収できる量以上の CO_2 が大気中に放出されることになる。

2000 億トン

呼吸

ほとんどの生物は呼吸の結果、二酸化炭素を老廃物として生成する。好気性細菌などの「分解者」は生物の遺がいを分解して大量の CO_2 をつくる。山火事など自然に起こる燃焼現象も CO_2 を放出する。

自然の過程

火山活動

化石燃料

地下に蓄積されている炭素は生物が化石化したものだ。
3万 7500 億トン

生物と生命のないもの

どんな生物でも体に炭素を含んでいる。落ち葉や死がいなど、生命がなくなっても炭素は存在する。
2万 7200 億トン

植物

遺がい（落ち葉や死がい）

化石化

酸素がほとんどない状態では、遺がいは完全には分解されず、遺がいに含まれる炭素は地中に残る。先史時代の沼地の木や海のプランクトンに含まれていた炭素は、数百万年をかけて、石炭、石油、メタンガスに変わる。

岩石

ある種の岩石が含む炭素は、火山の噴火により大気中に放出される。
68×10^{19} トン以上

風化作用

地質の変化

岩石はできるまでに数百万年かかり、さらに同じぐらいの時間をかけて分解される。海水に溶け込んでいる炭素は海洋生物の硬い殻の成分になり、やがて石灰岩をつくる。一方で、岩石が風化されると炭素が水中に戻る。

堆積

炭素の回収

人間が関わる燃焼と呼吸によって毎年 2082 億トンの CO_2 が大気中に放出されています。光合成により 2040 億トンが吸収されるので、差し引きすると 42 億トンがたまっていくことになります。数ある温室効果ガス（p.245 参照）の 1 つである CO_2 の増加は、地球温暖化を引き起こします（p.246-247 参照）。産業分野では、大気中に炭素を放出することなく回収する技術が開発されています。

1 採掘と発電
化石燃料は地下の鉱床や海のガス田から取り出される。燃料を燃やすとエネルギーが発生するが、廃棄物として CO_2 も排出する。

2 CO_2 の回収
CO_2 を大気中に放出しないで、排気ガスの中から CO_2 を取り出して貯蔵している化石燃料発電所もある。

炭素の回収

4 圧入
回収した CO_2 を地下深くにある多孔質の岩石や枯れた油田に圧入する。そこは、ガスを通さない「キャップ（ふた）」となる岩石層の下にあるので、CO_2 を封じ込めることができる。

3 輸送
回収した CO_2 を発電所から貯留（圧入）する場所まで、パイプラインや船舶などで輸送する。

左側の炭素循環図

陸上の植物は日光のエネルギーを利用して、大気中の CO_2 から糖などの大きくて複雑な有機分子をつくり、炭素を手に入れる。単細胞藻類は、これと同じことを海面でうまくやってのける。このようにして取り込まれた炭素は、食物連鎖を通じて、ほかの生物に渡されていく。

光合成

動物

2040 億トン

大気と海洋間の交換
二酸化炭素は海水に溶けやすく、水分子と反応して炭酸や炭酸カルシウムなどの化合物をつくる。この反応は逆向きにも起こるので、海面では大気と海水の間で同じ量の炭素をゆっくり交換していることになる。

単細胞藻類

海
炭素は海水に CO_2、炭酸、炭酸水素塩、炭酸塩として蓄えられる。
33 兆 9000 億トン

海の酸性化

大気中の CO_2 濃度が上がると、海に取り込まれて海水と反応する CO_2 も増え、炭酸がどんどんつくられる。1750 年以降、海水の酸性度は 30 %上昇し、貝殻が溶けたり、硬い骨格をもつサンゴが立ち枯れしたり成長しにくくなったりするなど、海洋生物に深刻な影響をもたらしている。

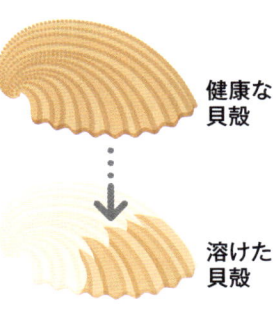

健康な貝殻

溶けた貝殻

老化

たくさんの部品で動くものならいずれは老朽化しますが、生物も同じです。生物の体は自らをチェックして修復できるものの、長い時間が経つと正しくはたらかなくなってきます。これが老化です。

老化とは何か？

年齢とともに体の機能が低下するのは、細胞や染色体や遺伝子が、徐々に衰えるという性質をもっているからです。多細胞生物の細胞は絶えず分裂して新しい細胞をつくり、多くは 50 回分裂すると衰え始めます。すると新しい細胞をつくる量は少しずつ減り、最後はまったくつくらなくなります。このような現象は、遺伝子の構造と関係しています。遺伝子の構造が少しずつ不安定になり、最終的に細胞が（結果的には体が）正しくはたらかなくなるからです。これが、ケガが治りにくくなったり、認知症を発症したりするような現象につながっていきます。

若い生物の細胞

核

テロメアは、生物が誕生したときが最も長い

染色体

若い染色体

細胞が分裂するとき、DNA は自己複製して遺伝情報（遺伝子）を写し取る。DNA中でも遺伝情報をもたない領域は「テロメア」と呼ばれ、染色体の末端を保護するはたらきがある。若い生物の染色体のテロメアは長い。

遺伝子の変異が起こり始める

テロメアがだんだん短くなり始める

現在のところ
世界最高齢の生物
といわれる樹木
ブリッスルコーンパイン
その推定樹齢は 5000 年に迫る

アンチエイジングクリームの仕組み

しわができるのは、皮膚から線維状のタンパク質が失われるからだ。老化防止クリームには抗酸化物質やタンパク質の構成成分が含まれ、線維状タンパク質の産生を増やす。そのおかげで、皮膚がピンと張るようになる。

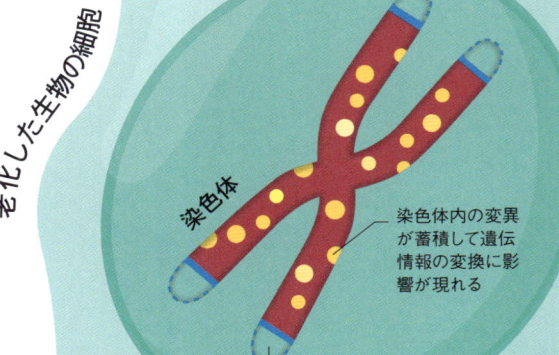

染色体の劣化
突然変異（DNA 複製の間違い）は長い時間をかけて蓄積する。テロメアは、DNA が複製するたびに短くなる。テロメアがどんどん短くなって、保護していた末端の遺伝情報をもつ領域まで達すると遺伝子がうまく機能しなくなる。

老化した生物の細胞

核

染色体

細胞の機能低下
遺伝子とは、化学反応の促進から化学信号の妨害まで、さまざまな仕事をするタンパク質をつくる情報だ。したがって遺伝子に欠陥（けっかん）が生じるとタンパク質の機能にも欠陥が生じ、時間が経つうちに細胞も効率よくはたらかなくなる。

染色体内の変異が蓄積して遺伝情報の変換に影響が現れる

テロメアの短縮により、細胞が分裂できなくなる

タンパク質の鎖が間違って折りたたまれ、タンパク質が正常にはたらかなくなる

ミトコンドリア

エネルギーの放出が少なくなる

ホルモンなどの化学信号が効率よく応答しない

ホルモン

誤って折りたたまれたタンパク質

グルコースなどの栄養を効率よく感知したり吸収したりできない

栄養

幼生の誕生（赤ちゃん）

成体（大人）

退行（弱る）

**不老不死の
生き物はいるのか？**
細胞のレベルでいうと、自己複製する DNA は実質的には不死といえる。その遺伝情報が精子や卵子を通じて次の世代からさらに次の世代へと永遠に渡されていくからだ。一方、単一の生物が本当に老化を免れるかどうかについては意見が分かれている。刺胞動物（イソギンチャクやクラゲの一部などを含む動物の仲間）の中には何年経っても衰える気配を見せないものがいる。不老不死のクラゲとして有名なベニクラゲは、幼生期の姿に若返る（わかがえ）ことがある。

海底に着生（ポリプ）

老化を遅らせる

実験レベルでは、DNA の損傷を防いだり修復したりする薬が見つかっている。いずれ、遺伝子治療（p.182-183 参照）によって老化細胞が「再起動」する日が来るかもしれない。とはいえ、老化を遅らせたり、元に戻したりする研究では立証されていない点もあり、異論もある。今のところは、定期的な運動や栄養バランスのとれた食事など、生活習慣を変えることが、老化による変性疾患のリスクを減らす、つまり寿命を延ばす最善の方法だ。

 薬　 遺伝子治療

 食事　 運動

ゲノム

生物の遺伝情報は DNA（デオキシリボ核酸）の分子に含まれています。すべての遺伝情報の全体をゲノムと呼びます。ゲノムを解析することによって、ある遺伝子を特定してそのはたらきを明らかにすることができ、さらには一人一人に特有の "DNA 指紋" をつくることもできます。

DNA はどのように収納されているのか

DNA には、タンパク質をつくる情報をもつ、遺伝子と呼ばれるコード領域があります（p.158-159 参照）。細菌の場合、DNA 分子は細胞質の中に漂っていますが、植物や動物など複雑な細胞をもつ生物の場合は、極めて長い DNA 分子が細胞の核の中にたくさんつめ込まれています。そして、細胞分裂のときは、これらがもつれないように圧縮されて太くて短い棒状の染色体になります。

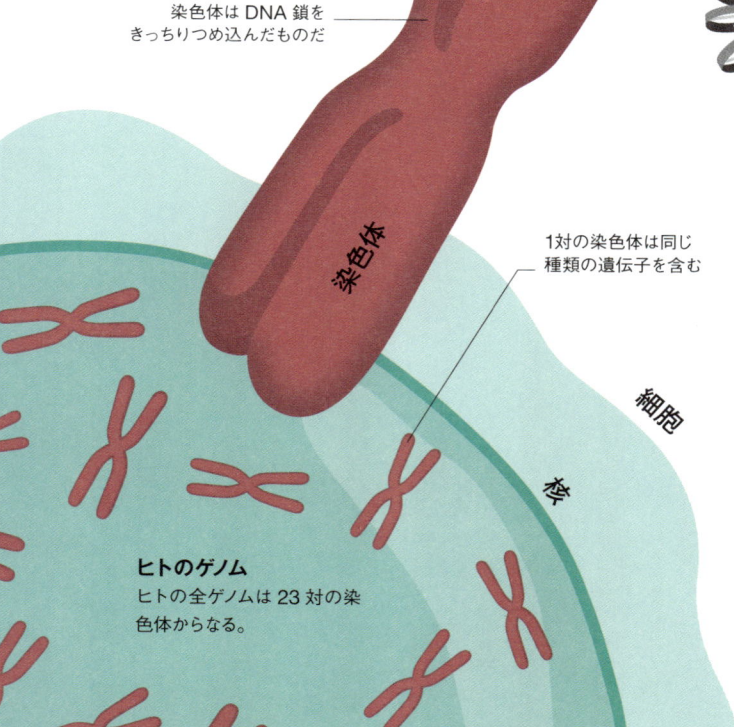

染色体は DNA 鎖をきっちりつめ込んだものだ

染色体

1対の染色体は同じ種類の遺伝子を含む

細胞

核

ヒトのゲノム
ヒトの全ゲノムは 23 対の染色体からなる。

遺伝子1　コード領域

イントロン（非コード領域）

遺伝子と遺伝子の間にある非コード領域には、遺伝子へのスイッチの「オン」または「オフ」の指示を含むものがある

コード領域

遺伝子 2

イントロン

遺伝子のコード領域は細胞にタンパク質のつくり方を指示する

発現する遺伝子と遺伝子の間にある非コード領域は遺伝子間DNAという

遺伝子間 DNA

DNA 内の非コード領域

DNA の遺伝子と遺伝子の間には、タンパク質をつくる情報を含まない、非コード領域があります。この領域は、何の機能もない「ジャンク（がらくた）DNA」と考えられてきました。しかし、その中には、遺伝子のスイッチのオン／オフを決め、さまざまな細胞への分化を促すはたらきをするものもあることがわかってきました。一方、動物や植物の場合、遺伝子のコード領域自体がイントロンと呼ばれる非コード領域で分断されています。タンパク質をつくるときは、まず遺伝子のコピーから不要なイントロンが取り除かれます。しかし、イントロンは、遺伝子の異なるコード領域をまとめて編集するのを助け、これによって1種類の遺伝子から複数の種類のタンパク質がつくられる可能性があります。とはいえ、DNA の非コード領域の多くは機能がわかっていません。これらは進化の途中でその機能を失った可能性もあります。

DNA 鑑定

DNA の塩基配列（p.158-159 参照）は、一卵性双生児を除いては、一人一人異なります。つまり、血液やだ液や精液などの生体試料を比較するとき、DNA は強力な鑑定手段となります。DNA が個人に固有の指紋と同じ役割を果たすのです。DNA 鑑定では DNA の中の同じ配列を繰り返す領域を比較します。この部分はショートタンデムリピート（STRs）といい、個人によりその長さが違います。

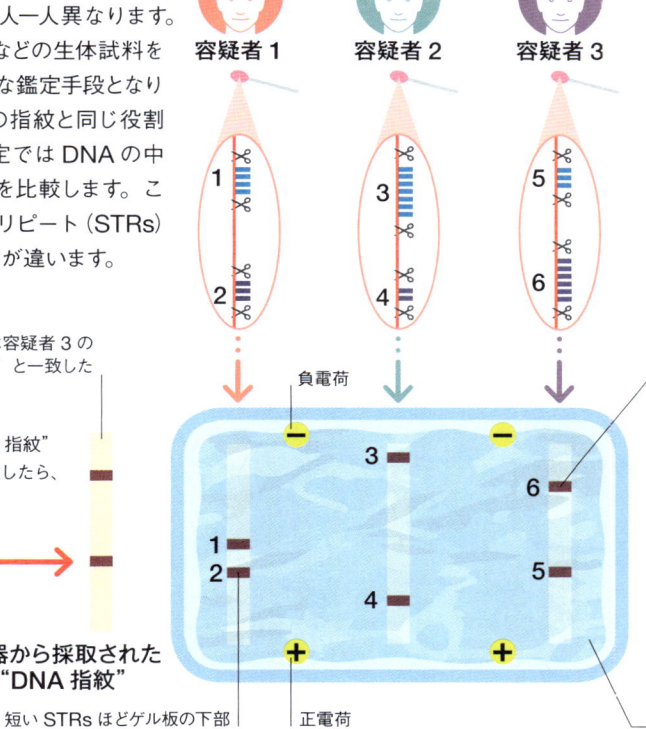

容疑者1　容疑者2　容疑者3

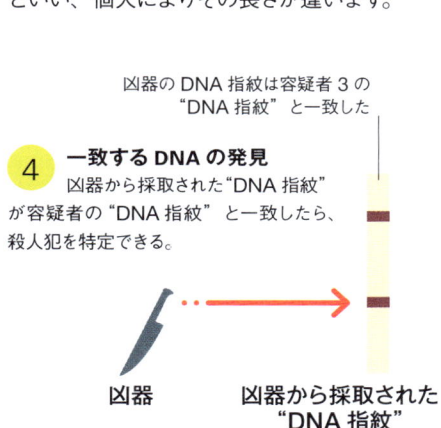

凶器の DNA 指紋は容疑者 3 の "DNA 指紋" と一致した

4 一致する DNA の発見
凶器から採取された "DNA 指紋" が容疑者の "DNA 指紋" と一致したら、殺人犯を特定できる。

凶器

凶器から採取された "DNA 指紋"

短い STRs ほどゲル板の下部（正極側）に現れる

負電荷

正電荷

1 試料の収集
凶器と容疑者（おもに口の粘膜）の両方から DNA 試料を採取する。DNA を何回も複製し、分析できるくらいの量まで増やす。

2 DNA の断片化
DNA から特定の STRs を含む断片を切り取る。これは個人によって長さが異なる。鑑定には、複数の種類の STRs の混合物を使う。

長い STRs ほどゲル板の上部（負極側）に現れる

3 断片の分離
ゲル板に電気を流すと、負の電荷を帯びた DNA が正（＋）極側に移動し始める。このとき、短い断片ほど速く移動するため、負（－）極側に近づく。移動した断片に色をつけると、一人一人に固有のバンドパターン、つまり "DNA 指紋" が見えてくる。

ゲル板の中を DNA 鎖が移動する

ほかの遺伝子と同じように、遺伝子 3 でもタンパク質の情報をコード化している領域はほんの一部だけだ

遺伝子 3

遺伝子内のイントロンは、遺伝子の発現（遺伝子が実際に機能すること）を調節している可能性もあるし、何の役割もない可能性もある。

DNA の鎖状分子は長い
ヒトの細胞の DNA を
ほどいてのばすと
長さ 2m にもなる

ヒトゲノムプロジェクト

2003 年、ヒトゲノムプロジェクトが完了した。1990 年に始まったこのプロジェクトでは世界各国の研究者が協力し、ヒトの DNA をつくる 30 億個の塩基の配列が解読された。特定の配列については個人によって違いがあるが、ヒトゲノムプロジェクトでは、複数の匿名提供者の DNA をもとに平均的な配列を明らかにした。これにより、ヒトの遺伝子全体をより深く理解する下地がつくられた。

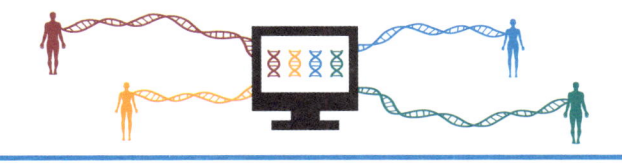

遺伝子操作

遺伝情報は生物個体の独自性と深く関係しています。驚くべきことに、そのような遺伝情報を人間は操作することができます。とはいっても、科学が、違う特性を得るために遺伝子を操作して遺伝情報を書き換えられるのは、医薬やそのほかの分野で有益な場合です。

遺伝データの書き直し

遺伝工学では、遺伝子を加えたり、取り除いたり、あるいは変えたりして、生物の遺伝子構造を変化させます。遺伝子は、タンパク質をつくる遺伝暗号が含まれている、DNA の領域（p.158 参照）なので、タンパク質の合成に関わる性質を変える正確な方法によってその領域を変化させると、その生物の特性も変わることになります。標的とする遺伝子は染色体（p.178 参照）から切り取ったり、RNA という遺伝物質（p.158-159 参照）を複製したりして用意します。このような操作は、生体で起こる化学反応の触媒としてはたらく酵素によって促進されます。

インスリンをつくる

インスリンをつくる遺伝暗号をヒトの細胞から取り出して、細菌の遺伝子に組み込むことで、この細菌を、糖尿病治療用のインスリンを供給する生物工場として利用できる。遺伝暗号はヒトの細胞に含まれる RNA の複製で得られる。RNA は DNA よりも取り出しやすく、また非コード領域（p.178-179 参照）はあらかじめ取り除かれている。

アメリカでは
**暗いところで光るように
遺伝子操作された魚が
観賞用に売られている**

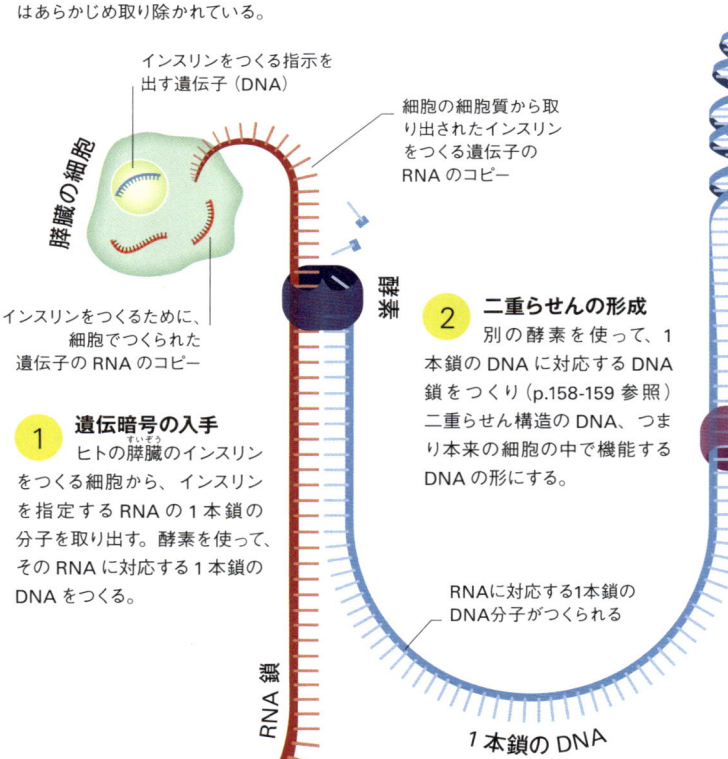

インスリンをつくる指示を出す遺伝子（DNA）

細胞の細胞質から取り出されたインスリンをつくる遺伝子の RNA のコピー

膵臓の細胞

インスリンをつくるために、細胞でつくられた遺伝子の RNA のコピー

1 遺伝暗号の入手
ヒトの膵臓のインスリンをつくる細胞から、インスリンを指定する RNA の 1 本鎖の分子を取り出す。酵素を使って、その RNA に対応する 1 本鎖の DNA をつくる。

酵素

2 二重らせんの形成
別の酵素を使って、1 本鎖の DNA に対応する DNA 鎖をつくり（p.158-159 参照）二重らせん構造の DNA、つまり本来の細胞の中で機能する DNA の形にする。

RNAに対応する1本鎖のDNA分子がつくられる

RNA 鎖

1 本鎖の DNA

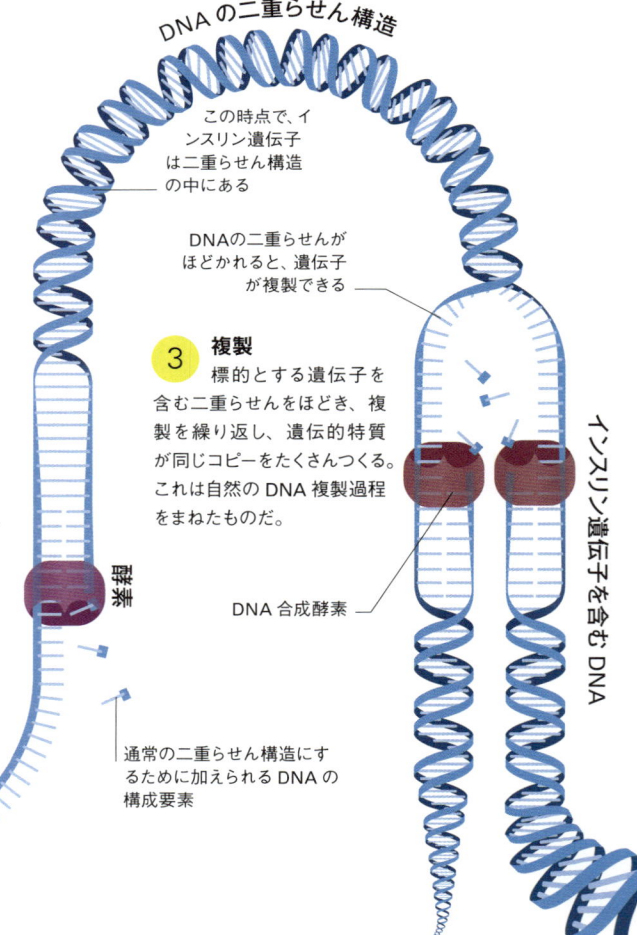

DNA の二重らせん構造

この時点で、インスリン遺伝子は二重らせん構造の中にある

DNAの二重らせんがほどかれると、遺伝子が複製できる

3 複製
標的とする遺伝子を含む二重らせんをほどき、複製を繰り返し、遺伝的特質が同じコピーをたくさんつくる。これは自然の DNA 複製過程をまねたものだ。

酵素

DNA 合成酵素

通常の二重らせん構造にするために加えられる DNA の構成要素

インスリン遺伝子を含む DNA

なぜ遺伝子を変えたいのか？

遺伝子操作はとても役に立つ技術です。医療では微生物に重要なタンパク質を大量生産させたり、農業では望ましい性質をもつ作物や家畜をつくったりします。また遺伝子治療をすれば遺伝子疾患が治る可能性があります。

遺伝子操作の例

医薬品
タンパク質を動物から取り出すのではなく、遺伝子改変した微生物につくらせると、大量に得ることができる。

遺伝子組み換え（GM）作物・動物（家畜）
植物や家畜動物の遺伝子を改変すると、栄養価を上げたり、干ばつや病気や害虫に対する抵抗力を高めたりすることができる。

遺伝子治療（p.182-183 参照）
遺伝子疾患の原因となっている細胞に機能する遺伝子を挿入すると、一時的に正常にはたらかせることができる。

組み込まれた遺伝子はまん延するか？

外来遺伝子を組み込んだ植物が、一般の環境の中でコントロールできないほどの勢いで広がり、「スーパー雑草」になってしまうのではないかという不安が高まっている。GM 作物がたまたま野生の植物と受粉して、農業に損害を与える雑草になってしまう可能性があるからだ。GM 作物と非 GM 作物との間で「遺伝子流動」（遺伝子の移動）が起こることは実証されているが、環境に与える危険についての科学的合意は得られていない。

---

4 結合するための準備

細菌の中に元々存在する、プラスミドと呼ばれる環状 DNA を、特別な酵素を使って切って開く。すると切断された末端が特異的な塩基配列をもつ、1 本鎖が突き出すような形になる。

5 遺伝子の挿入

細菌の末端に、標的の遺伝子を含む DNA の末端を結合させなければならない。それぞれの末端の 1 本鎖の塩基配列が対応していると結合できる。この接続部分を別の酵素で覆うと、インスリン遺伝子を含むプラスミドができあがる。

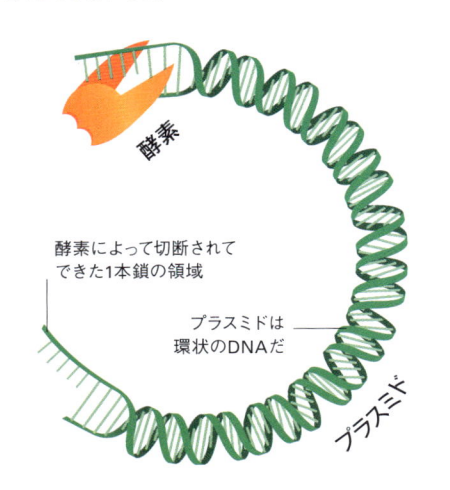

酵素

酵素によって切断されてできた1本鎖の領域

プラスミドは環状のDNAだ

プラスミド

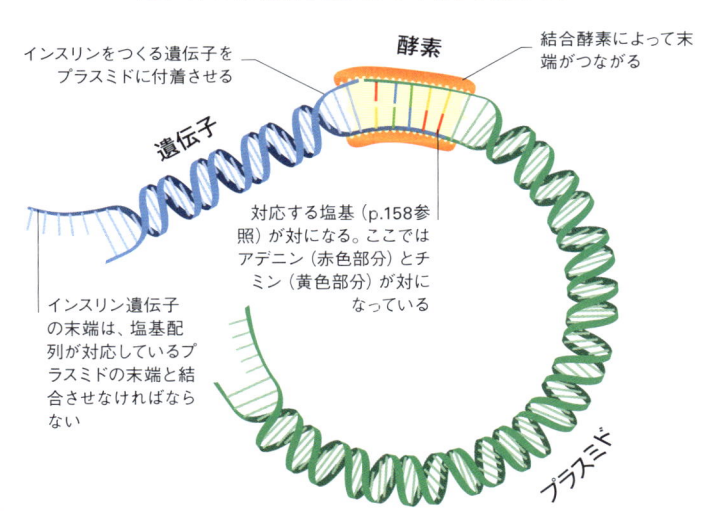

インスリンをつくる遺伝子をプラスミドに付着させる

遺伝子

酵素

結合酵素によって末端がつながる

対応する塩基（p.158参照）が対になる。ここではアデニン（赤色部分）とチミン（黄色部分）が対になっている

インスリン遺伝子の末端は、塩基配列が対応しているプラスミドの末端と結合させなければならない

プラスミド

インスリン遺伝子を含むプラスミドが細菌に取り込まれる

細菌がつくったインスリン

細菌

6 インスリンの生成

遺伝子操作によりできた、インスリン遺伝子を含むプラスミドを細菌が取り込む。細菌の増殖とともにプラスミドも複製される。細菌が生成するインスリンを培地から分離し精製する。

遺伝子治療

病気の中には、特に高度な治療法を必要とするものがあります。DNA を薬として用いる遺伝子治療もそのような治療法の1つです。遺伝子治療では、細胞のはたらきを変える遺伝情報を細胞に与えて病気を治します。

遺伝子治療の仕組み

遺伝子は、細胞に特定の種類のタンパク質をつくるよう指示を出す、DNA の領域です。遺伝子治療では、ある遺伝子を細胞に組み込むことによって、機能するタンパク質をつくれない DNA の欠陥を補ったり、あるいは病気に対抗する新たな機能をもたせたりします。遺伝子治療の技術は、複数の要因が絡み合って起こる病気よりも、1個の遺伝子で起こる病気（たとえば囊胞性線維症）に効き目があります。治療のための遺伝子はベクターという粒子に入れて細胞まで運んでもらいます。ベクターには、不活性化したウイルスや、リポソームという脂質のカプセルが利用されます。

囊胞性線維症の患者

繊毛は粘度の高い粘液を動かせないので、異物を取り除くことができない

粘度の高い粘液に覆われる

粘度の高い粘液

チャネルタンパク質

機能しないチャネルタンパク質は、通路の役割を果たさない

肺の細胞

チャネルタンパク質の通路がないため、塩化物イオンが粘液まで運ばれない

塩化物

核の中の遺伝子が、正常に機能しないチャネルタンパク質をつくる

核

1 囊胞性線維症（のうほうせいせんいしょう）

囊胞性線維症患者の肺細胞では、遺伝子に変異が生じ、イオンチャネルと呼ばれるチャネルタンパク質が本来もっている通路の機能がはたらかない。その結果、気道の粘液の粘り気がとても強くなり、呼吸困難になる。

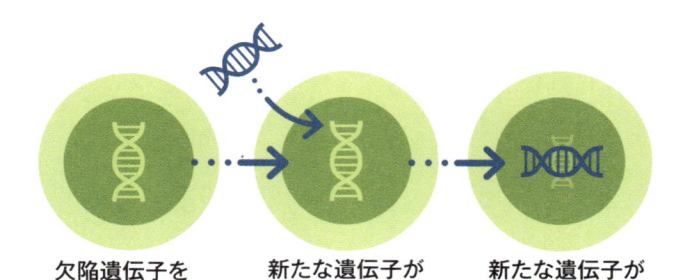

欠陥遺伝子をもつ細胞 → 新たな遺伝子が加わる → 新たな遺伝子が欠陥遺伝子を抑え込む

細胞は正常に機能する

遺伝子の抑制

導入された遺伝子が、病気を起こす遺伝子の機能を抑制するタンパク質をつくる。治療の対象には、制御できない細胞分裂の引き金となってがんを引き起こす特定の遺伝子が含まれる。

最新の遺伝子治療では特定のがんに的を絞って研究が進められている

遺伝子治療は根治療法なのか？

治療された細胞は分裂するが最終的には死んでしまい、病気の原因となる異常細胞に置き換えられてしまう。現在のところ、効果が長続きしないため、繰り返し治療をしなければならない。

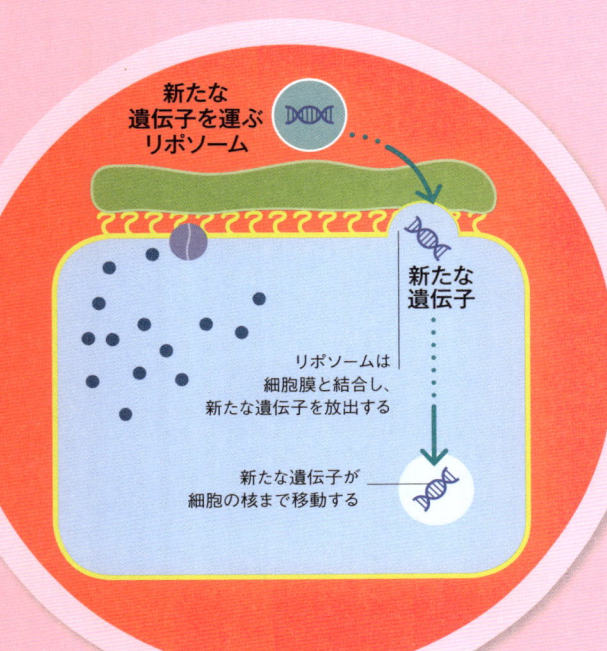

新たな
遺伝子を運ぶ
リポソーム

新たな
遺伝子

リポソームは
細胞膜と結合し、
新たな遺伝子を放出する

新たな遺伝子が
細胞の核まで移動する

塩化物イオンがチャ
ネルタンパク質を
通って移動する

粘液が水を吸収
するので、粘度が
どんどん低くなる

粘度の低い粘液

**新たなチャネ
ルタンパク質**

新たなチャネル
タンパク質に小
さな孔が開くの
で、塩化物イオ
ンは通り抜ける
ことができる

新たな遺伝子によってつくられ
たアミノ酸が、正常に機能する
チャネルタンパク質になる

②　遺伝子が加えられる
正常なチャネルタンパク質の遺伝子を含むリ
ポソームを吸入する。リポソームが気道まで運ばれて
上皮細胞に取り込まれると、新たな遺伝子が細胞の
核の DNA に組み込まれる。

③　遺伝子の機能が回復する
細胞では新たな遺伝子の指示により正常に機能する
チャネルタンパク質がつくられ、塩化物イオンが粘液側に移動
するようになる。塩化物イオン濃度の高くなった粘液が細胞か
ら水を吸収するので、粘液は流れやすくなり呼吸も楽になる。

特定の細胞をたたく
異常細胞を明確に標的
にする"自殺遺伝子"は、
異常細胞を自己破壊さ
せる。あるいは免疫系
が攻撃できるように異
常細胞に印をつける。

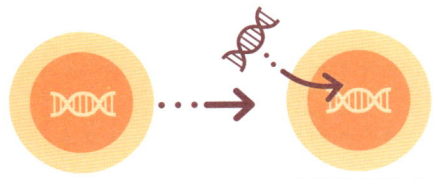

異常細胞

自殺遺伝子を
入れる

自殺遺伝子が活性化し
自己破壊し始める

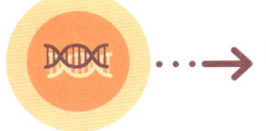

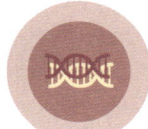

異常細胞が
死ぬ

新たな遺伝子は受け継がれるのか？

従来の遺伝子治療は体細胞遺伝子治療といい、卵子や精子の生
成に関わらない体細胞に遺伝子を挿入する方法である。遺伝子を
挿入された体細胞が増殖すると、複製した遺伝子は患部細胞に留
まり、子には伝わらない。生殖細胞系列への遺伝子治療（倫理上
問題があるので一般には認められていない）であれば、精子や卵
子に遺伝子を加えることになるので、遺伝子は受け継がれる。

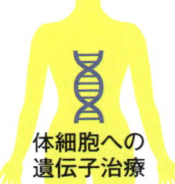

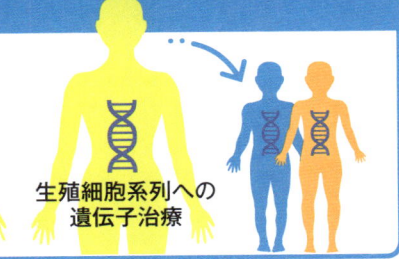

体細胞への
遺伝子治療

生殖細胞系列への
遺伝子治療

幹細胞

動物の体は、酸素を運んだり、神経系の電気信号を伝えたりと、それぞれの役割をもつ細胞でできています。胚から成体になるまで、細胞の特殊性を生み出す能力をもち続けているのは、細胞が分化する元となる、幹細胞と呼ばれる細胞だけです。幹細胞は病気を治す可能性を秘めています。

さまざまな幹細胞

異なる組織になる可能性が最も大きい細胞は、当然ながら、胚の細胞です。小さな球状の胚細胞は成長して、体のあらゆる部分にならなければなりません。しかし、それぞれ異なる体の部分で特定の仕事をするようになると、細胞は万能性を失います。骨髄など体の一部には幹細胞がありますが、多様化する能力は限られています。

幹細胞の採取に関する倫理

治療に最も使えそうな幹細胞は胚性幹細胞だ。ところが、ヒトの胚を用いることには倫理的に問題があると多くの人が考えていて、胚からの幹細胞採取を違法とする国もある。骨髄や臍帯などにある成体幹細胞ならばこうした心配は避けられるが、成体幹細胞の能力には限りがあり、糖尿病やパーキンソン病といった病気の治療研究によると効果がないという結果が出ている。

筋細胞 / 神経細胞 / 胎盤細胞 / 皮膚細胞 / 白血球 / 赤血球 / 脂肪細胞 / 上皮細胞

桑実胚（胚）

ごく初期の胚性幹細胞

最も早い時期の胚は球が集まった形の桑実胚だ。この段階の細胞はどのようにも成長できる可能性が最も大きい。いわゆる"分化全能性（何にでもなれる）"の幹細胞は、胎児の体のあらゆる部分になることができる。哺乳類の多くは、最終的に胎盤になる膜も含まれる。

幹細胞治療

幹細胞の分化する能力を利用して健康な組織を生成させると、治せる病気があります。たとえば、白血病など血液の病気には骨髄を移植して、そこに含まれる成体幹細胞の血液細胞を形成する能力を利用して治療します。また糖尿病患者は幹細胞治療によってインスリン産生細胞を取り戻すことができる可能性があります。実験ではおもに動物を用い、あらかじめ化学処理を施し能力を高めた、胚あるいは成体細胞由来の幹細胞を使います。

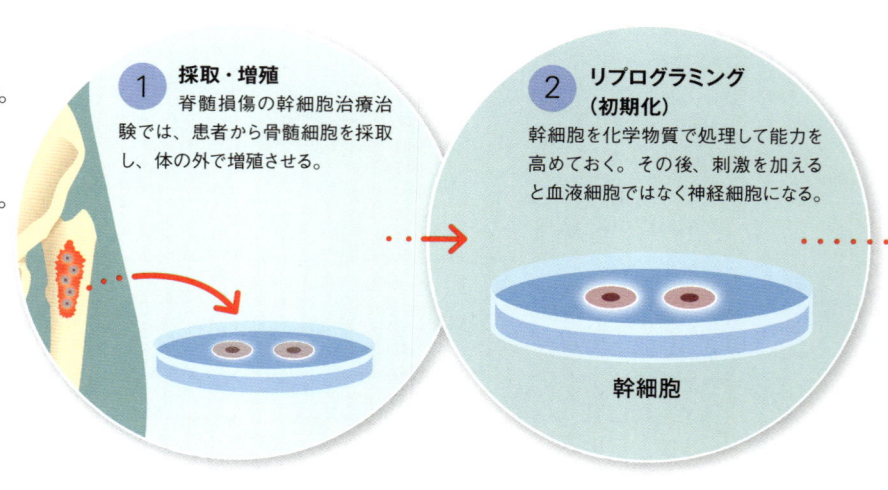

1 採取・増殖
脊髄損傷の幹細胞治療治験では、患者から骨髄細胞を採取し、体の外で増殖させる。

2 リプログラミング（初期化）
幹細胞を化学物質で処理して能力を高めておく。その後、刺激を加えると血液細胞ではなく神経細胞になる。

幹細胞

脊髄損傷に対する
幹細胞治療の治験では、
被験者の50%が
なんらかの体の動きを
取り戻した

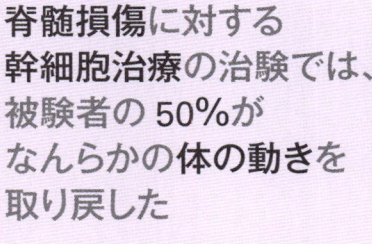

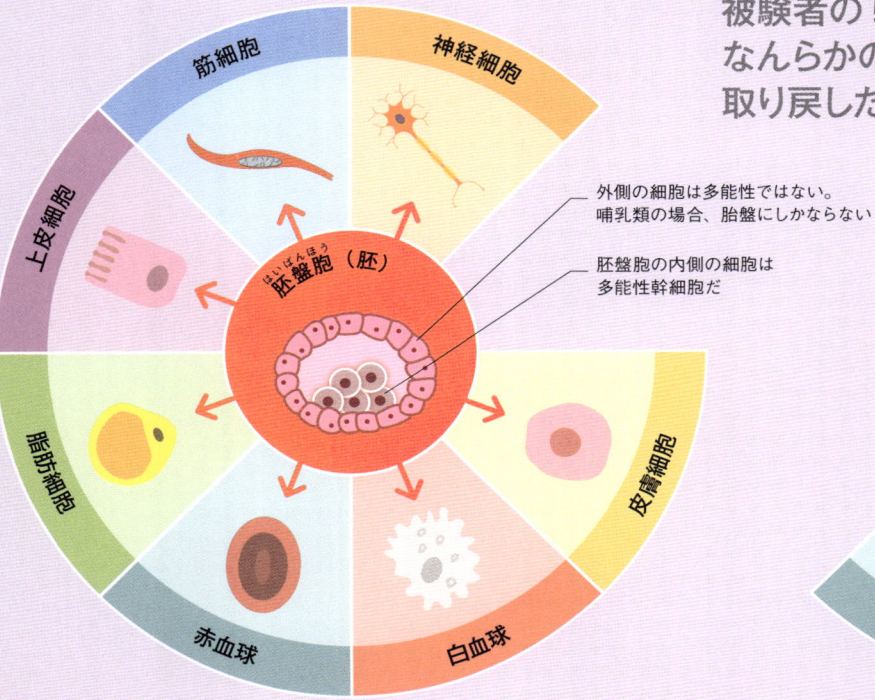

外側の細胞は多能性ではない。
哺乳類の場合、胎盤にしかならない

胚盤胞の内側の細胞は
多能性幹細胞だ

筋細胞　神経細胞　上皮細胞　脂肪細胞　赤血球　白血球　皮膚細胞

胚盤胞（胚）

骨髄

白血球の一種

赤血球　白血球

初期の胚性幹細胞

胚が成長して空洞のある胚盤胞になると、分化の第1段階が
始まる。ほとんどの哺乳類では外側の細胞は胎盤に分化し
ていく。内側の細胞の塊だけが多能性（さまざまな細胞に分化
できる）幹細胞を含み、胚の体のさまざまな部分になる。

成体幹細胞

成人の体の一部には幹細胞が残っているが、限られた種類
の細胞にしかならないため、複能性幹細胞と呼ばれる。たと
えば、ほとんどの骨の骨髄には、さまざまな種類の血液細
胞に分化する複能性幹細胞がある。

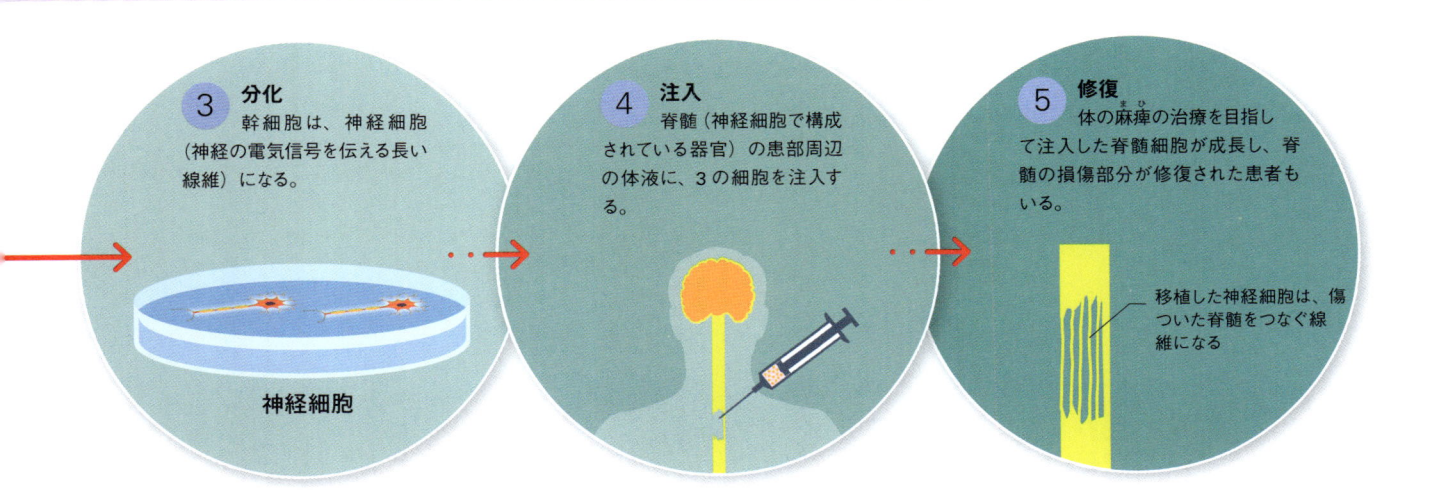

③ **分化**
幹細胞は、神経細胞
（神経の電気信号を伝える長い
線維）になる。

神経細胞

④ **注入**
脊髄（神経細胞で構成
されている器官）の患部周辺
の体液に、3の細胞を注入す
る。

⑤ **修復**
体の麻痺の治療を目指し
て注入した脊髄細胞が成長し、脊
髄の損傷部分が修復された患者も
いる。

移植した神経細胞は、傷
ついた脊髄をつなぐ線
維になる

クローニング

クローンとは、ある生物とまったく同じ遺伝情報をもつ生物です。バイオテクノロジーの技術を利用すれば人工的にクローンがつくれます。この技術は医薬、さらには医薬以外の分野にも影響をもたらします。

クローニングの仕組み

クローニング（クローン作成）の中心となるのは、自己複製する DNA です。DNA は細胞の分裂を促し、無性的な生殖で増える生物ならどんなものも増やします。実験的な技術では、自然界では起こらない方法で特定の未分化細胞や組織にクローンをつくらせるよう操作します。

理論的には双子はクローンなのか？

そのとおり、一卵性双生児はクローンといえる。子宮の中で 1 個の受精卵が 2 個に分かれると、それぞれが同じ遺伝情報をもった胚に成長し、一卵性双生児となる。

自然界で起こるクローニング

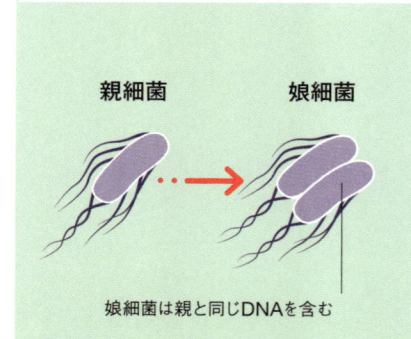

微生物の無性生殖
細菌などの微生物は自らクローニングをして無性生殖で増える。DNA は、細胞分裂が始まる直前に複製をする。各細胞には、まったく同じ DNA の複製が入る。

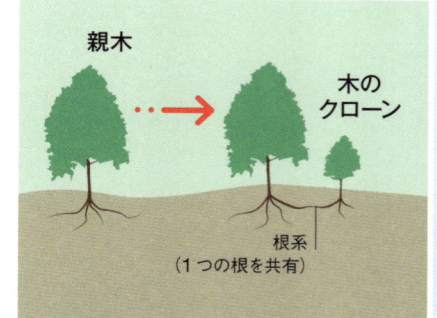

植物の無性生殖
地下に伸びる根茎には、親植物と遺伝的に同じ新しい木が育つために必要な組織がある。ポプラは 1 つの根から新たな芽を出すことで世界最大級のクローン林をつくる。

人工的なクローニング

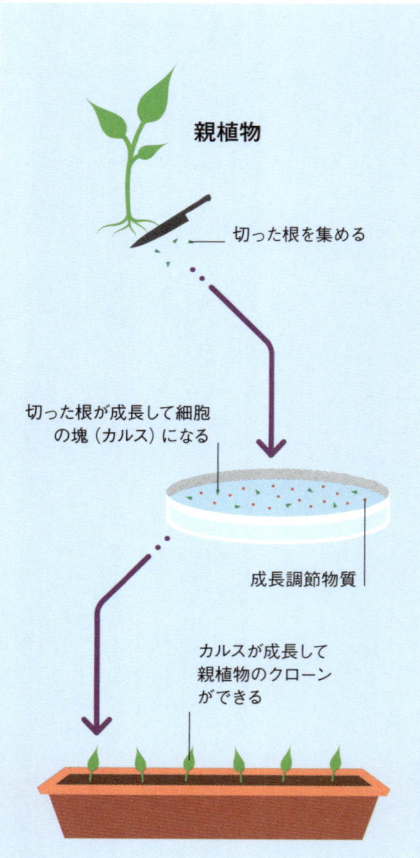

組織培養
植物の一部を成長調節物質という化学物質で処理すると、新しい植物に育っていく。養分の豊富な無菌培地で小さな植物を発芽させたのちに、土に植え替える。

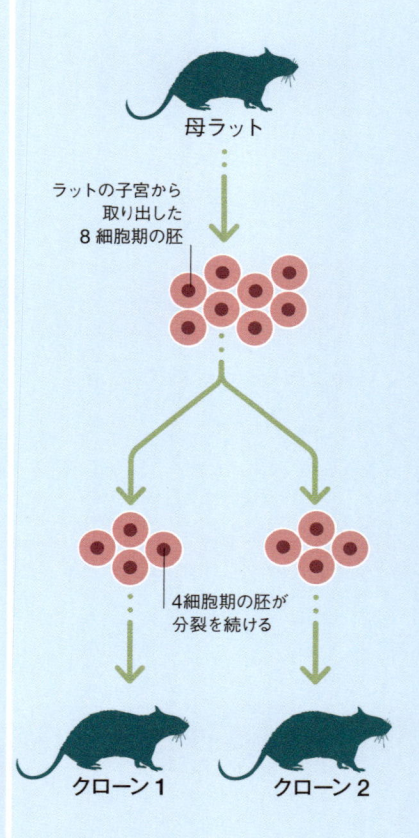

胚の分割
世界で初めて成功した動物のクローニングでは、胚を分割する技術が用いられた。発生の早い段階の胚ならば、体のあらゆる部分になる可能性を秘めた未分化の細胞をもっている。

野生のヤギの絶滅種
ピレネーアイベックスは
クローン技術で
復活した動物の
第1号となったが、
わずか**7分後に**
死亡した

絶滅種の復活

保存されている標本によって、絶滅した種の復活が期待できる。しかし、DNAは時間が経つと退化する。つまり、古いDNAには、成長できる胚をつくるために必要な指示がほとんど含まれていない。凍ったマンモスの組織からDNA配列が元の状態のまま取り出されたが、損傷が多すぎてクローニングには不十分だった。現在、計画されているのは、マンモスとアジアゾウ（マンモスに最も近い現生種）の遺伝子を継ぎ合わせて交雑胚をつくり、人工子宮で育てるという方法だが、この方法には倫理面で問題がある。

マンモス

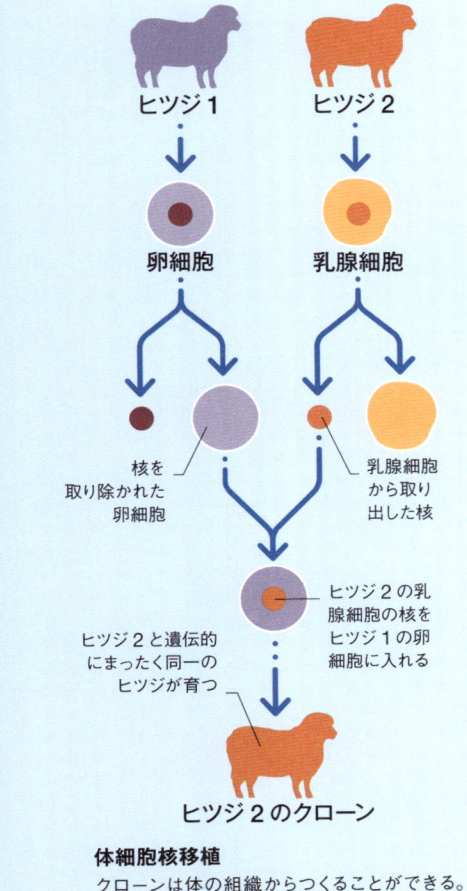

ヒツジ1　ヒツジ2

卵細胞　乳腺細胞

核を取り除かれた卵細胞　乳腺細胞から取り出した核

ヒツジ2の乳腺細胞の核をヒツジ1の卵細胞に入れる

ヒツジ2と遺伝的にまったく同一のヒツジが育つ

ヒツジ2のクローン

体細胞核移植
クローンは体の組織からつくることができる。ドナーの体細胞核にはクローンをつくる潜在能力があり、核を取り除いた卵細胞は、ドナー（提供者）の体細胞核をリプログラミング（初期化）する。ヒツジのドリーは、この技術を利用してつくられたクローンだ。

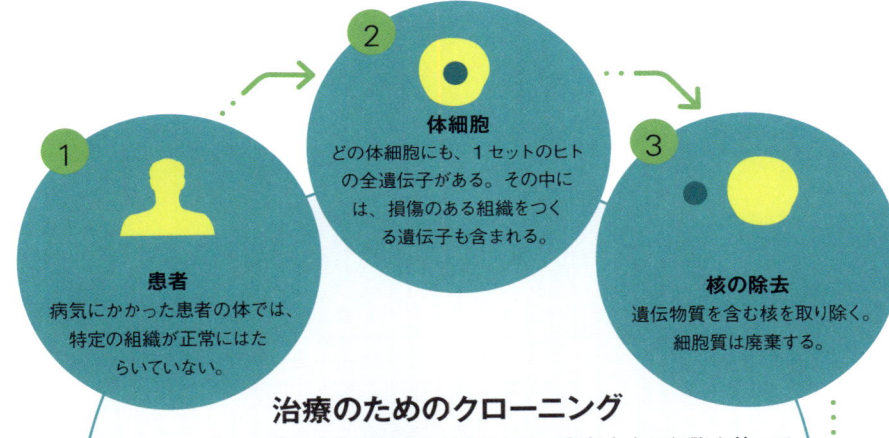

1 患者
病気にかかった患者の体では、特定の組織が正常にはたらいていない。

2 体細胞
どの体細胞にも、1セットのヒトの全遺伝子がある。その中には、損傷のある組織をつくる遺伝子も含まれる。

3 核の除去
遺伝物質を含む核を取り除く。細胞質は廃棄する。

治療のためのクローニング

クローニングに、病気を治す潜在力があります。患者本人の細胞を使って機能する組織をつくり、これを体に移植するという方法です。この場合、遺伝子が一致するので拒絶反応の可能性を最小限に抑えられます。動物を使って試験をしたところ、クローン細胞は、パーキンソン病の症状をやわらげる神経組織を再生しました。この技術が進歩すると、移植可能なすべての臓器をつくれるようになるかもしれません。

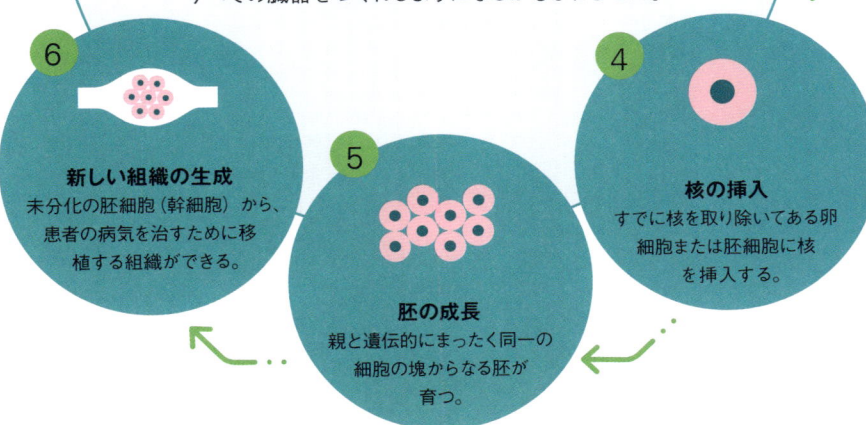

6 新しい組織の生成
未分化の胚細胞（幹細胞）から、患者の病気を治すために移植する組織ができる。

5 胚の成長
親と遺伝的にまったく同一の細胞の塊からなる胚が育つ。

4 核の挿入
すでに核を取り除いてある卵細胞または胚細胞に核を挿入する。

宇宙

恒星

恒星は、光り輝く巨大なガスの球です。その中心部が核反応により燃え始めると誕生します。最大級の質量をもつ恒星は明るく燃えますが、質量が小さい恒星と比べると早く衰えていきます。軽い恒星のほうが燃料をゆっくり燃やすからです。恒星の質量の大きさによって、恒星の一生とその終え方も決まります。

恒星の誕生

恒星は、星間の塵やガスが集まってできた、ごく低い温度の星雲の中で生まれます。雲の中に特に密度が高い部分ができると重力が大きくなり、物質が中に落ち込んで収縮することでさらに密度が高くなって、熱を放出します。この熱によって中心部が非常に高い温度まで達すると核融合（p.193 参照）が起こりはじめ、恒星が誕生します。塵やガスから恒星が誕生するまでには数百万年かかります。

恒星の寿命は？

恒星の一生の長さはその質量の大きさによって決まる。最も重い恒星は数十万年くらいで燃えつきるが、最も軽い恒星は数兆年も燃え続けると考えられている。

塵とガス
（おもに水素）

① **分子雲**
絶対零度よりほんの少し高い温度では気体はイオンではなく分子として存在し、結合している。その中に密度の高い部分が現れる。

中心核は自分の重さで崩壊収縮する

② **重力収縮**
密度の高い部分が重力で収縮し、中心部の温度が上がる。角運動量により、この密度の高い部分が回転する円盤に変わる。

落下してくる物質

③ **原始星の形成**
密度の高い中心領域が原始星をつくる。円盤部分は惑星系を形成することもある。原始星には物質が集まってくるので、非常に大きくなる。

恒星風が外側に向かって吹く

④ **核融合の開始**
高温高圧状態になった中心核で核融合が始まると、中心部への物質の落下が止まる。これを主系列星という。主系列星は水素を燃やし、強力な恒星風を起こす。

恒星の一生

ほとんどの原始星は、平均的な恒星である「主系列星」になります。主系列星は、ガスが熱で膨張し外側に向かおうとする圧力と、重力によって縮まろうと内側に引っ張る力がつり合っているため、安定した状態になります。恒星の一生は質量によって決まります。また恒星は年齢によって大きさ、温度、色を変えていきます。徐々に消えていく恒星もあれば、爆発を起こして超新星となり終わりを迎える恒星もあります。超新星爆発によって生じた物質は新しい恒星や惑星のもとになります。宇宙に存在する物質の大部分は恒星の核反応によってつくられたので、私たちの世界は星くずでできているともいえます。

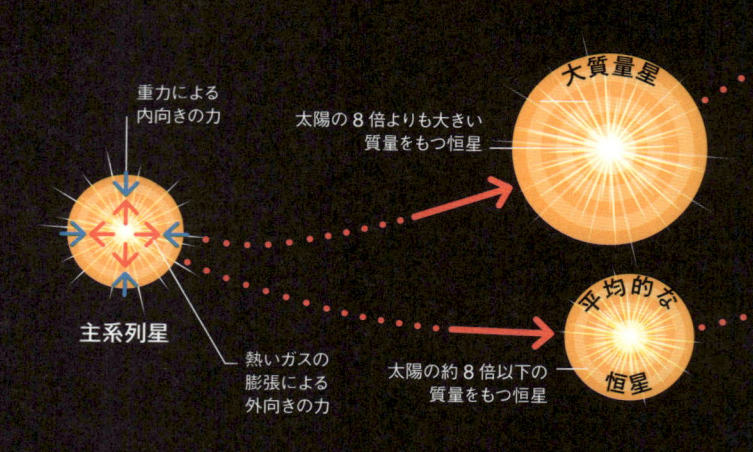

重力による内向きの力

主系列星

熱いガスの膨張による外向きの力

太陽の8倍よりも大きい質量をもつ恒星

大質量星

太陽の約8倍以下の質量をもつ恒星

平均的な恒星

質量の大きい恒星は
爆発後にブラックホールを
生じることがある

ブラックホール

中性子星

超新星の後に残った
収縮した中心部は
中性子だけでできていて、
超高速で回転する

恒星が燃料を使い果た
すと、外側の層が中心
核に向かって落ち込む。
その後、毎秒3万km
もの速さで外側に向
かって爆発する（重力崩
壊型超新星）

超新星

残骸の物質は
超新星爆発から
数百万年かけて散らばり、
超新星の近くで
ガス雲になる

黒色矮星 わいせい

白色矮星は薄暗くなり、最後は黒色矮
星と呼ばれる温度の低い、暗い天体に
なると考えられている。宇宙はできてか
らまだ十分時間が経っていないので、
黒色矮星は存在しない。

破片と塵 ちり

恒星は膨らんで
表面が冷えると、
赤色に見える

白色矮星

惑星状星雲の中心核。
高温の熱を発する

赤色超巨星

惑星状星雲

赤色巨星は、比較的短期間に
熱いガスの殻をつくる。
その形は惑星に似ている

星の再生利用

ビッグバンによりつくられたのは、水素とヘリウムとわずかなリチウ
ムだけだ。その他のもっと重い元素（重元素）はほぼすべて、恒
星の中、あるいは超新星のときにつくられた。超新星が放出する
物質は、新しい恒星や惑星の元になる。

赤色巨星

恒星は、燃料の
水素を使い果た
すと、膨らんで
表面が冷える

1 重元素が分子雲に取
り込まれる。この雲
は後に収縮する

4 恒星が物質を
放出し、同じ
サイクルが始まる

3 安定した核融合
が起こり、恒星
ができる。

2 ガスの塊の収縮が
激しくなり、原始
星ができる

中性子星をつくっている物質の
小さじ1杯分の重さは
50億トンを超える

太陽

太陽は地球に最も近い恒星です。太陽は黄色矮星(おうしょくわいせい)、つまり平均的な大きさの恒星で、核融合によってエネルギーを生み出しています。現在、太陽は寿命の半分ほどを過ぎたところと推定されています。これから50億年は安定したままでいると考えられています。

太陽の中と外

太陽はおもに水素とヘリウムのガスでできています。非常に高い温度になった水素とヘリウムは、原子が電子を失い、イオン化したプラズマ状態(p.20-21参照)になっています。太陽の構造は6つに分かれています。内側は核融合の起こっている中心核と、中心核を取り囲む放射層と対流層、外側ははっきり見える表層部分の光球と、光球を取り囲む彩層、一番外側のコロナです。

コロナ
彩層
光球
対流層
放射層
中心核

1500万℃にまで達する高温の中心核で起こる核融合が、太陽の熱と光のすべてをつくり出している

放射層では、光子が次々と粒子にぶつかりながら、最終的に太陽の外側に出て行く

対流層では熱いプラズマの泡が上に向かって移動し、温度が150万℃にまで下がる

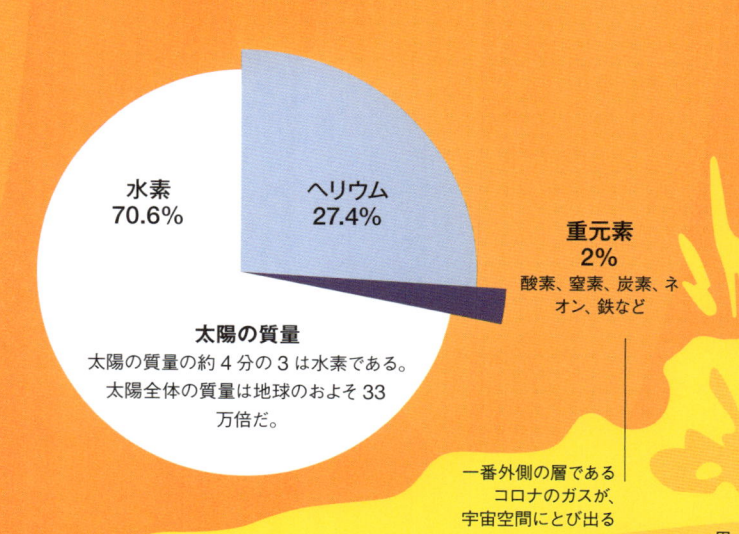

水素
70.6%

ヘリウム
27.4%

重元素
2%
酸素、窒素、炭素、ネオン、鉄など

太陽の質量
太陽の質量の約4分の3は水素である。太陽全体の質量は地球のおよそ33万倍だ。

一番外側の層であるコロナのガスが、宇宙空間にとび出る

黒点は、光球の表面にある黒い点のように見える部分で、太陽の磁場が集まることにより生じる。磁場に妨げられて内部の熱が外側に伝わらないため、表面温度が比較的低い

太陽は太陽系の中で完全な球体に最も近い天体だ

太陽の活動と地球

太陽の表面活動の変化は、地球で感じることが
できます。コロナ質量放出により放出された粒
子が地球に届くからです。この粒子は宇宙船の
壁を突き抜け（宇宙飛行士に危険をもたらしま
す）、人工衛星に障害を引き起こし、地球の送
電網に高電流を流します。黒点の活動もまた、
地球の気象に影響を及ぼします。黒点の活動が
最も活発になると太陽放射がわずかに増えます。
地球の歴史を見ると、黒点がない時期は氷河期
と関係があります。

太陽のエネルギー源

太陽は質量がとても大きいため、中心核でとてつもな
い圧力と高い温度が生じ、核融合が起こる。水素原
子の原子核には陽子が1個あり、別の水素の原子核
と融合してヘリウムの原子核をつくる。その過程で、
莫大な量のエネルギーはもちろん、ほかの亜原子粒子
と電磁波も放出される。

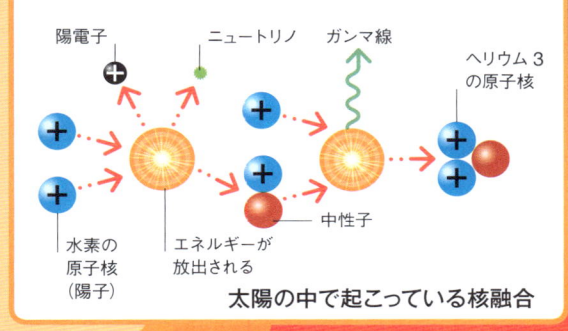

太陽の中で起こっている核融合

陽電子 ニュートリノ ガンマ線 ヘリウム3の原子核
水素の原子核（陽子） エネルギーが放出される 中性子

太陽フレアは、黒点の磁場
エネルギーの放出によって
起こる、電磁波の激しい放
射（バースト）だ

プロミネンスはプラ
ズマでできた輪で
光球にくっついたま
ま宇宙に向かって突
き出している

コロナ質量放出は、コロ
ナからプラズマが大量に
放出される珍しい現象だ

コロナホールは、
コロナの中でプ
ラズマの密度が
低く比較的低温
の領域で、観測
すると暗く見える

彩層は太陽の大気にあたる薄
い層で、地球では皆既日食の
とき、太陽の緑に輝く赤い層
として見ることができる

太陽光が地球に
届くまでの時間は？

太陽の中心核で発生した光子が、
太陽の表面に届くまでにはおよそ
100万年もかかる。しかし、その後
はわずか8分で地球に届く。

表面温度5500℃の光球か
ら出て行く電磁波が、地球
では日光として降り注いで
いる

太陽系

太陽系は、太陽を中心にして、その周りを回る 8 個の惑星で構成されています。さらに 170 個を超える衛星、数個の準惑星、小惑星、彗星(すいせい)などの天体も含まれています。

太陽系の成り立ち

私たちの太陽系は、塵(ちり)とガスが集まった低温の星雲が収縮して回転し始めたときに誕生しました（p.190 参照）。円盤の熱い中心部に太陽ができて、中心から離れた場所に散らばる物質は惑星や衛星になりました。惑星には、太陽の熱に耐えられる岩石でできた内惑星系と、円盤の端のほうの低温の気体が集まってできた外惑星系があります。

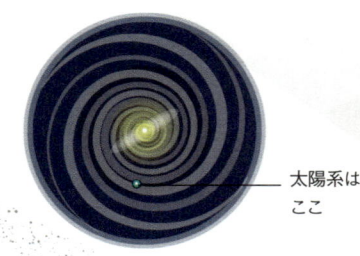
— 太陽系はここ

天の川銀河の中の太陽系
私たちの太陽系は天の川銀河の腕の内側にある。1000 〜 4000 億個もある恒星の 1 つが太陽だ。

土星の密度はとても低い もしも水に入れたら 浮くはずだ

木星
太陽系で最も大きな惑星。赤色の巨大な斑点は 300 年も吹き続けている嵐だ。

太陽からの平均距離 7 億 7900 万 km

木星の衛星
木星には 69 個の衛星がある。最も大きな衛星ガニメデは水星よりも大きい。衛星エウロパの凍った表面の下には、液体の水があると考えられている。

太陽からの平均距離 2 億 2800 万 km

火星
凍った赤色の惑星。重力は地球の約 3 分の 1。

直径 6792km

地球
太陽系で最も密度の高い惑星。地表の 70% が水で覆われている。

直径 1 万 2756km

太陽からの距離 1 億 5000 万 km

金星
太陽系で最も高温の惑星。とてもゆっくり自転しているので、1 日が 1 年より長い。

直径 1 万 2104km

太陽からの距離 1 億 800 万 km

小惑星帯
火星の軌道と木星の軌道の間にある。準惑星ケレスは小惑星帯にある。

水星
太陽で最も小さな惑星。毎秒 47km で回っている。

直径 4879km

太陽からの平均距離 5800 万 km

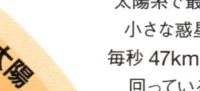
太陽

太陽からの距離 44 億 9500 万 km

海王星
太陽系で最も強い風の吹く惑星。時速2000km の強風が吹き荒れている。

直径 4 万 9528km

太陽からの平均距離 28 億 7200 万 km

天王星
太陽から最も離れた惑星ではないが、最も低い気温が記録されている。

直径 5 万 1118km

太陽からの距離 14 億 3300 万 km

土星
太陽系で最も大きなリング状の構造をもつ。

直径 12 万 536km

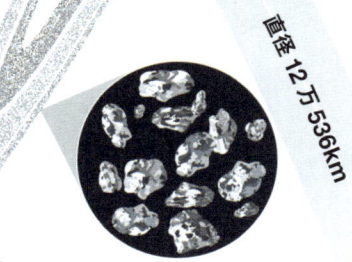

土星の環
土星の環は、おもに光をよく反射する氷でできていて、岩石もほんの少量含む。土星の環は、小惑星や彗星と衝突した衛星の残骸と考えられている。

直径 14 万 2984km

準惑星

冥王星のような準惑星は十分な重力と質量があるので球体をつくり、太陽の周りを回ることができる。ところが惑星とは違って軌道がはっきりせず、小惑星や彗星といっしょに軌道を回っている。

冥王星

惑星の軌道

太陽に近い惑星ほど、太陽の重力の影響を受け、軌道速度が速くなります。最も近い惑星である水星は最も速く、最も遠い惑星である海王星は最も遅く公転しています。それぞれの惑星の軌道は、惑星どうしで互いに及ぼす影響により、わずかに変形した楕円を描きます。

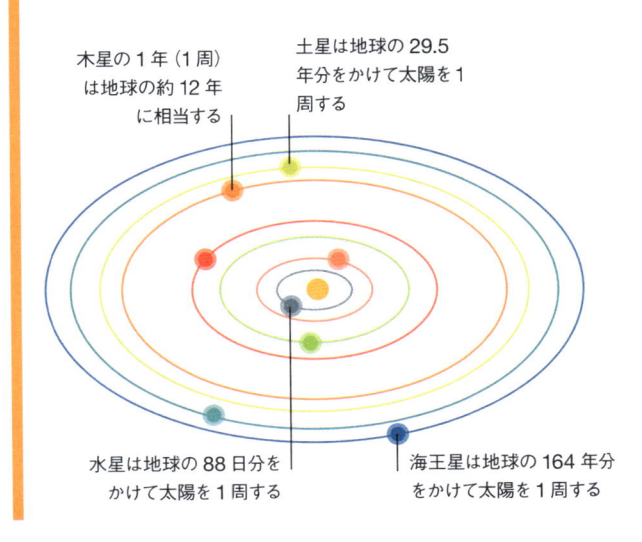

木星の 1 年（1 周）は地球の約 12 年に相当する

土星は地球の 29.5 年分をかけて太陽を 1 周する

水星は地球の 88 日分をかけて太陽を 1 周する

海王星は地球の 164 年分をかけて太陽を 1 周する

宇宙の漂流物

太陽系が誕生すると、岩石や氷のかけらからさまざまな大きさの天体ができ、最も大きな天体は惑星になりました。現在も、そのようなかけらは流星物質や小惑星、彗星として残っていて、ときおり地球にも落ちてきます。

流星物質

流星物質は小惑星や彗星から放出された粒子です。岩石や金属からなる小型の天体で、たいていは砂粒や小石ほどの大きさですが、なかには直径 1m を超えるものもあります。地球の大気を通り抜けてくる流星物質は、落下するにつれて輝きを増し、流星と呼ばれます。燃えつきずに地上に落ちたかけらが、いわゆるいん石です。流星のおよそ 90〜95％は、地球の大気を通り抜ける間に燃えつきます。夜空に見える流星の明るさは、大きさよりも大気への突入速度に関係しています。

ISS は宇宙ごみを避けるために、時々飛行コースを変える。もし衝突する確率が 0.001% 以上であれば、危険な状態と判断される

国際宇宙ステーション（ISS）

流星物質はほとんどが小惑星帯で生じ、太陽の周りを回る

流星物質

地球

流星は落下しながらどんどん熱くなるので、外側の層は蒸発などで消滅する

流星

いん石

いん石は鉄（およそ 90％）または岩石（酸素、ケイ素、マグネシウムなどの元素からなる）でできている。

壊れた衛星

ヴァンガード 1 号は最も古い宇宙ごみだ。予想では、200 年以上このまま軌道を回る

天体の衝突を止めることはできるのか？

彗星や小惑星に石灰や石炭をまぶすと、進む方向を変えることができる。太陽の光で温められて軌道が変わるからだ。目的の天体の近くで爆弾を爆発させれば、もっと早く軌道を変えられる。

小惑星

小惑星は岩石または金属からなる、太陽の周りを回る天体です。小惑星帯として知られる、火星の軌道と木星の軌道の間に、大部分が存在しています。小惑星の直径はたいてい1kmくらいですが、最大の準惑星ケレスのように100kmを超え、引力に大きな影響を与えるものもあります。木星の重力がはたらくので、小惑星は互いにくっついて惑星をつくることができません。

小惑星

ISSでの船外活動の間に落ちてしまった道具箱。今も追跡できる

アメリカ人初の船外活動でエドワード・ホワイトが落としてしまった手袋

2007年、中国は古い気象衛星をミサイルで壊した。新たに3000個の宇宙ごみが軌道に広がった

宇宙のがらくた

ほんの小さな塗料のかけらから、トラックほどの大きな金属の塊まで、何百万という人工物が太陽系を漂っています。そのほとんどは地球の軌道にあります。宇宙のがらくたは、高速で移動するうえに数も増えているため、国際宇宙ステーションなどの有人宇宙船にとってますます脅威となっています。また金星、火星、月の表面には宇宙船が放置されています。

カイパーベルトとオールトの雲

海王星の軌道の外側にはカイパーベルトが円盤状に分布しています。カイパーベルトに散らばる氷の天体が惑星に引っ張られると彗星になります。また太陽系の外側には氷の破片からなる巨大な球状の雲、オールトの雲が広がっています。オールトの雲にある氷の天体は、近くを通過する恒星の重力の影響を受けます。

彗星の軌道

彗星は太陽の周りを1周するのに要する時間によって分類される。短周期彗星はカイパーベルトから生じたもので、200年未満で1周する。長周期彗星はオールトの雲から生じたもので、1周200年以上かかる。

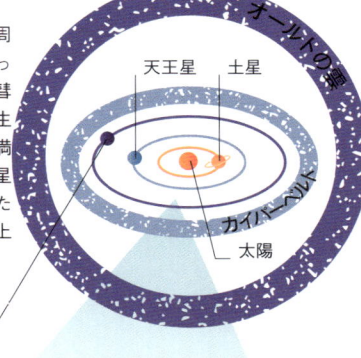

オールトの雲　天王星　土星　カイパーベルト　太陽　海王星

彗星の尾

彗星には2つの尾（塵の尾とプラズマの尾）があり、必ず太陽と反対の方向に伸びている。1億6000万kmの長さになることもある。

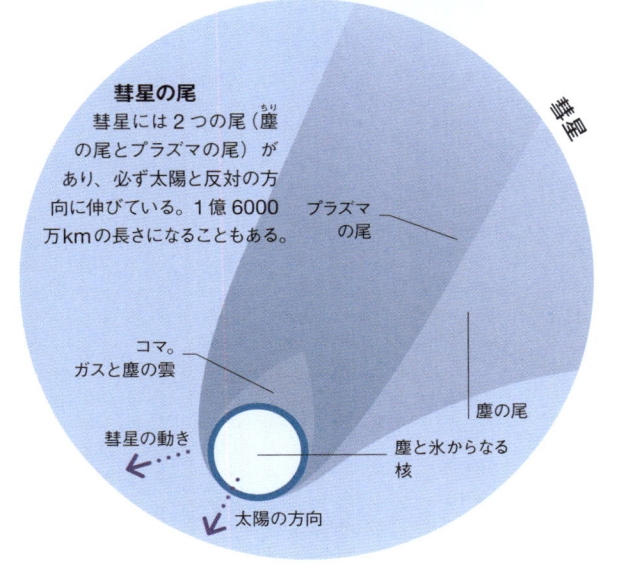

彗星

プラズマの尾

コマ。ガスと塵の雲

塵の尾

彗星の動き

塵と氷からなる核

太陽の方向

直径10cmの物体が3万6000km/hで移動するとダイナマイト25本分の被害をもたらす

ブラックホール

ブラックホールは、物質が限りなく押しつぶされて小さな1点に収縮し、密度が無限大になった宇宙の領域です。あまりにも密度が高いため、ブラックホールの重力に引っ張られるといっさいのものがそこから抜け出せなくなります。光さえも引きずり込まれてしまうため、ブラックホールを見ることはできません。ブラックホールを確認するには、ブラックホールが周囲に及ぼす影響を観察するほかありません。

地球に最も近いと思われるブラックホールは約 3000 光年離れている

完全な重力崩壊

ほとんどのブラックホールは、太陽の 10 倍以上の質量をもつ大質量星が一生を終えるときに誕生します。ブラックホールの重力によって引っ張られた物質は、回転する円盤（降着円盤）をつくることがあります。天文学者は、このような円盤が放射する X 線をはじめ数種類の電磁波を手がかりにしてブラックホールを探します。

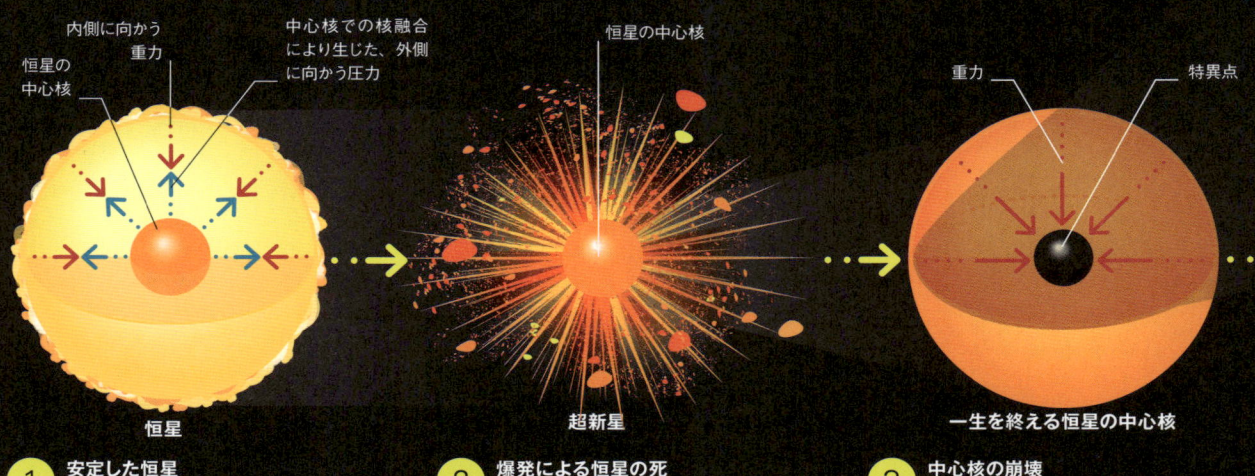

内側に向かう重力 / 恒星の中心核 / 中心核での核融合により生じた、外側に向かう圧力

恒星の中心核

重力 / 特異点

恒星 | **超新星** | **一生を終える恒星の中心核**

1 安定した恒星
恒星の中心核で起こる核融合は、エネルギーとともに外側に向かう力を生む。この力が内側に引っ張る重力とつり合っているときは、恒星は安定が保たれる。しかし、核融合の燃料を使い切ると重力が優勢になる。

2 爆発による恒星の死
核融合が止まると、恒星は一生を終える。恒星は自分の重力に抵抗できず、押しつぶされて崩壊する。この崩壊は超新星爆発も引き起こし、恒星の外側の部分を宇宙に吹き飛ばす。

3 中心核の崩壊
超新星爆発の後に残った中心核がまだ大質量（太陽の質量の 3 倍以上）であれば、自分の重力によって収縮し続け崩壊して、特異点と呼ばれる、密度が無限大の点になる。

ブラックホールの種類

ブラックホールはいくつかに分類されるが、おもなものに恒星ブラックホールと超大質量ブラックホールがある。恒星ブラックホールは、巨大な恒星が一生を終えるときに超新星爆発を起こしてできる（上記参照）。超大質量ブラックホールはもっと大きく、銀河の中心に存在し、その周りには高温で輝く物質がうず巻いていることが多い。また、原始ブラックホールと呼ばれるものは、ビッグバンでできたと考えられている。実際に存在したならば、おそらくほとんどが小さくてすぐに蒸発したと思われる。現在まで残るためには最低でも大きな山くらいの質量をもった恒星が必要になるはずだ。

私たちの太陽系

恒星ブラックホール
事象の地平線の直径：
30 ～ 300km
質量：太陽の 5 ～ 50 倍

超大質量ブラックホール
事象の地平線の直径：
最大で太陽系の大きさほど
質量：最大で太陽の数十億倍

原始ブラックホール
事象の地平線の直径：
小さな原子核の幅以上
質量：山 1 個分以上

降着円盤を形成
降下していく物質

降着円盤

ブラックホール

ガス、塵、崩壊した
恒星の残骸がブラッ
クホールの周りをらせ
ん状に回り、降着円
盤をつくる

事象の地平線は、そこを横切る
どのような物質も光さえも引き
返せなくなる境界だ

物質が内向きにらせんを巻く

ブラックホールは高密度の領
域をつくり、渦巻きのように
物質を引っ張り込む

事象の地平線

重力井戸

4 **ブラックホールの誕生**
特異点の密度があまりにも高いので、特異点
の周りの時空が歪められる。その結果、光さえも抜け
出せなくなる。ブラックホールを2次元で描く場合は、
重力井戸と呼ばれる無限に深い穴として表される。

重力の増加

スパゲティ化現象

ブラックホールの事象の地平線に近
づいていくと重力が急速に大きくなり、
落下していく物体がまるでスパゲティ
のように長く伸びる。宇宙飛行士が引
き込まれたとしたら、スパゲティ化現
象により最初に脚が引きちぎられるだ
ろう。

ブラックホールは
地球を破壊するのか？

ブラックホールが惑星を飲み込み
ながら移動することはない。たとえ
太陽がブラックホールになった
としても、地球は吸い込まれない。
なぜなら、地球と太陽とは十分
離れており、そのブラックホールの
重力は太陽の重力と同じくらい
になるはずだからだ。

重力は脚を最も
強く引っ張る

ブラックホールの中
心の奥深くには無
限に小さく、無限に
高密度の特異点が
あり、そこで物質は
押しつぶされる

ブラックホール

銀河

銀河は、数百万から数十億個の恒星や、星雲（ガスと塵でできた雲のように見える天体）や、未知の質量をもつダークマター（p.206-207 参照）などからなる巨大な天体です。銀河に含まれる天体は重力でまとまっています。私たちのいる銀河は天の川銀河（銀河系）と呼ばれています。

天の川銀河

私たちの太陽系は天の川銀河のオリオン腕にある。天の川銀河は、1000億から4000億個の恒星が超大質量ブラックホールの周りを回っている渦巻銀河だ。横から見ると平らで、中心には明るいバルジがあり、ハローには星団が分布している。

横から見た天の川銀河

- 広大なハローの領域には球状星団が分布している
- 薄い円盤状の部分
- 中心部のバルジ（膨らんだ円板状の部分）
- いて座 A* ブラックホール

天の川銀河の大きさは？

直径はおよそ 10 万光年、円盤部の厚さは 1000 光年ほどの大きさだ。私たちのいる太陽系は約 2 億3000 万年かけて、天の川銀河の中心にあるブラックホールの周りを回っている。

銀河の種類

地球から観測できる宇宙には約 2 兆個の銀河が明らかにされるでしょう (p.204-205 参照)。銀河にはおもに楕円銀河、渦巻銀河、不規則銀河の3種類があり、さらにこの3種類の特徴が混ざった。一部は渦巻や、一部が楕円、はっきりした渦巻状のレンズ状銀河は平らですが、腕はありません。

渦巻銀河

渦巻銀河は回転する平らな円盤のような形で、バルジ（膨らんだ円盤状の中心部）から伸びる複数の「腕」と周りを取り囲むハローからできている。バルジからふくらんではなく、中央の棒状部分から腕が出ている銀河の場合、棒渦巻銀河という。

楕円銀河

楕円銀河には、ほぼ球状なものからラグビーボール状まできまざまな形があり、円形や扁平率で分類される。渦巻銀河のような1本の回転軸はない。

不規則銀河

不規則銀河は左右非対称で、中心部のバルジがほとんどない。高温の新しい恒星を含む不規則銀河で、大量の塵を含むため恒星を1個ずつ見分けるのが困難な不規則銀河もある。

銀河の図の名称:
- はくちょう腕
- ペルセウス腕
- オリオン腕
- 太陽系
- 銀河中心の周りを回る渦巻腕の回転方向
- じょうぎ腕
- いて・りゅうこつ腕
- たて・ケンタウルス腕

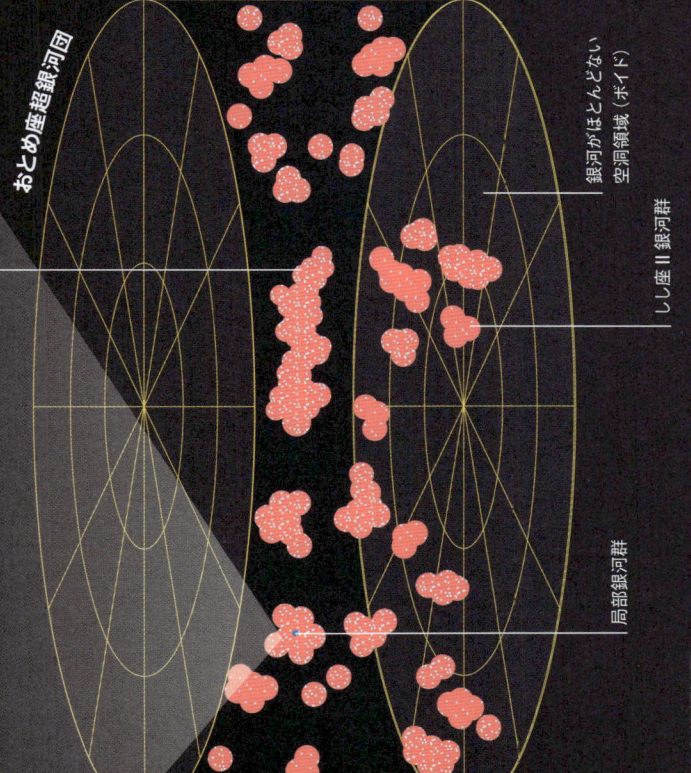

おとめ座超銀河団

おとめ座銀河団

銀河がほとんどない
空洞領域（ボイド）

しし座 II 銀河群

局部銀河群

おとめ座超銀河団

天の川銀河は、局部銀河群という複数の銀河の集合体に属している。そして、局部銀河群は、おとめ座超銀河団の中にある。おとめ座超銀河団の大部分は、2000 個ほどの銀河を含むおとめ座銀河団が占めている。

銀河団と超銀河団

銀河の 4 分の 3 は無秩序に散らばっているのではなく、まとまった集合体になっています。超銀河団は「宇宙のクモの巣」と呼ばれる。ダークマターの網目状構造でつながった銀河の集合体で、ダークマターのできた長いひもが交差する場所に各銀河団が位置しています。超銀河団は宇宙におよそ 1000 万個存在します。最大のスロー ン・グレートウォールの長さは約 14 億光年です。超銀河団は、最後はダークエネルギーによってひきちぎられると予想されています。

銀河の衝突

銀河どうしの衝突は珍しくありません。天の川銀河は現在、いて座矮小銀河と衝突しています。しかし、恒星はどこともなく離れているので、恒星どうしがぶつかることはまずありません。ただし、銀河がすれ違うだけでも互いの形を歪めることがあります。銀河どうしが作用し合い、それぞれのガスの雲が圧縮され、新しい恒星が生まれるきっかけになることもあります。

銀河の崩壊

右図の 2 つの渦巻銀河は、互いの大きな渦巻腕が引きあい、衝突しているところだ。数百万年が経って、最後は一体になり楕円銀河をつくると考えられている。

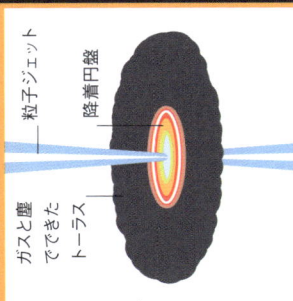

相互作用により
形が歪んでいる

衝突している渦巻腕

活動銀河

通常の銀河と違い、活動銀河の放出エネルギーは、恒星がつくられるエネルギー量をはるかに超える。活動銀河の中心にある超大質量ブラックホールによって、物質が降着するからだ。エネルギーを宇宙ジェットとして噴出する活動銀河もある。

粒子ジェット

降着円盤

ガスと塵で
できた
トーラス

活動銀河核とトーラス

ビッグバン

宇宙は、ビッグバンという出来事によって、まさに 138 億年前に誕生した——ほとんどの天文学者はそう考えています。そして、限りなく小さく高密度で高温の 1 点から、あらゆる物質、エネルギー空間、時間がつくられました。ビッグバン以降、宇宙はどんどん大きくなり冷え続けています。

ビッグバンの前には何があったのか？

ビッグバンによって時間が始まったのだとしたら……その前には何もない。あるいは、私たちの宇宙には親宇宙があるのかもしれない。

現在

渦巻の形をした銀河ができ始める

最初の恒星ができる

最初の恒星ができて光を放ち始めるまで、宇宙は暗かった

ビッグバンの 20 〜 30 億年後

ビッグバンの 5 〜 6 億年後

ビッグバンの 38 万〜 2 億年後

ヘリウム 3 原子

水素原子

重水素原子

膨張し続ける宇宙

宇宙が膨張していることは観測によって明らかにされています。したがって、かつての宇宙はもっと小さかったようです。インフレーションという出来事が起こり、宇宙は 1 秒よりもはるかに短い間に、光よりも速い速度で膨れあがりました。その後すぐに膨張の速度は落ちましたが、宇宙は今も膨れ続けています。離れたところから見てみると、すべての天体は互いに遠ざかる方向に動いています。離れている天体ほど、速く遠ざかります。この様子は赤方偏移という現象で確かめることができます。

赤方偏移

天体が観測者から高速で遠ざかると、天体から放出される光の波長が伸びるように見える。このためその天体のスペクトル線（p. 211 参照）が端の赤色のほうにずれる。地球から天体までの距離は赤方偏移の大きさから算出できる。

銀河は観測者から遠ざかる

観測者からは、銀河はより赤色に見える

波長が伸びる

元のスペクトル線 | 赤方偏移したスペクトル線

宇宙の始まり

宇宙の始まりはエネルギーだけでできていました。温度が下がるにつれて、質量エネルギー（p.206 参照）と呼ばれる、質量とエネルギーがどちらにも変換できる状態になりました。インフレーションが終わると、最初の亜原子粒子が現れ始めました。そのほとんどが現在は存在していませんが、残ったものが今、宇宙にあるすべての物質を構成しています。およそ 40 万年が経ったころ、最初の原子ができました。

ビッグバンの証拠

ビッグバン理論を唱えた科学者たちは、ビッグバンは天球上の全方位からやってくる熱放射という形で痕跡を留めていると予言した。1964 年、ニュージャージー州の大きなマイクロ波ホーンアンテナで観測をしていた 2 人の天文学者によって、宇宙マイクロ波背景放射と呼ばれるこの放射が発見された。

物理学の法則

粒子間の相互作用を支配する自然界の 4 つの力（p.26-27 参照）は、最初は存在していませんでしたが、宇宙が誕生してまもなくできました。ビッグバンの直後、プランク時代という時間には、物質とエネルギーはまだ分かれておらず、統一された単一の力である超力（スーパーフォース）だけが存在していました。ビッグバンから 10 億分の 1 秒が経つと、超力は電磁気力と強い力と弱い力と重力に分かれました。

強い力
弱い力
電磁気力
重力
電弱力
大統一力
超力（スーパーフォース）

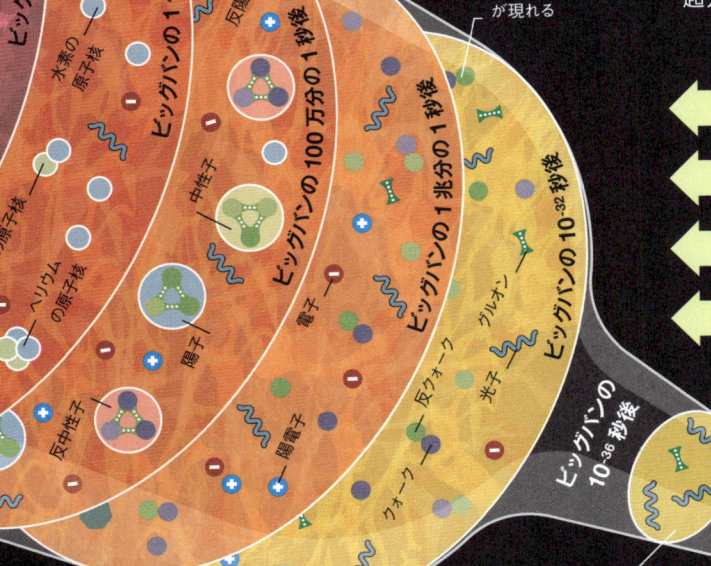

電子が原子核と結合して最初の原子ができる

陽子と中性子が衝突して最初の原子核ができる

最初の陽子と中性子とともに、反陽子と反中性子もできる

自然界の 4 つの力（基本的な力）が分かれ、現在の姿の物理学の法則が成り立つようになる

インフレーションが終わると、粒子と反粒子の海が現れる

ヘリウム 4
原子

水素の原子核

反陽子

ビッグバンの 38 万年後

ビッグバンの 1〜3 分後

ビッグバンの 100 万分の 1 秒後

ビッグバンの 1 兆分の 1 秒後

ビッグバンの 10⁻³² 秒後

重水素の原子核

ヘリウムの原子核

中性子

電子

反中性子

陽子

クォーク

反クォーク

光子

グルーオン

ビッグバンの 10⁻³⁶ 秒後

ビッグバンの 10⁻⁴³ 秒後

インフレーションが始まり、とてつもない速さで宇宙が膨張する

重力は最初に現れた基本的な力だ

ビッグバン

ビッグバンが起きて 1 秒も経たないうちに自然界の 4 つの力（基本的な力）と亜原子粒子ができた。それから数十万年後に原子が現れ、数百万年後に恒星が登場し、その後、銀河が形成されていった。

ビッグバン

ビッグバン後の初めの 1 秒間で、初期の宇宙は急速に膨張し無から直径数十億 km の大きさに達した

宇宙の大きさは
どれくらいか？

宇宙は無限なのか？　どんな形をしているのか？　これらは天文学者であっても答えるのが難しい質問です。それでも天文学者は、私たちが見ることのできる宇宙の一部から、その大きさを予測し、質量とエネルギーの密度を調べて、宇宙の形状についても答えを導き出しています。

光年とは？

「年」とついても光年は時間ではなく距離の単位で、1光年は光が1年で進む距離だ。光は1秒間に30万km進むので、1光年は約9.5兆kmになる。

観測可能な宇宙の先には、もはや私たちに光が届かない領域が広がっている。だが、いずれ観測可能になるだろう

現在の宇宙で、地球から最も離れた観測可能な天体までの距離

観測可能な宇宙の一番端を「宇宙の地平線」という

地球

138 億光年

460 億光年

最も離れた観測可能な天体から光が進む距離

宇宙はあらゆる方向に均一に膨らんでいるので、私たちを宇宙の中心とすると、あらゆる天体が私たちから遠ざかっているように見える。宇宙のどこにいても同じような見方ができる。

観測可能な宇宙の端

観測可能な宇宙

私たちが見たり調べたりできる宇宙の範囲を「観測可能な宇宙」といいます。観測可能な宇宙は地球を中心にした球状の領域で、ビッグバン以降の光が私たちに届くだけの時間が十分にある巨大な宇宙空間です。私たちから天体が遠ざかると、天体の放出する光は私たちのほうに向かって進みながらスペクトルの端の赤色のほうにずれます（p.202 参照）。検出できる光の中で最も赤色にずれている光は138億光年離れた場所からやってきていました。宇宙がほとんど変化していないとすると、これで宇宙の大きさがわかります。また、宇宙の年齢もおよそ138億年だと推測できます。実際は、よく知られているように宇宙は誕生以来ずっと膨らみ続けています。

地球から最も遠い
銀河の明るさは、
裸眼で見える
最も暗い天体の
10 億分の 1 だ

膨張する宇宙の距離の測定

宇宙が膨張するにつれて、宇宙空間における天体までの真の距離（共動距離）は、その天体からの光が私たちに届くまでの距離（光路距離）よりも長くなります。宇宙の膨張を考え合わせると、観測可能な宇宙の端は約 465 億光年離れていることになります。

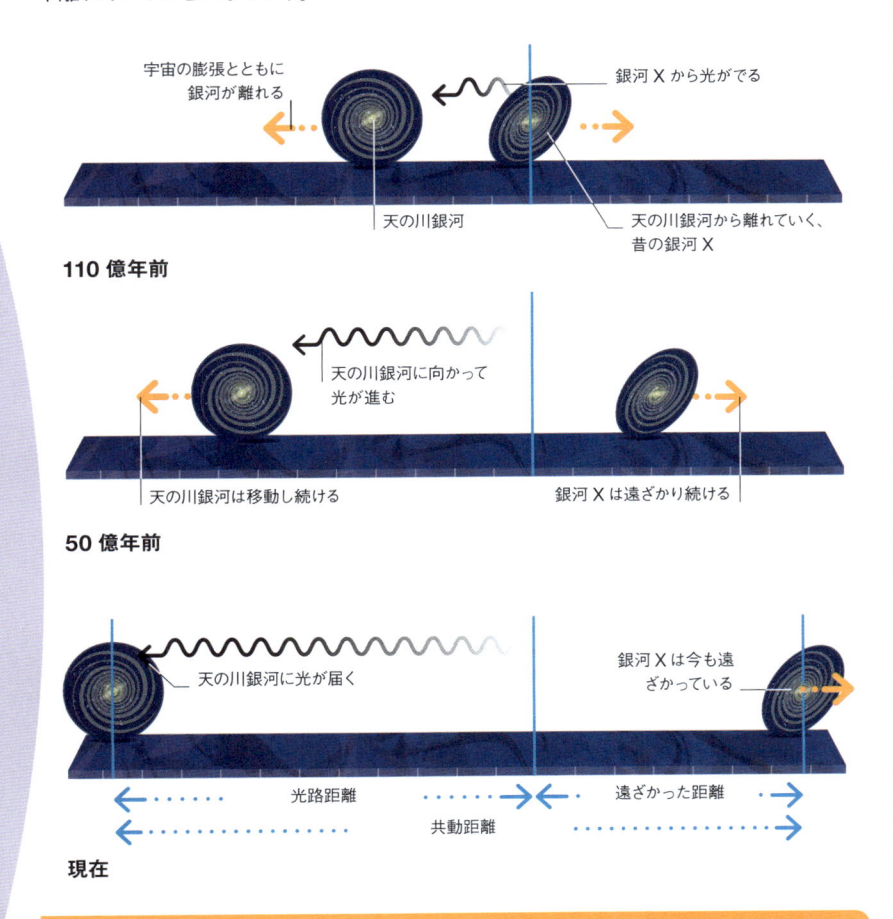

宇宙の膨張とともに銀河が離れる

銀河 X から光がでる

天の川銀河

天の川銀河から離れていく、昔の銀河 X

110 億年前

天の川銀河に向かって光が進む

天の川銀河は移動し続ける

銀河 X は遠ざかり続ける

50 億年前

天の川銀河に光が届く

銀河 X は今も遠ざかっている

光路距離

遠ざかった距離

共動距離

現在

宇宙が膨張する速さはどれくらいか？

たとえば同じ銀河の中など、比較的狭い範囲で考えると、天体には互いに重力がはたらくので距離は変化しない。ところが範囲をもっと広げると、宇宙の膨張は、天体が互いに離れていくことを意味する。膨らんでいる風船の表面につけた点と同じだ。2 つの天体は離れるほど、速く遠ざかるようになる。最近の測定によると、1 メガパーセク（約 300 万光年）離れた 2 つの天体は 1 秒間に約 74km 遠ざかっている。

宇宙の形

宇宙の形は、宇宙の曲率（時空の曲がり具合を示す値）により 3 種類（下図）が考えられ、その形に 2 次元の図を描くと曲率がイメージできます。宇宙の運命に関する説はこれらの形をもとに考えられています（p.208-209 参照）。観測から曲率は 0 とわかっているので私たちの宇宙は平らか、平らに近いようです。

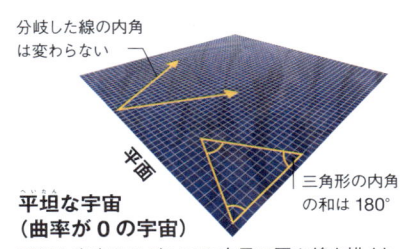

分岐した線の内角は変わらない

平面

三角形の内角の和は 180°

平坦な宇宙（曲率が 0 の宇宙）

平坦な宇宙のモデルに 2 次元の図や線を描くと、私たちが普段使っている幾何学の規則が当てはまる。たとえば、平行線は決して交わらない。

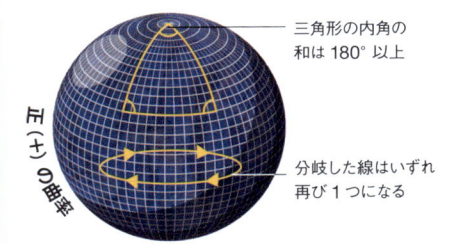

三角形の内角の和は 180° 以上

正（＋）の曲率

分岐した線はいずれ再び 1 つになる

閉じた宇宙（正の曲率をもつ宇宙）

時空が正（＋）の曲率をもつ宇宙は「閉じ」ていて、質量や広がりに限りがある。このモデルに描く 2 次元の平行線は球面で 1 つになる。

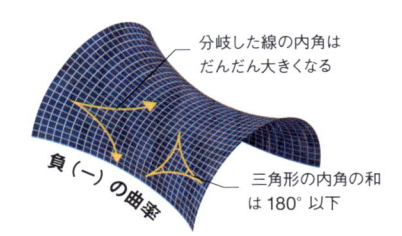

分岐した線の内角はだんだん大きくなる

負（一）の曲率

三角形の内角の和は 180° 以下

開いた宇宙（負の曲率をもつ宇宙）

時空が負（一）の曲率をもつ宇宙は「開い」ていて、無限である。この宇宙空間は鞍型で、このモデルに描く 2 次元の分岐線は少しずつ離れ方が大きくなる。

ダークマターと
ダークエネルギー

天文学者によると、宇宙の大部分はダークマター（暗黒物質）とダークエネルギー（暗黒エネルギー）でできているそうです。ダークマターもダークエネルギーも、私たちは直接観察することができません。しかし、ダークマターやダークエネルギーは通常の物質や光に影響を及ぼすことから、存在は確かめられています。

見当たらない質量とエネルギー

質量はエネルギーの1つの形であり（p.141参照）、物質の質量がもつエネルギーを質量エネルギーといいます。天文学者が宇宙の質量エネルギーをすべて見つけ出そうとしても、大部分は見ることができません。しかし、宇宙に存在する質量は、私たちが観測できる質量よりも大きいはずです。なぜなら、そのような質量がなければ、銀河団がバラバラになってしまうからです。また膨大な量のエネルギーもあるはずです。重力に抵抗して、宇宙の膨張を加速させている何かがなくてはならないからです。

 世界で最も高感度の
ダークマター検出装置は
地下 1.5km の場所にある

ダークマター

私たちの目に見える、すべての通常の物質は「バリオン」といわれますが、バリオンを取り囲むハローの中に、ダークマターは存在すると考えられています。しかし、その大部分は通常の物質とは影響を及ぼし合いません。光を反射も吸収もしませんし、電磁放射による検出もできません。ところが、ダークマターが銀河や恒星に及ぼす重力作用と、光の進行を歪める作用は観測されています。ダークマターの性質はわかっていませんが、現在のところ MACHO と WIMP といわれる2種類がダークマターの候補に挙げられています。

重力レンズ効果

大質量の物体は、レンズのようなはたらきをして重力場を歪める。その結果、光が曲がって観測者に届き、銀河の見た目を変える。弱い重力レンズ効果は銀河の形を長く伸びたように見せる。強い重力レンズ効果は銀河の場所を変えたり、二重像にしたりする。

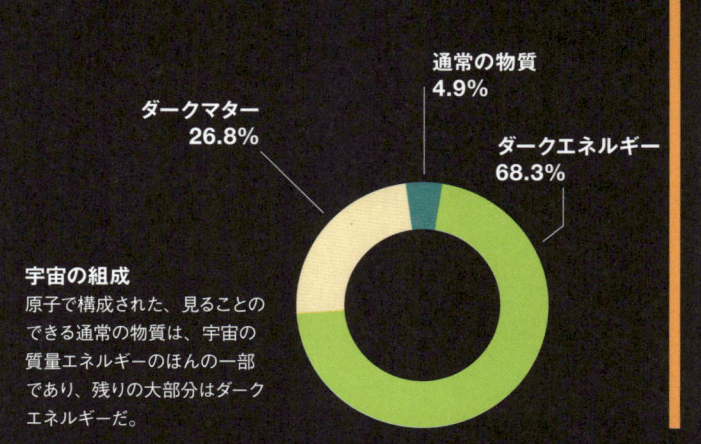

銀河団がレンズとなり、曲げられた光が天の川銀河に向かう

天の川銀河の中の観測者からは、遠い銀河が歪んで見える

天の川銀河

宇宙の組成

原子で構成された、見ることのできる通常の物質は、宇宙の質量エネルギーのほんの一部であり、残りの大部分はダークエネルギーだ。

通常の物質 4.9%
ダークマター 26.8%
ダークエネルギー 68.3%

MACHO	WIMP	
ブラックホールや褐色矮星といった高密度の天体は、MACHO（Massive Compact Halo Object、質量をもつコンパクトなハロー天体）の仲間で、暗黒物質の候補だ。光をほとんど放たないので重力レンズ効果によってのみ検出される（上記参照）。しかし、MACHOではすべてのダークマターの質量を説明できない。	ダークマターのもう1つの候補が WIMP（Weakly Interacting Massive Particle、弱い相互作用をする重い粒子）だ。宇宙初期につくられた未知の粒子で、弱い力（p.27参照）と重力で影響を及ぼし合っている。	
	熱い暗黒物質	**冷たい暗黒物質**
	ダークマターの理論上の形態。光速に近い速さで移動する粒子からなる。	WIMP など、ほとんどのダークマターは冷たいと考えられている。ゆっくり移動する物質からなる。

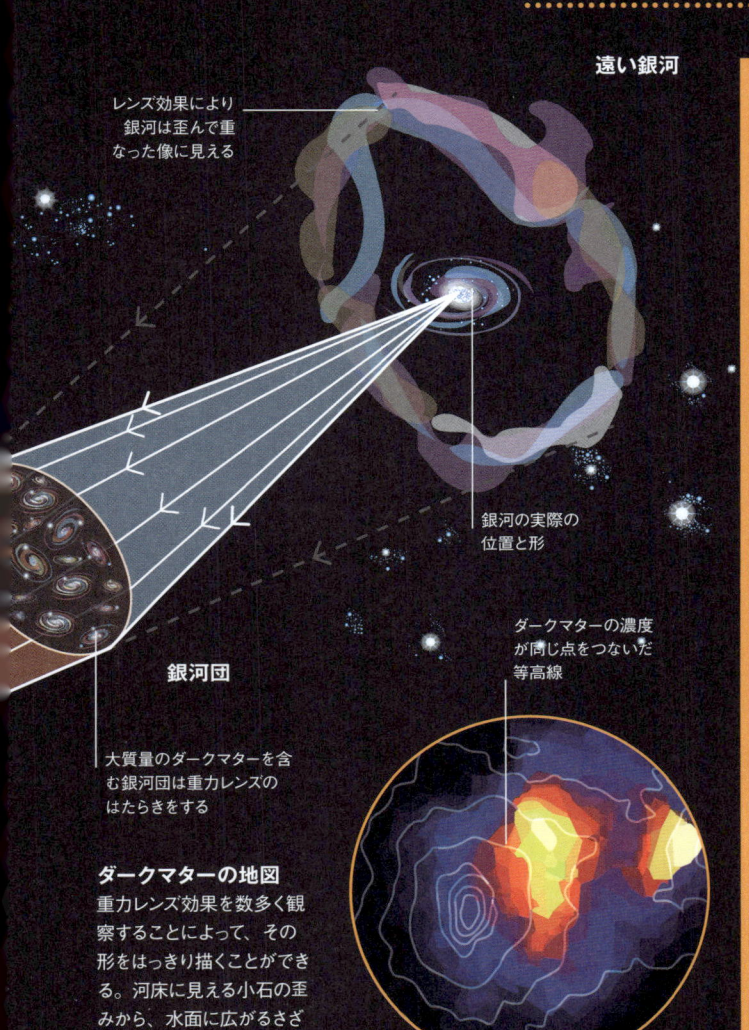

遠い銀河

レンズ効果により銀河は歪んで重なった像に見える

銀河の実際の位置と形

銀河団

大質量のダークマターを含む銀河団は重力レンズのはたらきをする

ダークマターの濃度が同じ点をつないだ等高線

ダークマターの地図

重力レンズ効果を数多く観察することによって、その形をはっきり描くことができる。河床に見える小石の歪みから、水面に広がるさざ波の形を推測するのに少し似ている。

地球にも
ダークマターはあるか？

おそらく存在するだろう。
私たちの体の中を、1秒間に
数十億個のダークマター粒子が
通り抜けていると推測されている。

ダークエネルギー

遠く離れた超新星までの距離を測定したところ、宇宙がスピードを上げながら膨張していることがわかりました。この発見によりダークエネルギーの理論が導かれました。ダークエネルギーは重力に反発する力であり、また宇宙が平坦で加速しながら膨張していることを説明します。初期宇宙ではダークマターが優勢でしたが、現在はダークエネルギーが取って代わっています。その影響は宇宙が大きくなるにつれて増えています。

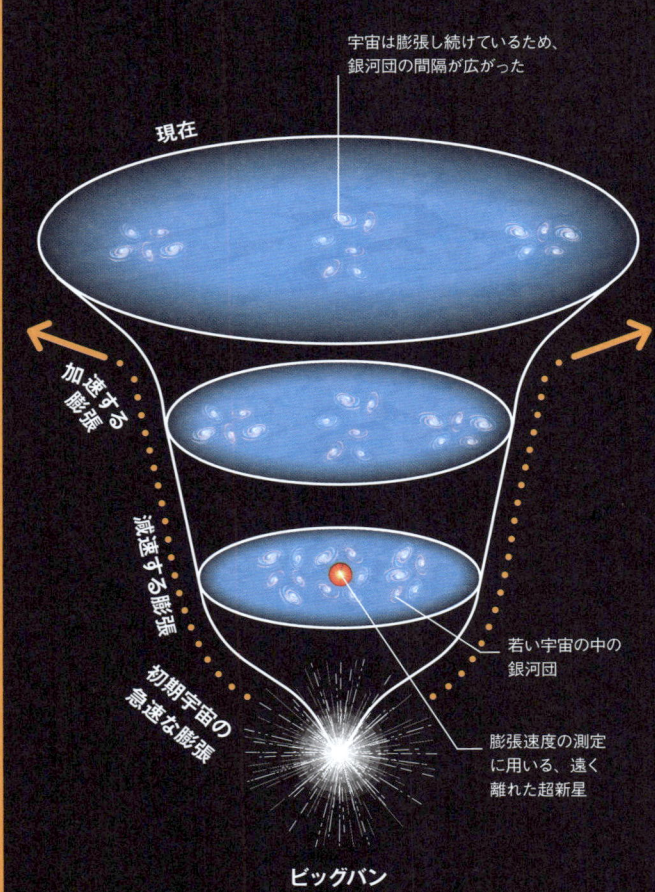

宇宙は膨張し続けているため、銀河団の間隔が広がった

現在

加速する膨張

減速する膨張

初期宇宙の
急速な膨張

若い宇宙の中の銀河団

膨張速度の測定に用いる、遠く離れた超新星

ビッグバン

加速する膨張

ビッグバン直後、宇宙はまず急速に膨張した。その後、膨張速度は遅くなった。ところが75億年ほど前（図では曲線が広がり始める部分）、ダークエネルギーの力によって天体が速く離れ始めた。

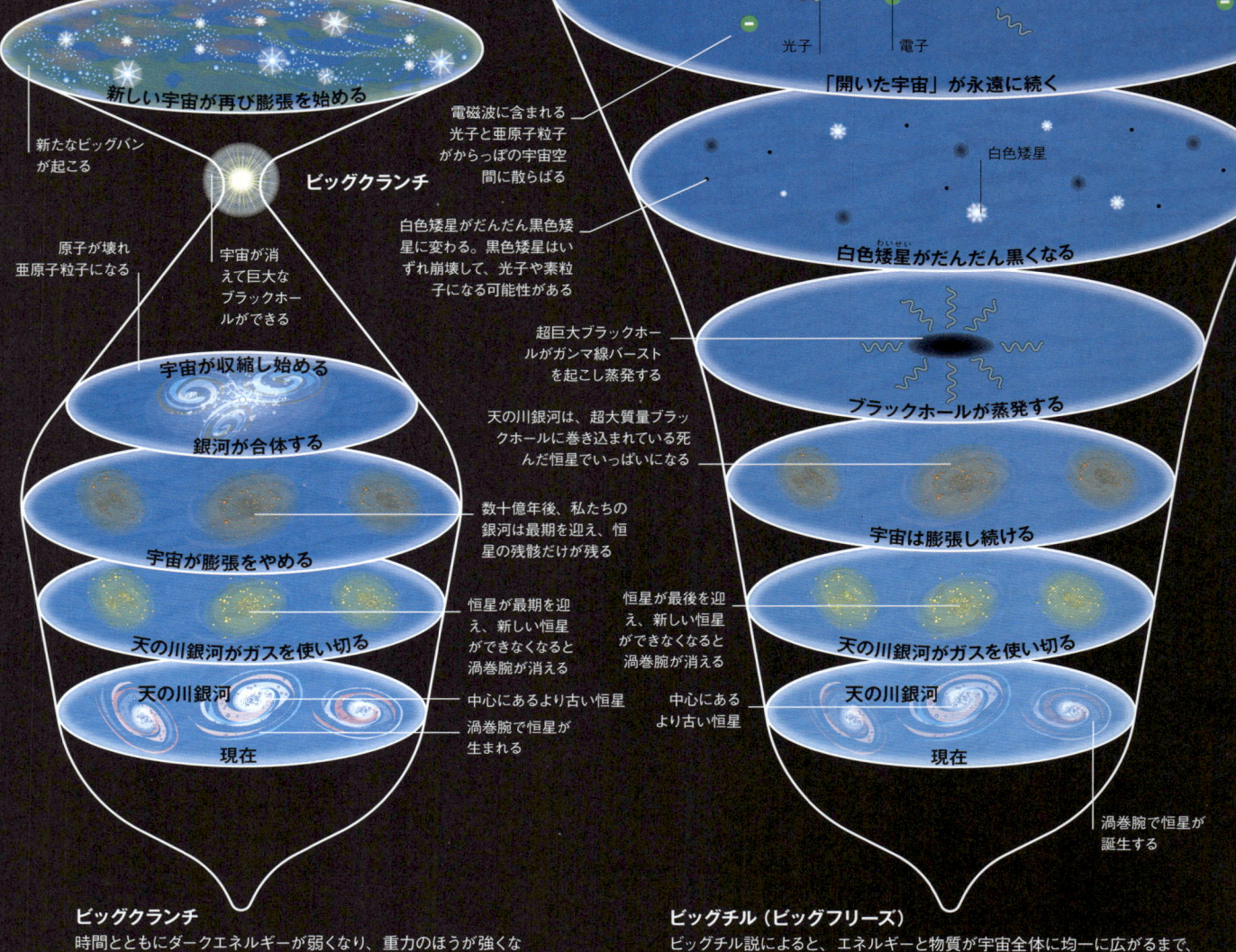

左図（ビッグクランチ）：

新しい宇宙が再び膨張を始める

新たなビッグバンが起こる

ビッグクランチ

原子が壊れ亜原子粒子になる

宇宙が消えて巨大なブラックホールができる

電磁波に含まれる光子と亜原子粒子がからっぽの宇宙空間に散らばる

宇宙が収縮し始める

銀河が合体する

白色矮星がだんだん黒色矮星に変わる。黒色矮星はいずれ崩壊して、光子や素粒子になる可能性がある

宇宙が膨張をやめる

数十億年後、私たちの銀河は最期を迎え、恒星の残骸だけが残る

天の川銀河がガスを使い切る

恒星が最期を迎え、新しい恒星ができなくなると渦巻腕が消える

天の川銀河

中心にあるより古い恒星

渦巻腕で恒星が生まれる

現在

右図（ビッグチル）：

光子

電子

「開いた宇宙」が永遠に続く

白色矮星

白色矮星がだんだん黒くなる

超巨大ブラックホールがガンマ線バーストを起こし蒸発する

ブラックホールが蒸発する

天の川銀河は、超大質量ブラックホールに巻き込まれている死んだ恒星でいっぱいになる

宇宙は膨張し続ける

恒星が最後を迎え、新しい恒星ができなくなると渦巻腕が消える

天の川銀河がガスを使い切る

中心にあるより古い恒星

天の川銀河

現在

渦巻腕で恒星が誕生する

ビッグクランチ

時間とともにダークエネルギーが弱くなり、重力のほうが強くなるため宇宙の膨張が止まって、収縮が始まると考える宇宙学者がいる。数十億年もすると銀河が衝突し、宇宙の温度は上昇し、恒星すら燃やしてしまう。やがて原子はバラバラになり、巨大なブラックホールが自分も含めあらゆるものを吸い込むだろう。粒子が互いに押しつぶされて特異点となり、第二のビッグバン（ビッグバウンス）が起こるという説もある。

ビッグチル（ビッグフリーズ）

ビッグチル説によると、エネルギーと物質が宇宙全体に均一に広がるまで、宇宙は膨張し続ける。その結果、新しい恒星ができるほど十分に濃縮されたエネルギーが存在しなくなる。温度は絶対零度まで下がり、恒星は最期を迎え、宇宙は暗くなる。

宇宙の終わり

宇宙の最終的な運命は今もよくわかっていません。別のビッグバンが起こり崩壊して終わるのか、冷え切って静かに終わるか、激しい永遠の最期を迎えるか、あるいは無限に膨らみ続けるのか、現在も科学の世界では議論が続いています。

宇宙はいつ終わるのか？

最も可能性の高い予想では、宇宙は今後数十億年のうちに終わることはない。とはいえ、理論上は、ビッグチェンジがいつ起こってもおかしくない。

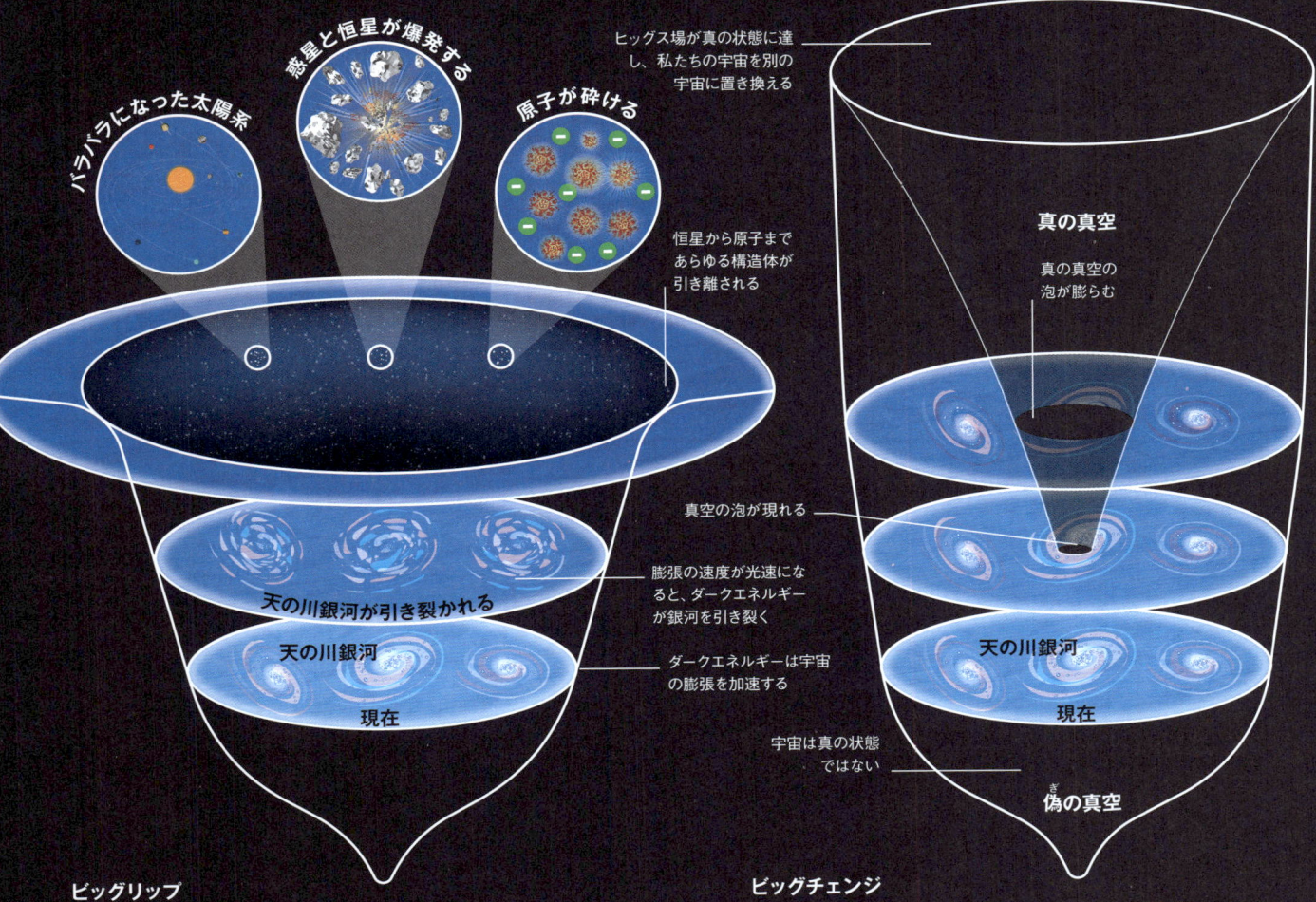

バラバラになった太陽系

惑星と恒星が爆発する

原子が砕ける

恒星から原子まで
あらゆる構造体が
引き離される

天の川銀河が引き裂かれる

天の川銀河

現在

膨張の速度が光速にな
ると、ダークエネルギー
が銀河を引き裂く

ダークエネルギーは宇宙
の膨張を加速する

ヒッグス場が真の状態に達
し、私たちの宇宙を別の
宇宙に置き換える

真の真空

真の真空の
泡が膨らむ

真空の泡が現れる

天の川銀河

現在

宇宙は真の状態
ではない

偽の真空

ビッグリップ

ビッグリップ説では、宇宙は最終的にはバラバラになる。銀河間の宇宙空間が、重力の作用に反発するダークエネルギーで満たされているとすると、宇宙はどんどん加速して膨張し続け、最後は光の速さになる。重力はいっさいのものを封じ込めることができなくなり、銀河やブラックホールや時空そのものも含めて、宇宙にあるすべての物質はバラバラになる。

ビッグチェンジ

ビッグチェンジ説にはヒッグス粒子とヒッグス場（同時にどこにでも存在する電磁場に少し似ている）が関わっている。ヒッグス場は最低エネルギー、すなわち「真空」状態にはまだ達していないと考えられている。真の真空状態になると、ヒッグス場は物質やエネルギーや時空を根本から変え、光速で泡が膨らむように広がっていく別の宇宙をつくる。現在の宇宙にあるすべてのものの、現在の形はいっさい終わりを迎える。

現在の私たちの宇宙

宇宙はおよそ 138 億年前に誕生して以来ずっと膨張し続けています。銀河は互いに離れ続け、遠く離れた超新星の観測から、膨張が加速していることがわかります。これはつまり負の圧力をもつダークエネルギー（p.206-207）、すなわち、重力に反発する力の存在を意味しています。ダークエネルギーの力が重要な役割を果たしているとすれば、私たちの宇宙は無限に膨張し続ける運命にあるのかもしれません。

ヒッグス粒子は
陽子の約 **130** 倍の
質量をもつので
とても **不安定**だ

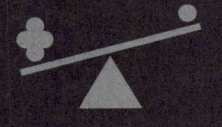

宇宙の観測

遠い昔から天文学者と呼ばれる人たちは宇宙を観測してきました。最初のころは自分の目が頼りでしたが、最近では、最も離れた宇宙から届く光を検出できる高性能の装置を利用しています。

渦巻銀河

電波
電磁波の中で最も波長が長い電波は、太陽、惑星、銀河、星雲を含む多くの天体から放射されている。ほとんどが地球の大気を突き抜け、地表まで届く。

電磁波の観測
渦巻銀河など複雑な天体はスペクトル全域の電磁波を放つ。できるだけ多くの情報を得るために、天文学者はさまざまな装置を使って観測する。

赤外線
赤外線は熱エネルギーで、太陽の光を暖かく感じるのは赤外線のおかげだ。宇宙のあらゆる天体のエネルギーは赤外線として放射されている。赤外線の大部分は地球の大気に吸収される。

WMAP 探査機は、マイクロ波を観測して、初期宇宙の組成を明らかにした

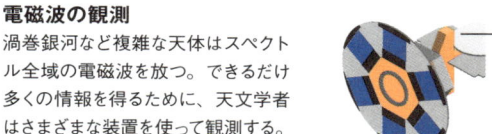

可視光
地球から望遠鏡で見ることができるのは、可視光を放射する天体だ。光害（人工の光による影響）や大気中の浮遊物がなければよりはっきりした像が見える。

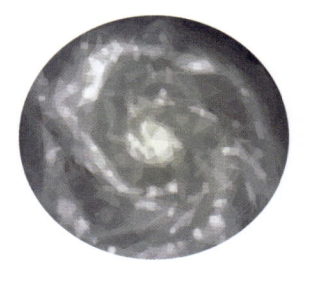

紫外線
太陽などの恒星は紫外線（UV）を放射する。紫外線の大部分は地球のオゾン層でさえぎられる。紫外線を調べると、銀河の構造と進化がわかる。

ハッブル宇宙望遠鏡は、遠く離れた恒星や星雲や銀河からの赤外線・可視光線・紫外線をとらえた画像でよく知られている

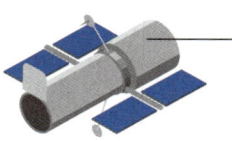

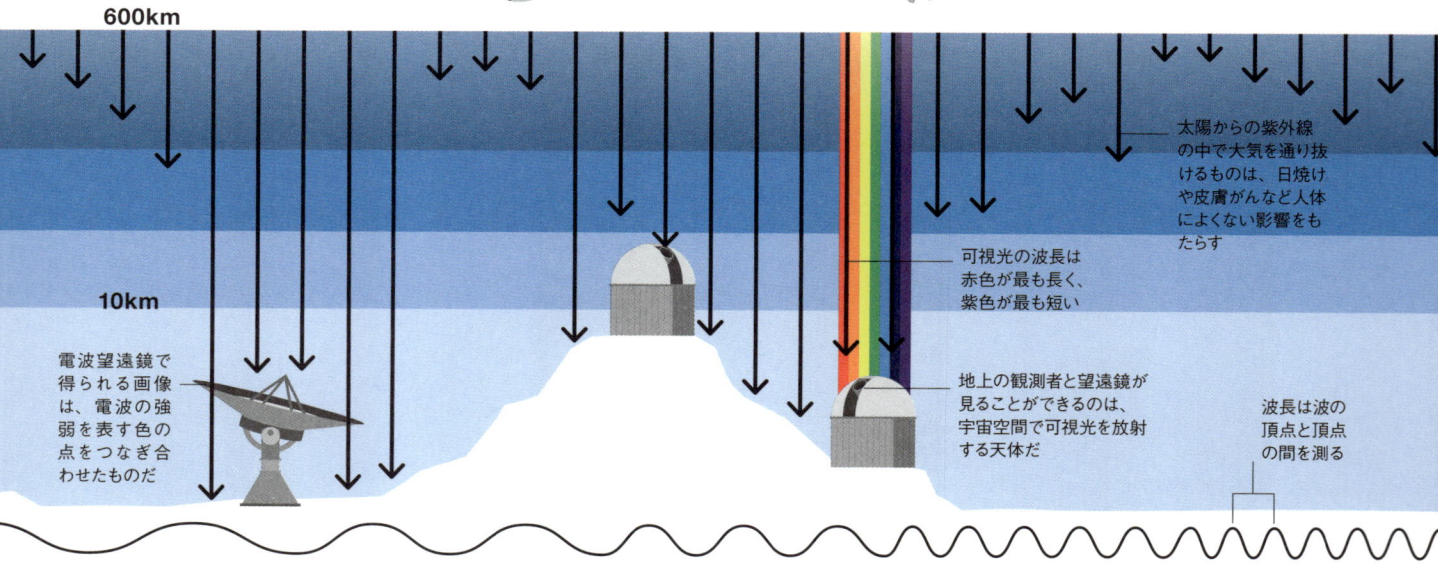

600km

10km

太陽からの紫外線の中で大気を通り抜けるものは、日焼けや皮膚がんなど人体によくない影響をもたらす

可視光の波長は赤色が最も長く、紫色が最も短い

電波望遠鏡で得られる画像は、電波の強弱を表す色の点をつなぎ合わせたものだ

地上の観測者と望遠鏡が見ることができるのは、宇宙空間で可視光を放射する天体だ

波長は波の頂点と頂点の間を測る

電波　　　　　マイクロ波　　　　赤外線　　　　　可視光　　　　　　紫外線

光を見る

電磁スペクトルは、さまざまな種類の電磁波の全域を表します。電磁波（p.104-105）は、空間の電場と磁場の変化によって形成される波で、それぞれ異なる波長をもっています。電磁波には、波長によって異なる色に見える可視光（普通「光」と呼んでいるもの）だけでなく、人間の目には見えない電波やX線などさまざまなものがあります。これらをまとめて光と呼ぶこともあります。どの電磁波も光の速さで移動します。

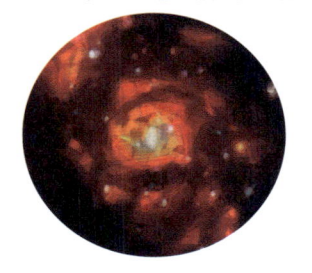

X線

X線はブラックホール、中性子星、連星系、超新星の残骸、太陽などの恒星、一部の彗星から放射される。そのほとんどが地球の大気でさえぎられる。

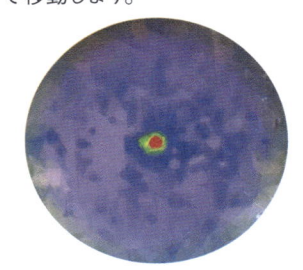

ガンマ線

ガンマ線は、最も波長が短く、最も高エネルギーの波で、中性子星、パルサー、超新星爆発、ブラックホールの周辺領域でつくられる。

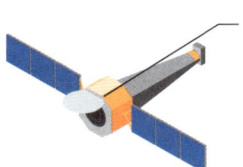

チャンドラX線観測衛星は、入ってくるX線を8個の鏡で1点に集め、さらに別の装置で鮮明な画像にする

フェルミ・ガンマ線宇宙望遠鏡はタングステンとシリコンのシートでできたタワーモジュールでガンマ線を検出する

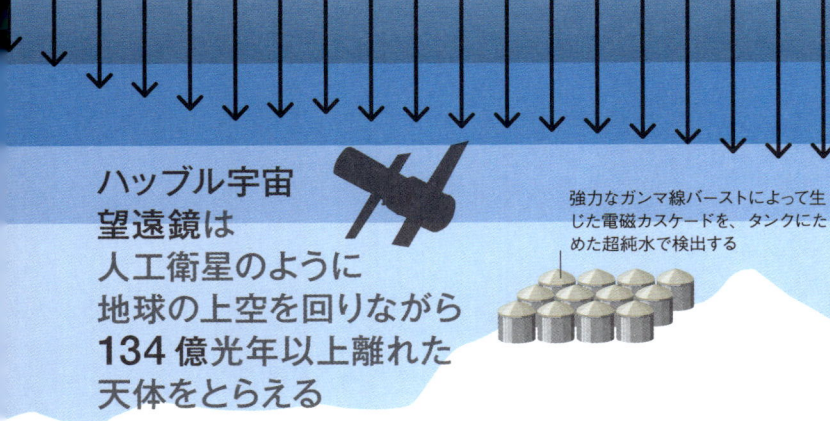

ハッブル宇宙
望遠鏡は
人工衛星のように
地球の上空を回りながら
134億光年以上離れた
天体をとらえる

強力なガンマ線バーストによって生じた電磁カスケードを、タンクにためた超純水で検出する

X線　　　　**ガンマ線**

分光法

元素の構成単位である原子は、熱を加えると特定の波長の光を放ちます。プリズムを使った分光法という手法を用いると、天体からの光を分けることができます。その結果得られるスペクトルと呼ばれる波長のパターンから、天体に存在する原子の種類を特定します。このように調べていくと、遠く離れた天体がどのような物質でできているかを突き止めることができます。

ネオンの
発光スペクトル

ネオン原子の、さまざまな波長の放射に対応する線

500　　　　　600　　　　　700

波長（ナノメートル）

着色画像

人間の目がとらえることのできる光は、スペクトルの限られた範囲だけだ。その範囲を超える電磁波を集めて画像をつくるときは、人間の目で見える色をつけ、さまざまなレベルの放射強度を表す。このような画像を着色画像という。

低いエネルギーのUV　　　高いエネルギーのUV

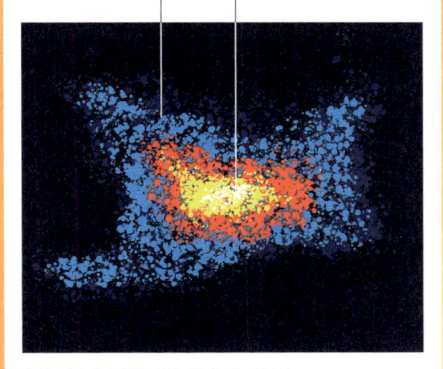

紫外線の検出でとらえた星雲

宇宙には私たちしかいないのか？

太陽系の外側には、現在のところ数千個の系外惑星が確認されています。また天の川銀河には、生命が住むことのできる可能性を秘めた惑星が数百億個あると予測されています。地球以外の世界で生命を見つけることはできるのでしょうか？

もう１つの地球を探す

惑星が恒星に及ぼす極めて小さな影響を検出できれば、系外惑星の存在が明らかになります。このような方法で、大きさも、恒星からの距離も、地球と同じような惑星が見つかれば、大気を分析して、生命に必要な元素の存在を調べることができます。現在のところ、発見されている系外惑星の多くは地球とは似ていません。

ゴルディロックスゾーン

ハビタブルゾーン（生命居住可能領域）は「ゴルディロックスゾーン」とも呼ばれます。ゴルディロックスという少女が、熱すぎず、冷たすぎず、「ちょうどよい」熱さのおかゆを選んだという物語にちなんで名付けられました。"ゴルディロックス"惑星はちょうどよい温度で、表面に液体の水を保つことができます。ただし、生命が進化するためには、ほかの基準も満たす必要があります（下記を参照）。現在では、このゾーンの外側でも、惑星の表面に大量の液体の水が存在しうると考えられています。

熱い巨大ガス惑星

系外惑星の中には木星に似た巨大ガス惑星がある。恒星にとても近い軌道を回り、大気では激しい気象現象が起こっている。

溶けた世界

表面が溶けた溶岩の状態の系外惑星も存在する。できて間もないので熱いためか、恒星に近いためか、あるいは大きな衝突に見舞われたためと考えられる。

氷の世界

太陽系にある、凍った衛星をやや大きくしたような惑星は、表面が水、アンモニア、メタンからなる氷で覆われた、未知の世界だ。

ハビタブルゾーン（生命居住可能領域）

ハビタブルゾーンがあるとしたら、生命が存在するには恒星から近すぎず、遠すぎず、ちょうどよい位置にあるはずだ。地球型惑星の探査にあたっては、まずほどよい恒星と、このような条件に合う範囲を突き止めるところから始める。

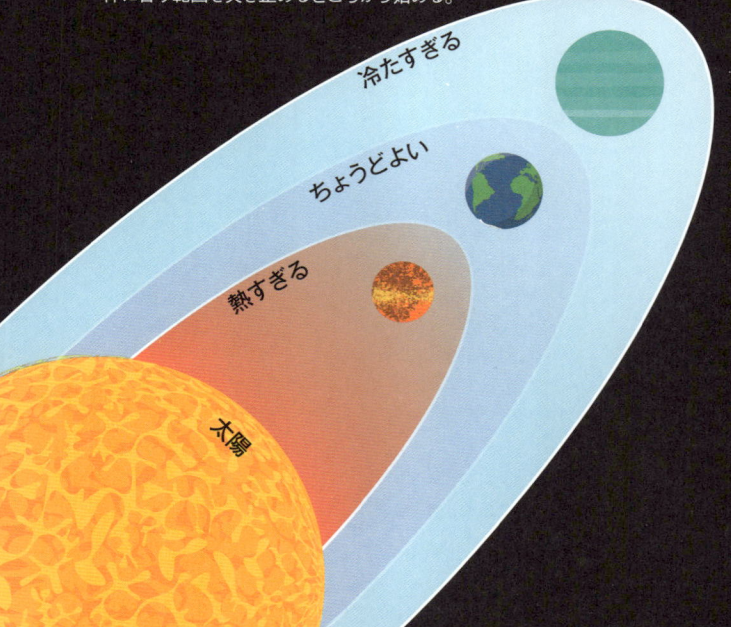

冷たすぎる

ちょうどよい

熱すぎる

太陽

惑星を生命居住可能にする要素とは？

生命の発達に適した惑星となるためには満たさなければならない基準がある。鍵となるのは、温度と水だ。

適切な温度
表面温度が適度でなくてはならない。恒星に近すぎると水などの液体が沸騰し、遠すぎるとすべてが凍りついてしまう。

表面の水
惑星の表面には液体の水、あるいは湿気（あるいは水と同じ機能を果たす別の液体）が存在しなければならない。

頼りになる太陽
岩石惑星で生命がじっくり進化できるよう、最も近くの恒星は安定して輝き続けなければならない。

元素
生命の構成要素、たとえば炭素、窒素、酸素、水素、硫黄などが存在しなければならない。

回転と傾き
傾いた回転軸を中心に回転する惑星には昼と夜と季節があるため、特定の地域が極端な温度になることはない。

大気
濃い大気は電磁波をさえぎり、気体の流出を防ぎ、暖かさを保つ。

溶けた中心部
中心部が溶けている惑星は磁場をつくり、宇宙を飛び交う電磁波から生命を守る。

十分な質量
十分な質量をもつ惑星には大気の保持に必要な重力がある。

知的生命体の探査

知的生命体を探す方法の1つは、耳をすませることです。SETI（Search for Extraterrestrial Intelligence：地球外知的文明探査）は、高度に進化した地球外生命体の存在を示す電波や光信号を探し出す計画です。電波望遠鏡を使って、人工の発信源を示唆するナローバンド（狭い周波数範囲）の電波信号を探したり、ナノ秒しか光らないとても短い光の輝きを追ったりします。これまでのところ、知的生命体の存在を証明できる信号は検出されていません。

SETI

カリフォルニアにある SETI のアレン干渉計は、系外惑星を探しているケプラー宇宙望遠鏡が集めたデータに基づき、天空の特定領域を標的にしている。

電波アンテナ

凡例

● ドレイクが 1961 年に算出した値
● 最近の値

ドレイク方程式

天文学者フランク・ドレイクが 1961 年に発表した、天の川銀河に存在する、地球と交信できる文明の数を推定する方程式。

| | 信号を送ってくる可能性のある地球外文明の数 | 天の川銀河で1年間に誕生する恒星の数の年平均 | 1つの恒星が惑星系をもつ確率 | 1つの惑星系で生命が生存可能な惑星の平均数 | 左記の惑星で生命が誕生する確率 | 誕生した生命が知的生命体にまで進化する確率 | 知的生命体が交信技術をもつような文明になる確率 | そのような文明が交信し続ける平均期間（年） |

$$N = R \times f_p \times n_e \times f_1 \times f_i \times f_c \times L$$

| 500 | 2100 | 10 | 7 | 0.5 | 1 | 1 | 3 | 0.1 | 0.1 | 0.1 | 0.1 | 1.0 | 1.0 | 10000 | 10000 |

地球外生命体はどこにいるのか？

生命の存在に適していると思われる惑星は数十億個もあります。天の川銀河ができてから、高度な文明が居住できるようになるだけの時間は十分経っています。では、なぜ私たちはいまだに交信できないのでしょうか？　そもそも生命というものはめったに存在しません。したがって、宇宙にいるのはじつは私たちだけなのかもしれないのです。

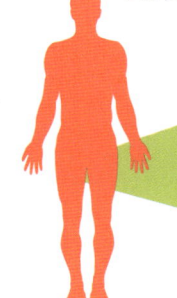

フェルミのパラドックス

物理学者エンリコ・フェルミは、地球外文明の存在する可能性の高さと、その存在の証拠がまったく無い事実との間にある見かけの矛盾について指摘した。

知的生命体を見てもそれとはわからない
地球外生命体は、たとえ私たちのすぐそばにいたとしても、それと認識できる形態とかけはなれているかもしれない。

無視されている
ほかの文明が外部に進化しようとしていない、あるいは自らにとって都合が悪いと考えているのかもしれない。

知的生命体が自らを破壊する
ある地点に到達すると文明が自らを破壊する可能性がある。あるいは交信するための高度な技術を破壊することもある。

見つけることができない
私たちには適切に聞こえていないのかもしれない。つまり地球外生命体は私たちの想像を超える方法で交信している可能性がある。

聞こえない
宇宙は膨張しているので、空間あるいは時間が離れすぎてしまったのかもしれない。

離れすぎている
私たちにとって、ほかの知的生命を見つけだすにはあまりにも遠くにいるのかもしれない。

 存在が**確認されている**
太陽系外惑星の数は
3500 個以上だ

宇宙飛行

宇宙機とは、最初のエネルギー噴射でたどり着いた軌道に沿って推進する発射体です。宇宙機は大きな天体の重力に引き寄せられ、自由落下している状態にありますが、なかには小型の推進ロケットでわずかにコースを調整できる宇宙機もあります。

宇宙を自由落下する

地球から打ち上げられた宇宙機はじつは飛行しているのではなく、落ちています。宇宙空間にいる宇宙飛行士はいぜんとして地球や太陽のような天体の重力の影響を受ける一方で、その天体を回りながら落下することで、無重力状態を感じています。軌道上の宇宙機は地球を回りながら落下していますが、地球と衝突することはありません。宇宙機の前進速度に重力が加わり、地球の曲率に沿った曲線軌道を進むからです。

火星への旅

火星に効率よく行くには、出発するときの地球の位置が、到達予定時点の火星の位置と最も離れる（太陽をはさんで反対の位置にある）ようなタイミングで出発する。片端が地球軌道、もう片端が火星軌道になる楕円に沿って移動する方法が最も無理がないからだ。

打ち上げ時の地球の位置

宇宙機が火星に到着するときの地球の位置

宇宙機が着陸する時の火星の位置

太陽

地球の軌道

火星に向かう宇宙機の飛行経路

打ち上げ時の火星の位置

火星の軌道

ボイジャー2号は海王星の重力を利用して速度を落とし、海王星の衛星トリトンの画像を撮影した

脱出速度

十分な速度で打ち上げられた物体は、地球の重力から抜け出すことができます。別の天体を回る軌道に乗って自由落下する宇宙機は、まず開曲線に沿って宇宙空間に入ります。ここで重要なのが、宇宙機の最初の打ち上げ軌道と速度です。たとえば、月に向けて発射するとき打ち上げ速度が速すぎると、月の近くで速度を落とせず月の軌道に乗れない可能性があります。月の重力が弱いため、宇宙機をひきとめられません。

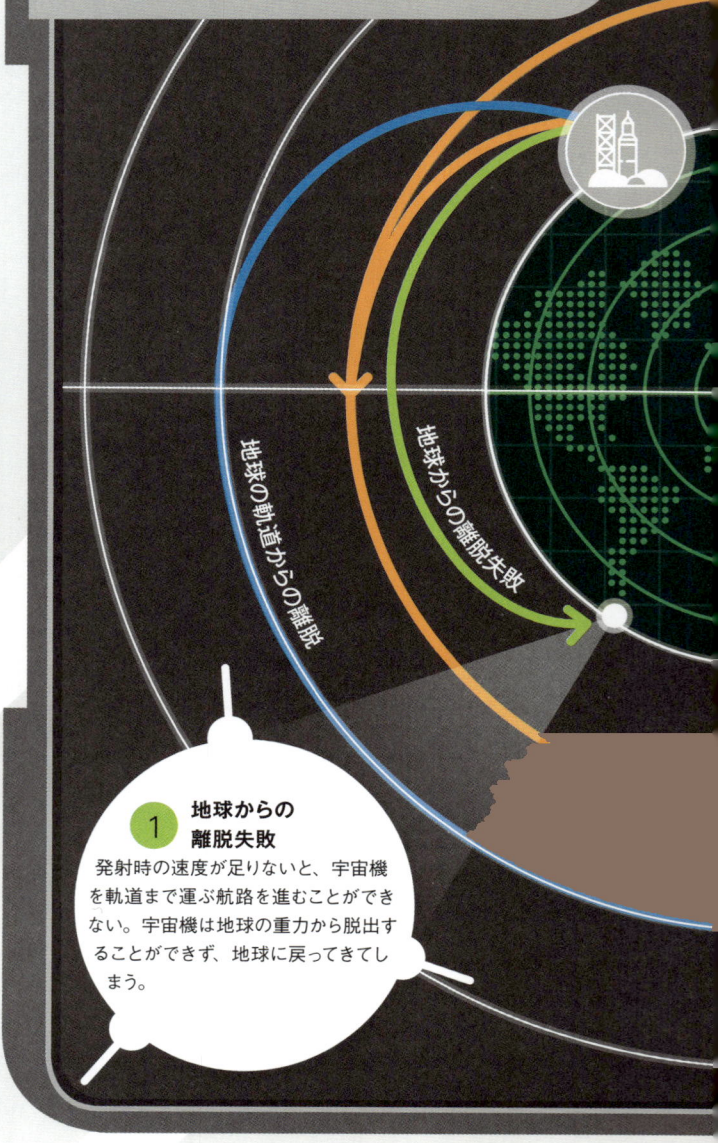

地球の軌道からの離脱

地球からの離脱失敗

1 地球からの離脱失敗

発射時の速度が足りないと、宇宙機を軌道まで運ぶ航路を進むことができない。宇宙機は地球の重力から脱出することができず、地球に戻ってきてしまう。

3 地球軌道からの離脱

月に向かうのに適した推進力で発射した宇宙機は、地球の重力が引っ張る力から抜け出す。その後、カーブした航路に沿って月へ接近する。

地球

地球の軌道

月

2 地球軌道への到達

ちょうどよい速度で発射した宇宙機は、地球軌道まで運ぶ航路を進むことができる。宇宙機は、地球の重力とつり合う軌道速度に到達することによって位置を保つ。

スイングバイ（重力アシスト）

宇宙空間を進む宇宙機は、惑星を回る軌道を利用して、進行方向を変えたり、加速や減速をしたりして、時間と燃料を節約します。惑星の重力が宇宙機を引っ張るので、惑星の表面に近づくにつれて速度が上がります。このような現象はスリングショット効果といい、これを利用した航法は、特に「スイングバイ」あるいは「重力アシスト」と呼ばれます。

複数のアシスト

惑星間探査機のボイジャー2号は木星、土星、天王星、海王星それぞれの重力を利用してスイングバイし、最後は太陽系の外側の領域に到達した。

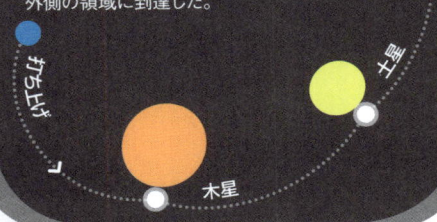

ボイジャー2号

海王星

天王星

土星

木星

うちゅう

ラグランジュ点

周回する小さな天体にはたらく、遠心力と2つの天体から受ける重力の3つの力がつり合う位置をラグランジュ点（L1〜L5）という。この位置にある天体は地球から見ると動かないように見える。L1には太陽風の観測をする人工衛星があり、重要な情報を提供している。

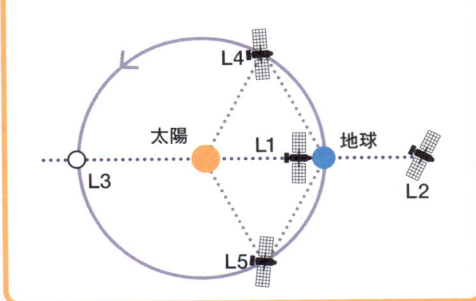

L4

太陽 L1 地球

L3

L2

L5

宇宙での生活

宇宙の環境は、生活には適さない別世界です。宇宙飛行士は、電磁波から守ってくれる大気のない真空を進みます。自由落下によって生じる、見かけの重力がゼロになる状態とも闘わなければなりません。時間のように、地球では不変だと思われるものも、もはや当たり前のことではなくなるのです。

火

宇宙では熱い空気は上昇せず、炎は丸くなる。火事になったらすぐに通気を調整して、消火器を使わなければならない。

無重力の世界

宇宙飛行士だけでなく、宇宙船（有人宇宙機）の中にあるものはすべて、落ちながら地球を回る軌道上にあるか、太陽の周りを回るもっと大きな軌道上にあるかにかかわらず、絶えず自由落下の状態にあります。無重力状態におかれると、人体は無数のストレスにさらされ（p.218-219 参照）、物体は普段とはまったく違う振る舞いをします。たとえば水は流れず、暖かい空気は上昇しません。したがって、宇宙船の中で宇宙飛行士が安全かつ健康に過ごすには、慎重に準備を重ね、いつもと違う環境や行動に適応する必要があります。

微小重力

宇宙船の中では壁をゆっくり押しながら進む。国際宇宙ステーション（ISS）には、体が浮いてしまわないように足を引っかけるバーや体をつなぐひもが備わっている。

微小重力

頭と首を固定できる寝袋

手や足を引っかける

睡眠

宇宙での生活

宇宙船の中では毎日、複雑な活動をすることになる。だが宇宙飛行士は、地球でしていた日常の習慣を同じように続け、肉体も精神も健康でいられるように心がけている。

宇宙のトイレ

宇宙のトイレでは吸着カップを使い、尿は飲み水として再利用される。便は宇宙に投げ捨てずに、船内にためておく。

双子のパラドックス

双子の片方が光速に近い速さで宇宙旅行し、再び地球に戻ってくるとき、特殊相対性理論によれば、宇宙旅行者の時間の経験は地球に残っていた人と比べて遅くなるが、相対的に見れば逆にも考えられ矛盾する。しかし一般相対性理論により、宇宙旅行者のほうが年を取ることは証明できる。

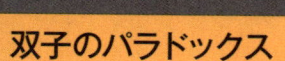

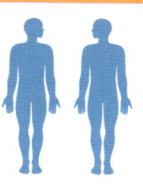

宇宙旅行前

宇宙旅行後

宇宙での睡眠

重力がないので横たわっている感覚がない。寝るときは寝袋に入って体を縛り、腕を固定する。頭も固定し、首の緊張をやわらげる。

熱い空気

球状の炎

動かない空気
通気をしないと空気が循環しないため、二酸化炭素が頭の周りにたまったり、熱い空気が体から離れなかったりする。汗は蒸発しない。

球状の水

乾燥食品に水を注入する

ウォーターバッグ

貯水装置

乾燥食品

飲料水

食べ物

水
水は流れず、表面張力により球状になる。宇宙飛行士は水を使わずに乾いた布で顔や体をふく。水を飲むときは、ストローや専用のカップを使う。

**宇宙にはどのくらい
長く住めるのか？**

今なおその限界を探っているところだ。最長記録はロシアの宇宙飛行士、ワレリー・ポリャコフがもっている。1994 〜 1995 年にミール宇宙ステーションに437 日間滞在した。

食べ物
宇宙飛行士は乾燥食品に液体を加えて食べる。トレイと食器は所定の場所に固定する。食べ物は表面張力を高めてあるので食器に張り付くため、ふわふわ浮かぶことはない。

宇宙に滞在している間
宇宙飛行士の身長は
地球上よりも**3%伸びる**

宇宙放射線

宇宙放射線（宇宙線）には、宇宙空間を飛び交う、電荷を帯びた粒子や電磁波などが含まれます。地球には大気があるので、その大部分から守られていますが、地球の周回低軌道から外に出る宇宙飛行士には重大な危険が及びます。宇宙放射線は電離するものと、非電離のものがあります。電離した宇宙線は原子から電子を奪います。すると人体では細胞が死んだり、生殖能力を失ったり、変異を起こしたりします。

**地球にとらえられた
宇宙放射線**
電離した宇宙放射線は、地球の磁場にとらえられた電荷を帯びた粒子により生じる。地球の周回低軌道の外側で放射線をとらえている領域をバンアレン帯という。

太陽粒子
太陽表面からの電磁粒子の放出によって生じる。宇宙服や装置には粒子が通らない素材を利用して、太陽粒子から守る。

紫外線
紫外線（UV）は非電離の放射線で、粒子は原子にエネルギーを与えるが、電子を奪うことはない。宇宙船外では反射バイザーや不透明な宇宙服を身につければ、UV をさえぎることができる。

銀河宇宙線
銀河宇宙線は高エネルギーの電離放射線で、超新星由来の荷電粒子や、中性子星などの天体から放射される X 線などの電磁放射線を含む。銀河宇宙線から身を守るには、遮へい体を厚くする必要がある。

別世界への旅

宇宙飛行をすると、体にも心にも大きな影響が及びます。宇宙飛行士は、体に生じるさまざまな不快感に耐えたり、健康上のリスクを負ったりしています。新たな惑星での暮らしを求めて宇宙を旅する際は、入念な準備と、リスクを最小限に抑えるための積極的な対策が必要になるでしょう。

宇宙旅行は寿命を縮めるのか？

宇宙飛行で最も危険なのは、宇宙放射線を浴びることだ。宇宙放射線は免疫系に損傷を与えたり、がんのリスクを高めたりするため、寿命を短くする可能性がある。

本来の重力の影響の元で運動を続けないと、骨格筋は徐々に減る

筋肉

骨を健康に保つために必要な力学的ストレスがないと、骨密度が低下する

骨

免疫系が弱り、感染症や自己免疫疾患のリスクが高くなる

無重力状態になったり方向感覚を失ったりすると宇宙酔いになる

昼と夜がないので睡眠パターンが乱される。国際宇宙ステーションでは24時間で16回、日の出と日の入りが訪れる

心臓をあまり使わなくなると、心筋は衰える

胃

心臓

脊椎

脊椎にかかる圧力が減るため、腰痛が起こる

重力がないため、体液が上半身にたまる

血液

脳への血流が変化するため、認知機能が低下する

眼圧が変わるため、視覚が影響を受ける

脳

病的な状態の宇宙飛行士

人間が宇宙空間に滞在中に受ける悪影響は、体のほぼすべての部分に及ぶ。未来の宇宙旅行者にとって体と心の健康は必要不可欠だ。

宇宙空間での人体

人体は地球の重力の下で機能するようにできています。したがって、無重力状態は人体に大きな影響を与えます。物理的ストレスがなかったり、運動をしなかったりすると、骨量と筋肉量が急速に減り、心血管系の機能が衰えます。重力がないと体液が上半身に移動し、眼に障害が起こったり、血圧に影響が出たりします。

人体への悪影響を最小限に抑えるために

骨密度と筋肉量を維持するためには運動が欠かせない。宇宙飛行士は、宇宙滞在中、1日に2時間ほど運動する。心血管を鍛えるため、ゴムを使ってサイクリングマシンやランニングマシンに体を押さえつけて抵抗トレーニングをする。低重力状態では下半身が最も早く衰えるため、ほとんどの宇宙飛行士は下半身の運動をする。

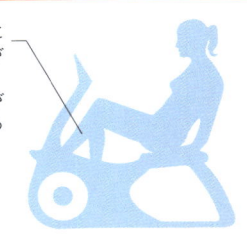

活発な動作によって心臓が刺激され、下半身の筋肉が鍛えられる

水を掘り出す

火星には水が豊富にあるが、氷原で土の中に混ざって凍っている。火星の水は土壌に熱を加えれば取り出すことができる。一方、地下には液体の塩水や地熱で温められた水が存在する可能性もある。

生活基盤をつくる

無人宇宙機を火星に送り、原子炉を設置する。火星の二酸化炭素と、地球から運んだ水素を原子炉で反応させ、燃料となるメタンをつくる。副生成物の水はためておく。あるいは水素と酸素に分解する。

食用植物を育てる

火星の土壌はとても肥よくだ。水と二酸化炭素を与えれば、ドームの中で植物を育てることができる。また植物は酸素をつくるし、食べられない部分は肥料として使える。

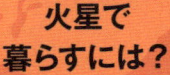

火星で暮らすには？

火星は手の届くところにあります。月まで行った技術を使えば、比較的小さな宇宙船に乗り込んで火星まで直接行くことができます。火星での完全自給自足生活は、しばらくはありえないようですが、初期の移住者がある程度生活していけば、その後、火星で物資をつくって地球と貿易をするようになるかもしれません。

火星に行く方法

宇宙船に乗って火星まで最短距離で飛行すると180日かかる。帰還飛行への打ち上げが可能になるまで、乗組員は1年半火星に滞在する。宇宙船は、水があると思われる地域に着陸することになるだろう。

レンガで家をつくる

火星での最初の住居は、金属とプラスチックでできた宇宙船の離脱部を連結したものになるだろう。火星の土壌はレンガやモルタル造りに適しているので、その後は火星でつくった資材で住居を建築できる。

火星の地球化

火星は寒くて乾燥しているが、生命を支えるのに必要な元素はそろっている。最初は二酸化炭素濃度を上げて大気を濃くし、温室効果を発生させる。すると気温も上がっていく。

火星の大気を
人間が完全に呼吸が
できるようにするには
900年かかるだろう

地球

地球の内部

地球は、太陽の近くを回る4個の小さな岩石惑星の1つです。重力によって誕生した地球は、流れと動きに満ちあふれる、いくつもの層でできた世界に成長しました。内部は燃えるように熱く、その上を岩石でできた冷たい地殻が覆い、水をたたえた大きな海や空気に満ちた大気の層が広がっています。

熱い岩石がなぜ固体でいられるのか?

地球内部の岩石は、火山から流れ出るどろどろの溶岩よりもかなり熱い。ところが地球内部はとてつもなく高圧だ。このためほとんどが固体のままで存在し、圧力が弱まると溶けた状態になる。

地球はどのようにしてできたのか?

46億年ほど前に太陽が誕生したとき、その周りには円盤状の雲のように集まった、周回する岩石と氷の塵がありました。それらが重力によって互いに引きつけ合い、漂っていた小片が1つのまとまりになる「降着」という現象が起こり、大きな質量をもつようになりました。やがてこのようなまとまりが、地球をはじめ、太陽系のいくつかの惑星に成長しました。地球では降着するときに発生する激しい熱によって層構造ができました。

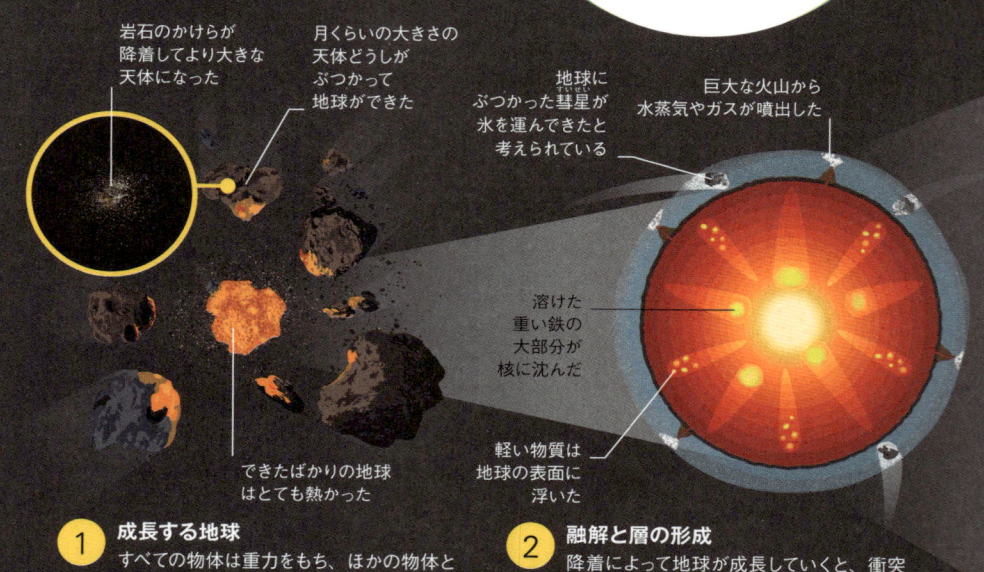

岩石のかけらが降着してより大きな天体になった

月くらいの大きさの天体どうしがぶつかって地球ができた

地球にぶつかった彗星が氷を運んできたと考えられている

巨大な火山から水蒸気やガスが噴出した

溶けた重い鉄の大部分が核に沈んだ

軽い物質は地球の表面に浮いた

できたばかりの地球はとても熱かった

1 成長する地球
すべての物体は重力をもち、ほかの物体と引きつけ合う。地球の元になった大きな塊どうしも重力で引きつけられ、そのときの衝突エネルギーが熱に変わり、溶けたりくっついたりする部分が現れた。

2 融解と層の形成
降着によって地球が成長していくと、衝突で生じた熱が地球全体を溶かした。最も重い物質は中心まで沈み、重い金属の核が形成された。その周りをもう少し軽い岩石の層が厚く取り囲んだ。

海と陸

海の下の地殻(海洋地殻)は、おもに玄武岩と斑れい岩でできています。どちらも鉄を豊富に含む、かなり密度の高い岩石で、地殻の下にあるマントルを構成するもっと密度の高い岩石に似ています。長い時間が経つうちに火山活動などの地質作用によって、花崗岩などケイ素を豊富に含む岩石でできた厚い層ができて、陸になりました。厚い大陸地殻はマントルの岩石よりもはるかに密度が低いので、極地の海に浮かぶ氷山のように、大陸地殻もマントルの上に浮いています。このため、大陸は海底よりも高いところまで上昇しています。

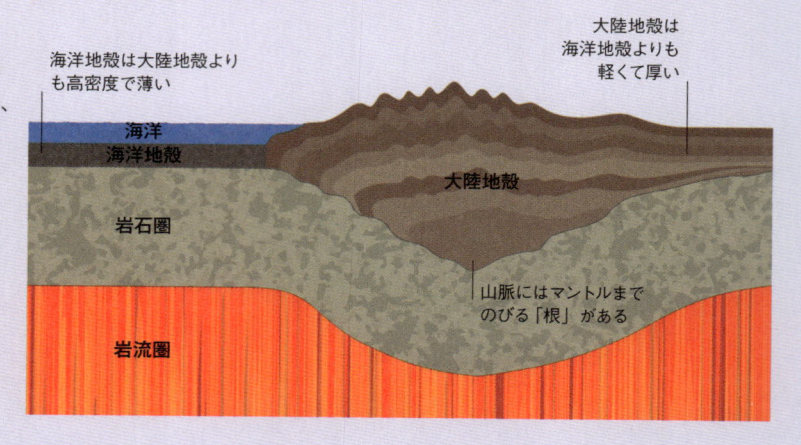

海洋地殻は大陸地殻よりも高密度で薄い

大陸地殻は海洋地殻よりも軽くて厚い

海洋
海洋地殻
大陸地殻
岩石圏
岩流圏

山脈にはマントルまでのびる「根」がある

③ 現在の地球

誕生して間もないころに溶けた地球は、その後に層状になり、海に水をたたえるくらいまで冷えた。岩石の大部分は固まったが、外核はいまだに溶けたままだ。

深い海底をつくる、薄い海洋地殻は、鉄を豊富に含む、密度の高い岩石でできている

厚い大陸地殻はケイ素を豊富に含む、比較的軽い岩石でできている

冷えた地殻と最上部マントルが岩石圏（リソスフェア）をつくる

大気

酸素などのガスが大気をつくる

岩流圏（アセノスフェア）

岩石圏の下には部分的に溶けている熱い岩流圏がある

下部マントル

マントル・プルームと呼ばれる熱の対流が、核とマントルの境界からマントルを通って上昇する

下部マントルの深部は熱くて流動性はあるが、それでも固体の岩石でできている

外核

内核

内核は、鉄とニッケルなどの固体の金属でできていて重い

液状の外核は溶けた鉄とニッケルと硫黄でできている

海底から噴出した溶岩が大陸をつくった

かつて地球全体を水が覆っていた時代があったと推定されている

5500℃

これは**地球の内核の温度**だ。そして**太陽の表面温度**でもある

さすらう磁北

液体の金属からなる地球の外核は、熱対流と地球の自転によって動き続けている。この現象により電気が発生し、地球の周りに磁場ができる。磁場は地軸とほぼ同じ向きに並んでいるので、磁北は真北に近い。ところが磁場の位置は1年に50kmほどの速さで動き続けている。

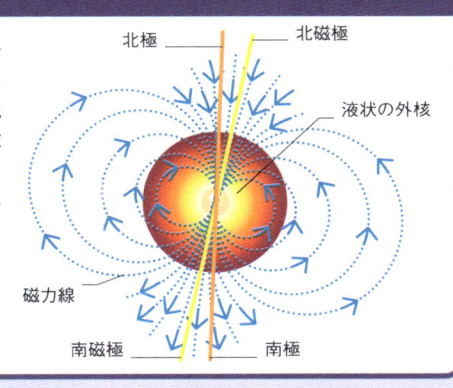

北極　　北磁極

液状の外核

磁力線

南磁極　　南極

プレートテクトニクス

地球の岩石圏（リソスフェア）は、もろい地殻とマントルの上層からなる部分で、いくつものプレートに分かれています。核から上昇してくる熱によって、プレートは動き続けています。プレートどうしが離れたり、押し合ったりすることで大陸が動き、山脈がつくられ、すさまじい火山活動が起こります。

海溝・地溝・山脈

地球の内部では、放射性元素が熱を発生させています（p.36-37 参照）。この熱が核からの熱とともにマントルをとてもゆっくり対流させています。マントルの動きによってプレートが引き離されると、地溝という長い裂け目ができます。またプレートが引きずり込まれると、プレートの片端がマントルの中に沈む、沈み込み帯をつくることがあります。地溝の形成や沈み込みの多くは海底で起こります。プレートの動きによって広がる海もあれば、縮んでいる海もあります。また大陸が衝突することもあります。

大西洋中央海嶺の長さは1万6000kmだ

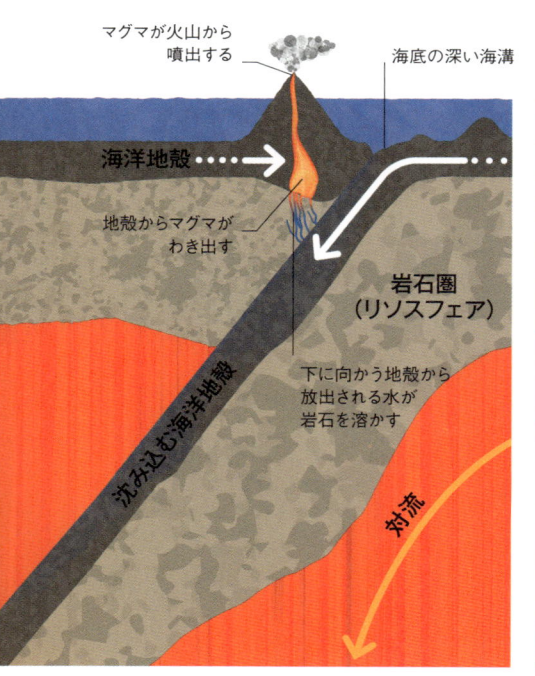

海洋の沈み込み帯

海洋地殻を運んでいる2つのプレートがぶつかると、重いほうのプレートがもう一方の下に入り、マントルの中で溶ける。海洋には、太平洋のマリアナ海溝のような深い海溝ができる。

図中のラベル：マグマが火山から噴出する／海底の深い海溝／海洋地殻／地殻からマグマがわき出す／岩石圏（リソスフェア）／下に向かう地殻から放出される水が岩石を溶かす／沈み込む海洋地殻／対流

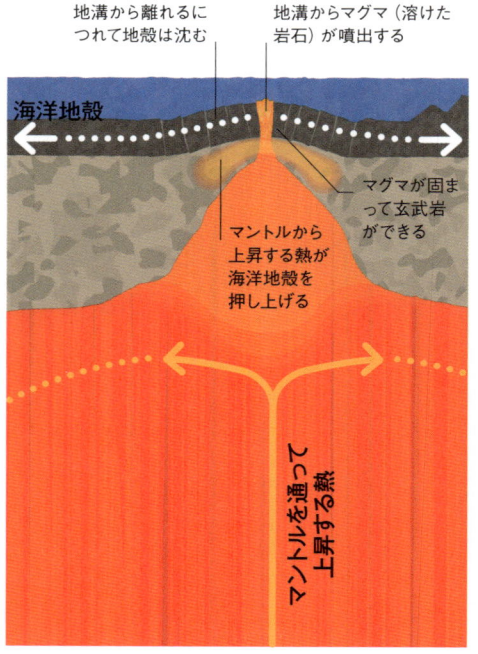

大西洋中央海嶺帯

海底を走る長い地溝はプレートが引き離される場所でできる。地溝ができたことで、地溝の下にある熱い岩石にかかる圧力が減る。すると岩石は溶けて噴出し、新しい海洋地殻をつくる。大西洋中央海嶺はこうしてできた。

図中のラベル：地溝から離れるにつれて地殻は沈む／地溝からマグマ（溶けた岩石）が噴出する／海洋地殻／マグマが固まって玄武岩ができる／マントルから上昇する熱が海洋地殻を押し上げる／マントルを通って上昇する熱

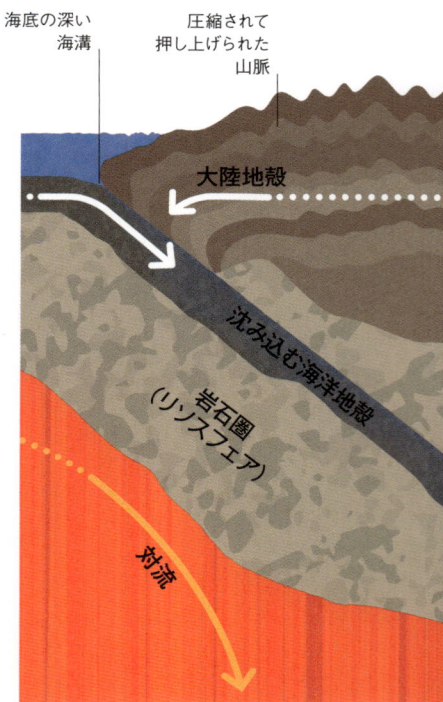

海洋と大陸の沈み込み

海洋プレートと大陸プレートがぶつかると重い海洋地殻のほうが引きずり込まれる。大陸地殻は圧縮されて山脈をつくる。アンデス山脈はこうしてできた。

図中のラベル：海底の深い海溝／圧縮されて押し上げられた山脈／大陸地殻／沈み込む海洋地殻／岩石圏（リソスフェア）／対流

大陸移動

大陸はプレートにしっかりくっついている。だから、常に動き続けるプレートに運ばれて、大陸は地球上を移動している。つまり程度の差はあれ、大陸は絶えず割れたり押し合ったりしている。その昔、地球にはパンゲアと呼ばれる超大陸があった。およそ3億年前に誕生し、その1億3000万年後に分裂した。これからも大陸は動きながら、形を変え続けていく。

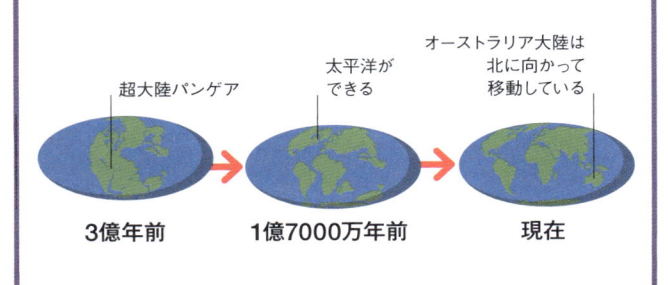

超大陸パンゲア
太平洋ができる
オーストラリア大陸は北に向かって移動している

3億年前　　1億7000万年前　　現在

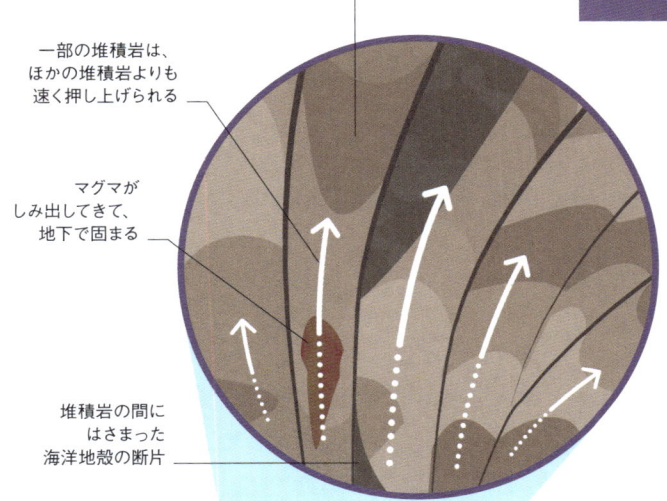

古い時代の堆積岩の下で大陸プレートがぶつかると圧力が生じ、堆積岩が押し曲げられる

一部の堆積岩は、ほかの堆積岩よりも速く押し上げられる

マグマがしみ出してきて、地下で固まる

堆積岩の間にはさまった海洋地殻の断片

火山が噴火する
地殻を通ってマグマが上昇する
地殻が沈んで地溝ができる
大きな塊が滑り落ち、ひと続きの崖をつくる

沈む地殻

岩石圏（リソスフェア）

マグマが固まって玄武岩ができる

マントルから上昇する熱が大陸地殻を押し上げる

マグマを通って上昇する熱

沈み込んだプレートは溶ける

大陸の地溝帯

大陸の地溝形成の仕組みは海嶺形成の場合と同じだ。厚い地殻が沈み込んで、東アフリカの大地溝帯のような絶壁の連なる、長い地溝をつくる。

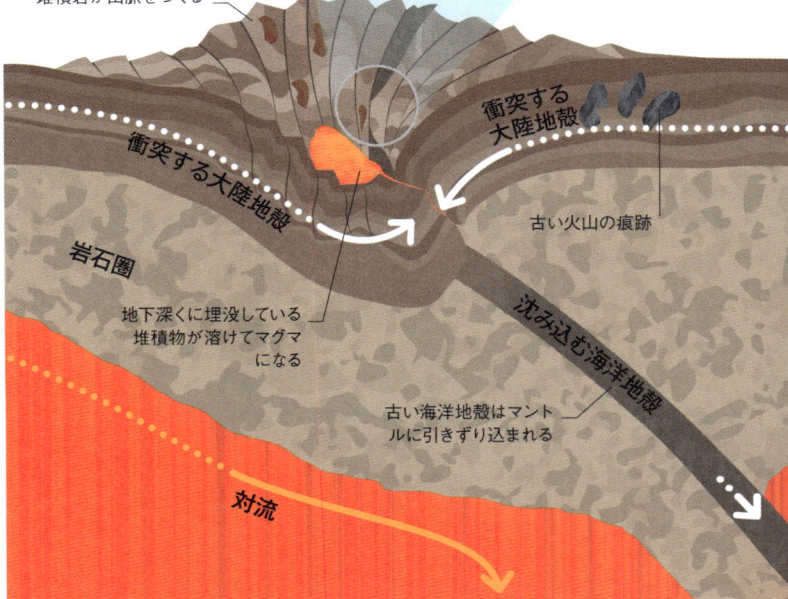

古い海底をはぎ取られた堆積岩が山脈をつくる
衝突する大陸地殻
衝突する大陸地殻
古い火山の痕跡
岩石圏
地下深くに埋没している堆積物が溶けてマグマになる
沈み込む海洋地殻
古い海洋地殻はマントルに引きずり込まれる
対流

衝突帯

海洋と大陸の沈み込みにより、2つの厚い大陸地殻が一緒に引きずり込まれると、古い海洋と火山は強く押し込まれ、海底の堆積物が圧縮されて褶曲山脈をつくる。ヒマラヤ山脈もこのような境界上にできた。

地震とは？

プレートどうしが押し合ったり、すれ違ったりすると、プレート境界をつくる断層でひずみがたまります。どちらのプレートの端にも歪みが生じ、やがて岩石が崩れて、プレートが元に戻ろうと跳ね返ります。このような現象が頻繁に起こる場合は、反動が比較的小さいのでかすかなゆれだけですみます。ところが、もし断層どうしが固着したまま100年、あるいはそれ以上経つと、岩石が数秒で何メートルもずれることがあります。これが引き金となって激しい地震が起こります。

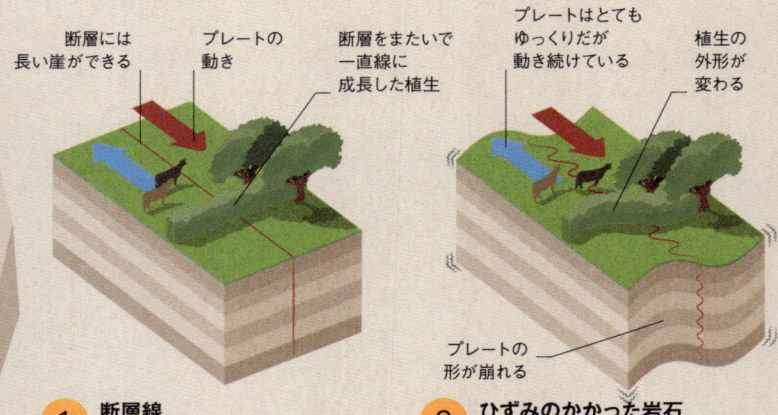

断層には長い崖ができる **プレートの動き** **断層をまたいで一直線に成長した植生**

プレートはとてもゆっくりだが動き続けている **植生の外形が変わる**

プレートの形が崩れる

1 断層線
この横ずれ断層は、2つのプレートがすれ違うときの境界で、どちらのプレートも1年に2.5cmほど動いている。

2 ひずみのかかった岩石
数十年が経ち、プレートは互いに反対方向に動き続けているが、断層は固着している。その結果、プレートは歪み、歪みがたまる。

地震

プレートは移動し続けています。ところがプレートどうしの端が固着して動かなくなってしまうことがあります。するとひずみがたまり、やがて2つのプレートが離れます。このとき生じる衝撃波が地震を引き起こします。

史上最大の地震とは？

1960年5月22日にチリで起こった地震がこれまでで最も大きい。地震の規模はモーメント・マグニチュードで9.5だった。その後、津波はハワイ、日本、フィリピンまで押し寄せた。

津波の発生

海底でプレートが別のプレートの下に沈み込むと、上になったほうのプレートが変形し、その端が下に引きずり込まれます。岩石が崩れると、変形したプレートが突然元に戻ります。すると大きな波が起こり、あっという間に広がっていきます。遠洋では波は長く、それほど高くもないですが、浅瀬に流れ込むと津波となって大きな被害をもたらします。

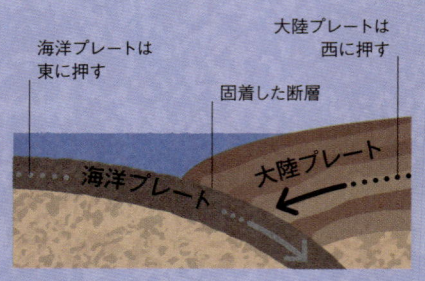

海洋プレートは東に押す **大陸プレートは西に押す** **固着した断層**

海洋プレート　大陸プレート

1 固着した断層
陸の近くにある深い海溝は沈み込み帯にある。このような場所では海底が大陸の下に入り込んでいるが、プレートの間の断層は固着している。

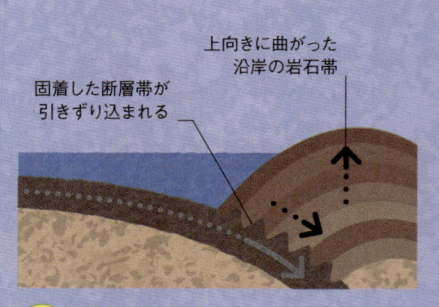

固着した断層帯が引きずり込まれる **上向きに曲がった沿岸の岩石帯**

2 変形したプレート
固着した断層に引き寄せられて、大陸プレートの沈み込んだ端が下に引きずり込まれる。プレートが変形し、沿岸領域の膨らみが上昇する。

3　破壊と反動

100年ほど経つと、ひずみがたまり断層が壊れる。すると数分のうちに両方のプレートが元に戻ろうと2.5mも動くことがある。地下（震源）と地表（震央）から衝撃波が広がっていく。

プレートはとても
ゆっくりだが動き
続けている

プレート縁辺域の
岩石が急にずれる

震央から
衝撃波が広がる

震央は
震源の真上に
位置する
地表の点だ

震源から
衝撃波が
広がる

震源は地下にある
破壊の開始点だ

どちらのプレートも
前と同じように
動き続けている

植生は
断層の線を
境にずれる

4　地震の後

本震と余震がおさまると、岩石はひずみからすっかり解放された状態になる。しかし、プレートは動き続けているので、同じサイクルが再び始まる。

およそ50万回

世界では1年間に
これほどたくさん
地震が起こっているのに
被害をもたらす地震は
100回にも満たない

押し上げられた
津波

プレートの端が
跳ね上がる

3　解放と津波の発生

ついに断層が壊れ、引きずり込まれていた大陸プレートの端が跳ね上がり、津波を起こす。津波は海岸線を越えて、元の高さに戻った陸に押し寄せる。

地震の計測

現在、破壊的な大きな地震の規模はモーメント・マグニチュードを用いて表す。かつて使われていたリヒター・スケールに比べると、大規模な地震によって放出されるエネルギーをより正確にとらえることができる。データは地震計という装置を使って、プレートの動きの程度を示す波形として記録される。

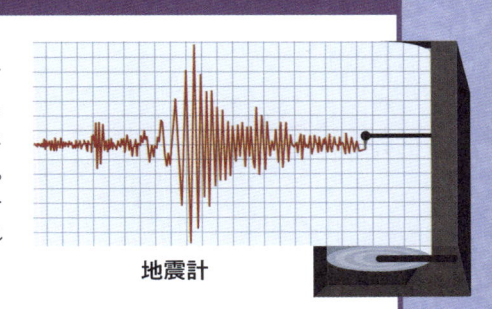

地震計

火山

溶岩やガスは地表にあいた割れ目から噴き出します。このような割れ目を火口といいます。火口はたいていお椀型のくぼ地の中にあります。火山の多くは、プレートを引き離す力やプレートが押し合う力によってつくられるため、プレート境界付近に存在します。

なぜ火山ができるのか?

火山にはおもに3種類あります。1つは、離れていく2つの大陸プレートまたは海洋プレートの間にできる地溝から噴出する火山です。もう1つは、プレートが別のプレートの下に入る沈み込み帯の上で噴出する火山で、この種の火山はさまざまな種類の溶岩を含んでいます。3つ目は、マントルの上で地殻のすぐ下の岩石を部分的に溶かす、ホットスポットがつくる火山で、これらはたいていプレート境界から離れています。

ガラス質や岩石の細かな粒子からなる大きな雲が空高く立ち昇る

雲から火山灰が落下する。最も重い粒子が火口付近に積もる

山の側面の火道からも溶岩が噴出する

どんな火山が最も危険か?

最も活発な火山ではなく、めったに噴火しない火山が最も危険だ。とてつもない圧力がたまっているので、破壊的な大爆発を起こす可能性が高い。

溶岩流がなだらかな円錐状（すそ野の広い西洋の盾のような形）に堆積する

火口から溶岩とガスが噴出する

溶岩流は速く、遠くまで流れる

砕けた地殻がマントルに沈み込む

プレートの動き

地殻

地殻を通ってマグマが上昇する

マントルをつくる熱い岩石が溶けて玄武岩質マグマになる

マントル

岩石圏（リソスフェア）

地溝でできる火山

プレートどうしが離れていくと、下にあるマグマにかかる圧力が弱まり、熱い岩石が一部溶けて玄武岩質溶岩として噴き出す。噴出した溶岩は溶岩流となり、すそ野の広い盾状火山をつくる。

火山灰の巨大な雲が噴出する

粘度の高い溶岩が傾斜の急な火山をつくる

海洋地殻

海水のしみたプレートが沈み込む

地殻の割れ目を通ってマグマが上昇する

大陸地殻

岩石圏

マントル

水が岩石の中で沸騰して、岩を溶かす

沈み込み帯でできる火山

海洋地殻は沈み込み帯に引きずり込まれながら海水を内部に運ぶ。この海水によって岩石は性質が変わり溶ける。沈み込み帯の火山からは粘度の高い溶岩が噴出する。

火山の内部はどうなっているのか？

沈み込み帯にある火山は、溶岩と火山灰の層からなる、傾斜の急な円錐状の成層火山です。粘度の高い溶岩が噴出して火口をふさぐことにより、爆発的な噴火が起こります。空中に吹き飛ばされた岩石と灰が火山の斜面に落ちてくるため、このような形になります。

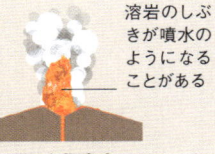

いろいろな噴火

火山は溶岩の性質によって噴出の仕方が異なります。地溝やホットスポット付近の火山から噴出する溶岩流は、比較的穏やかな割れ目噴火やハワイ式噴火を起こします。粘度の高い溶岩は爆発が大きく、ストロンボリ式、ブルカノ式、プレー式、プリニー式噴火を起こします。粘度の高い溶岩ほど爆発的な噴火になります。

火山弾と呼ばれる溶岩の塊が、火口から噴き出す

最も大きな火道が、火山の頂上で火口をつくる

粘度の高い溶岩は遠くまで流れない

火山灰と固まった溶岩の層が重なって成層火山をつくる

火山の深部にあるマグマだまりに溶けた岩石（マグマ）がたまる

溶岩が地上にあふれ出る

割れ目噴火

溶岩のしぶきが噴水のようになることがある

ハワイ式噴火

ガスが溶岩を空中に吹き飛ばす

ストロンボリ式噴火

粘度の高い溶岩ほど高く吹き飛ぶ

ブルカノ式噴火

熱い灰、ガス、岩の破片がなだれのように下る

プレー式噴火

大量の火山灰の雲が空に立ち昇る

プリニー式噴火

活動を終えた火山は地殻によって冷やされ、波の下に沈む

ホットスポットから離された古い火山は、活動を終える

火山から溶岩が噴出する

海洋地殻

プレートはホットスポットの上を移動する

岩石圏

マントルプルーム

マントル

マントルを通って上昇する熱は海底の下にホットスポットをつくる

ホットスポットでできる火山

この種の火山は、地殻の下から上昇してくるマントルプルームという対流によってできる。ホットスポットの上をプレートが移動するので、ハワイ諸島やガラパゴス諸島のように鎖状に連なった火山ができる。

90%
現在の地球では火山活動の大部分が海底で起きている

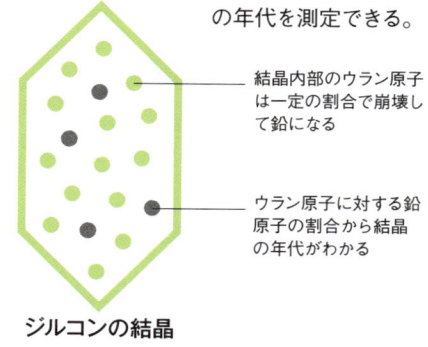
岩石の循環

岩石は、石英や方解石などのような、さまざまな鉱物でできています。とても硬い岩石もあれば、かなりやわらかい岩石もあります。ところが長い時間が経つうちに、硬さにかかわらず、どの岩石も岩石の循環という作用の中で浸食され、異なる種類の岩石につくりかえられます。

変化し続ける岩石

溶岩が冷えると、溶岩中の鉱物が結晶化し、さまざまな種類の硬い火成岩になります。やがて火成岩は風化してやわらかい堆積物になり、層状の堆積岩をつくります。堆積岩に熱や圧力が加わると、硬い変成岩になります。地下深くに埋もれた変成岩は溶け、最後は冷えていろいろな種類の火成岩をつくります。

小さな結晶ができる

噴出火成岩

火山から噴出するマグマを溶岩という。溶岩はすぐに冷えて、硬い塊の中で鉱物の小さな結晶をつくる。沈み込み帯の火山から噴出した溶岩は、おもに石英と長石の結晶からなる流紋岩をつくることが多い。安山岩や玄武岩など、小さな結晶からなるほかの噴出火成岩と同様に流紋岩もとても硬い。

速く冷える

りゅうもん
流 紋岩

大きな結晶ができる

地下深くでは熱い岩石はたいてい固体のまま存在する。しかし、化学反応が起こったり、圧力が減ったりすると溶けて、熱い液状の岩石（マグマ）となる。マグマは固体の岩石よりも密度が低いので、地表にしみ出てくる。そして冷えながら結晶をつくり始める。

ゆっくり冷える

形が変わった鉱物

結晶作用

融解

世界で
最も古い岩石は?

オーストラリア西部のジャック・ヒルで発見されたジルコンの結晶は 44 億年前のものだ。これは地球の年齢（45 億年）に近い。

山脈をつくるプレートの力によって砕かれたり、上向きに折り曲げられたりした岩石は、空気にさらされ、風化（小さな粒子に壊れる）や浸食（川や氷河や風によって削られる）などの作用を受ける。

隆起

凍結と融解

 氷河

 雨

風

 川

岩石の裂け目に入った水が凍ると膨張して、岩石を砕く。雨は空気中の二酸化炭素を溶かし込んで弱酸性の炭酸になって鉱物に影響を及ぼす。やわらかい岩石は風に吹き飛ばされることがある。岩石の小さなかけらは川や氷河によって運び去られる。

風化と浸食

堆積

圧縮

川や氷河、風によって運ばれた堆積物（風化によってつくられた岩石の粒子）が重なってたまる。上にはさらに堆積物が積もっていき、その重さで粒子が圧縮されて層になる。水に溶けた鉱物が結晶化し互いに膠着する（くっつく）。このような過程を石化作用という。

石化作用

膠着

圧力

貫入火成岩
かんにゅうかせいがん

マグマが地表に噴出せず、地下で数百万年かけてゆっくり冷えると、とても大きな鉱物結晶ができる。花崗岩など、貫入火成岩の巨大な塊はこのようにしてできる。花崗岩に含まれる鉱物は流紋岩と同じだが、結晶がはるかに大きい。

花崗岩
かこう

圧力

層状になった岩石の粒

圧力

変成岩

砂岩は、とても硬い珪岩という変成岩の一種に変わることがある。層状の堆積岩が圧縮されて粘板岩、結晶片岩、片麻岩になると、形が崩れて鉱物の構造も変わる。これらの岩石には、溶けて再結晶したことにより新たにつくられた鉱物も含まれる。

珪岩
けいがん

圧力

熱

岩石が地下深く埋もれ、強い圧力や熱を受けると岩石の性質が変わる。このような過程を変成作用という。変成作用は、プレートが大陸の縁を砕いて山脈をつくる場所でよく起こる。

変成作用

堆積岩
たいせき

膠着した岩石のかけらは砂岩などの堆積岩をつくる。砂岩は膠着した砂粒が層状になった堆積岩だ。もっと小さな泥粒子やシルト粒子、あるいはさらに微少な海生プランクトンの化石でできた堆積岩もある。古くて、圧縮されている堆積岩ほど硬くなる。

砂岩

海

宇宙から見た地球はほとんどが青色の惑星です。それは、地表の大部分が海に覆われているからです。地球には名前のついた大洋が5つ（太平洋、大西洋、インド洋、北極海、南極海）ありますが、海水はつながっていてすべての大洋をゆっくり巡っています。

太平洋にあるマリアナ海溝には
エベレスト山がすっぽり入り
さらに 2000m も余る

海水はなぜ塩辛いのか？

長い年月をかけて、雨は陸を流れながら塩を含む鉱物を海まで運んできた。だから海の水は塩の味がする。

大洋（外洋）

海とは？

海はただの巨大な水たまりではなく、プレートテクトニクス（p.224-225 参照）の力によってつくられた地形です。地殻を乗せているプレートが引き離されると、そこに新しい地殻が生まれます。海洋地殻は、軽くて厚い大陸地殻（p.222 参照）よりもはるかに深いところで海底をつくっています。地殻と地殻が海中でぶつかると、片方がもう片方の下に沈み込み、深い海溝をつくります。大陸の縁も海中にあり、海岸浸食によって削られています。沿岸の海（大陸棚の上の海域）は大洋に比べるとかなり浅くなっています。

大洋の海底は水深 3000 〜 6000m に広がる

大陸から運ばれてきた岩くずや砂粒が大陸地殻の端や深海平原に積もる

深海平原

動いている海

風は大きな表層流を起こします。表層流は海洋を回りながら冷たい海水を熱帯地域へ、暖かい海水を極地域へと運びます。表層流は、冷たくて塩分濃度の高い海水が海底に沈むことによって起こる深層流とつながっています。表層流と深層流が一緒になって大循環（グローバルコンベヤー）をつくり、世界中の海を巡っています。

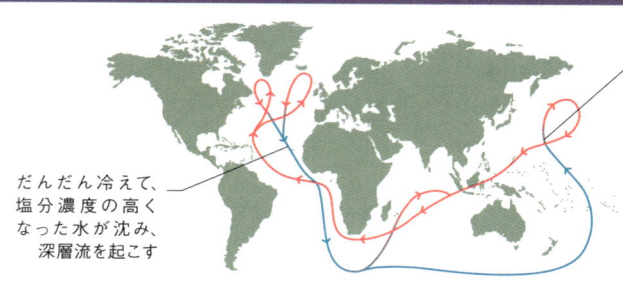

だんだん冷えて、塩分濃度の高くなった水が沈み、深層流を起こす

追い出された深層の冷たい水は、暖かい表層流と一緒になる

海流

潮の満ち引きはなぜあるのか？

月の重力が海を引っ張ることにより、地球の両端の海水は膨らんで卵形になっている。地球が自転するにつれて、海岸は膨らみの中を出たり入ったりする。この現象が、毎日起こっている満潮と干潮だ。満月と新月には、月と太陽が一直線に並び重力が重なるので、潮の干満が一段と大きくなる。半月のときは、月の重力は太陽に対して直角の向きにはたらくので、潮の干満は小さくなる。

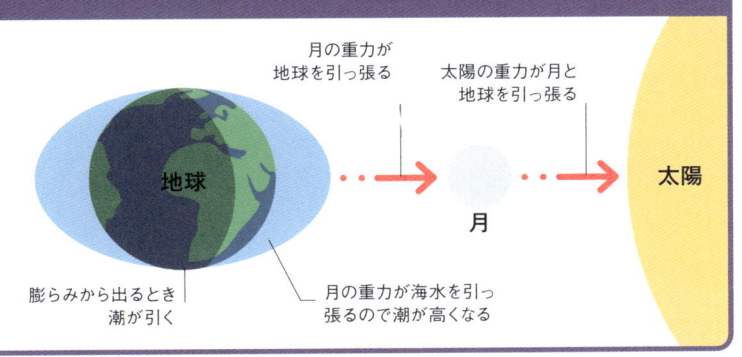

月の重力が地球を引っ張る

太陽の重力が月と地球を引っ張る

地球

月

太陽

膨らみから出るとき潮が引く

月の重力が海水を引っ張るので潮が高くなる

沿岸 海岸線

海底は大陸棚の端で急に落ちこみ、深海底へと続く

沿海の海底をつくる大陸棚の多くは水深 150m ほどだ

大陸棚

大陸の端は、2500m ほどの深さまで続く大陸斜面をつくる

大陸斜面

コンチネンタル・ライズ（大陸斜面と深海底の間のなだらかな斜面）

堆積物

海洋地殻

大陸地殻

波の発生

海の上を風が吹くと、海面に波が立ちます。強い風ほど長い時間吹き続き、波もより大きくなります。波は大きくなるとより遠くまで移動します。海水の分子は円運動をしているので、私たちは波に捉えられると持ち上げられて前へ運ばれ、そして波の動きに従って落とされて後ろへ戻されます。

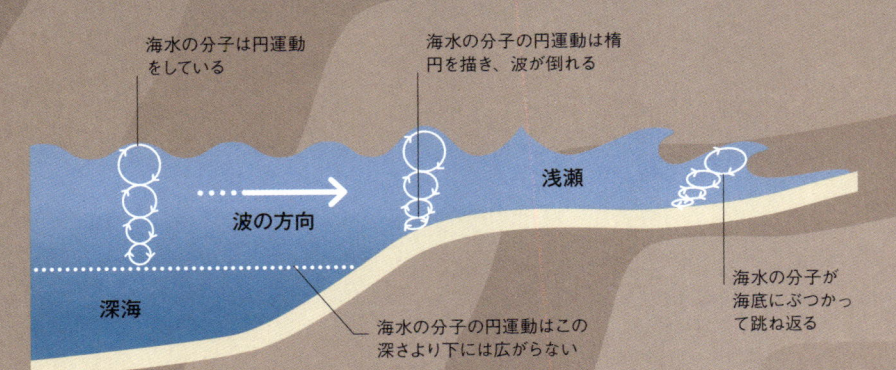

海水の分子は円運動をしている

海水の分子の円運動は楕円を描き、波が倒れる

浅瀬

波の方向

深海

海水の分子の円運動はこの深さより下には広がらない

海水の分子が海底にぶつかって跳ね返る

1 開けた水域
海では波の作用で海水が巻き上げられ前へ進み、その後、海水が落とされ後ろに戻る。海水の分子は円運動をする。

2 波が高くなる
海水の分子は海底にぶつかって元に戻る。このため海岸に近づくと波は短く高くなる。

3 波が砕ける
海底が浅くなってくると、海水の分子の円軌道は楕円に近くなる。このため波の頂点が高くなると、倒れて砕ける。

地球の大気

地球は大気と呼ばれる気体の混合物に取り囲まれています。大気は太陽から放射されるエネルギーによる悪影響から地表を守り、夜間に熱を保つはたらきがあり、大気のおかげで生命が存在できます。地表に近い下層の大気で循環している空気は、いわゆる天気という現象を起こします。

大気とは？

大気は、おもに窒素のほか、酸素、アルゴン、二酸化炭素などの気体で構成されています。大気は温度によっていくつかの層に分けられます。高度が上がるにつれて温度が下がっていく層、逆に太陽からの放射エネルギーを吸収する気体のはたらきで温度が高くなっていく層などがあります。大部分の空気は下層大気である対流圏に集中していて、その密度は高度とともに低くなります。つまり、海抜わずか10km上空の空気の中では人間は生きていくことができないのです。

なぜ地球の大気は宇宙に飛んでいかないのか？

大気の気体の粒子は地球の重力によって地表近くに保たれている。月が大気を維持できないのは、地球よりも質量がかなり小さいため重力もはるかに小さいからだ。

大気は地球を比較的薄く取り巻いている

地球の大気

大気の層

600 ～ 10,000 km

外気圏の温度は、夜間は低温、昼間は高温と変化が激しい

温度

外気圏

大気の最も外側の層は宇宙の中にだんだん消えていき、宇宙との間にはっきりした境界はない。空気の粒子はかなりまばらなので、ほとんど影響し合わない

多くの人工衛星が外気圏を周回している

熱圏

中間圏の上の熱圏は広い範囲に及ぶ。高度が上がるにつれて温度が上がり、最高2000℃にも達する。熱圏に含まれる気体の分子が太陽から放射されるX線と紫外線を吸収するためだ。

分子がX線と紫外線を吸収し、熱を放射する

80 ～ 600 km

太陽放射により酸素原子と窒素原子にエネルギーが与えられ、オーロラが発生する

熱圏の温度は
高度が高いところでは
2000℃に達することもある

中間圏

中間圏の空気の温度は低い高度では安定しているが、高度が上がるにつれて温度は低くなり、−100℃にまで下がる。流星は中間圏のガスの中を落ちてくる間にだんだん遅くなり、燃えつきる。

宇宙を漂う岩くずは中間圏の中を突き抜けなから流星となって燃える

50〜80 km

成層圏

成層圏は乾燥した空気からなる薄い層。高さ20kmほどまでは温度は安定している。それより上は太陽のエネルギーを吸収するため、高くなるに従って温度が上がる。オゾン層は成層圏に含まれる。

吸収された熱がオゾン層から放射され、一部だけ温度が上がる

太陽から放射される紫外線を、オゾン層が吸収する

オゾン層

気象観測気球は、飛行機より高い下部成層圏に飛ぶ領域に上げられる

飛行機はたいてい対流圏を飛ぶが、乱気流を避けるために成層圏に入ることもある。

大気からの突入

16〜50 km

対流圏

最も下の層には私たちが吸っている空気がある。あらゆる気象現象が起こるのもここに。温度も密度も高くなるにつれて下がる。

高度が上がるにつれて温度が下がる

対流圏で雲ができる

0〜16 km

大気の循環と自転による影響

対流圏では上昇した暖かい空気が横に広がり、冷えて下降します。このような循環セル（大気の循環の1つのまとまり）により熱は分配されて地球を巡っています（p.240-241参照）。この循環する大気の流れは、地球の自転によって、赤道の北では右に、赤道の南では左にそれます。このようにはたらく力をコリオリの力といいます。その結果、循環セルはそれぞれ地球の周りをらせん状に回ることになります。

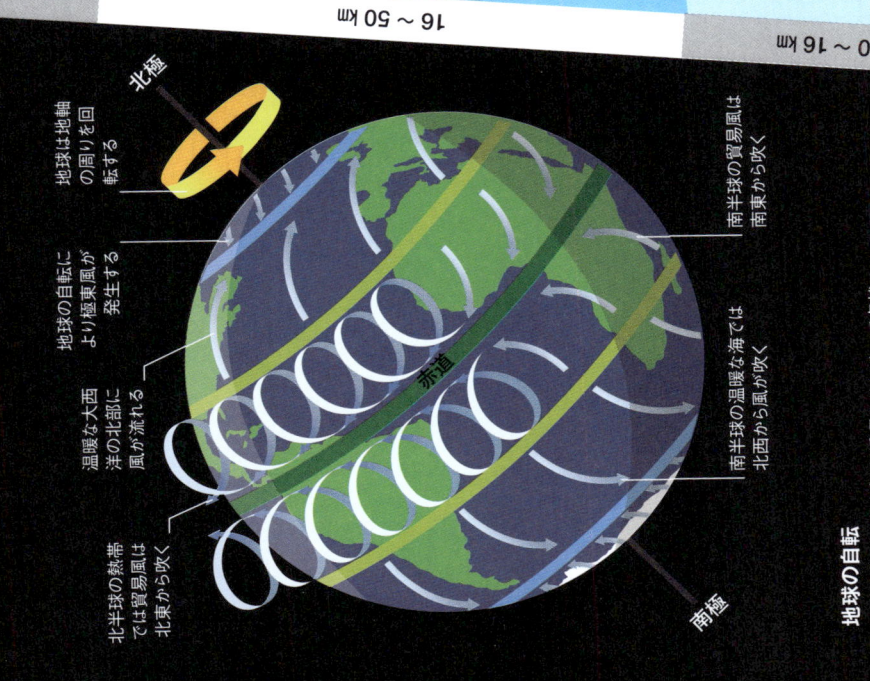

北極

地球は地軸の周りを回転する

地球の自転により偏東風が発生する

北半球の熱帯では貿易風は北東から吹く

温暖な大西洋の北部に風が流れる

南半球の温暖な海では北半球から風が吹く

南半球の貿易風は南東から吹く

赤道

南極

地球の自転

らせん状に回る大気の循環セルによって卓越風が発生し、地表近くまで吹く。このような風は最も安定していて、海全体に吹きわたる。

天気の仕組み

天気とは、特定の場所と時間における大気の状態のことです。天気は絶えず変化します。太陽が水分を蒸発させて空気を温め、この暖気が上昇して雲をつくるからです。このような変化の過程で、低気圧（周囲より気圧が低い部分）が生じ、風と雨をもたらします。低気圧は穏やかな高気圧と均衡を保っています。

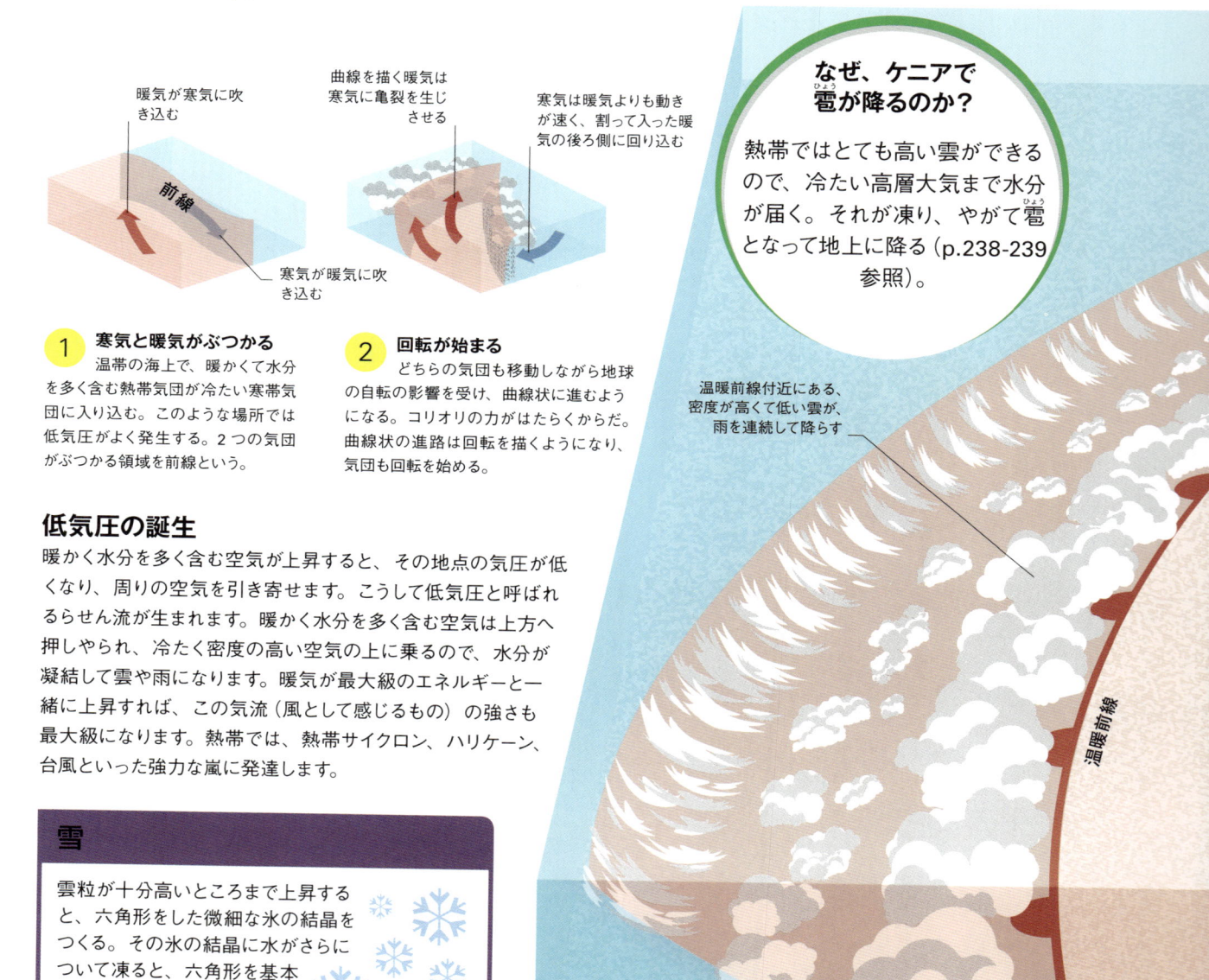

暖気が寒気に吹き込む

前線

寒気が暖気に吹き込む

曲線を描く暖気は寒気に亀裂を生じさせる

寒気は暖気よりも動きが速く、割って入った暖気の後ろ側に回り込む

1 寒気と暖気がぶつかる
温帯の海上で、暖かくて水分を多く含む熱帯気団が冷たい寒帯気団に入り込む。このような場所では低気圧がよく発生する。2つの気団がぶつかる領域を前線という。

2 回転が始まる
どちらの気団も移動しながら地球の自転の影響を受け、曲線状に進むようになる。コリオリの力がはたらくからだ。曲線状の進路は回転を描くようになり、気団も回転を始める。

低気圧の誕生

暖かく水分を多く含む空気が上昇すると、その地点の気圧が低くなり、周りの空気を引き寄せます。こうして低気圧と呼ばれるらせん流が生まれます。暖かく水分を多く含む空気は上方へ押しやられ、冷たく密度の高い空気の上に乗るので、水分が凝結して雲や雨になります。暖気が最大級のエネルギーと一緒に上昇すれば、この気流（風として感じるもの）の強さも最大級になります。熱帯では、熱帯サイクロン、ハリケーン、台風といった強力な嵐に発達します。

雪

雲粒が十分高いところまで上昇すると、六角形をした微細な氷の結晶をつくる。その氷の結晶に水がさらについて凍ると、六角形を基本としたさまざまな形の雪片になる。雪片がひとかたまりになってふわふわ落ちてくるのが雪だ。

なぜ、ケニアで雹（ひょう）が降るのか？

熱帯ではとても高い雲ができるので、冷たい高層大気まで水分が届く。それが凍り、やがて雹（ひょう）となって地上に降る（p.238-239参照）。

温暖前線付近にある、密度が高くて低い雲が、雨を連続して降らす

温暖前線

寒気のほうがより密度が高く重いので、暖気が寒気の上にはい上がる

熱帯以外では
たいてい上空での雨の
降り始めは雪で、
落ちながら溶けて雨粒になる

前線どうしがぶつか
る場所で、前線が重
なると閉塞前線がで
きる。寒気の中にく
さび状に入り込んだ
暖気は完全に地上か
ら押し上げられる

南半球では低気圧は
時計回りに回転する
（北半球では反時計回り）

空気はらせん状に上昇する

高いところにある、刷毛ではいた
ような巻雲は温暖前線の発達する
前ぶれだ

気圧の高いところか
ら空気を引き寄せる

前線の移動する向き
を示す記号

低気圧

4 暖気が地表から離れる
寒冷前線は温暖前線よりも速く移動する
ことが多く、温暖前線に追いつくと温暖前線を地
表から持ち上げる。ここに雲が渦巻き、閉塞前
線ができる。閉塞前線になると低気圧はエネル
ギーを失い始め、弱まっていく。

風はこの向きにすべての
気象事象を移動させる

3 温暖前線と寒冷前線
低気圧を垂直に切った断面を見ると、
発達している暖気が寒気の上にはい上がり、
ゆるい傾斜の、動く「温暖前線」をつくる
ことがわかる。もっとたくさんの寒気が発
達して後ろから暖気の下に入り込み、暖気
を上昇させると、傾斜が急な「寒冷前線」
ができる。

高気圧
寒気が下降して気圧の高い部分ができると、
空気は外に向かってらせん状に吹き出します。
空気が下降しているので水蒸気は上昇せず、
雲もできません。このため、空はたいてい青く、
太陽が輝いています。高気圧の中は気圧の差
があまりないので、風は穏やかでよい天気が
続きます。

寒冷前線

風向

水分の多い暖気をくさび
状の寒気が押し上げ、高
い雲ができる

高い雲は激しいにわか
雨を降らす

高気圧は低気圧とは逆の向きに
気流がゆるいらせんを描く

下降する寒気
が暖まる

高気圧

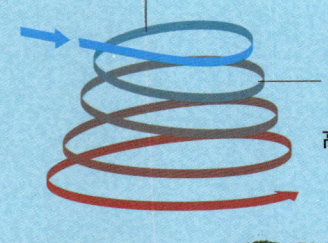

異常気象

大雨や嵐などの異常気象事象の多くは、空中を漂う水蒸気が、高くそびえつような積乱雲をつくることによって発生します。このような積乱雲の中では激しい気流が引き起こされ、ときには竜巻を起こしたり、雹が降ったり、雷妻となって稲光が光ったりもします。

巨大な雲

積乱雲は、群を抜いて大きな雲です。地表近くから始まって、はるか対流圏 (p.235 参照) の一番上まで届きます。積乱雲は地表や海面から蒸発する大量の水蒸気によって発達します。この水蒸気が上昇して冷えると水滴になり、これらが集まって巨大な雲をつくります。このときエネルギーが熱 (p.117 参照) として放出されて周りの空気を暖めるので、空気はさらに上昇します。するとよりたくさんの水蒸気が運ばれ、上空で凝結して、またさらに多くのエネルギーが放出されます。このようなサイクルが続き、やがて高さ 10km を超える雲に成長することもあります。

① 帯電する

雲の内部では激しい上昇気流が発生し、雲の外側では冷たい空気が下降し、水滴や氷の結晶が上下に放り投げられている。その結果、静電気 (p.78-79) が発生し、巨大な電池のように雲が帯電する。

下降する冷たい空気

さらに上空で
余分な水分が
再び凍る —

勢いのある上昇気流は
雲の枝を成層圏まで
舞い上がらせることもある

ほとんどの雲は上昇をやめ、
風に流されて横に広がる

雲から放電が起こり、
稲光として電光が
放たれる

稲光によって発生した
熱は空気を爆発的に
膨らませ、衝撃波を生
む。これが雷鳴だ

上昇する暖気の流れが、
落ちてくる氷の結晶を
とらえて上空に押し戻す

② 雹のでき方
落ちてきた氷の結晶が激しい上昇流で上空に戻されると、さらに水蒸気がついてそのまま凍りつく。このようなことが数回起こるうちに氷の層が厚くなり雹になる。

上昇気流に乗った雹にさらに水分がくっつく

下降する冷たい空気に運ばれて重くなった雹が降る

ハリケーンとは何か？
熱帯の海でとてつもない量の水が蒸発すると巨大な雲ができ、猛烈な低気圧（p.236 参照）が発達する。低気圧の領域に空気が高速で巻き込まれ、強風の吹き荒れるハリケーンとなる。

上昇する暖かい空気

③ 雹が降る
やがて雹の粒が大きくなりすぎて上昇気流に乗らなくなると、地上に落ちてくる。

竜巻
地域によっては、渦巻く寒気と暖気がぶつかって、スーパーセルと呼ばれる、回転する巨大な積乱雲ができることがある。また回転しながら急速に上昇していく空気は、収束して引き締まった渦巻き状になる。これが竜巻だ。竜巻は家をばらばらに吹き飛ばすくらい強力だ。

雹は握りこぶしくらいの大きさになることもある

気候と季節

太陽の光や熱は熱帯地域に集中し、極付近では弱くなっています。このような熱によって大気に気流が発生し、世界中に異なる気候帯が生じています。

3つの循環セル

熱帯では気温が高いため海から水が盛んに蒸発しています。水分を多く含む暖かい空気は上昇して熱帯収束帯（ITCZ）という低気圧帯をつくり、上空で冷えます。水蒸気は凝結して巨大な雲になり、激しい雨を降らせます。雨を降らせ乾燥した冷たい空気は亜熱帯で下降して高気圧をつくるので、雨が降らなくなります。この空気の流れをハドレー循環セルといいます。寒い地域ではフェレル循環セルと極循環セルが同様の現象を起こしています。

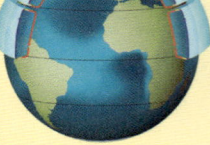

循環セルの位置

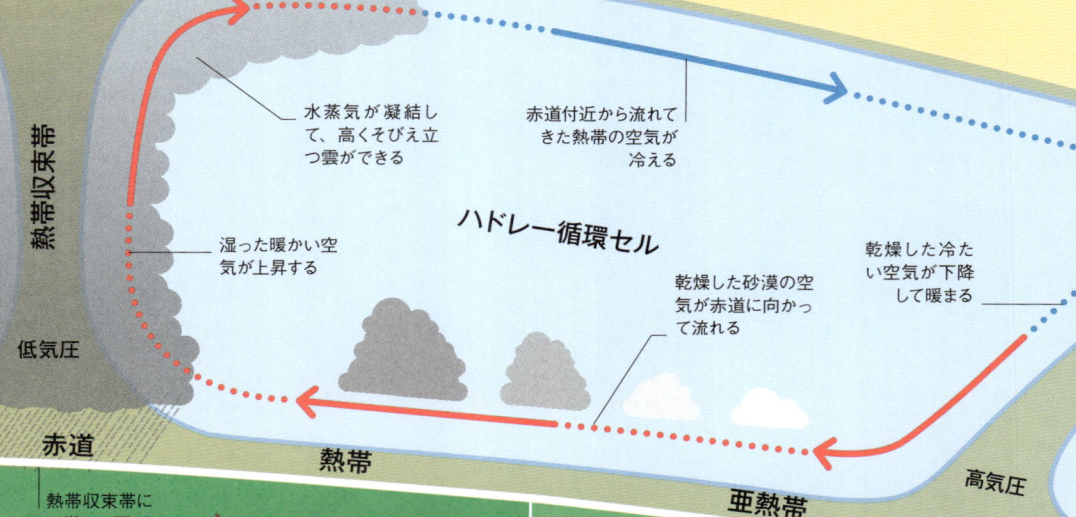

対流圏の上部

熱帯収束帯

低気圧

赤道

熱帯

水蒸気が凝結して、高くそびえ立つ雲ができる

赤道付近から流れてきた熱帯の空気が冷える

ハドレー循環セル

湿った暖かい空気が上昇する

乾燥した砂漠の空気が赤道に向かって流れる

乾燥した冷たい空気が下降して暖まる

亜熱帯

高気圧

亜熱帯

乾燥した冷たい空気が下降して暖まる

地表近くの空気は赤道から流れてくる

温帯

熱帯収束帯には激しい雨が降る

雨が続くため木が高く伸びる

熱帯

赤道付近の水蒸気を多く含む空気が上昇して巨大な嵐雲をつくり、毎日のように激しい雨を降らせる。おかげで、熱帯雨林も勢いよく成長する。木は水蒸気を放出するので、自ら気候をつくり出しているともいえる。

雨が降らないため岩だらけの荒れ地が広がる

亜熱帯付近の地域は晴れわたる青空の日が多い

サボテンは乾燥した気候に適応している

亜熱帯

赤道付近の空気が上昇して対流圏の上層に届くと、水平方向に流れる。やがて亜熱帯の上空で冷えて下降する。下降する空気は雲をつくらないため、ほとんど雨が降らず、サハラ砂漠のような砂漠ができる。

人工衛星の計測ではイランのルート砂漠で70.7℃を記録した。観測史上最も高い気温だ

季節の周期

地球の自転軸（地軸）はいつも北極星のほうに向いています。この状態のまま地球は太陽の周りを回るので、北極と温帯地域は太陽にいったん近づいてから遠ざかることになります。このような動きによって夏と冬が生まれます。季節の変化が最も極端に現れるのは極付近です。ITCZ も南北に移動するので、熱帯にも雨季と乾季が訪れます。雨季は、風の向きが変わることで生じます。海から水蒸気を多く含む水が運ばれ、激しい雨を降らせます。

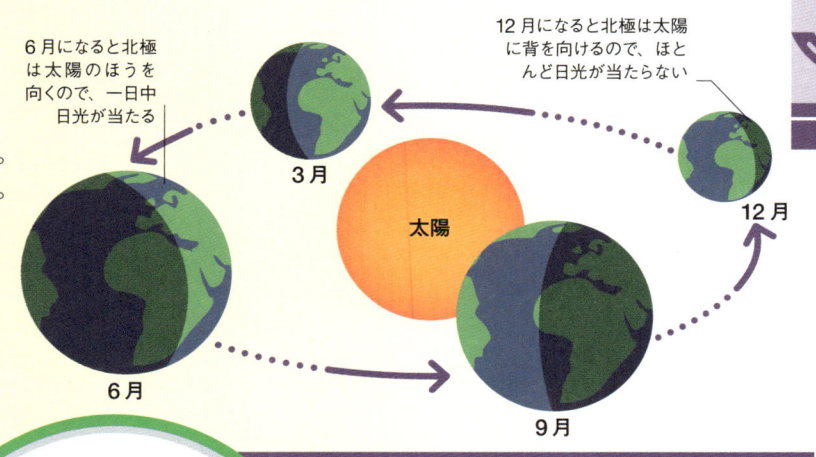

6月になると北極は太陽のほうを向くので、一日中日光が当たる

12月になると北極は太陽に背を向けるので、ほとんど日光が当たらない

3月

太陽

12月

6月

9月

地球で最も乾燥した場所は？

南極大陸のマクマードドライバレーは 200 万年ほど雨も雪も降っていない。むき出しの岩と小石だけが広がる場所だ。

極地域

乾燥した冷たい空気が極地域の上空で下降し、寒冷砂漠をつくる。下降した空気は地表付近で極から出て、暖められて水蒸気を集める。温帯地域までいくと、上昇する亜熱帯の空気に引っ張られて、上層を移動しながら極まで戻る。

寒帯前線付近の地域は曇りが多い

乾燥した冷たい空気が赤道に向かって流れる

フェレル循環セル

湿った暖かい空気が上昇する

寒帯前線

低気圧

湿った暖かい空気が上昇する

極循環セル

冷たい空気が下降して極から出ていく

高気圧

極圏

温帯

温帯では、亜熱帯から地表付近を流れてくる暖かい空気が、極から流れてくる冷たい空気とぶつかる。暖かい空気は上昇し、とくに海上や海の近くで雲をつくって雨を降らす。雨は森林や草原を育む。

これまで最も多い 1 日の降水量はレユニオン島で 1952 年に記録された 1870mm だ

水の循環

水は、地球に存在する生命の源です。生命は水なしには生きていけません。生物が育ち増えていくことを可能にする、すべての生化学反応に水は不可欠だからです。陸に水を届ける水循環がなかったら、大陸は生命の住めない砂漠になるでしょう。また水は陸を浸食しながら地球を形づくるはたらきもしています。

時空

特殊相対性理論は、物体の運動に応じてその物体の空間と時間がどのように異なるのか説明しています。特殊相対性理論が示唆したのは、空間と時間が常に結びついているという重要なことです。一般相対性理論は、極めて重い物体によって曲げられる「時空」と呼ばれる四次元の連続体で、それを説明します。質量とエネルギーは互いに等価で、質量とエネルギーによって時空が曲がると、月が地球を回るような重力の効果が生じます。

太陽

太陽からの熱

太陽が海面を暖める

地球には
14 億 km³ の水
がある

凝結

温度

水蒸気

水は蒸発すると空気中で気体(水蒸気)に変わり見えなくなる。暖かい空気は水蒸気をたくさん保持でき、私たちはこれを湿度として感じる。温度が低くなると空気は水蒸気を保持できなくなる。

蒸発

呼吸

蒸散

植物

動物

蒸発

海

水は植物の葉から蒸散によって蒸発する。蒸散が起こると根から水が吸い上げられ、地面からさらに水が取り込まれる。動物も植物も、食べ物をエネルギーに変えるとき(呼吸)に水蒸気を放出する。

陸の生命

塩水

海水には、川によって陸から運ばれてきた堆積物に由来する、無機塩類が豊富に含まれている。太陽で温められて海面から蒸発する水は、天然の蒸留作用によって無機塩類が取り除かれる。

海に流れる

海にしみ出る

雲

水蒸気を含む暖かい空気が上昇して上層で冷やされると、水蒸気は凝結してごく小さな水滴や氷の結晶になる。このような水滴や氷の結晶の集まりが雲として見える。雲は風に乗ってはるか遠くまで運ばれる。

高度　　**風**

南極の氷床では
250万年以上前に凍った
ものが発見されている

雪

降雨

雲が冷えると水滴や氷の結晶が成長してくっつく。やがて大きな雨粒や雪片ができ、重くなるため雲から落下する。雪片はさらにくっついて、大きな、ふわふわの塊になる。

川

湖

氷

寒い地域で降る雪は溶けない。どんどん降り積もっていき雪の重みで圧縮され、氷に変わる。氷は氷河となって山の斜面をゆっくり下り、最後は溶ける。一方、北極や南極付近の氷床は溶けない可能性がある。氷河は数千年の時間をかけて深い谷を削る。

真水

雨や雪解け水が地表を流れることを表面流出という。表面流出が集まると川や湖になり、最後は海に戻る。雨は空気中の二酸化炭素と反応して炭酸をつくり、岩石を風化させる。風化により分解された無機塩類は水に溶け込む。

雨

表面流出

融解

表面流出

氷河

地下にしみ込む

雨や溶けた雪は地面にしみ込み地下水になる。地下深いところで岩石に浸透し、帯水層という水を含む地層をつくる。石灰岩は溶けて洞窟になる。地下水は最終的にはしみ出て海に戻る。

洞窟

水はどこにあるのか?

地球の3分の2は海でおおわれている。海には地球に存在する水の97.5%が含まれている。淡水は水の中のわずか2.5%だ。淡水の大部分は極地域や高山の氷に閉じ込められているか、見えない地下深くにある。川や湖に含まれる淡水はほんのわずかだ。

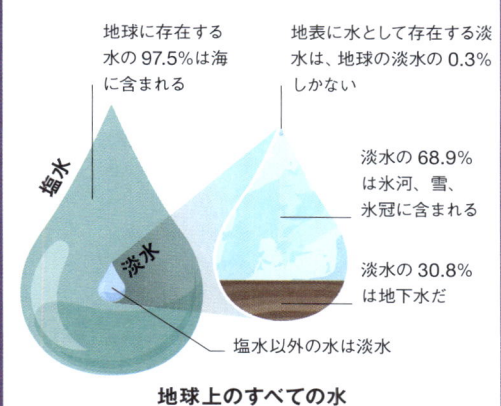

地球に存在する水の97.5%は海に含まれる

地表に水として存在する淡水は、地球の淡水の0.3%しかない

淡水の68.9%は氷河、雪、氷冠に含まれる

淡水の30.8%は地下水だ

塩水以外の水は淡水

塩水　**淡水**

地球上のすべての水

温室効果

地球上の生命は温室効果に頼って活動を維持しています。温室効果とは、地表から放射される赤外線の一部を、大気に含まれる気体（おもに二酸化炭素とメタン）が吸収する現象です。これらの気体は、温室のガラスのように熱を閉じ込めます。

① 入ってくる放射線
太陽から放射されたエネルギーは、可視光や紫外線、赤外線など、さまざまな波長の電磁波として届く。

地球のエネルギー収支

地球の歴史を振り返ると、温室効果があったのはとても幸運なことでした。もしこの毛布のような大気がなかったら、地球の平均気温は−18℃にまで下がっていたはずです。地球から逃げ出す熱エネルギーの一部を閉じ込めることは重要ですが、地球から出ていく放射エネルギーよりも入ってくる放射エネルギーのほうがはるかに多くなると、地球の気温は上がってしまいます。

② 反射される放射線
特定の波長の太陽エネルギーは一部、宇宙に反射される。その大部分は雲による反射だが、大気中の気体や地表にも反射される。

太陽からの放射

大気が反射する

大気が吸収する

雲が反射する

大気が放射する

地球大気の縁

雲が放射する

雲が吸収する

陸と海が反射する

陸と海が放射する

③ 太陽エネルギーの吸収
地表に届く太陽エネルギーは可視光でも紫外線でも大部分が吸収され地球を暖める。

陸と海が吸収する

④ 暖かさの放射
暖かい地球からは赤外領域（可視光や紫外線より長い波長）のエネルギーが放射される。赤外線放射とはつまり地表の放射熱のことだ。

宇宙に放射される電磁波

5 逃げ出す放射
地球の大気や雲や地表が吸収したのち、再放射される電磁波は、ほとんどが宇宙へ逃げる。

ほかの惑星の温室効果

金星の温室効果は地球よりもはるかに大きい。金星の厚い大気は二酸化炭素からなり、表面に届く太陽エネルギーをほぼすべて保持する。このため金星の気温は鉛を溶かすくらい高くなる。対照的に、土星最大の衛星であるタイタンでは、表面を覆うオレンジ色の厚い「もや」が反温室効果をもたらし、太陽光の90%をさえぎっている。地球では火山の噴火で発生するガスや塵が同じような、けれどもはるかに弱い反温室効果を生む。

金星

昔の地球は現在よりも暖かかったのか？

中生代の終わり近く（恐竜のいた時代）の地球はとても暖かかったので、夏になると極地の氷は溶けて、海抜は現在よりも170mも高くなった。

温室効果ガス

暖かい温室効果ガスが再放射される

6 下に向かう再放射
地球が再放射する赤外線エネルギーの一部は大気中の温室効果ガスにとらえられる。すると温室効果ガスが暖まり、地表に熱を放射するため、地球の気温が上昇する。

2013年の大気中の温室効果ガス濃度（ppb）（1ppb＝10億分の1）

犯人は誰だ？

地球の大気に含まれる温室効果ガスのおもな成分は、水蒸気、二酸化炭素、メタン、亜酸化窒素、オゾンです。これらの気体の分子は赤外線放射からエネルギーを吸収する構造をしています。その結果、気体が暖まり、再放射するので地球も暖かく保たれるのです。なかには分子の熱放射との相互作用の仕方から、とくに熱をよく吸収する気体があります。つまり、このような気体は大気中にあまり含まれていなくても、ほかの気体よりも大きな温室効果をもたらす可能性があるのです。

395,000 ppb
温室効果はあまり大きくない。しかし、濃度が高いため影響が大きい

二酸化炭素（CO_2）

0.080 ppb
温室効果が極めて大きい、人間がつくり出した温室効果ガス

1,800 ppb
温室効果はあるが、濃度が比較的低い

メタン（CH_4）

亜酸化窒素（N_2O）

0.07 ppb
温室効果はわずかな、人間がつくり出した温室効果ガス

人工のガス

四フッ化炭素（CF_4）

テトラフルオロエタン（CF_2FCF_3）

トリクロロフルオロメタン（CCl_3F）

325 ppb
温室効果は大きいが、濃度が比較的低い

0.235 ppb
温室効果のある、人間がつくり出した温室効果ガス

気候変動

自然の中で気候は絶えず変化していきます。このような変化は数万年、あるいは数百万年という時間をかけてゆっくり起こります。ところが、現在私たちは、とても速く気候が変化する時代に生きています。温室効果を増やすガスが大気を汚染しているためです（p.244-245 参照）。

何が起こっているのか？

世界はだんだん暖かくなってきています。少なくとも1910 年から気温は上昇し続けています。観測史上、暑かった年、上位 17 年のうち 16 年が 2001 年以降でした。1958 年から実施されている大気分析によると、二酸化炭素（CO_2）が着実に増え続けています。CO_2 は地球の暖かさを保つ最も重要な温室効果ガスです。しかし、エネルギーを大量に消費する、現代の私たちの生活が CO_2 を必要以上に発生させているのです。

気温は上昇中

地球の平均気温は 19 世紀後半から記録され続けている。上下の変動はあるが、全体的には上昇傾向になっている。これは、大気中の CO_2 の増加とかなり一致する。

凡例

1880 年から平均気温が記録されている。昔の CO_2 濃度は年輪や氷床コアを分析して測定される。

- 平均地表温度
- 大気中の CO_2 濃度
- 予測データ

海面はどのくらい上昇するのか？

もし、現在溶けかけている極地域の氷床が崩落すると、海面は 25m も上昇する。ロンドン、ニューヨーク、東京、上海など沿岸の都市は水没してしまう。

余分な温室効果ガス

必要以上の CO_2 は、おもに石炭や石油といった化石燃料の燃焼によって発生する。それ以外にも、私たちは温室効果ガスを発生させている。現代農業によって放出されるメタンや亜酸化窒素、エアロゾル製品や冷媒などに使われる、人工のフロンガスなどもこれに含まれる。

71%
化石燃料の燃焼による二酸化炭素（CO_2）

2%
森林破壊や有機物の腐敗による CO_2

21%
メタン（CH_4）

5%
亜酸化窒素（N_2O）

1%
フロンガス（フッ素を含む人工のガス）

---

19 世紀後半、気温は自然に下がった

石炭を燃料とする産業によって、1880 年までにすでに CO_2 濃度が上昇していた

大気通の二酸化炭素濃度（ppm） / 年

400 / 380 / 360 / 340 / 320 / 300 / 280

1880 / 1900 / 1920 / 1940

悪循環

気温が上昇し続けると、問題をさらに悪化させるフィードバック効果がもたらされる可能性があります。たとえば、熱帯雨林の森林破壊は、大気からCO_2を取り除く木の減少を意味します。大気中のCO_2濃度が増えていくと地球温暖化が進み、大気の循環系が変わってしまいます。干ばつが長引いたり、熱帯雨林で立ち枯れが広がったりするようになります。海底のメタンガスの放出や、北極海の氷の融解といったフィードバック効果も現れます。

大気と海の温度上昇

浅瀬の堆積物が温まる

メタンが大気に放出される

堆積物のメタンが溶ける

海底からのメタンの放出

太陽光を反射する氷が消え、海の色が濃くなり熱を吸収するようになる

北極海の氷が溶ける

北極海の氷の融解

2016年は観測史上最も暑い年だった

地球への影響

極地の氷は現在、急速に溶けています。2017年3月、北極の冬の海氷面積は観測史上最も小さくなりました。氷河から溶け出した水は海に流れ込み、海面が上昇しています。同時に、海はだんだん温かくなり、激しい嵐が発生したり、熱帯のさんご礁が絶滅の危機にさらされたりしています。陸では長引く干ばつのため、かつて緑が広がっていた地域にも砂漠が広がり続けています。

すべての予測で、大気中のCO_2濃度は上昇するとされている

ほぼすべての予測で、地表の平均温度は上昇するとされている

北極氷原の消失予測1970～2030年

1970
1980
1990
2000
2012
2007
2030

CO_2の急増は地球の気温の上昇と一致する

平均地表温度

14.8°C — 58.6°F
14.6°C — 59°F
14.4°C — 57.8°F
14.2°C — 57.4°F
14.0°C — 57°F
13.8°C — 56.6°F
13.6°C — 56.2°F
13.4°C

地球温暖化のもたらす悪影響

気温の上昇により嵐の激しさに拍車がかかる。海水が急速に蒸発するため巨大な嵐雲が発生する。

嵐が大きくなると雨も激しくなり降雨量も増えるため、鉄砲水に襲われる。

熱帯では干ばつと砂漠の拡大により、穀物の不作、飢餓、大量移民、政情不安が起こる。

1960　　1980　　2000　　2020

Index

謝辞

本書の刊行にあたりご協力いただいた次の方々にDK社より深謝申し上げます：マイケル・パーキン（イラストレーション）、サヘル・アーメド＆デービッド・サマーズ（編集支援）、ブリオニー・コーベット（デザイン補助）、ヘレン・ピーターズ（インデックス作成）、ケイティ・ジョン（校正）